教育部高等学校电子信息类专业教学指导委员会规划教材

高等学校电子信息类专业系列教材·新形态教材

ARM Cortex-M4 嵌入式应用技术

——基于STM32F407、STM32CubeMX与Proteus

张 营 主编

清华大学出版社

北京

内容简介

本书涵盖了 ARM Cortex-M4 内核的基本原理和特性，并结合 STM32F407 微控制器的实际应用，深入讲解了嵌入式系统设计与开发的关键技术和方法。在本书的编写过程中，力求做到内容全面、结构清晰、语言简洁。全书共分为 9 章，从嵌入式系统的基础知识、内核、外设到嵌入式操作系统，层层递进，逐步深入。第 1 章阐述了嵌入式系统的基本概念、组成、分类、特点、发展趋势和典型应用；第 2 章阐述了基于 STM32F407 微控制器的硬件特性以及 STM32CubeMX、Keil MDK、Proteus 开发工具配置；第 3 章阐述了通用输入/输出口；第 4 章阐述了中断系统；第 5 章阐述了定时器；第 6 章阐述了串行通信；第 7 章阐述了直接存储器存取；第 8 章阐述了模数转换器与数模转换器；第 9 章阐述了嵌入式操作系统，主要介绍了 RT-Thread 嵌入式操作系统。

本书既可作为普通高等院校电子信息类、电气工程类、自动化类、智能制造类及相关专业本科生和研究生的教材，也可作为科研和工程技术人员的参考用书。

图书在版编目（CIP）数据

ARM Cortex-M4 嵌入式应用技术：基于 STM32F407、STM32CubeMX 与 Proteus/张营主编. -- 北京：清华大学出版社，2025. 7. --（高等学校电子信息类专业系列教材）. -- ISBN 978-7-302-69356-7

Ⅰ. TP332.021

中国国家版本馆 CIP 数据核字第 2025Q9X508 号

策划编辑：刘　星
责任编辑：李　锦
封面设计：刘　键
责任校对：刘惠林
责任印制：曹婉颖

出版发行：清华大学出版社
　　　　　网　　　址：https://www.tup.com.cn，https://www.wqxuetang.com
　　　　　地　　　址：北京清华大学学研大厦 A 座　　　邮　　编：100084
　　　　　社 总 机：010-83470000　　　　　邮　　购：010-62786544
　　　　　投稿与读者服务：010-62776969，c-service@tup.tsinghua.edu.cn
　　　　　质量反馈：010-62772015，zhiliang@tup.tsinghua.edu.cn
　　　　　课件下载：https://www.tup.com.cn，010-83470236
印 装 者：三河市铭诚印务有限公司
经　　销：全国新华书店
开　　本：185mm×260mm　　印　　张：17　　　　字　　数：402 千字
版　　次：2025 年 7 月第 1 版　　　　　　印　　次：2025 年 7 月第 1 次印刷
印　　数：1～1500
定　　价：59.00 元

产品编号：109176-01

前 言

PREFACE

　　嵌入式系统技术已经成为推动信息技术发展的重要力量,从智能家居到工业自动化,从医疗设备到汽车电子,嵌入式系统无处不在,正深刻地改变着我们的生活和生产方式。ARM Cortex-M4 作为一种高性能、低功耗的微控制器内核,具有丰富的外设接口、较强的实时性、较完备的安全保护功能,在物联网、工业自动化、智能制造、汽车、消费电子等领域得到了广泛应用。因此,掌握 ARM Cortex-M4 嵌入式应用技术对于电子工程、物联网工程、自动化、智能制造及相关专业的学生来说至关重要。

　　本书系统阐述了嵌入式系统的基本概念、原理、发展趋势及典型应用,详述了 ARM Cortex-M4 内核的架构和特性,以及通过 STM32CubeMX、Keil MDK、Proteus 开发 STM32F407 微控制器的实例。本书不仅涵盖了嵌入式系统的基础理论和核心技术,还通过丰富的实例和实用的开发工具,提供了从理论到实践、从基础到进阶的完整学习路径。

　　本书强调图形化配置工具 STM32CubeMX 的应用。STM32CubeMX 是 ST 公司开发的一款嵌入式软件开发工具,提供了图形化的配置界面,可以极大地缩短工程项目配置的时间,降低配置的难度。本书详细介绍了 STM32CubeMX 的使用方法,并通过实例展示了如何利用 STM32CubeMX 进行外设配置、引脚配置、时钟设置、代码生成等操作。此外,本书还重点介绍了基于 STM32CubeMX 的 HAL 库开发方式,这是当前 ST 公司主推的开发方式,具有高效、便捷和通用性等优点。

　　本书引入电子电路仿真软件 Proteus。Proteus 是一款功能强大的电子电路仿真软件,可以模拟电路的运行情况,有助于在设计阶段发现问题并进行改进。本书将 Proteus 作为仿真教学与仿真实践的平台,在 Proteus 中构建了 STM32F407 芯片模型,并通过实例展示了如何利用 Proteus 进行电路仿真和调试。通过理论与实践相结合的方式,培养开发者的综合能力,提高解决实际问题的能力。

　　本书注重理论与实例的结合。阐述了嵌入式系统的基本概念和原理、内核、外设到嵌入式操作系统的理论学习内容,通过 STM32CubeMX 配置通用输入/输出口、中断、定时器、串行通信、直接存储器存取、模数转换器与数模转换器、嵌入式操作系统,通过 Keil MDK 编写程序代码,通过 Proteus 搭建仿真电路验证程序运行结果。实例涵盖了 STM32F407 的各种外设模块,从 LED 控制到复杂的嵌入式操作系统,都有详细的讲解和代码实例。通过这些实例的学习,可以逐步掌握 STM32F407 的开发方法,从而将理论知识应用于实际项目中,提高解决实际问题的能力。

　　本书由张营担任主编,贾蕊鲜担任副主编,高国民、杨亚磊、田涛、王程程、张晓、宋斌、孙九瑞、巩永光、陈浩、张彪、王振坤参与编写。本书共 9 章,根据编写分工,张营、贾蕊鲜对全书进行了审核修订,张营编写第 1 章,杨亚磊编写第 2 章,张晓编写第 3 章,田涛编写第 4

章,王程程编写第 5 章,贾蕊鲜编写第 6 章,孙九瑞、宋斌、王振坤编写第 7 章,巩永光、陈浩、张彪编写第 8 章,高国民编写第 9 章。

　　本书参考了所列参考文献中的部分内容,在此表示感谢。本书的出版得到了清华大学出版社的大力支持,在此表示衷心感谢。本书的出版得到了山东省本科教改项目(M2018X036)、教育部产学合作协同育人项目(22060080529207)的支持,在此一并表示感谢。

配 套 资 源

- **程序代码等资源**:扫描目录上方的二维码下载。
- **教学课件、教学大纲、教学日历等资源**:到清华大学出版社官方网站本书页面下载,或者扫描封底的"书圈"二维码在公众号下载。
- **微课视频(214 分钟,32 集)**:扫描书中相应章节的二维码在线学习。

注:请先扫描封底刮刮卡中的文泉云盘防盗码进行绑定后再获取配套资源。

　　由于编者水平有限,书中难免存在疏漏和不当之处,恳请广大读者批评指正。

编　者

2025 年 5 月

微课视频清单

视 频 名 称	时长/min	书 中 位 置
1-嵌入式系统的分类	14	1.3 节节首
2-STM32 Cortex-M4 控制器特性	12	2.2.2 节节首
3-STM32F407 核心板	6	2.2.3 节节首
4-STM32F407 GPIO 引脚模式	7	3.2.2 节节首
5-STM32F407 GPIO HAL 库函数	4	3.3 节节首
6-GPIO 实例	12	3.4 节节首
7-STM32F407 中断系统	8	4.2 节节首
8-外部中断/事件控制器	5	4.2.5 节节首
9-STM32F407 NVIC HAL 库函数	3	4.3.1 节节首
10-外部中断实例	11	4.4 节节首
11-通用定时器	9	5.2.2 节节首
12-STM32F407 脉冲宽度调制	6	5.3 节节首
13-定时器 3 延时实例	7	5.5.1 节节首
14-定时器 1PWM 输出实例	6	5.5.2 节节首
15-定时器 1PWM 动态调整占空比实例	7	5.5.3 节节首
16-STM32F407 UART 参数	7	6.2.3 节节首
17-STM32F407 串行通信 HAL 库函数	5	6.3 节节首
18-轮询方式串口发送	9	6.4.1 节节首
19-中断方式串口发送	5	6.4.2 节节首
20-中断方式串口接收和发送	12	6.4.3 节节首
21-STM32F407 DMA	9	7.2 节节首
22-STM32F407 DMA HAL 库函数	5	7.3 节节首
23-直接存储器存取实例	4	7.4 节节首
24-模数转换器	3	8.1.1 节节首
25-STM32F407 数模转换器	6	8.3 节节首
26-ADC HAL 库函数	3	8.4.1 节节首
27-DAC HAL 库函数	3	8.4.2 节节首
28-模数转换器实例	5	8.5 节节首
29-嵌入式操作系统概述	5	9.1 节节首
30-RT-Thread 常用函数	7	9.3 节节首
31-基于 RT-Thread 的 LED 控制	5	9.4.1 节节首
32-基于 RT-Thread 的 ADC 采集	4	9.4.2 节节首

目 录
CONTENTS

配套资源

第1章 嵌入式系统概述

随着科技的飞速发展,嵌入式系统已经成为我们生活中不可或缺的一部分。作为物联网(Internet of Things,IoT)、云计算、人工智能(Artificial Intelligence,AI)等技术的底层技术体系,嵌入式系统的重要性日益凸显。嵌入式系统在工业控制、智能家居、交通管理和国防军事等领域,都发挥着关键的作用。嵌入式系统的广泛应用,提高了设备的智能化水平,为人们的生活带来了更多的便利。未来,嵌入式系统将更加智能化、网络化、集成化,以适应新技术的发展和不断变化的市场需求。

知识目标:
◆ 阐述嵌入式系统的有关概念和特点;
◆ 阐述嵌入式系统的组成;
◆ 说明嵌入式系统的分类;
◆ 说明嵌入式系统的发展趋势;
◆ 说明嵌入式系统的典型应用。

能力目标:
◆ 识别嵌入式软、硬件组成;
◆ 分析嵌入式系统;
◆ 制定嵌入式系统开发流程方案。

素质目标:
◆ 培养创新思维和解决问题的能力;
◆ 增强团队协作和沟通能力;
◆ 提升专业素养和职业道德。

1.1 嵌入式系统定义

电气电子工程师学会(Institute of Electrical and Electronics Engineers,IEEE)对嵌入式系统的定义为:用于控制、监视或者辅助设备、机器和车间运行的装置。

嵌入式系统是一种高度专业化的计算机系统,它们作为设备或装置的核心部分,负责执行特定的控制任务。这类系统通常包含一个嵌入式处理器控制板,其控制程序被存储在只读存储器(Read-Only Memory,ROM)中。从日常生活中的手表、微波炉、录像机到复杂的汽车系统,几乎所有带有数字接口的设备都内置了嵌入式系统。值得注意的是,尽管部分嵌入式系统配备了操作系统以管理硬件资源和提供多任务处理能力,然而,为了降低成本、缩小体积并优化功耗,大多数嵌入式系统倾向采用单一程序架构来集成并实现全部控制逻辑。从更广泛的角度来看,嵌入式系统不仅是软件和硬件的紧密结合体,还包含机械结构等附属装置,形成一个完整的解决方案。国内普遍认同的嵌入式系统的定义为:以应用为中心、以计算机技术为基础、软硬件可裁剪,且适应系统对功能、可靠性、成本、体积、功耗严格要求的专用计算机系统。嵌入式系统的基本结构通常包括硬件平台、嵌入式操作系统、嵌入式应用3部分,嵌入式系统的基本结构如图1-1所示。随着技术的发展,为了提升系统的可移植性和可维护性,许多嵌入式系统设计引入了硬件抽象层(Hardware-Abstraction Layer,HAL),它作为软件和硬件之间的桥梁,简化了底层硬件的访问,使得上层应用程序的开发更加独立于具体的硬件平台。引入硬件抽象层后的嵌入式系统结构如图1-2所示。

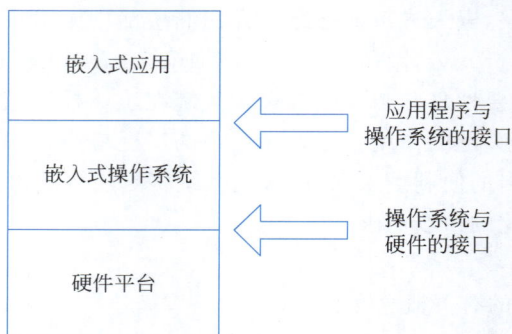

图 1-1 嵌入式系统的基本结构

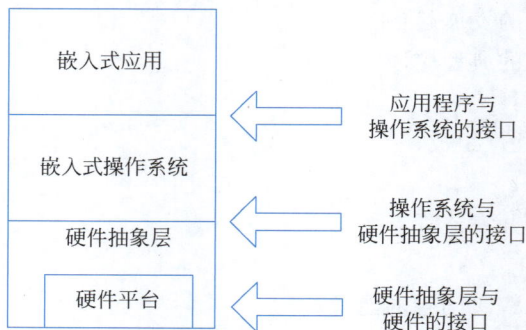

图 1-2 引入硬件抽象层后的嵌入式系统结构

1.1.1 嵌入式微处理器

嵌入式微处理器是一种集成了中央处理单元、内存、外设接口和其他必要组件的芯片,用于控制和执行嵌入式系统的各种任务。嵌入式微处理器将整个计算机系统集成到一块芯片中,是嵌入式系统中的核心部件,使得整个系统在一个芯片上完成,大幅减小了系统的体积和成本。随着人工智能、物联网等技术的不断发展,嵌入式微处理器与这些技术深度融合,实现更加智能化、自动化的功能。

嵌入式微处理器以其定制化的设计、低功耗、高度集成及强大的实时处理能力,成为现代电子设备的核心。它们专为特定应用优化,确保性能与需求精准匹配,同时减少不必要的功耗。高度集成的特性使得嵌入式微处理器能够在一个芯片上实现复杂功能,降低了系统复杂度和成本。在实时处理能力方面,嵌入式微处理器能够迅速响应外部事件,确保系统稳定运行,这对于工业自动化、医疗设备等领域至关重要。此外,其高可靠性和耐用性,使嵌入式微处理器在恶劣环境下也能稳定工作,进一步拓宽了应用领域。

嵌入式微处理器数据处理流程如图1-3所示。嵌入式系统通过输入接口采集数据(如传感器数据、键盘输入数据等),然后嵌入式软件系统对数据进行解析、判断与处理,完成数据处理后,嵌入式系统通过输出接口将运算结果或控制指令传递给外围设备(如显示器、电机驱动器、报警器、通信模块等),外围设备根据接收到的指令执行相应的动作,如显示信息、驱动机械运动、发出警报信号或与其他系统进行数据交换。

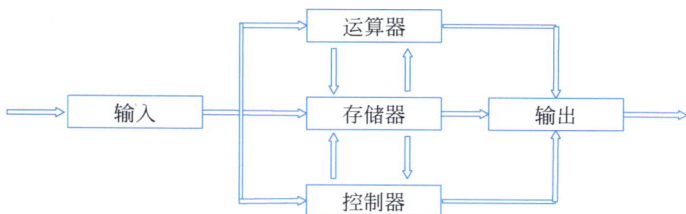

图 1-3 嵌入式微处理器数据处理流程

1.1.2 输入/输出接口

嵌入式系统中的输入/输出(I/O)接口模块起着至关重要的作用,它是连接嵌入式系统与外部环境的桥梁,使得系统能够接收外部输入并产生相应的输出。I/O接口在嵌入式系统中代表输入/输出,指系统与外部设备或环境之间进行数据交换的过程。输入指从外部设备或环境中获取数据,而输出则是将系统内部的数据发送到外部设备或环境中。

嵌入式系统通过I/O接口接收来自传感器、键盘、触摸屏等外部设备的数据,如温度、压力、用户输入等。这些数据是系统进行进一步处理和控制的基础。系统处理后的数据通过I/O接口输出到外部设备,如显示器、执行机构等,以实现信息的显示或控制设备的运行。

(1)通过I/O接口控制外部设备的运行,如通过通用输入/输出口(General Purpose Input/Output,GPIO)控制发光二极管(Light Emitting Diode,LED)灯的亮灭、电机的启停等。

(2)通过I/O接口监测外部环境或设备的状态,如通过温度传感器监测温度、通过光电传感器监测物体的位置等。监测到的数据可以用于系统的实时控制和决策,也可以通过反馈机制调整系统的运行状态。

(3)通过I/O接口与其他设备或网络进行通信,以实现数据的共享和远程控制。例如,通过串行通信接口如通用异步收发器(Universal Asynchronous Receiver and Transmitter,UART)、串行外围设备接口(Serial Peripheral Interface,SPI)、集成电路总线(Inter-Integrated Circuit,I^2C)等与其他设备交换数据,或通过以太网接口接入网络,实现远程监控和管理。

▦ 1.2 嵌入式系统组成

　　嵌入式系统组成如图1-4所示。嵌入式系统由4个层次结构组成,依次为硬件层、中间层、软件层及应用层。这种层次化的结构可以提高系统的可维护性、扩展性和移植性。硬件层是嵌入式系统最底层的部分,由嵌入式微处理器、存储器、通用设备接口等物理部件组成,这一层的主要任务是针对具体的配置硬件进行优化,以确保系统具有更好的性能、可靠性和稳定性。中间层通常被具体化为硬件抽象层或板级支持包(Board Support Package,BSP),其作为硬件层与软件层之间的桥梁,通过抽象化硬件细节,为系统软件和应用软件提供统一、稳定的操作环境。软件层则包含了嵌入式操作系统(Embedded Operation System,EOS)、文件系统、图形用户接口(Graphic User Interface,GUI)等,负责管理系统资源、提供基础服务,并作为应用程序运行的平台。而应用层则直接面向用户需求,通过调用系统软件层提供的接口,实现对硬件设备的控制和管理,完成特定的功能或任务。

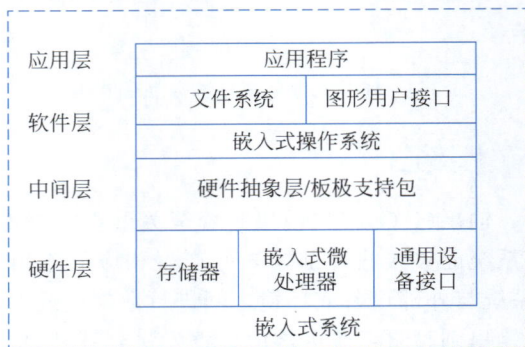

图 1-4　嵌入式系统组成

　　在实际应用中,完整的控制系统通常由嵌入式系统和执行装置共同组成。执行装置,即被控对象,能够接收嵌入式系统发出的控制命令,并据此执行相应的操作或任务。执行装置的复杂程度因应用而异,可以是较为简单的设备,如手机中的微型震动电机,在接收到震动状态的命令时启动;也可以是高度复杂的集成系统,如智能机器人,集成了多个微型控制电机、传感器等组件,能够执行各种复杂的动作、感知并响应多种状态信息,展现出嵌入式系统在智能控制领域的广泛应用潜力和强大能力。

1. 硬件层

　　硬件层包含嵌入式微处理器、存储器、通用设备接口。在嵌入式微处理器基础上添加电源电路、时钟电路和存储器电路,就构成了一个嵌入式核心控制模块。

　　1) 嵌入式微处理器

　　嵌入式系统硬件层的核心是嵌入式微处理器。嵌入式微处理器与通用中央处理器(Central Processing Unit,CPU)的不同在于嵌入式微处理器大多工作在为特定应用环境专门设计的系统中,它将通用CPU许多由板卡完成的任务集成在芯片内部,从而有利于嵌入式系统在设计时趋于小型化,同时还具有很高的效率和可靠性。嵌入式微处理器有各种不同的体系,即使在同一体系中也可能具有不同的时钟频率和数据总线宽度,或集成了不同的外设和接口。

2）存储器

嵌入式系统需要存储器来存放可执行代码和数据。嵌入式系统的存储器包含高速缓冲存储器（Cache）、内存和外存。

（1）Cache。Cache 是一种容量小、速度快的存储器阵列，它位于内存和嵌入式微处理器内核之间，存放的是近一段时间微处理器使用过的程序代码和数据。在嵌入式系统中，Cache 全部集成在嵌入式微处理器内，可分为数据 Cache、指令 Cache 和混合 Cache，Cache 的大小依不同处理器而定。

（2）内存。位于微处理器的内部，用来存放系统和用户的程序及数据。片内存储器容量小、速度快。

（3）外存。外存用来存放数据量大的程序代码或信息，它的容量大，但读取速度与内存相比慢很多，外存常用来长期保存用户的信息。嵌入式系统中常用的外存有硬盘、与非型闪存（NAND Flash）、CF（Compact Flash）卡、多媒体存储卡（Multimedia Card，MMC）、SD（Secure Digital）卡等。

3）通用设备接口

嵌入式系统和外界交互需要一定形式的通用设备接口，外设通过和片外其他设备或传感器的连接来实现微处理器的输入/输出功能。每个外设通常只有单一的功能，它可以在芯片外也可以内置在芯片中。

目前，嵌入式系统中常用的通用设备接口包括：模数转换（Analog-to-Digital Conversion，ADC）接口、数模转换（Digital-to-Analog Conversion，DAC）接口、I/O 接口、串行通信接口、以太网接口、通用串行总线（Universal Serial Bus，USB）接口、音频接口、视频接口、集成电路总线、串行外围设备接口、红外数据接口等。

2. 中间层

在嵌入式系统架构中，位于硬件层与软件层之间的关键层称为中间层，它通常被具体化为硬件抽象层或板级支持包。通过硬件抽象层或板级支持包，系统能够确保底层驱动程序的硬件无关性，使得上层软件开发人员能够专注于应用逻辑的实现，而无须深入了解底层硬件的具体实现细节。软件开发人员只须依据中间层提供的标准接口进行开发，即可实现与硬件的交互。

中间层作为硬件层与软件层之间的桥梁，集成了系统中与硬件紧密相关的众多软件模块。它不仅负责底层硬件的初始化工作，确保硬件在操作系统启动前处于正确的状态，还提供了数据的输入/输出操作接口以及硬件设备的配置功能。这些功能使得系统能够灵活地适应不同的硬件平台。在设计中间层时，通常需要完成两个核心任务，首先是嵌入式系统的底层硬件初始化，这包括了对所有关键硬件组件的初始化配置，以确保它们在系统运行时能够正常工作；其次是功能的实现，这涵盖了设计并集成与硬件相关的设备驱动程序，以便操作系统和上层应用能够通过这些驱动程序与硬件进行交互。

3. 软件层

软件层由嵌入式操作系统、文件系统、图形用户接口等组成。

1）嵌入式操作系统

EOS 是一种专门设计和优化用于嵌入式系统的操作系统。这些系统通常具有资源受限的特点，如微控制器、嵌入式处理器和系统芯片等。嵌入式操作系统的功能主要围绕对硬件资源的有效管理和对应用程序的调度,以实现系统的可靠性、实时性,保证系统效率。

（1）嵌入式操作系统允许开发人员将应用程序分解为多个独立的任务,每个任务执行特定的功能。嵌入式操作系统负责这些任务的创建、删除、调度、切换,包括任务的优先级管理、时间片分配等,确保系统中的多个任务能够适时地运行。

（2）嵌入式操作系统负责管理系统的内存资源,包括分配和释放内存空间,以满足任务的需求。实现内存保护功能,确保任务之间的隔离和系统的稳定性,可以防止一个任务错误地访问或修改另一个任务的内存空间。

（3）嵌入式操作系统提供设备驱动接口,用于与外部设备进行通信和控制,设备可以是传感器、执行器、通信接口等,通过设备驱动程序与这些设备进行交互,实现对设备的控制和管理。

（4）嵌入式系统经常需要响应外部事件和中断请求,嵌入式操作系统提供中断处理机制,允许中断的优先级管理和处理程序的注册和调度,确保及时处理和响应来自外部的事件,保证系统的实时性和响应能力。

（5）在特定嵌入式系统应用中,实时性是一个重要的要求,嵌入式操作系统提供实时调度算法和实时任务管理,以满足对任务响应时间和截止时间的严格要求,确保系统能够在预定的时间内完成关键任务,满足实时性需求。

（6）嵌入式操作系统提供通信机制,允许任务之间进行通信和共享资源,这包括消息队列、信号量、互斥锁等,实现任务之间的同步,确保任务之间的协调一致,避免数据冲突和资源竞争。

（7）嵌入式操作系统通常提供丰富的软件库和开发工具,用于简化嵌入式应用程序的开发和调试过程,并提供友好的开发环境,支持代码的编写、编译、调试和下载等功能,提高开发效率。

2）文件系统

文件系统是嵌入式系统中实现文件存取、管理等功能的模块,提供一系列文件输入/输出等文件管理功能,为嵌入式系统和设备提供文件系统支持。它允许应用程序对存储在外部存储介质（如闪存、硬盘等）上的文件进行操作,如创建、读取、写入、删除等。嵌入式文件系统通常由文件系统接口、软件集合、数据结构等组成,具有结构紧凑、高效管理、使用便捷、安全可靠、可移植等特点。

嵌入式文件系统的应用非常广泛,涵盖了从简单的微控制器系统到复杂的嵌入式系统的各个领域。在实现上,嵌入式文件系统通常需要根据具体的硬件环境和应用需求进行定制和优化。例如,在资源受限的嵌入式系统中,可能需要选择结构紧凑、占用资源少的文件系统；而在需要高可靠性和实时性的系统中,则需要选择具备这些特性的文件系统。嵌入式文件系统是嵌入式系统中不可或缺的重要组成部分,为实现嵌入式系统中大量数据的存储和各种操作的管理提供了强有力的支持。

3）图形用户接口

图形用户接口提供了一种直观的图形化操作界面,使用户能够通过图形、图标、菜单和指向设备等与系统进行交互。嵌入式GUI的主要功能包括窗口管理、图形绘制、用户输入处理、控件管理等,能够提升用户体验和系统操作的便捷性,具有资源占用少、可裁剪、可移植、图形算法简洁和快速、高可靠性等特点。嵌入式GUI广泛应用于各种嵌入式设备和系统中,如个人数字助理(Personal Digital Assistant,PDA)、机顶盒、多用途数字光盘(Digital Versatile Disc,DVD)或数字视频光盘(Video Compact Disc,VCD)播放机、智能手机等。

4. 应用层

应用层是嵌入式系统的最顶层,直接面向用户,包含了用户需要的各种应用程序和服务。应用层的目标是实现系统的最终功能,如数据采集、控制逻辑、用户界面等,以满足用户的特定需求。应用层主要功能包括:通过图形界面、按键、触摸屏等方式,允许用户与系统进行交互;处理用户输入,执行相应的操作,并返回结果给用户;通过中间层或软件层,调用底层硬件或软件资源,完成特定任务。

1.3　嵌入式系统的分类

视频讲解

嵌入式系统的分类方式多种多样,依据不同的分类标准可以划分为不同的类别。具体而言,常见的分类方法主要是按处理器、操作系统以及集成度和应用层次进行分类。

1.3.1　按处理器分类

1. 微控制器

微控制器(Microcontroller Unit,MCU)指将包括中央处理器、随机存储器(Random Access Memory,RAM)、只读存储器、多种 I/O 接口和中断系统、定时器/计数器等功能集成到芯片上构成的微型计算机系统,在工业控制领域广泛应用。例如,51 单片机、ARM 的 Cortex-M 系列(有关 ARM 的详细解释,请参见 2.1.1 节)。

2. 微处理器

微处理器(Microprocessor Unit,MPU)是计算机系统的主处理器单元,通常是一个独立的芯片,它执行所有计算、控制和处理任务。MPU 通常配备与它一起工作的外部存储器(如 RAM、ROM、闪存等)和外部设备(如输入/输出接口、硬盘、网络接口等)。MPU 的处理能力较强,适用于需要大量数据处理和高性能计算的应用。例如,ARM 的 Cortex-A 系列。

3. 数字信号处理器

数字信号处理器(Digital Signal Processor,DSP)指能够实现数字信号处理技术的芯片。数字信号处理器是一种快速强大的微处理器,独特之处在于它能即时处理资料。DSP 芯片的内部采用程序和数据分开的哈佛结构(Harvard Structure),具有专门的硬件乘法器(实现快速傅里叶变换),可以用来快速地实现各种数字信号处理算法。在当今数字化时代背景下,DSP 已成为通信、计算机、消费类电子产品等领域的基础器件。

4. 专用集成电路

专用集成电路(Application Specific Integrated Circuit,ASIC)是应特定用户要求和特定电子系统的需要而设计、制造的集成电路。

1) 片上系统

片上系统(System on Chip,SoC)是一种高度集成的芯片设计,是在单个芯片上集成一个完整的系统,包括处理器、存储器、输入/输出接口、网络接口、音视频接口等多种功能单元,形成完整的系统或产品。这种设计不仅包含完整的硬件系统,还包括嵌入式软件,使得整个系统更加紧凑、高效且易于管理。片上系统的主要特征如下。

(1) 高度集成。将多个功能模块集成在单个芯片上,减少了电路板面积和连接复杂度。

(2) 低功耗。由于集成度高,减少了信号传输距离和功耗损失。

(3) 高性能。通过优化设计和集成高性能组件,提升整体系统性能。

(4) 灵活性。可根据不同应用需求进行定制设计,满足不同场景下的使用要求。

2) 复杂可编程逻辑器件和现场可编程门阵列

复杂可编程逻辑器件(Complex Programming Logic Device,CPLD)由逻辑块、可编程互连通道和I/O块三部分构成,其内部逻辑结构相对简单,采用集中式布线池结构,布线资源相对有限。CPLD的资源规模相对较小,通常包含几十个到数百个逻辑单元,适用于实现相对简单的逻辑功能。

现场可编程门阵列(Field Programmable Gate Array,FPGA)是作为专用集成电路领域中的一种半定制电路出现的,它既解决了定制电路的不足,又克服了原有可编程器件门电路数有限的缺点。FPGA由可编程输入/输出单元、基本可编程逻辑单元、嵌入式块RAM、丰富的布线资源、底层嵌入功能单元和内嵌专用硬核等6部分组成,其内部逻辑结构复杂,布线资源丰富,允许设计者在不同逻辑元件之间建立自定义的连接关系。FPGA的资源规模比CPLD大得多,一块FPGA芯片通常可以包含数千个到数百万个逻辑单元,能够实现更加复杂和高密度的逻辑设计。

CPLD和FPGA芯片开发采用硬件描述语言(Hardware Description Language,HDL)。HDL是一种用来设计数字逻辑系统和描述数字电路的语言,常用的硬件描述语言主要有超高速硬件描述语言(Very-High-Speed Hardware Description Language,VHDL)、Verilog HDL等。生产CPLD和FPGA的主要厂商有阿尔特拉公司(Altera)、赛灵思公司(Xilinx)、紫光同创、安路科技、高云半导体等。

3) 全定制集成电路

全定制集成电路是嵌入式系统硬件设计中的一个重要组成部分,它代表着一种高度定制化的集成电路设计方法。全定制集成电路是通过按规定的功能、性能要求,对电路的结构布局、布线均进行专门的最优化设计,以实现芯片面积的高效利用、优化性能和降低能耗的一种集成电路设计方法。

全定制集成电路在嵌入式系统领域有着广泛的应用,特别是在对性能、功耗和面积有严格要求的应用场景中,如高端处理器、高性能计算平台、军事和航空航天设备等。这些应用对芯片的性能和可靠性要求极高,因此采用全定制集成电路设计方法能够更好地满足这些需求。

1.3.2　按操作系统分类

1. 通用嵌入式操作系统

通用嵌入式操作系统是一种广泛应用于嵌入式系统的操作系统。通常包括与硬件相关的底层驱动软件、系统内核、设备驱动接口、通信协议、图形界面、标准化浏览器等组件,通用嵌入式操作系统的主要功能是管理嵌入式系统的硬件和软件资源。

通用嵌入式操作系统支持多任务处理,同时保持系统的小型化和紧凑性,以适应嵌入式设备的有限资源。它具有良好的可定制性和可移植性,能在不同硬件平台上稳定运行,并具备高度的可靠性和安全性,为嵌入式设备提供稳定、高效、安全的运行环境。主要应用于信息家电(如网络冰箱、机顶盒、家庭网关、数字机顶盒等)、移动计算设备(如手机、掌上电脑等)、网络设备(如路由器、交换机等)等领域。

2. 实时嵌入式操作系统

实时嵌入式操作系统(Real Time Embedded Operating System,RTEOS)是一种特殊类型的嵌入式操作系统,如 VxWorks、μCLinux、eCOS 等,其专门用于管理和调度嵌入式系统中的实时任务,确保在特定的时间限制内,系统能够对外部事件或数据做出快速且准确的响应。

1) VxWorks

VxWorks 是美国风河(Wind River)公司的产品,以其高度可靠性、卓越的实时性和灵活性而著称,为开发者提供了丰富的功能和工具,包括任务调度、内存管理、设备驱动程序、网络协议栈等。VxWorks 支持多处理器间和任务间高效的通信机制,如信号灯、消息队列等,并允许开发者根据硬件平台和应用需求进行裁剪和配置。该系统广泛应用于通信、军事、航空、航天等高精尖技术及实时性要求极高的领域,应用场景如卫星通信、军事演习、飞机导航等,展现了其强大的性能和广泛的应用价值。

2) μCLinux

μCLinux 是一种专为嵌入式系统设计的 Linux 操作系统。它主要面向没有内存管理单元(Memory Management Unit,MMU)的处理器,通过裁剪和优化 Linux 内核,实现了在资源受限环境下的高效运行。μCLinux 继承了 Linux 的稳定性和良好的移植性,同时保留了大部分 Linux 的优点,如优秀的网络功能和丰富的应用程序接口(Application Program Interface,API)支持。其内核和应用程序都经过精简,以减少内存占用,适合在内存和存储资源有限的嵌入式设备上使用。此外,μCLinux 还支持多种处理器架构,具有良好的兼容性和可定制性,广泛应用于智能设备、工业自动化、网络通信等领域。

3) eCOS

嵌入式可配置操作系统(embedded Configurable Operating System,eCOS),是一种基于开放源代码的实时嵌入式操作系统,以其高度可配置性、小尺寸和高可靠性著称。eCOS 的设计目标是适应各种嵌入式设备,允许开发人员根据应用程序的需求选择和配置所需的内核功能和设备驱动程序。eCOS 内核是一个小型但功能强大的实时嵌入式操作系统内核,它采用了可插拔的体系结构,使开发者能够选择所需的操作系统功能,从而优化系统的大小和性能。此外,eCOS 还提供了任务管理、内存管理、设备驱动程序和网络支持等核心功能,以确保系统的稳定性和实时性。作为开放源代码软件,eCOS 在 GNU 通用公共许可证下可用,用户可以自由使用和修改其源代码,并且无须支付任何版权费用。

3. 无嵌入式操作系统

无嵌入式操作系统,通常指不依赖嵌入式操作系统运行的设备或系统。这类设备往往执行相对简单且控制不复杂的任务,其软件架构可能包括无限循环设备中断测试、轮询设备等,而不涉及复杂的任务调度、文件系统或内存管理。在无嵌入式操作系统的环境中,设备驱动程序直接提交给应用软件,应用软件直接访问设备驱动接口而不跨越任何层次结构。因而,无嵌入式操作系统适用于执行简单任务的设备,其软件架构相对简单,直接访问硬件的方式简化了系统结构并且提高了系统的响应速度,但同时也限制了系统的复杂性和可扩展性。

1.3.3 按集成度和应用层次分类

嵌入式系统按集成度和应用层次分类如图 1-5 所示,分为芯片级、板级、设备级嵌入式系统。芯片级、板级和设备级嵌入式系统代表了从基础硬件到完整产品的不同层次,每一层级都有其特定的定义、特点和应用场景。在实际应用中,根据具体需求选择合适的层级进行开发和设计。

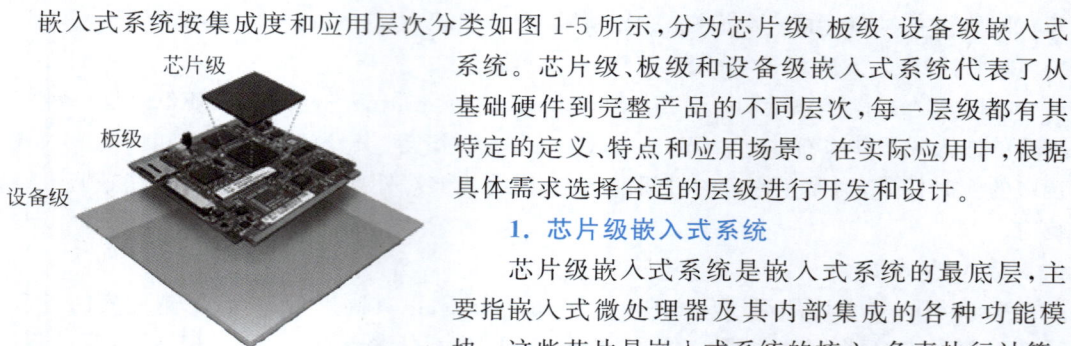

图 1-5 嵌入式系统按集成度和应用层次分类

1. 芯片级嵌入式系统

芯片级嵌入式系统是嵌入式系统的最底层,主要指嵌入式微处理器及其内部集成的各种功能模块。这些芯片是嵌入式系统的核心,负责执行计算、控制、数据处理等任务。芯片内部集成了处理器核心、内存、输入/输出接口等多种功能模块,实现了计算机系统的基本功能。通过编程,用户可以自定义芯片的行为和功能,满足不同的应用需求。芯片级嵌入式系统通常针对低功耗设计,适用于需要长时间运行的设备。芯片级嵌入式系统广泛应用于各种需要高度集成和低功耗的场合,如智能家居设备、可穿戴设备、工业传感器等。

2. 板级嵌入式系统

板级嵌入式系统指将嵌入式芯片与外围电路、接口、电源等元件集成在一块电路板上形成的嵌入式系统。板级嵌入式系统不仅包含了嵌入式芯片,还包括了必要的电路和接口,以实现与外部设备的交互,通常采用模块化设计,便于扩展和升级。板级嵌入式系统提供了多种接口,如 USB、串行通信接口、以太网接口等,便于与其他设备或系统进行连接和通信。板级嵌入式系统通常提供丰富的开发资源和工具,如开发板、示例代码、文档等,降低了开发难度。板级嵌入式系统广泛应用于各种需要一定处理能力和扩展性的场合,如智能安防系统、工业自动化控制系统、通信设备等。

3. 设备级嵌入式系统

设备级嵌入式系统指将嵌入式系统(可能是一个或多个板级嵌入式系统)集成到具体的设备或产品中,形成具有特定功能的完整系统。设备级嵌入式系统不仅包含了嵌入式系统的所有硬件和软件,还包括了机械结构、外观设计、用户界面等因素。设备级嵌入式系统具有完整的功能和性能,能够满足特定应用场景的需求,通常具有友好的用户界面和交互方式,便于用户操作和使用,在设计时需要考虑到各种安全性和可靠性因素,确保设备在复杂环境下能够稳定运行。设备级嵌入式系统广泛应用于各种需要高度智能化和自动化的场合,如智能手机、平板计算机、汽车电子、医疗设备、航空航天等。

📊 1.4 嵌入式系统的特点 ◆

从某种意义上来说,通用计算机行业的技术是垄断的,而嵌入式系统工业则不同。嵌入式系统工业充满了竞争、机遇与创新,即便在体系结构上存在着主流,也没有哪个系列的处理器和操作系统能够垄断全部市场。各不相同的应用领域决定了不可能由少数公司、少数产品垄断全部市场。因此,嵌入式系统领域的产品和技术,必然是高度分散的,留给各个行业技术公司的创新余地很大。另外,各个应用领域是不断向前发展的,这就要求其中的嵌入式核心处理器也要同步发展,这也构成了推动嵌入式系统工业发展的强大动力。嵌入式系统工业的基础是以应用为中心的"芯片"设计和面向应用的软件产品开发。嵌入式系统是面向用户、面向产品、面向应用的,不能独立于应用自行发展,否则便会失去市场。嵌入式系统的核心部件,即嵌入式微处理器的功耗、体积、成本、处理能力和电磁兼容性等方面均受到应用要求的制约,这些也是各个半导体厂商之间竞争的热点。嵌入式系统的硬件和软件设计都必须精心考虑,力争实现更高的性能,只有这样,才能在具体应用时更具有竞争力。嵌入式微处理器要针对具体需求,对芯片配置进行裁剪和添加才能达到理想的性能。由于嵌入式系统和具体应用有机地结合在一起,因此具有较长的生命周期。

嵌入式系统是一种将先进的计算机技术、半导体技术和电子技术与各个行业的具体应用相结合的产物。它是以应用为中心,以现代计算机技术为基础,能够根据用户需求(功能、可靠性、成本、体积、功耗等)灵活裁剪软硬件模块的专用计算机系统。嵌入式系统具有以下特点。

1)专用性

嵌入式系统是为特定应用而设计的,其软硬件紧密集成,形成一个不可分割的整体。这种设计方式使得嵌入式系统能够更加精准地满足特定需求,提供高效、稳定的服务。与通用计算机系统相比,嵌入式系统更加注重系统的整体性能和可靠性,而非单一组件的先进性。因此,嵌入式系统的软硬件设计都围绕着应用需求展开,确保系统能够在实际应用中发挥出最佳性能。

2)可裁剪性

嵌入式系统具有灵活的可裁剪性,能够根据应用需求对软硬件进行裁剪和配置。这种特性使得嵌入式系统能够适应各种差异性极大的设计指标要求,如功能、性能、可靠性、成本、功耗等。通过裁剪不必要的软硬件模块,嵌入式系统能够在满足应用需求的同时,降低系统成本和功耗,提高系统的整体性价比。此外,可裁剪性还使得嵌入式系统能够更快地适应市场变化和技术发展,保持竞争力。

3)小型化与低功耗

嵌入式系统的体积和重量通常比较小,这使得它们能够方便地嵌入目标设备中,也有利于节省空间和资源,小型化的设计也使得嵌入式系统在便携式设备、智能家居等领域具有广泛的应用前景。嵌入式系统的功耗通常比较低,这能够延长电池寿命并减轻散热问题。对于许多便携式设备(如移动电话、MP3、数码相机等)来说,低功耗是非常重要的一个特性,通过降低功耗,嵌入式系统能够为用户提供更长的使用时间和更好的使用体验。

4)实时性与可靠性

嵌入式系统通常需要在规定的时间内完成任务,对实时性和可靠性有较高的要求。实时性在过程控制、数据采集、传输通信等场合尤为重要,通过优化系统设计和算法,嵌入式系统能够确保在规定的时间内准确、可靠地完成任务。嵌入式系统的可靠性通常比较高,因为它们可能工作在环境恶劣或有较高安全性要求的场景中。为了确保高可靠性,嵌入式系统通常具有系统测试和可靠性评估体系;此外,嵌入式系统的软硬件设计也注重容错和故障恢复机制,以进一步提高系统的可靠性。

5）软件设计紧凑

嵌入式系统的软件设计具有紧凑的特点，以适应有限的存储空间。由于嵌入式系统通常运行在资源受限的环境中，因此其软件代码需要经过精心设计和优化以确保高效运行。嵌入式软件设计紧密结合硬件平台，通过精简的代码和优化的算法，实现系统功能的最大化。紧凑设计不仅可以减少存储需求，还可以提升运行效率，确保实时响应。

6）需要开发环境和工具链

嵌入式系统的开发需要特定的开发环境和工具链支持。这些工具包括编译器、调试器、仿真器等，它们能够帮助开发人员高效地完成嵌入式系统的设计和开发工作。同时，嵌入式微处理器通常包含专用调试电路以支持开发和调试过程。这些工具和环境使得嵌入式系统的开发过程更加便捷和高效，降低了开发成本和风险。

7）较长的生命周期

嵌入式系统往往具有较长的生命周期，因为它们被设计用于长期运行在特定的应用环境中。这种长期运行的要求使得嵌入式系统需要具备高度的稳定性和可靠性以确保系统的长期稳定运行。同时，较长的生命周期也意味着嵌入式系统需要不断适应市场变化和技术发展以保持竞争力。因此，嵌入式系统的设计和开发需要充分考虑系统的可扩展性和可维护性，以确保其长期稳定运行和持续发展。

▩ 1.5　嵌入式系统的发展趋势　◆

随着科技的飞速进步，嵌入式系统正处于前所未有的高速发展阶段，其竞争态势也越发激烈。这一领域的快速发展不仅推动了技术创新，还深刻影响着日常生活和社会进步。

1. 联网成为必然趋势

随着物联网技术的普及和发展，嵌入式系统作为物联网感知层的重要组成部分，将更加深入地与物联网技术相融合，嵌入式设备将通过各种传感器和通信模块，实现与互联网的连接和数据交互，从而在各种智能应用场景中发挥关键作用，这种深度融合将推动智能家居、智慧城市、工业自动化等领域的快速发展。

嵌入式系统将更加注重云计算与边缘计算的结合。云计算为嵌入式系统提供了强大的数据处理和存储能力，而边缘计算则能够减少数据传输的时延和带宽消耗，通过合理利用这两种计算模式，嵌入式系统可以在保证数据处理效率的同时，降低对云服务的依赖，提高系统的可靠性和稳定性。

为了更好地实现联网功能，嵌入式系统将不断升级无线通信技术，从传统的无线保真（Wireless Fidelity，Wi-Fi）、蓝牙等短距离通信技术，到窄带物联网（Narrow Band Internet of Things，NB-IoT）、远距离无线电（Long Range Radio，LoRa）等低功耗广域网技术，嵌入式系统将选择更适合自身应用场景的通信技术，以实现更加高效、稳定的数据传输。

2. 小尺寸、微功耗和低成本

随着半导体技术的不断进步，嵌入式系统的核心组件如嵌入式微处理器、存储器、传感器等实现高度集成，使得整个系统能够在更小的尺寸内实现复杂的功能。这种趋势不仅满足了便携式设备对空间的需求，也推动了嵌入式系统在更多紧凑空间中的应用。为了提高系统的灵活性和可扩展性，嵌入式系统越来越注重模块化设计。通过将系统划分为多个独立的模块,可以方便地进行组合和替换,从而适应不同应用场景的需求。这种设计方式也有助于减小系统的整体尺寸。

嵌入式系统在硬件和软件层面都进行了低功耗设计。硬件方面,采用低功耗的处理器和元器件;软件方面,通过优化算法和电源管理策略,降低系统的能耗。这些措施使得嵌入式系统能够在保证性能的同时,显著降低功耗,延长设备的使用时间。随着环保意识的增强,嵌入式系统还开始探索能源回收与利用的新技术。例如,通过收集环境中的微弱能量(如太阳能、振动能等)为系统供电,或者采用能量收集技术将设备使用过程中产生的废热转换为电能。

随着嵌入式系统市场的不断扩大,规模化生产成为降低成本的重要手段。通过优化生产流程、提高生产效率,可以降低单个产品的生产成本。开源软件和标准化硬件的普及也降低了嵌入式系统的开发成本,开发者可以利用开源软件快速构建系统原型,减少重复劳动;同时,标准化的硬件接口和协议也降低了系统集成的难度和成本。

3. 多样化的人机界面

随着技术的不断进步,嵌入式系统的人机界面将更加多样化,除了传统的触摸、按键等交互方式外,未来的嵌入式系统还将支持更多的交互模态,如手势识别、眼动追踪、语音控制等,这些多模态交互方式将为用户提供更加灵活和便捷的交互体验。同时,人机界面设计也将更加注重使用者体验,通过直观的图形、语音交互等方式,使用者能够更轻松地与设备进行交互,提高操作效率和便捷性。未来的嵌入式系统人机界面也将更加智能化,能够根据使用者的习惯和需求进行多样化的自适应调整。

4. 人工智能

人工智能技术飞速发展,嵌入式系统将更加紧密地与其相结合。这种集成不仅体现在硬件层面,如嵌入式 AI 芯片的设计和优化,更在于软件算法的深度融合。未来的嵌入式系统将具备更强的数据处理和智能决策能力,能够在边缘端实现更复杂的计算和推理,从而推动各个领域的智能化升级。嵌入式系统将在人工智能的加持下,实现更高层次的自主学习和持续优化,通过集成先进的机器学习算法,嵌入式设备能够根据实际使用情况和环境变化,自动调整和优化其性能参数,以适应不同的应用场景和需求,这种自主学习能力将极大地提升嵌入式系统的灵活性和适应性。

5. 系统安全性

随着嵌入式系统的广泛应用,嵌入式系统的数据安全和隐私保护问题日益受到关注。为了保障用户数据的安全和隐私,嵌入式系统将在硬件和软件层面加强安全设计,通过采用加密技术、安全认证机制等措施,提高系统的安全性和可靠性。同时,系统还将具备更高的可靠性和稳定性,以应对复杂多变的应用环境。

1.6 嵌入式系统的典型应用

嵌入式系统发展之初是将具有计算、存储和处理能力的微型计算机嵌入特定的对象体系或设备中,从而使这些原本不具备智能或自动化能力的对象系统获得智能化的控制与管理能力。随着技术的快速发展,嵌入式系统这一融合了电子、计算机、通信等多学科技术的综合性领域,展现出多样化的应用形态和鲜明的行业特色。每个细分领域内,嵌入式系统以其高度的定制化、强大的实时处理能力和低功耗设计,成为推动行业创新、提升产品竞争力的核心动力。通过嵌入式技术构建的智能系统,能够更精准地采集数据、更高效地处理信息、更智能地做出决策,嵌入式系统已广泛应用于工业控制、交通管理、智能家居、物联网、机器人、智能汽车、军事、智能制造等众多领域。

1. 工业控制

嵌入式系统在工业控制中的应用极为广泛且深入,是推动工业自动化和智能化进程的关键技术。嵌入式系统是实现生产线自动化控制的核心,通过预先设定的算法和策略,能够精确控制生产设备等,确保生产过程的稳定、高效和准确。在生产线上,嵌入式系统能够实时监测设备的运行状态和性能参数,通过收集和分析设备的运行数据,进行故障预测和预防性维护,一旦发现异常情况,如温度过高、振动过大等,会立即发出警报并采取相应的措施,避免设备故障的发生。嵌入式系统广泛应用于嵌入式生产车间、数控设备、工程机械等。嵌入式系统的工业应用如图 1-6 所示。

| 嵌入式生产车间 | 数控设备 | 工程机械 | 医疗设备 |

图 1-6　嵌入式系统的工业应用

2. 交通管理

嵌入式系统通过集成传感器、摄像头等设备,实现了交通管理的智能化和高效化。

嵌入式系统能够实时监测交通流量、车辆队列长度等信息,并据此动态调整信号灯的时序,优化交通流,减少拥堵和等待时间,提高交通效率。这种智能信号灯控制系统能够根据实时交通状况进行灵活调整,确保交通顺畅。利用嵌入式技术和图像处理算法,车牌识别系统能够实现对车辆的自动识别和统计,这种系统广泛应用于停车场管理、交通违法监控等领域,提高了交通管理的效率和准确性。同时,嵌入式摄像头和传感器网络能够监控交通路口,识别车辆、行人和自行车,确保交通安全。

嵌入式系统通过收集实时交通信息,如路况、车速、车流量等,为驾驶员提供实时导航和路况提示,帮助他们选择最佳路线,减少拥堵时间,这种智能交通信息服务大幅提高了出行效率和便利性。嵌入式系统还能够帮助实现交通管理的节能和环保目标,例如,在路灯控制系统中,嵌入式设备可以根据实时的环境信息(如天气、亮度、交通流量等)来智能控制路灯的亮度和开关状态,实现能耗的最小化。

在公共交通领域,嵌入式系统被用于公交车的调度和管理,通过卫星定位和嵌入式设备实时监测公交车辆的位置、行驶速度和客流情况,与调度中心进行信息交互,优化公交线路和车辆调度方式,提高公交运营效率和服务质量。嵌入式智能公交系统如图 1-7 所示。

3. 智能家居

嵌入式系统在智能家居中应用广泛,带来了便捷、舒适且智能的生活体验。

嵌入式系统作为智能家居的控制核心,能够实现对家中各种设备的远程控制和智能管理。通过手机应用(Application,App)或语音助手等设备,轻松实现灯光、空调、窗帘等设备的开关、调节和定时功能,大幅提升了生活的便利性。嵌入式系统结合摄像头、传感器等设

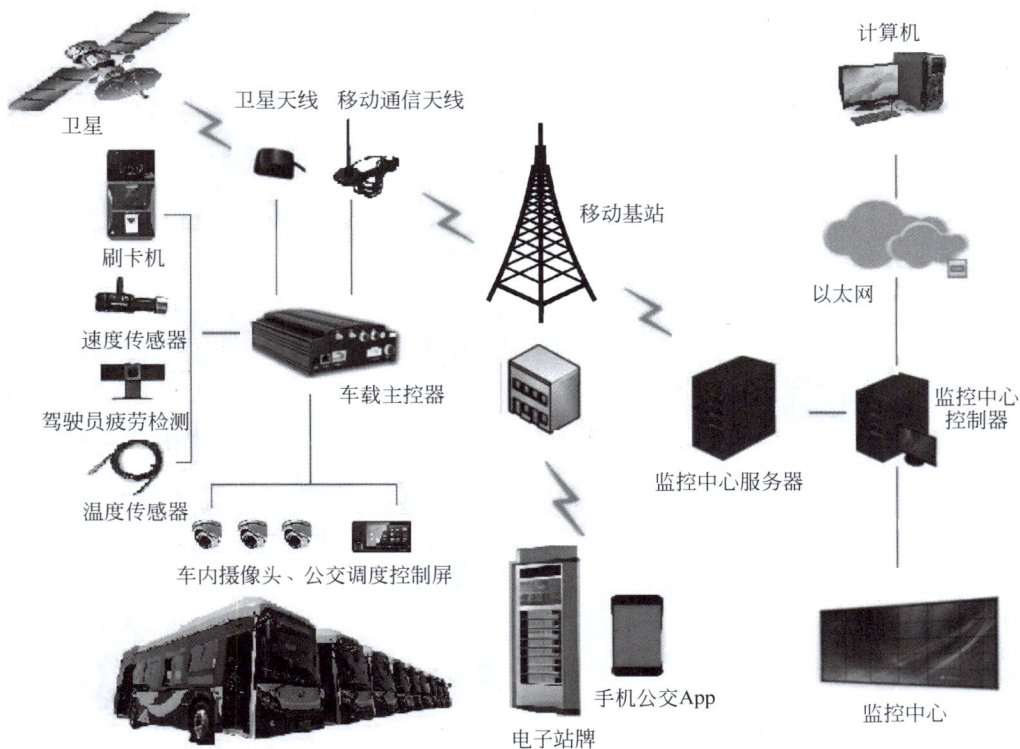

图 1-7　嵌入式智能公交系统

备,实现了对家庭安全的全方位监控,当检测到异常情况,如入侵、火灾等,系统会立即发送警报信息给用户,确保家庭安全,这种智能化的安全监控方式,为用户提供了更加安心的生活环境。

嵌入式系统能够接入温湿度传感器、空气质量传感器等设备,实时监测家庭环境状态,并根据设定的条件进行自动调节,通过嵌入式系统的智能控制,可以实现家居设备的能源高效利用。例如,在无人居住时自动关闭不必要的电器设备,减少能源浪费。

嵌入式智能家居系统如图 1-8 所示。

4. 物联网

物联网指通过信息传感设备按照约定的协议,把任何物品与信息网络连接起来,进行信息交换和通信,以实现智能化的识别、定位、跟踪、监控和管理的一种网络。物联网的核心和基础仍然是互联网,它是在互联网基础上延伸和扩展的网络,其用户端延伸和扩展到了任何物体与物体之间进行信息交换和通信。

目前较为公认的物联网的定义是:通过射频识别(Radio Frequency Identification,RFID)装置、红外感应器、全球定位系统、激光扫描器等信息传感设备,按约定的协议,把任何物品与互联网相连接,进行信息交换和通信,以实现智能化识别、定位、跟踪、监控和管理的一种网络。嵌入式系统满足物联网对设备功能、可靠性、成本、体积、功耗等的综合要求,可以按照不同应用定制裁剪的嵌入式技术,该技术是实现物联网的重要基础,其应用领域广泛,包括智能家居、智慧城市、智能交通、医疗、农业等。

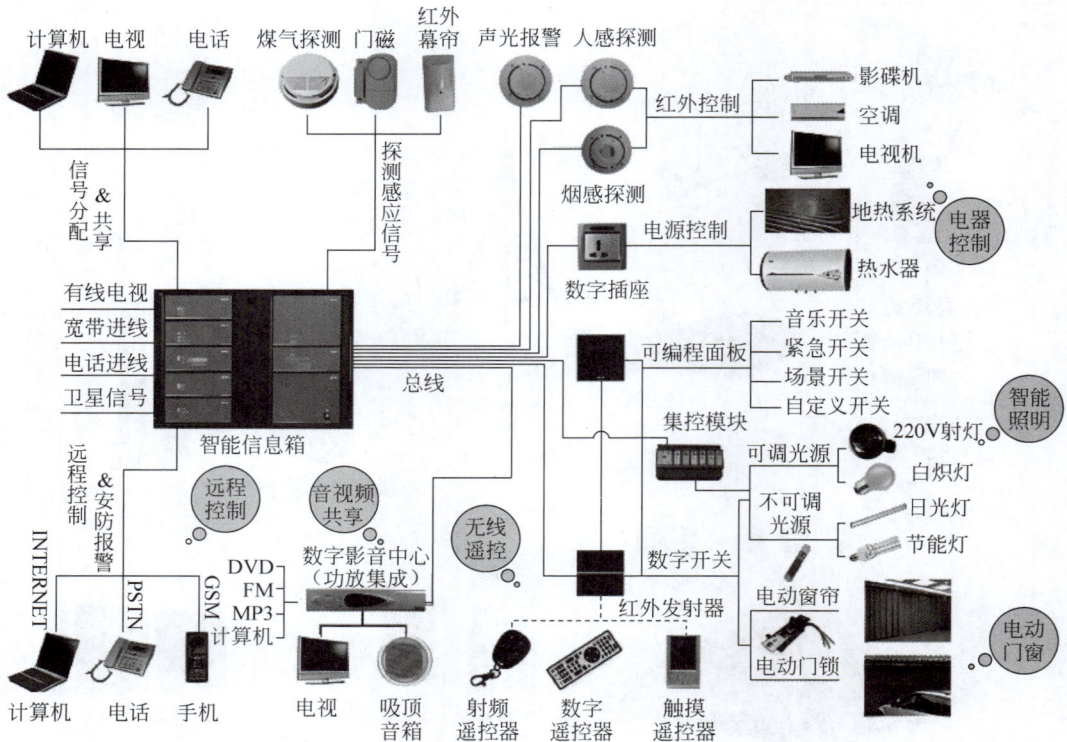

图 1-8　嵌入式智能家居系统

　　工业物联网是物联网技术在工业生产领域的应用,旨在实现工业设备的智能化、自动化和网络化,专注于将具有感知、监控能力的各类传感器或控制器,以及移动通信、智能分析等技术融入工业生产过程,以提高生产效率、质量和安全性。工业物联网是工业 4.0 时代的重要特征,也是数字化转型的核心驱动力。工业物联网的结构如图 1-9 所示。

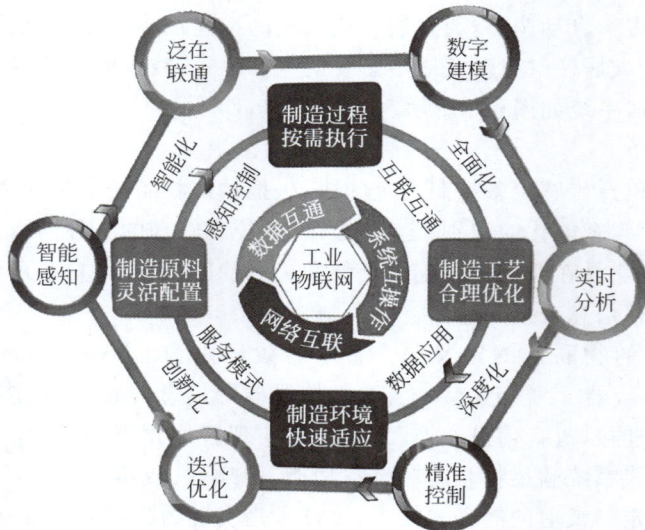

图 1-9　工业物联网的结构

5. 机器人

机器人是自动执行工作的机器装置。无论在工业控制中还是在商业领域里,机器人技术都得到了广泛的应用,机器人组成部分示意如图 1-10 所示。

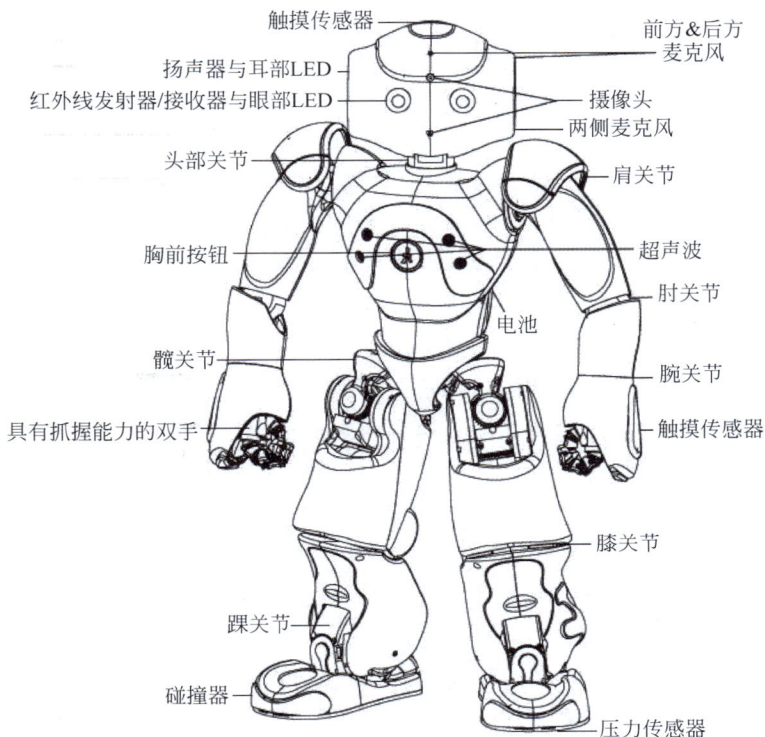

触摸传感器
扬声器与耳部LED
红外线发射器/接收器与眼部LED
头部关节
胸前按钮
髋关节
具有抓握能力的双手
踝关节
碰撞器

前方&后方麦克风
摄像头
两侧麦克风
肩关节
超声波
肘关节
腕关节
触摸传感器
电池
膝关节
压力传感器

图 1-10　机器人组成部分示意

传感器、运动控制器和算法共同构成了机器人技术的基础框架,它们之间的紧密协作使得机器人能够在各种应用场景中展现出强大的智能与自主能力。

传感器为机器人提供了感知环境和自身状态的能力,常见的机器人传感器包括摄像头(用于图像获取与处理)、压力传感器(检测机器人与环境之间的相互作用力)、触摸传感器(感知物体的表面特性)及超声波(在机器人移动和操作中提供距离信息),这些传感器的高精度、高稳定性和强抗干扰能力确保了机器人能够准确感知周围环境,为决策和行动提供可靠依据。

机器人运动控制器是控制和管理机器人运动的核心设备或软件,负责接收来自传感器的数据,执行预设的算法,并发出指令以驱动机器人执行各种动作。运动控制器通常是嵌入式电路、可编程逻辑器件等形式,具有高速计算能力和实时响应特性,通过精确的运动控制和协调,机器人能够在复杂环境中完成各种任务,如搬运、装配、喷漆、焊接等。

机器人算法是指导机器人进行感知、决策和行动的数学和计算方法,包括感知算法(如图像处理、目标检测与跟踪)、定位与导航算法(如路径规划算法)、运动控制算法(如 PID 控制算法)以及机器学习算法(如强化学习、监督学习),机器人算法通常运行在嵌入式硬件系统上,使得机器人能够在更加复杂和多变的环境中自主决策、精确控制,并不断提升其智能化水平。

6. 智能汽车

在智能汽车领域,嵌入式系统负责控制车辆的各种功能,如驾驶、导航、安全监测等,是智能汽车技术的核心组成部分。嵌入式系统具有极高的实时性,能够在几毫秒内完成数据处理和决策制定,满足智能汽车对快速响应的需求。嵌入式系统在智能汽车领域通常采用冗余设计,即使用多个独立但互补的传感器和处理器来检测同一事件,以提高决策的准确性和可靠性。针对不断进步的技术和不断变化的路况,嵌入式系统具备良好的适应性,能够实时更新算法和参数,以适应新的驾驶环境。

智能汽车配备了多种传感器,如摄像头、雷达、激光雷达和高精度地图定位模块等。这些传感器实时收集车辆周围的环境信息,并将数据传输给嵌入式系统进行处理。嵌入式系统需要具备高性能的处理器,以便快速分析这些数据,并做出相应的决策。嵌入式系统通过接收传感器数据和预设的算法,控制车辆的方向盘、油门、刹车等关键部件,实现智能驾驶。这些控制操作需要极高的精确度和实时性,以确保车辆行驶的安全和稳定。

嵌入式系统利用高精度地图和实时路况信息,为智能汽车规划出最优的行驶路径。同时,系统还需要根据实时路况和交通信号进行动态调整,确保车辆能够顺利到达目的地。嵌入式系统还负责监测车辆和周围环境的安全状况,如检测障碍物、预测碰撞风险等。一旦发现潜在危险,系统会立即发出预警信号,并采取相应的避让措施,以保障乘客和行人的安全。

随着人工智能、机器学习和物联网技术的发展,嵌入式系统在智能汽车中的应用将更加广泛。未来,嵌入式系统将通过更先进的处理器和算法更快速、更准确地处理传感器数据,提高智能汽车的决策水平。通过引入更多的安全监测和预警机制,嵌入式系统将能够更全面地保障智能汽车的安全性,降低事故发生的概率。嵌入式系统将与其他车辆和基础设施进行实时通信,实现车联网功能,为智能汽车提供更加全面的路况信息和行驶建议。嵌入式系统在智能汽车领域的应用如图 1-11 所示。

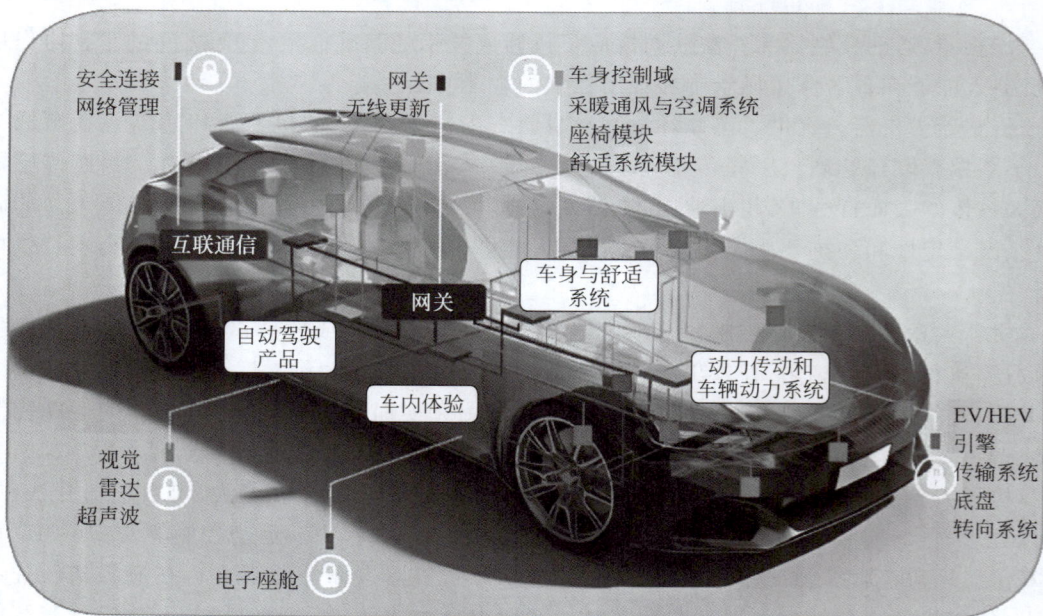

图 1-11　嵌入式系统在智能汽车领域的应用

7. 军事

嵌入式系统在军事领域具有广泛的应用,其重要性日益凸显。军用嵌入式系统指以插件或芯片形式嵌入武器装备或武器装备系统的内部,并智能地完成武器系统功能的专用计算机,通常具有体积小、重量轻、功耗低、适应工作环境能力强、实时性强、可靠性高等特点。国产军事机械狗如图1-12所示。

图 1-12 国产军事机械狗

军事机械狗内部集成了嵌入式智能平台,通过嵌入式系统,机械狗能够接收并分析来自多种传感器(如摄像头、雷达、红外传感器等)的实时数据,进行智能决策和路径规划。嵌入式系统使军事机械狗能够实现自主导航,根据预设任务或实时指令,在复杂地形中自主移动,并利用传感器信息避开障碍物,确保任务顺利完成。尽管军事机械狗本身不具备直接打击能力,但它可以携带或配合其他具有精确制导能力的武器系统。嵌入式系统在这些武器系统中发挥关键作用,通过精确制导算法和实时数据处理,确保武器能够准确命中目标,显著提高作战效能。

嵌入式系统支持高速数据通信,使军事机械狗能够通过无线网络与其他作战单元进行实时数据传输和通信,确保战场信息的及时共享和协同作战。操作人员可以通过远程控制系统对军事机械狗进行实时操控,调整其运动状态和执行任务,嵌入式系统为远程操控提供了稳定可靠的通信和数据传输支持。嵌入式系统具有高可靠性和稳定性,能够在极端恶劣的军事环境中正常工作。这使得军事机械狗能够在高温、低温、潮湿、沙尘等恶劣环境下执行任务,显著提高了作战的灵活性和适应性。随着人工智能技术的不断发展,嵌入式系统在军事机械狗中的应用将更加智能化,使其能够执行更复杂的任务和决策。军事机械狗作为无人化作战平台的重要组成部分,将在未来战争中发挥越来越重要的作用。嵌入式系统将成为实现无人化作战的关键技术之一。

8. 智能制造

智能制造的核心是"联接",即将传感器、嵌入式终端系统、智能控制系统、通信设施等通过信息物理系统(Cyber-Physical System,CPS)形成一个智能网络。这个智能网络实现了人与人、人与机器、机器与机器、服务与服务之间的互联,从而达到横向、纵向和端到端的高度集成。

在传统工业的改造升级过程中,采用嵌入式解决方案是实现工业4.0、工业互联网、智能制造等任务的最佳途径之一。嵌入式系统通过智能网络,将各种设备和系统联接起来,实现了生产过程的智能化和自动化。这不仅提高了生产效率和质量,还降低了人力成本,为企业带来了更大的竞争优势。工业智能制造如图1-13所示。

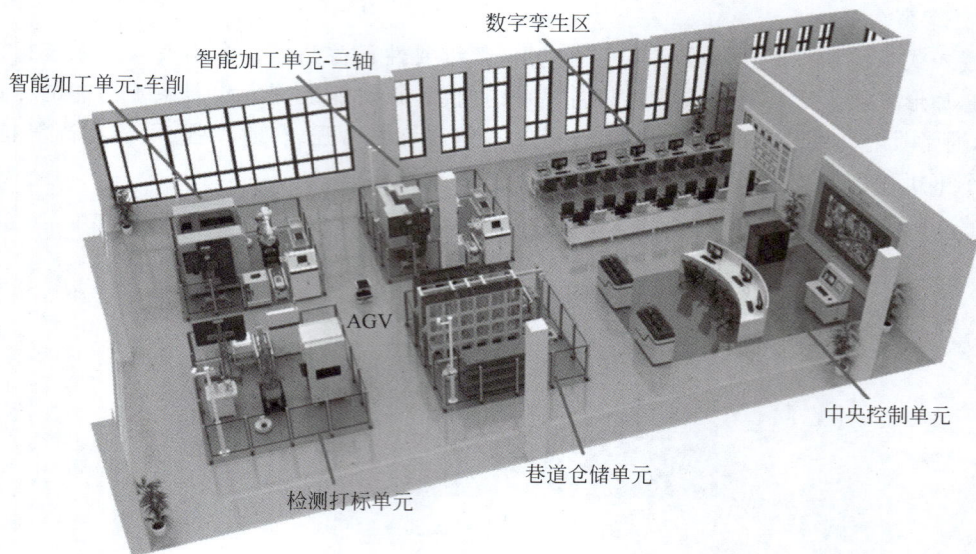

图 1-13   工业智能制造

【本章小结】

本章从嵌入式系统的定义和组成出发详细阐述嵌入式系统的有关概念和特点,并按处理器、操作系统以及集成度和应用层次的分类标准对嵌入式系统进行分类。通过介绍嵌入式系统的特点、发展趋势及其典型应用增强学生对于嵌入式系统软硬件组成的认识,培养创新思维和问题解决能力,增强专业素养。通过本章的学习,学生需要熟悉并掌握嵌入式系统的有关概念、基本组成、特点,认识和了解嵌入式系统的现状、发展趋势、应用领域。

【思政元素融入】

在嵌入式系统的典型应用中融入中国制造的成功案例,展示我国在嵌入式系统方向的最新成果,激发学生的爱国情怀和民族自豪感。授课过程中通过展示国产自主研发嵌入式芯片及操作系统的开发过程,强化爱国教育与敬业教育,培养学生的职业道德和工匠精神,增强学生的社会责任和国家意识。这不仅有助于提升学生的专业素养和实践能力,也为培养具有爱国情怀、创新精神和社会责任感的高素质人才奠定了坚实基础。

第2章 STM32控制器及开发工具

随着嵌入式技术的飞速发展,STM32 作为基于 ARM Cortex-M 内核的 32 位微控制器,凭借其高性能、低功耗和丰富的外设接口,在工业自动化、消费电子等领域得到广泛应用。本章将深入介绍 STM32 控制器的核心特性及其开发工具,学习如何掌握 STM32CubeMX、Keil MDK、Proteus 等高效工具进行项目开发。从 ARM 的基本架构,逐步深入 STM32 Cortex-M4 控制器特性及开发工具的使用,提供了一套完整的学习路径,有助于快速掌握 STM32 的开发技能。

知识目标:
◆ 阐述 ARM 相关概念、寄存器和指令集;
◆ 阐述 STM32 Cortex-M4 控制器特性;
◆ 设计 STM32F407 核心板;
◆ 运用 STM32 程序设计软件及仿真软件。

能力目标:
◆ 运用 C 语言在 STM32 开发中进行编程;
◆ 设计 STM32F407 最小系统硬件电路;
◆ 综合 STM32CubeMX、Keil MDK、Proteus 进行 STM32 设计、调试。

素质目标:
◆ 能够主动收集、整理文献资料,能够自主学习;
◆ 保持对新技术、新知识的关注和学习热情,紧跟 STM32 生态系统的发展。

2.1 ARM 概述

2.1.1 引言

ARM 有 3 层含义:①处理器名称,全称为高级精简指令集计算机机器(Advanced RISC Machine),是低功耗、低成本的精简指令集计算机(Reduced Instruction Set Computer,RISC)微处理器;②公司名称,全称为 Advanced RISC Machines Limited,是一个生产高级 RISC 处理器的公司;③技术名称,以高效、低功耗为特点的高级 RISC 技术。

与复杂指令集计算机(Complex Instruction Set Computer,CISC)相比,RISC 在指令集简化与执行效率、硬件设计与功耗、寄存器与内存访问、流水线技术、编译优化与程序执行效率以及可靠性与成本等方面都展现出明显的优势。这些优势使得 RISC 架构在移动设备和嵌入式系统中得到了广泛应用。

1991年,ARM公司成立于英国剑桥,是一家专门从事基于RISC技术设计开发芯片的公司,采取的是知识产权(Intellectual Property,IP)授权的商业模式。ARM公司作为知识产权供应商,通过出售芯片设计技术的授权,收取技术授权费用和版税提成。ARM公司只提供处理器的设计,本身不直接从事芯片生产,通过转让设计许可由合作公司生产各具特色的芯片,世界各大半导体生产商从ARM公司购买其设计的ARM微处理器核,根据各自不同的应用领域,加入适当的外围电路,从而形成自己的ARM微处理器芯片进入市场。目前,采用ARM公司技术知识产权核的微处理器,即通常所说的ARM微处理器,已遍及工业控制、消费类电子产品、通信系统、网络系统、无线系统等各类产品市场。ARM微处理器市场覆盖率高、发展趋势广阔,在市场占有主导地位,正在逐步渗入生活的各方面。

世界上有众多半导体公司使用ARM公司的授权,既使ARM技术获得更多的第三方工具、制造、软件的支持,又使整个系统成本降低,使产品更容易进入市场被消费者所接受,更具有竞争力。目前,众多集成电路制造商推出了ARM结构芯片,我国的中兴集成电路、中科芯集成电路、海思半导体、平头哥半导体、极海半导体、上海灵动微电子和中微半导体等,以及国外的德州仪器、意法半导体(STMicroelectronics,ST)、飞利浦、三星等都推出了基于ARM核的处理器。

2.1.2 基于ARM体系结构划分

ARM体系结构是一个复杂而强大的处理器架构,主要包括微处理器所支持的指令集和基于该体系结构下微处理器的编程模型。ARM指令集是处理器结构中最重要的部分,用于操作CPU。

1. ARM系列分类

ARM公司自2004年推出ARMv7内核架构后,开始使用以Cortex命名的架构系列,包括Cortex-A、Cortex-R和Cortex-M共3个主要系列。

(1)Cortex-A:面向性能要求高的系统应用,如智能手机、平板计算机、汽车娱乐系统等。它支持高计算要求、运行丰富的操作系统,并提供优质的交互媒体和图形体验。

(2)Cortex-R:面向实时应用的高性能内核,适用于需要快速响应和高可靠性的实时嵌入式系统,如汽车制动系统、大容量存储控制器等。

(3)Cortex-M:面向各类嵌入式应用的微控制器内核,具有低功耗和高性能的特点。它分为多个子系列,主要应用于工控嵌入式系统、物联网设备、智能测量、人机接口设备等。

32位ARM Cortex内核产品如图2-1所示。

2. 指令集

在ARM架构中,ARM指令和Thumb指令是两种重要的指令集,它们在指令长度、执行效率、代码密度等方面存在显著差异,以满足不同应用场景的需求。

1)ARM指令

ARM指令以32位为单位进行编码,每条指令包含多个字段,用于指定操作码、寄存器和立即数等信息。由于指令长度较长,每条ARM指令可以包含更多的操作和更复杂的操作数寻址模式,因此ARM指令集在执行复杂计算和数据处理任务时表现出色。ARM指令集还支持条件执行,可以根据指定条件决定是否执行指令,提高了代码的灵活性和执行

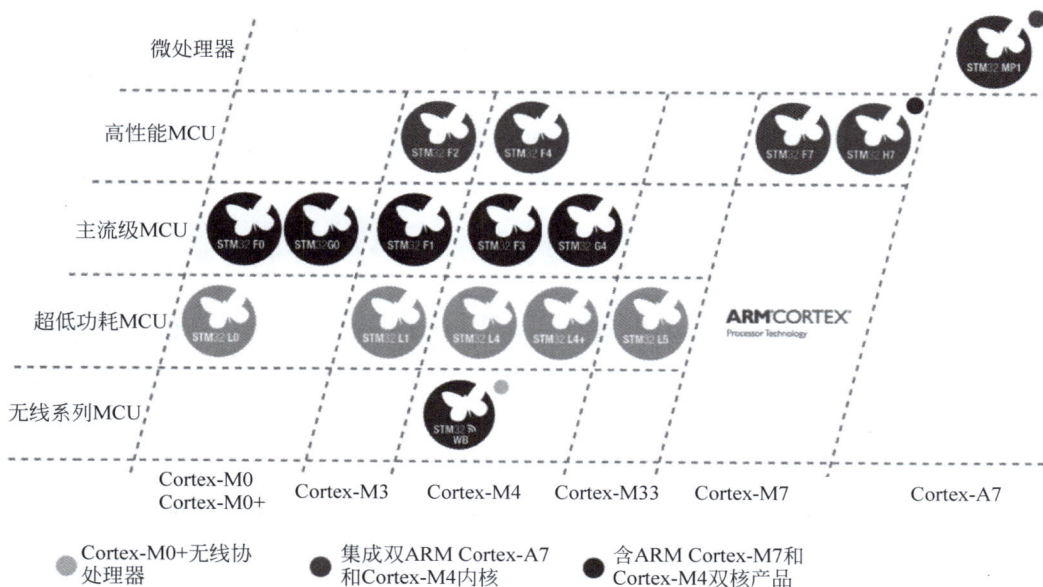

图 2-1　32 位 ARM Cortex 内核产品

效率。

ARM 指令集广泛应用于需要高性能计算的嵌入式系统和移动设备中。当对性能要求较高时,如执行复杂的算法、处理大量的数据等场景,采用 ARM 指令集可以获得更好的执行效率和计算性能。

2)Thumb 指令

Thumb 指令是 ARM 指令集的一个变种,采用 16 位的指令长度,相较于 ARM 指令更加紧凑。Thumb 指令集通过减少指令的存储空间和内存带宽消耗,实现了更高的代码密度,特别适用于资源受限的嵌入式系统和移动设备。虽然 Thumb 指令集在指令长度上有所缩短,但其指令集中的大部分指令与 ARM 指令是一一对应的,可以实现相同的操作和功能。然而,由于指令长度较短,Thumb 指令集在执行复杂计算和数据处理任务时可能效率稍低。

为了兼顾 ARM 指令的灵活性和 Thumb 指令的紧凑性,ARM 公司还引入了 Thumb-2 指令集。Thumb-2 指令集结合了 ARM 指令和 Thumb 指令的优点,既可以使用紧凑的 16 位指令,也可以使用功能更强大的 32 位指令,这使得 Thumb-2 指令集既能满足资源受限环境下的性能需求,又能支持复杂计算和数据处理任务。

当对代码密度和功耗要求较高时,如嵌入式系统中对存储空间有限制、需要降低功耗等场景,可以采用 Thumb 指令集或 Thumb-2 指令集。这些指令集可以帮助开发者在保证程序功能的前提下,优化程序的代码密度和功耗表现。

2.1.3　ARM 处理器中的寄存器

ARM 处理器中的寄存器是处理器内部用于暂存指令和数据的重要组成部分。ARM 处理器共有 37 个 32 位寄存器,其中 31 个为通用寄存器,6 个为状态寄存器,用于存储和传输数据、指令以及处理器的状态信息。

ARM 处理器共有 7 种不同的处理器模式,在每一种处理器模式中有一组相应的寄存器组。ARM 处理器的通用寄存器包括如下 7 种处理器模式:用户模式(User Mode,USR)、系统模式(System Mode,SYS)、快速中断模式(Fast Interrupt Request Mode,FIQ)、管理模式(Supervisor Mode,SVC)、中止模式(Abort Mode,ABT)、外部中断模式(Interrupt Request Mode,IRQ)和未定义模式(Undefined Mode,UND)。

1. 通用寄存器

通用寄存器包括 R0~R15,它们可以分为以下 3 类。

1) 未分组寄存器(R0~R7)

在所有处理器模式(运行模式)下,未分组寄存器都指向同一个物理寄存器。在中断或异常处理运行模式转换时,由于不同的处理器运行模式均使用相同的物理寄存器,所以可能造成寄存器中数据的破坏。

2) 分组寄存器(R8~R14)

分组寄存器在不同的处理器模式下可能指向不同的物理寄存器。

对于分组寄存器 R8~R12 来说,每个寄存器对应两个不同的物理寄存器。一组用于除 FIQ 外的其他处理器模式,而另一组则专门用于 FIQ。这样的结构设计有利于加快 FIQ 的处理速度。不同模式下寄存器的使用,要使用寄存器名后缀加以区分。例如,当使用 FIQ 下的寄存器时,寄存器 R8 和寄存器 R9 分别记为 R8_fiq、R9_fiq;当使用用户模式下的寄存器时,寄存器 R8 和 R9 分别记为 R8_usr、R9_usr 等。

对于分组寄存器 R13 和 R14 来说,每个寄存器对应 6 个不同的物理寄存器。其中的一个是用户模式和系统模式共用的,而另外 5 个分别用于 5 种异常模式(快速中断模式、管理模式、中止模式、外部中断模式、未定义模式)。访问时需要指定它们的模式,名字形式如下 R13_< mode >、R14_< mode >,其中< mode >可以是 USR、SVC、ABT、UND、IRP 及 FIQ 之一。

寄存器 R13 在 ARM 处理器中常用作堆栈指针,但其他寄存器也可作为堆栈指针,并不是强制使用寄存器 R13 作为堆栈指针。而在 Thumb 指令集中,有一些指令强制性地将 R13 作为堆栈指针,如堆栈操作指令。每种异常模式拥有自己的 R13,异常处理程序负责初始化自己的 R13,使其指向该异常模式专用的栈地址。在异常处理程序入口处,将用到的其他寄存器的值保存在堆栈中,返回时,重新将这些值加载到寄存器。通过这种保护程序现场的方法,异常不会破坏被其中断的程序现场。

寄存器 R14 又被称为连接寄存器(Link Register,LR),在 ARM 体系结构中具有下面两种特殊的作用。

(1) 每种处理器模式用自己的 R14 存放当前子程序的返回地址。

(2) 当异常中断发生时,该异常模式特定的物理寄存器 R14 被设置成该异常模式的返回地址,对于特定模式 R14 的值可能与返回地址有一个常数的偏移量。

3) 程序计数器(R15)

寄存器 R15 用作程序计数器(Program Counter,PC)存储当前执行的指令的地址。在 ARM 状态下,位[1:0]为 0,位[31:2]用于保存 PC;在 Thumb 状态下,位[0]为 0,位[31:1]用于保存 PC。

2. 状态寄存器

状态寄存器包括当前程序状态寄存器(Current Program Status Register,CPSR)和备

份的程序状态寄存器(Saved Program Status Register,SPSR)。

CPSR可以在任何处理器模式下被访问,用于控制指令的执行状态、中断的允许和禁止等。

SPSR在每种处理器模式下都有一个专用的物理寄存器。当特定的异常中断发生时,SPSR用于保存CPSR的当前值。当异常处理程序返回时,再将其内容恢复到CPSR。用户模式和系统模式不属于异常模式,因此没有SPSR。

寄存器与ARM处理器7种不同模式的对应关系如表2-1所示。

表 2-1 寄存器与 ARM 处理器 7 种不同模式的对应关系

寄存器类别	寄存器名称	各模式下实际访问的寄存器						
		用户	系统	管理	中止	未定义	中断	快中断
通用寄存器	R0	R0						
	R1	R1						
	R2	R2						
	R3	R3						
	R4	R4						
	R5	R5						
	R6	R6						
	R7	R7						
	R8	R8						R8_fiq
	R9	R9						R9_fiq
	R10	R10						R10_fiq
	R11	R11						R11_fiq
	R12	R12						R12_fiq
	R13	R13		R13_svc	R13_abt	R13_und	R13_irq	R13_fiq
	R14	R14		R14_svc	R14_abt	R14_und	R14_irq	R14_fiq
	R15	R15						
状态寄存器	CPSR	CPSR						
	SPSR	无		SPSR_svc	SPSR_abt	SPSR_und	SPSR_irq	SPSR_fiq

从表2-1可知,每种处理器模式中都有一组相应的寄存器。在任意一种处理器模式下,可见的寄存器包括16个通用寄存器(R0～R15)、1个或2个状态寄存器。

在所有的寄存器中,有些是各种模式共用同一个物理寄存器,有些寄存器是各种模式拥有独立的物理寄存器。这些寄存器不能同时被访问,但在任何时候通用寄存器 R0～R15、1个或2个状态寄存器都是可访问的。

2.1.4 ARM 处理器特点

ARM处理器具有优良性能。作为一种先进的RISC处理器,ARM处理器有如下特点。

1. 低功耗

ARM处理器采用了多种节能设计,如动态电源管理、指令集优化等,使其在运行过程中能够保持较低的功耗。这一特点使其非常适合于移动设备、物联网设备等对功耗有严格要求的场景。ARM 处理器在提供高性能的同时,能够保持较低的功耗,这使得设备在长时间运行或电池供电时具有更长的续航时间。

2. 高性能

ARM 处理器采用 RISC 架构,通过精简指令集来降低指令的复杂性和执行时间,从而提高了处理器的性能。这种设计使得 ARM 处理器能够在较低的时钟频率下提供与 CISC 架构处理器相当或更高的性能。ARM 处理器使用大量寄存器,数据处理指令只对寄存器进行操作,在内存和寄存器之间传递数据,指令执行速度更快。同时,所有指令都可以根据前面指令的执行结果决定是否执行,以提高指令执行的效率。

3. 小尺寸

ARM 处理器的物理尺寸较小,这使得它非常适合于尺寸要求严格的设备,如智能手机、平板计算机等便携式设备。

4. 广泛的生态系统

ARM 处理器得到了众多软件开发商、操作系统厂商和硬件制造商的支持,形成了庞大的生态系统。这使得基于 ARM 架构的产品具有丰富的软件资源和良好的兼容性。ARM 处理器在嵌入式系统、移动设备、网络设备和服务器等多个领域得到了广泛应用。特别是在移动设备领域,ARM 架构占据主导地位。

5. 可扩展性

ARM 架构支持多种处理器核心和配置,可以根据不同的应用需求进行定制和优化。这使得 ARM 处理器能够适应从低功耗嵌入式设备到高性能计算设备的广泛需求。

6. 安全性

ARM 架构注重安全性设计,提供了硬件级别的安全特性,这些技术可以保护敏感数据和代码的安全,满足对安全性要求较高的应用场景。

综上所述,ARM 处理器以其低功耗、高性能、小尺寸、广泛的生态系统、可扩展性和安全性等特点,在多个领域得到了广泛应用和认可。

2.2 STM32 Cortex-M4 控制器

2.2.1 引言

STM32 Cortex 系列 32 位微控制器是由意法半导体基于 ARMv7 架构的内核设计和生产的微控制器,也称单片微型计算机(Single Chip Micro computer)或者单片机。STM32 芯片如图 2-2 所示。

STM32 Cortex-M4 控制器主要为基于 ARM Cortex-M4 内核的高性能微控制器 STM32F4 系列,其广泛应用于工业自动化、消费电子、汽车电子、医疗设备、航空航天以及物联网设备等多个领域。它以其卓越的性能、丰富的外设接口、低功耗设计、高集成度、可靠性和实时性等特点,赢得了市场的广泛认可。

图 2-2 STM32 芯片

2.2.2　STM32 Cortex-M4 控制器特性

1. 概述

STM32 Cortex-M4 是带有数字信号处理和浮点运算单元(Floating-point Processing Unit,FPU)指令的 STM32F4 系列高性能微控制器。基于 ARM Cortex-M4 的 STM32F4 系列单片机采用了意法半导体的 NVM 工艺和 ART 加速器,在 180MHz 的工作频率下通过闪存执行指令时可实现 225 DMIPS/608 Core Mark 的性能,是基于 Cortex-M 内核的微控制器的高性能产品。由于采用了动态功耗调整功能,通过闪存执行指令时的电流消耗范围为从 STM32F410 的 $89\mu A/MHz$ 到 STM32F439 的 $260\mu A/MHz$。STM32F4 系列包括 11 条兼容的数字信号控制器产品线,是 MCU 实时控制功能与 DSP 信号处理功能的结合。

STM32 Cortex-M4 控制器内部集成了高速存储器,即高达 1MB 的闪存、高达 128KB 的静态随机存储器(Static Random Access Memory,SRAM)和用于静态存储器的灵活静态存储控制器(Flexible Static Memory Controller,FSMC)以及 Quad SPI 闪存接口等。这些内部结构使得 STM32 M4 控制器在处理大量数据和复杂任务时更加高效。

STM32 Cortex-M4 控制器提供了多种外设接口,包括多达 3 个快速 12 位 ADC 接口(5Msps)、两个比较器、两个运算放大器、两个 DAC 通道、一个内部电压基准缓冲器、一个低功耗实时时钟(Real-Time Clock,RTC)以及多个通用定时器和低功耗定时器等。这些外设接口使得 STM32 Cortex-M4 控制器能够适应各种复杂的应用场景。

STM32 产品型号含义如表 2-2 所示。

表 2-2　STM32 产品型号含义

序　号	符　　号	含　　义
1	STM32	芯片系列:基于 ARM 的 32 位微控制器
2	F	产品类型:通用型
3	407	芯片子系列:摄像机接口、以太网
4	R/O/V/Z/I	引脚数量:R-64 引脚,O-90 引脚,V-100 引脚,Z-144 引脚,I-176 引脚
5	E/G	闪存内存容量:E-512K,G-1024K
6	T/H/Y	封装形式:T-LQFP,H-UFBGA,Y-WLCSP
7	6/7	温度范围:6 代表 40℃～85℃,7 代表-40℃～105℃

2. STM32 Cortex-M4 控制器总线

STM32 Cortex-M4 内核的 STM32F4 系列微控制器功能如图 2-3 所示,其中高级高性能总线(Advanced High-performance Bus,AHB)和高级外设总线(Advanced Peripheral Bus,APB)是两种重要的总线架构,它们分别承担着不同的功能和性能需求。

AHB 是一种高性能、高吞吐量的系统总线,分为 AHB1、AHB2、AHB3 共 3 种总线,主要用于连接处理器核心、高速存储器和高带宽外设等高性能模块。由主模块、从模块和基础结构 3 部分组成。整个 AHB 上的传输都由主模块发起,由从模块负责回应。AHB 支持多个主模块同时操作,通过仲裁机制解决总线访问冲突,确保数据传输的高效性和实时性。

AHB 在 STM32F4 系列微控制器中扮演着核心连接的角色,连接着处理器核心、内部高速 SRAM、外部存储器接口(如 FSMC 或 FMC)及部分高性能外设。它确保了处理器与这些高速组件之间的高速数据传输,支持复杂的计算任务和实时数据处理。

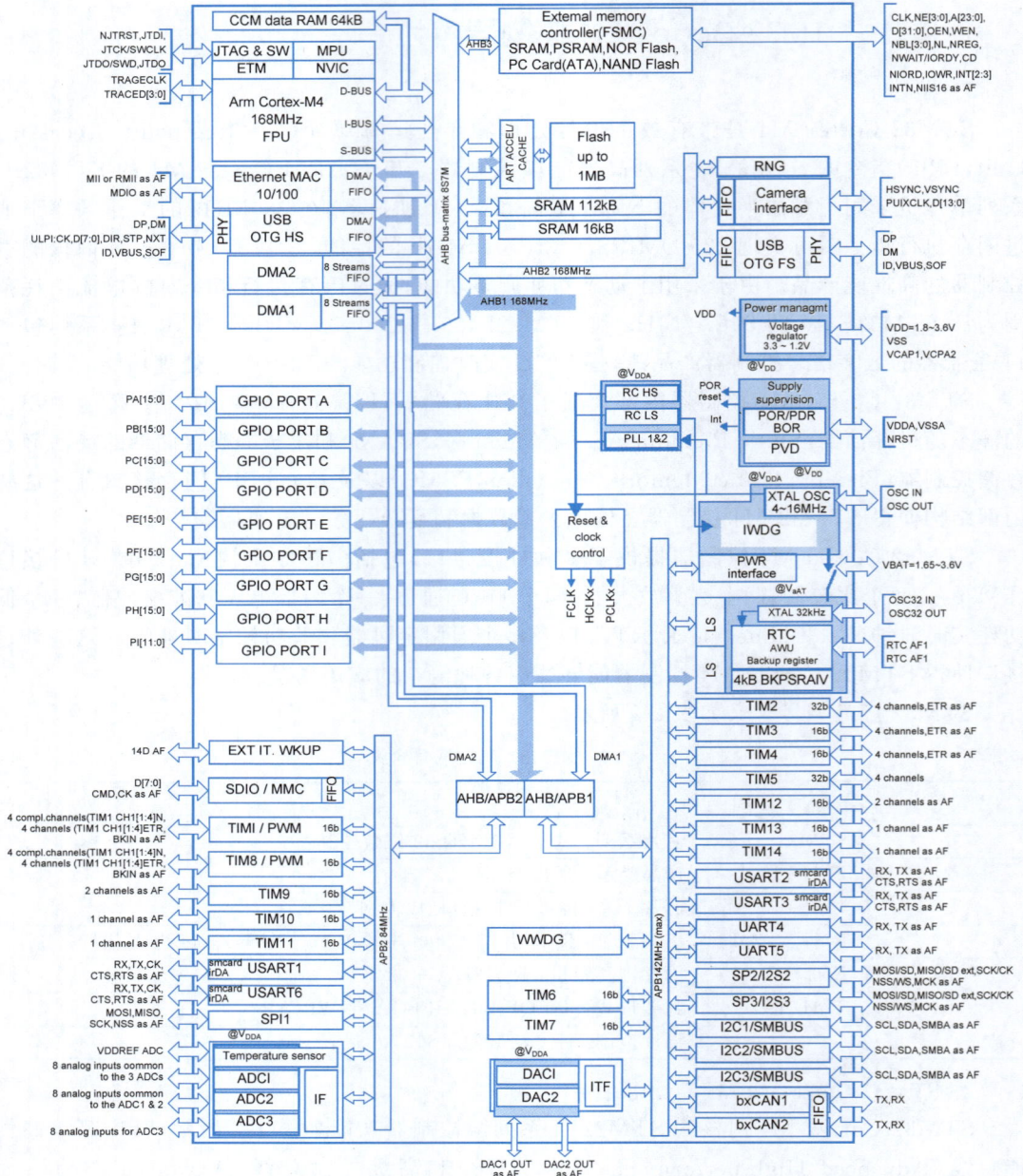

图 2-3　**Cortex-M4 内核的 STM32F4 系列微控制器功能**

在 STM32 Cortex-M4 系列中，APB 通常分为 APB1 和 APB2 两种，以适应不同速度需求的外设连接。

APB1 是 STM32 中的低速外设总线之一，主要用于连接低速外设和模块。相对于 AHB，APB1 的速度较慢，适合连接对速度要求不高的外设。APB1 架构中，APB 桥是唯一的主模块，负责与其他从模块（外设）的通信。APB1 连接的外设包括串口通用同步异步收发器（Universal Synchronous Asynchronous Receiver and Transmitter，USART）、UART、I^2C、SPI 等低速设备。

APB2 通常连接速度相对较高的外设，如高级定时器（如 TIM）、串行接口（如 USART1、USART6）、模数转换器、I/O 端口以及某些高速通信接口（如通用串行总线）。APB2 的设计更加注重简单性和灵活性，以满足外设对数据传输速度和控制信号的需求。

AHB 和 APB 在 STM32F4 系列微控制器中扮演着至关重要的角色。它们通过高效、灵活的数据传输和控制信号传递机制，确保了处理器与内部存储器、高速外设以及低速外设之间的无缝连接和协同工作。

总线与内存映射关系如图 2-4 所示。

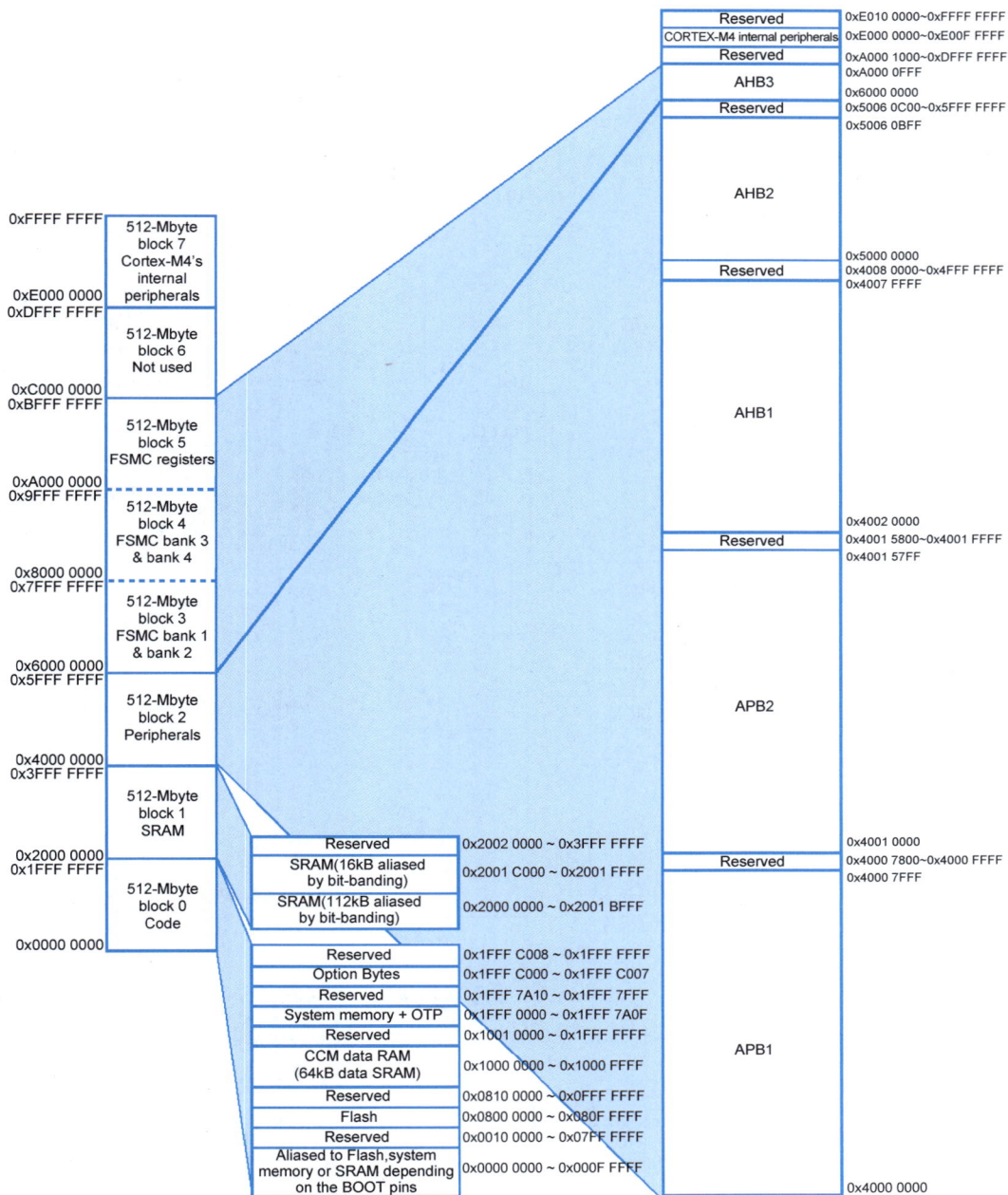

图 2-4　总线与内存映射关系

3. 时钟系统

STM32 Cortex-M4 的时钟系统是一个复杂而强大的系统,为微控制器提供各种不同的时钟频率,以满足处理器核、外设以及总线系统的需求。STM32 Cortex-M4 系列微控制器拥有多个时钟源和分频器,能够灵活地为系统提供所需的时钟频率。时钟系统在嵌入式系统中至关重要,直接影响微控制器及外设的稳定性和性能。合理的时钟系统设计能够降低功耗、提升系统稳定性和运行效率。STM32 Cortex-M4 的时钟系统如图 2-5 所示。

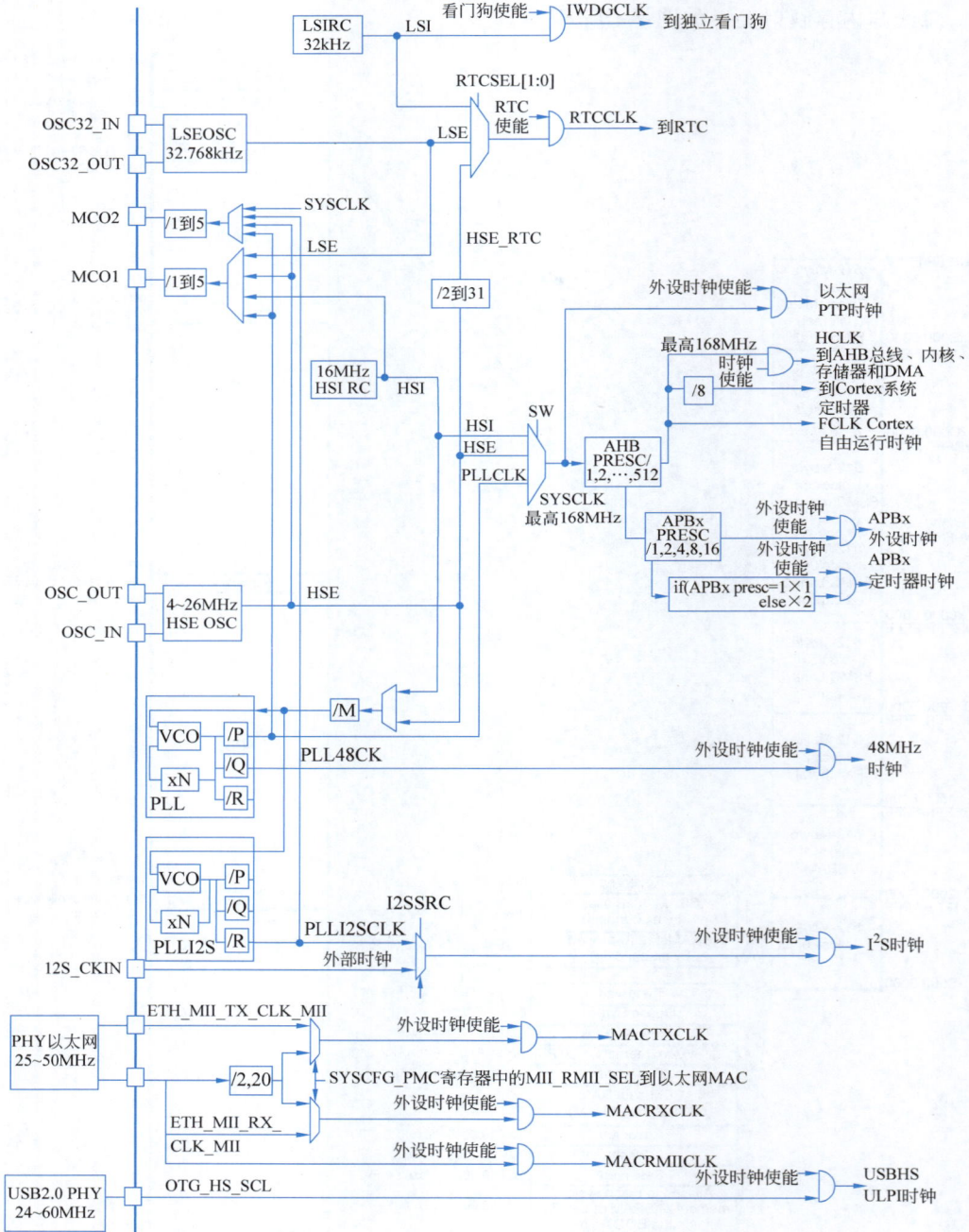

图 2-5　STM32 Cortex-M4 的时钟系统

在 STM32 Cortex-M4 中，有 5 个最重要的时钟源，即 HSI、HSE、LSI、LSE、PLL。其中 PLL 实际分为两个时钟源，分别为主 PLL 和专用 PLL。从时钟频率来分可以分为高速时钟源和低速时钟源，在这 5 个时钟源中，HSI、HSE 及 PLL 是高速时钟，LSI 和 LSE 是低速时钟。从来源可分为外部时钟源和内部时钟源，外部时钟源就是通过外接晶振的方式获取时钟源，其中 HSE 和 LSE 是外部时钟源，其他的是内部时钟源。

（1）LSI 是低速内部时钟源，RC 振荡器，频率为 32kHz 左右。供独立看门狗（Independent Watch Dog，IWDG）和自动唤醒单元使用。

（2）LSE 是低速外部时钟源，接频率为 32.768kHz 的石英晶体。主要是 RTC 的时钟源。

（3）HSE 是高速外部时钟源，可接石英/陶瓷谐振器，或者接外部时钟源，频率范围为 4～26MHz。

（4）HSI 是高速内部时钟源，RC 振荡器，频率为 16MHz。可以直接作为系统时钟或者用作 PLL 输入。

（5）PLL 为锁相环倍频输出。

系统重置时，HSI 作为默认 CPU 时钟，在整个温度范围内提供 1% 的精度。应用程序可以选择 HSE 时钟源作为系统时钟，可以检测这个时钟是否出现故障。如果检测到故障，系统会自动切换回 HSI，并生成软件中断（如果启用）。

时钟源被输入 PLL，有两个 PLL 输出（PLLP 和 PLLQ）。PLLP 用于生成高速的系统时钟，最大频率为 168MHz。预分频器允许配置 3 条 AHB、高速 APB（APB2）和低速 APB（APB1）。3 条 AHB 的最大频率为 168MHz，而高速 APB 的最大频率则为 84MHz，低速 APB 的最大频率为 42MHz。

PLLQ 用于生成 USB OTG FS 的时钟（48MHz）、随机数发生器的时钟和 SDIO 时钟。

PLLI^{2}S 时钟源是专门用于 I^{2}S 接口的 PLL，它生成精确的时钟信号，以确保在 I^{2}S 接口上实现高品质音频性能，I^{2}S 主时钟可以生成 8～192kHz 的所有标准采样频率。

4. 启动流程及模式

STM32 的启动流程如下。

（1）系统复位：STM32 复位后，首先会从地址 0x00000000 处取出堆栈指针 MSP 的初始值（栈顶地址）。

（2）读取复位向量：接着从地址 0x00000004 处取出程序计数器指针的初始值（复位向量），该值指向复位处理函数 Reset_Handler() 的入口地址。

（3）执行复位处理函数：跳转到 Reset_Handler() 函数，该函数通常负责调用 SystemInit() 函数进行系统初始化，并最终跳转到 C 语言库的 __main() 函数。

（4）初始化用户堆栈：__main() 函数会进行一系列初始化工作，包括初始化用户堆栈，为调用 main() 函数做准备。

（5）执行用户主函数：最后，__main() 函数会调用用户编写的 main() 函数，从而开始执行用户程序。

需要注意的是，STM32 的启动文件（如 startup_stm32f4xx.s）是用汇编语言编写的，它包含了上述启动流程的具体实现。此外，不同型号的 STM32 芯片在启动模式和具体实现上可能有所不同，因此在实际开发过程中需要参考具体的芯片手册或参考设计。

启动时,引导引脚从以下 3 个启动模式中选择一个:

(1) 从主闪存存储器(Flash Memory)启动;

(2) 从系统存储器(System Memory)启动;

(3) 从静态随机存储器启动。

引导加载程序位于系统内存中。它用于通过设备固件升级(Device Firmware Upgrade,DFU)在设备模式(PA11/PA12)下使用 USART1(PA9/PA10)、USART3(PC10/PC11 或 PB10/PB11)、CAN2(PB5/PB13)、USB OTG FS 对闪存进行重新编程。

STM32 Cortex-M4 的启动模式主要由 BOOT 引脚(BOOT0 和 BOOT1)的配置决定。这些引脚在系统复位后的系统时钟(System Clock,SYSCLK)的第 4 个上升沿被锁存,从而确定了 STM32 的启动模式,STM32 Cortex-M4 启动模式设置条件如下。

1) 从主闪存存储器启动

启动条件:BOOT1 为任意值(通常为 0),BOOT0 为 0。

启动地址:0x08000000。这是 STM32 内置的闪存存储器的起始地址,也是最常见的启动模式。在开发过程中,通常使用联合测试工作组(Joint Test Action Group,JTAG)或 SWD 模式将程序下载到这个闪存中,重启后也会直接从这个闪存启动程序。

2) 从系统存储器启动

启动条件:BOOT1 为 0,BOOT0 为 1。

启动地址:0x1FFF0000。系统存储器是芯片内部一块特定的区域,STM32 在出厂时,由制造商在这个区域内部预置了一段 BootLoader,即 ISP 程序。这种启动模式通常用于通过串口或其他方式下载程序到闪存中,因为系统存储器中的 BootLoader 提供了串口下载程序的固件。但需要注意的是,使用这种启动模式后,需要手动将 BOOT0 设置为 0,并重新复位,才能使 STM32 从闪存中启动。

3) 从静态随机存储器启动

启动条件:BOOT1 为 1,BOOT0 为 1。

启动地址:0x20000000。SRAM 通常用于程序调试,因为它允许在不擦除闪存的情况下快速加载和测试代码。然而,由于 SRAM 在断电后会丢失数据,因此它不适用于长期存储程序代码。

STM32 Cortex-M4 启动模式设置如表 2-3 所示。

表 2-3   STM32 Cortex-M4 启动模式设置

启动模式选择引脚		启动模式
BOOT1	BOOT0	
X	0	主闪存存储器启动
0	1	系统存储器启动
1	1	静态随机存储器启动

5. STM32 Cortex-M4 控制器的特点

STM32 Cortex-M4 控制器具有多种安全特性,如硬件加密/解密加速器、随机数生成器(Random Number Generator,RNG)以及加密哈希算法(如 SHA-1 和 MD5)等。这些安全特性使得 STM32 Cortex-M4 控制器在处理敏感数据和网络通信时更加安全可靠。

（1）**强大的处理器核心**。STM32 Cortex-M4 控制器搭载了高性能的 ARM Cortex-M4 32 位 RISC 内核,工作频率高达 80MHz。该内核具有浮点处理单元,支持单精度浮点运算,支持所有 ARM 单精度数据处理指令和数据类型,同时还实现了全套 DSP 指令和增强应用程序安全性的内存保护单元(Memory Protection Unit,MPU)。

（2）**丰富的外设接口**。STM32 Cortex-M4 控制器提供了多种外设接口,包括通用输入/输出口、ADC 接口、DAC 接口、定时器、通用串行接口等,以满足不同应用需求。此外,它还支持多种通信协议和接口,如以太网、USB、CAN 等接口,方便与其他设备或网络连接。

（3）**低功耗设计**。STM32 Cortex-M4 控制器具有多种低功耗模式,包括睡眠模式、停机模式等,适用于对功耗有严格要求的应用场景。其独特的低功耗设计使得 STM32 Cortex-M4 控制器在电池供电的嵌入式系统中具有显著优势。

（4）**内存管理**。STM32 Cortex-M4 控制器具有不同容量的闪存和 RAM,支持存储程序代码和数据,满足不同复杂度的程序需求。同时,它还提供了多种保护机制,如读出保护、写入保护、专有代码读出保护和防火墙等,确保数据的安全性。

（5）**集成度高**。STM32 Cortex-M4 控制器将多个功能集成在单一芯片上,减少了外部组件的需求,有助于缩小系统体积和降低成本。

（6）**可靠性和实时性**。STM32 Cortex-M4 控制器适用于需要高可靠性和实时响应的应用,如工业控制和汽车电子系统。其强大的处理能力和丰富的外设接口使得它能够快速响应各种事件并做出相应处理。

6. STM32 Cortex-M4 控制器的应用领域

STM32 Cortex-M4 控制器在多个领域都有广泛的应用。

（1）**工业自动化**。STM32 Cortex-M4 在工厂自动化、机器人控制、传感器接口和数据采集等方面表现出色,帮助实现高效的工业自动化系统。

（2）**消费电子**。STM32 Cortex-M4 在智能手机、平板计算机、家庭娱乐系统、数字相机和音频设备等消费电子产品中得到广泛应用,为其提供强大的处理能力和丰富的功能集成。

（3）**汽车电子**。无论是发动机控制单元(Engine Control Unit,ECU)、车身电子系统,还是车载娱乐系统和驾驶员辅助系统,STM32 Cortex-M4 控制器都能凭借其高性能和可靠性,确保车辆的安全性和功能的高度集成。

（4）**医疗设备**。STM32 Cortex-M4 在医疗设备中发挥着重要作用,如心电图仪、血压计、血糖仪和医疗图像处理等。其高精度和低功耗特性使得这些设备更加可靠和便携。

（5）**航空航天**。STM32 Cortex-M4 在航空航天领域也扮演着重要角色,用于飞行控制、航空电子仪器、导航系统和航空通信等。其高性能和实时性特点使得航空航天系统更加安全和可靠。

（6）**物联网设备**。STM32 Cortex-M4 适用于各种物联网设备,如智能传感器、智能家居网关和工业物联网设备等。其低功耗和长续航能力使得这些设备在物联网应用中具有显著优势。

2.2.3　STM32F407 核心板

STM32F407 单片机具有符合 IEEE 1588 v2 标准要求的以太网 MAC10/100 和能够连

视频讲解

接 CMOS 照相机传感器的 8～14 位并行照相机接口,具体特性如下。

(1) 两个 USB OTG(其中一个支持高速传输)。

(2) 音频:专用音频 PLL 和两个全双工 I^2S。

(3) 通信接口多达 15 个(包括 6 个速度高达 11.25Mb/s 的 USART、3 个速度高达 45Mb/s 的 SPI、3 个 I^2C、2 个 CAN 和 1 个 SDIO)。

(4) 模拟:2 个 12 位 DAC 接口、3 个速度为 2.4Msps 或 7.2Msps(交错模式)的 12 位 ADC 接口。

(5) 定时器 17 个:频率最高为 168MHz 的 16 位和 32 位定时器。

(6) 可以利用支持 Compact Flash、SRAM、PSRAM、NOR 和 NAND 存储器的灵活静态存储控制器扩展存储容量。

(7) 基于模拟电子技术的真随机数发生器。

(8) STM32F407 产品系列具有 512KB～1MB Flash 和 192KB SRAM,采用尺寸小至 10mm×10mm 的 100～176 引脚封装。

STM32 核心板主要由微控制器芯片、复位电路、时钟电路、电源供电电路、程序调试和下载接口 5 部分组成。核心板为嵌入式系统工作的最低要求,不含外设控制。设计核心板是嵌入式入门的基础,微处理器芯片型号主要根据价格成本、完成任务所需功能和处理性能等因素确定。一般需要查阅相关芯片的数据手册确定所选芯片是否能满足应用需求。下面以 STM32F407VET6 芯片为例,详细说明核心板的功能和作用。

1. STM32F407VET6 芯片

STM32F407VET6 芯片是一款由 STMicroelectronics 生产的高性能、低功耗的 32 位 ARM Cortex-M4 微控制器。STM32F407VET6 芯片的核心部件是 ARM Cortex-M4 内核,它采用了 Thumb-2 指令集,支持 16 位和 32 位指令,具有较高的运算能力和代码密度。Cortex-M4 内核具有 FPU 和 DSP 功能,支持所有 ARM 单精度数据处理指令和数据类型,满足各种嵌入式应用的需求。

STM32F407VET6 芯片配备了高速嵌入式存储器,包括高达 512KB 的 Flash 存储器和 192KB 的 SRAM 用于存储程序代码和临时数据。Flash 存储器支持擦写和在线编程,SRAM 则用于存储临时数据和变量。STM32F407VET6 芯片提供了多种时钟源,包括内部 RC 振荡器、外部晶振和 PLL 锁相环,为处理器和其他外设提供稳定的时间基准。系统时钟频率可高达 168MHz,通过配置时钟源和分频系数,可以实现不同的系统时钟频率。STM32F407VET6 芯片具备多种电源管理模式,如睡眠模式、停止模式和待机模式等,可以在低功耗应用中实现长时间的工作。通过合理配置电源管理模式和时钟源,可以进一步降低 STM32F407VET6 芯片的功耗,延长电池寿命。

STM32F407VET6 芯片提供了 JTAG 和 SWD 调试接口,方便开发者进行程序下载、调试和性能分析。STM32F407VET6 芯片集成了丰富的外设资源,包括 GPIO、UART、SPI、I^2C、ADC、DAC、PWM、RTC、USB、CAN 等接口,满足各种应用的需求。所有设备都提供 3 个 12 位 ADC 接口、2 个 DAC 接口、1 个低功耗 RTC、12 个通用 16 位定时器,定时器包括 2 个用于电机控制的脉冲宽度调制(Pulse Width Modulation,PWM)定时器和 2 个通用 32 位定时器等。STM32F407VET6 芯片的工作电源电压范围为 1.8～3.6V,最小和最大工作温度分别为 -40℃ 和 +85℃。芯片适用于广泛的应用,如电动机驱动器、应用控制(如反相器、

PLC、扫描仪、HVAC、视频对讲机、家用音频设备和医疗设备）等领域。

STM32F407VET6 芯片引脚图如图 2-6 所示，芯片需要工作在 3.3V 的电压下，并且由 32.768kHz 和 8MHz 两个不同的时钟源组成。

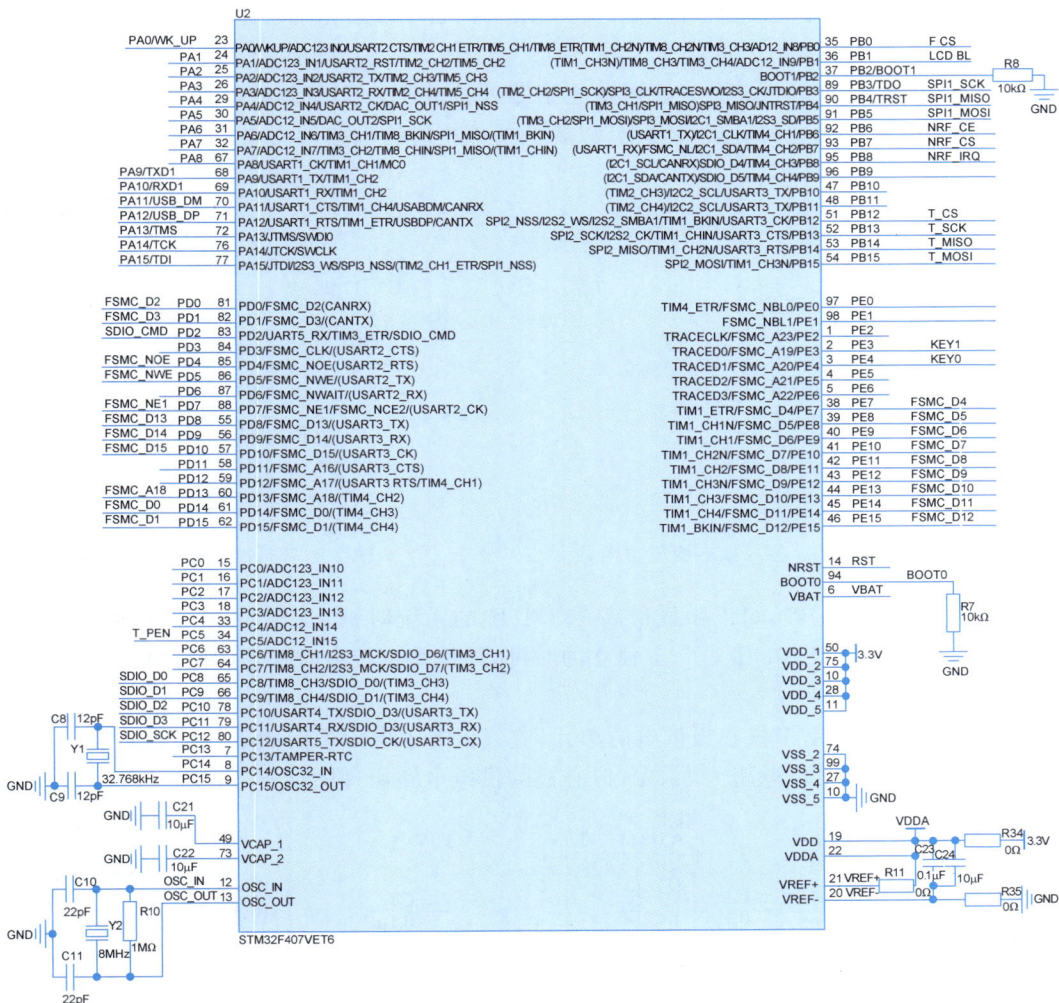

图 2-6　STM32F407VET6 芯片引脚图

2. 复位电路

STM32F407VET6 芯片核心板复位电路如图 2-7 所示，图中 R4 和 C12 构成了上电复位电路。SW1 为手动复位按键。除了时钟控制寄存器中的复位标志和备份域中的寄存器外，系统复位会将其他寄存器都复位为复位值。

只要发生以下事件之一，就会产生系统复位：

（1）NRST 引脚低电平；

（2）窗口看门狗（Window Watch Dog，WWDG）计数结束；

（3）独立看门狗计数结束；

（4）软件复位；

（5）低功耗管理复位。

程序自动复位属于软件复位,看门狗(Watch Dog,WDG)复位用于防止在外界干扰下出现的程序跑飞,导致系统无响应的情况。看门狗的实现就是在一定时间内如果没有接收到喂狗信号(表示 MCU 已经宕机),便进行处理器的自动复位重启。

3. 时钟电路

在实际电路中,STM32F407 系列微控制器外接 8MHz HSE 和 32.768kHz LSE 时钟源,在未使用时都可单独打开或者关闭,以降低功耗。时钟电路如图 2-8 所示。

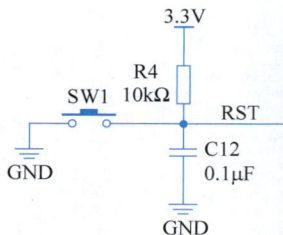

图 2-7　STM32F407VET6 芯片核心板复位电路　　　图 2-8　时钟电路

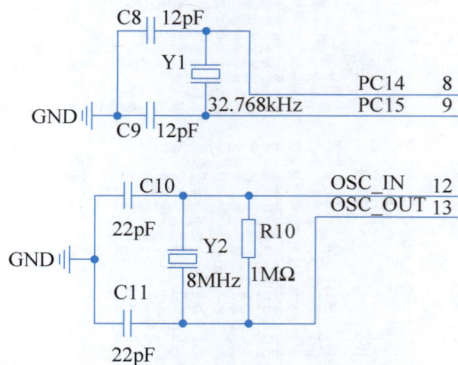

HSE 通过 PLL 倍频,可以生成最高 168MHz 的系统时钟。LSE 用于驱动实时时钟等功能,RTC 在 STM32F407 中是一个独立的时钟,即使在系统主时钟关闭时也能继续运行。

4. 电源供电电路

电源供电电路是用于核心板供电的单元,应确保各个电压不同的单元都能正常工作,如STM32F407 需要的工作电压为 3.3V,核心板的供电电路原理图如图 2-9 所示。

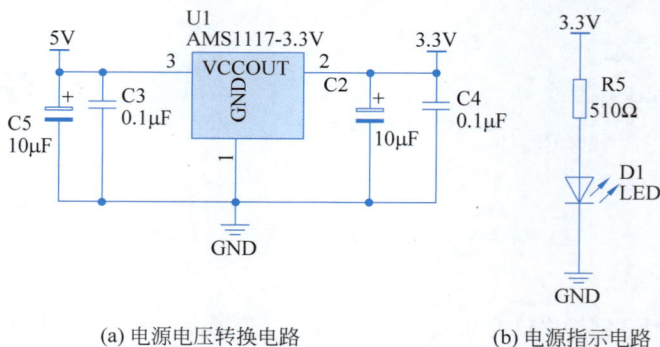

(a) 电源电压转换电路　　　　(b) 电源指示电路

图 2-9　核心板的供电电路原理图

图 2-9 中 AMS1117 为电压转换芯片,将 5V 供电电压转换为芯片需要的 3.3V,图中电容 C2、C3、C4、C5 的作用是进行滤波,以得到更平稳的电源,确保 STM32 芯片工作在稳定和可靠的电压下,R5 为限流电阻,D1 为发光二极管,用于电路电源指示。

5. 程序调试和下载接口

STM32F407 的程序下载有多种方法,JTAG、SWD、USB 转串口等都可以实现代码下载。STM32F4 的内核是 Cortex-M4,该内核包含用于高级调试功能的硬件。利用这些调试功能,可以在取指(指令断点)或取访问数据(数据断点)时停止内核。内核停止时,可以查询内核的内部状态和系统的外部状态。查询完成后,将恢复内核和系统并恢复程序执行。当调试器与 STM32F4 MCU 相连并进行调试时,将使用内核的硬件调试模块,提供两种调试接口:SWD 串行接口和 JTAG 调试接口。JTAG 与 SWD 引脚定义如表 2-4 所示,调试下载接口电路如图 2-10 所示。

表 2-4　JTAG 与 SWD 引脚定义

引脚名称	JTAG 调试端口		SWD 串行接口		引脚分配
	类型	说明	类型	调试分配	
TMS/SWDIO	I	JTAG 测试模式设置	I/O	串行线数据输入/输出	PA13
TCK/SWCLK	I	JTAG 测试时钟	I	串行线时钟	PA14
TDI	I	JTAG 测试数据输入	—	—	PA15
TDO/SWO	O	JTAG 测试数据输出	—	TRACESWO(如果使能异步跟踪)	PB3
TRST	I	JTAG 测试复位	—	—	PB4

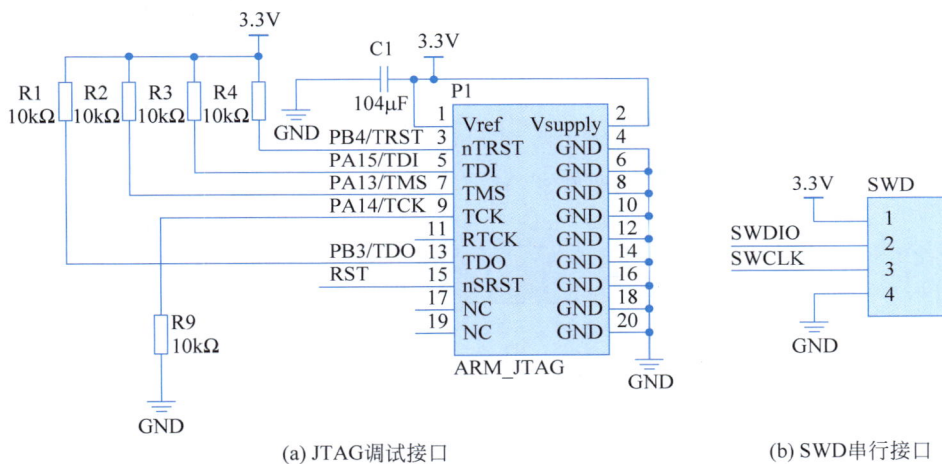

(a) JTAG调试接口　　　　　　　　　　　(b) SWD串行接口

图 2-10　调试下载接口电路

SWD 是一种与 JTAG 不同的调试模式,使用的调试协议也不一样,最直接地体现在调试接口上,与 JTAG 的 20 个引脚相比,SWD 一般只需要 4 个引脚或 5 个引脚(增加一个仿真器输出至 MCU 的系统复位信号引脚),结构简单。此同步串行协议使用两个引脚:SWCLK,从主机到目标时钟;SWDIO,双向数据传输。

此外,还可采用 USB 转串口进行程序下载,通常采用 CH340G 的芯片使计算机的 USB 映射为串口使用。

2.3　开发工具

选用 STM32CubeMX 作为 STM32 芯片开发的配置工具,Keil MDK 作为代码编写、调试工具,Proteus 作为代码功能验证、电路仿真实现工具,文中所有实例在以上工具中调试实现。

2.3.1 STM32CubeMX

1. 概述

为了方便进行 STM32 控制器的开发,ST 公司提供了丰富的开发工具和软件支持,如 STM32CubeMX、STM32CubeIDE 等。STM32CubeMX 采用简单易用的图形界面,可以快速配置硬件和软件,并生成适用 STM32 平台的 C 代码项目。无论使用哪种软件开发流程以及 IDE 和工具链,STM32CubeMX 都能快速启动和配置项目,特别适合最常见的 IDE,如 STM32CubeIDE、Keil MDK 和 IAR。STM32CubeMX 的全部功能可以免费下载使用。STM32CubeMX 可以实现的功能包括:MCU/MPU、开发板、引脚、外设和中间件配置、时钟配置、Keil MDK、IAR 和 STM32CubeIDE 项目生成、功耗估算、软件包管理器等。

2. 软件安装

运行软件安装程序,选择安装模式界面如图 2-11 所示。

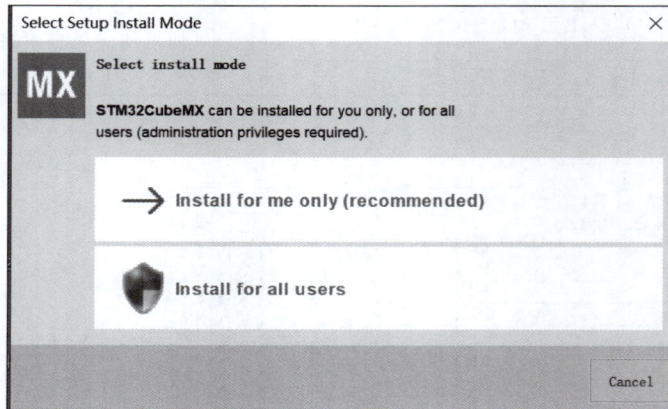

图 2-11 选择安装模式界面

单击选择的安装模式,安装界面如图 2-12 所示。

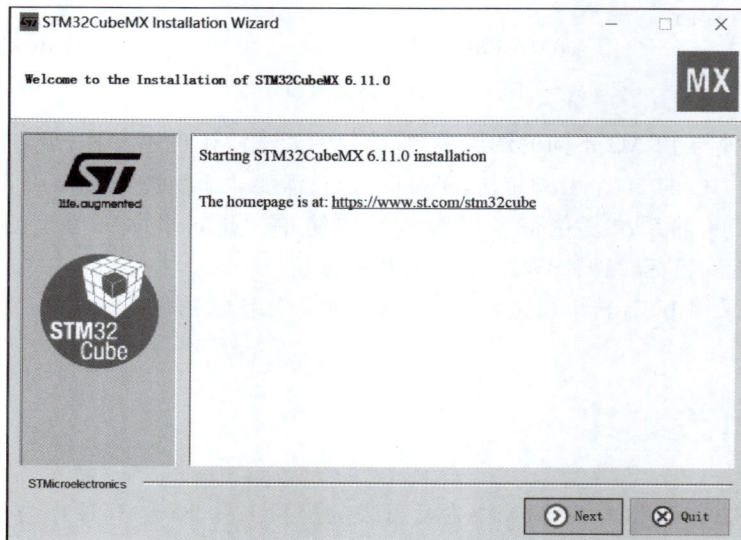

图 2-12 STM32CubeMX 安装界面

单击 Next 按钮,勾选 I accept the terms of this license agreement. 复选框如图 2-13 所示。

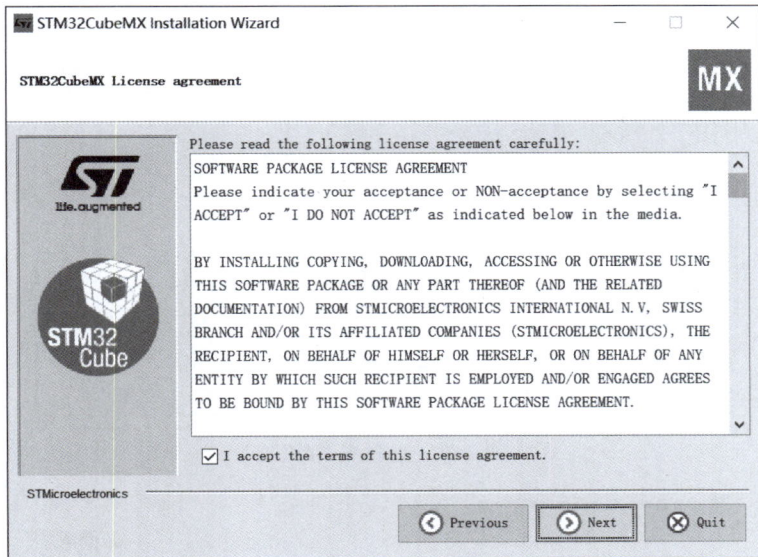

图 2-13　勾选 STM32CubeMX 许可协议

勾选 I have read and understood the ST Terms of Use. 复选框,如图 2-14 所示。

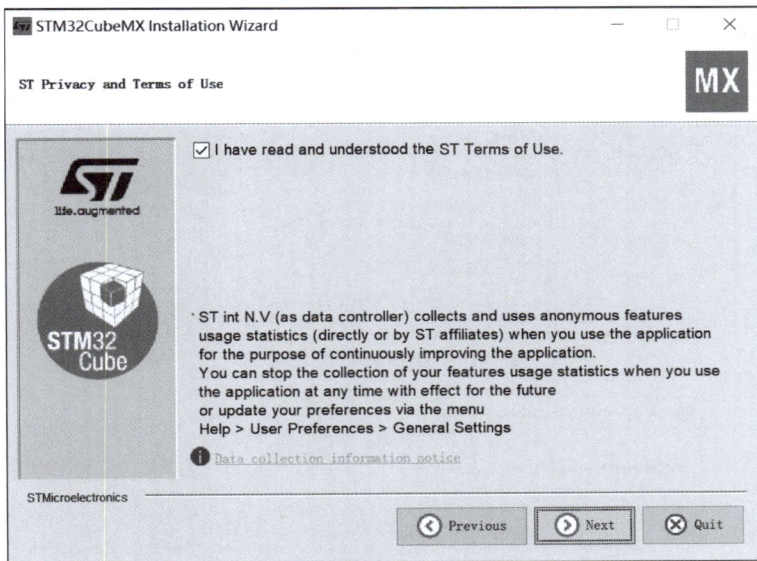

图 2-14　勾选 ST 使用协议

单击 Next 按钮,选择安装路径,如图 2-15 所示,注意安装路径应在英文目录下。

单击 Next 按钮,进入快捷设置选项界面,如图 2-16 所示。

单击 Next 按钮,软件开始安装,安装进程界面如图 2-17 所示。

软件成功安装后界面如图 2-18 所示。

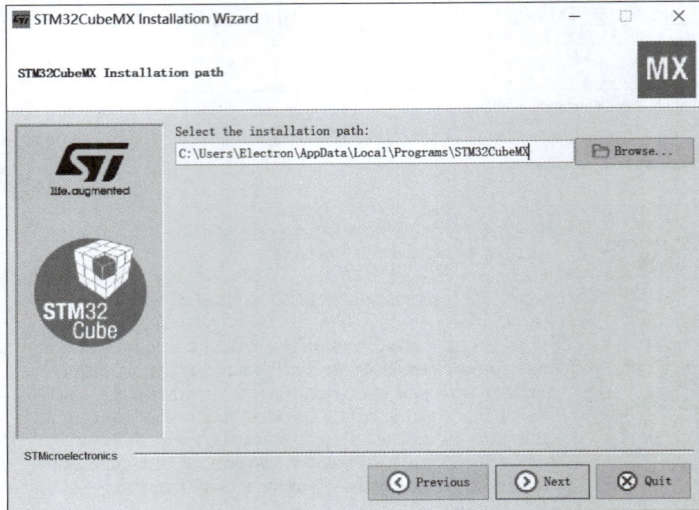

图 2-15　选择安装路径

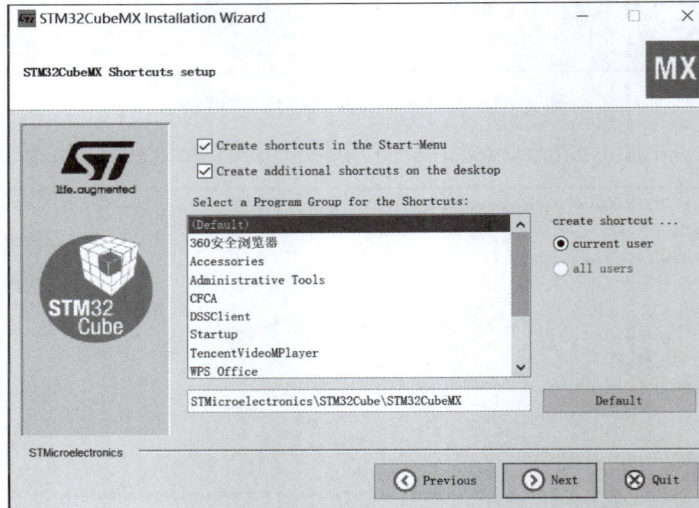

图 2-16　快捷设置选项界面

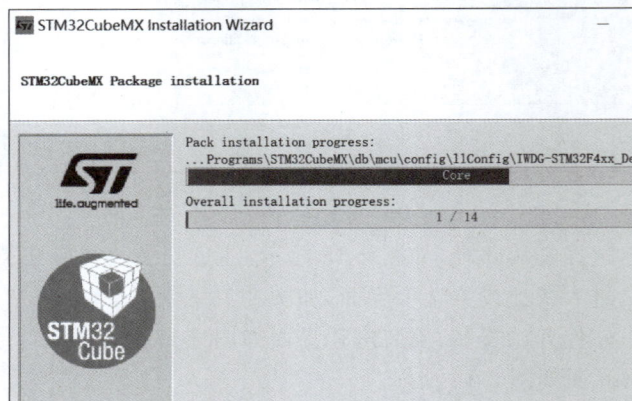

图 2-17　安装进程界面

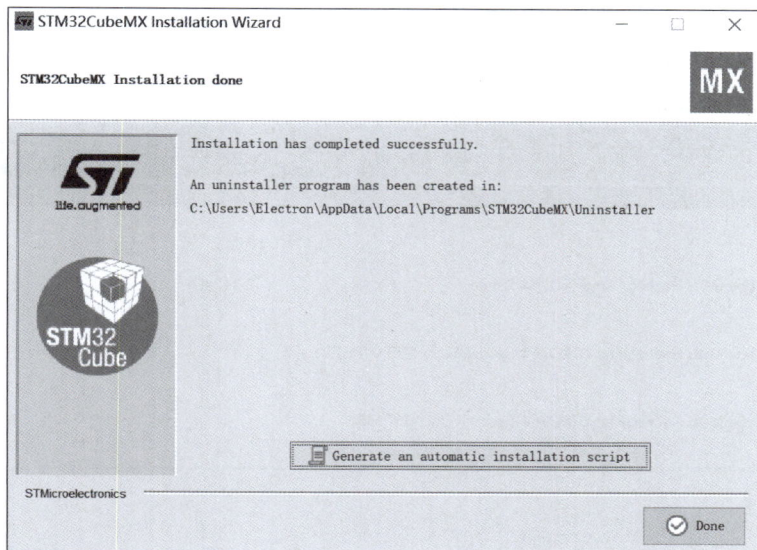

图 2-18　软件安装成功界面

3. HAL 库安装

安装完成后,以管理员权限运行 STM32CubeMX 软件,STM32CubeMX 软件界面如图 2-19 所示。

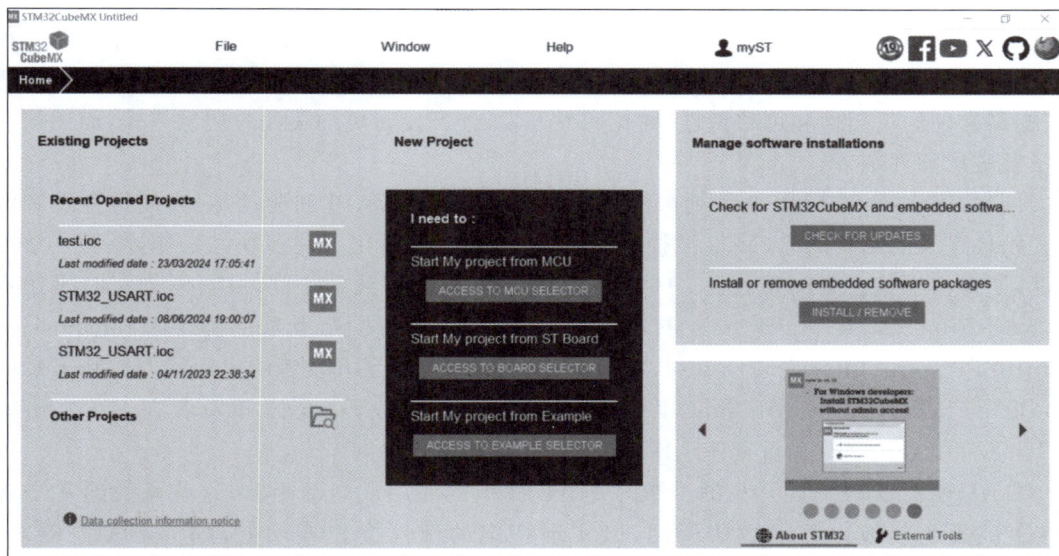

图 2-19　STM32CubeMX 软件界面

单击菜单栏 Help→Manage embedded software packages,选中安装 STM32Cube MCU Packages for STm32F4 Series,单击 Install 按钮,硬件抽象层库安装界面如图 2-20 所示。

图 2-20 中不仅可以进行 HAL 库安装及删除,而且可以管理额外的软件包及其依赖关系,并将其添加到设计的项目中,然后类似本地外设或中间件对其进行配置。

STM32CubeMX 中集成了 HAL 库,可以自动生成 HAL 库的初始代码,方便开发者配

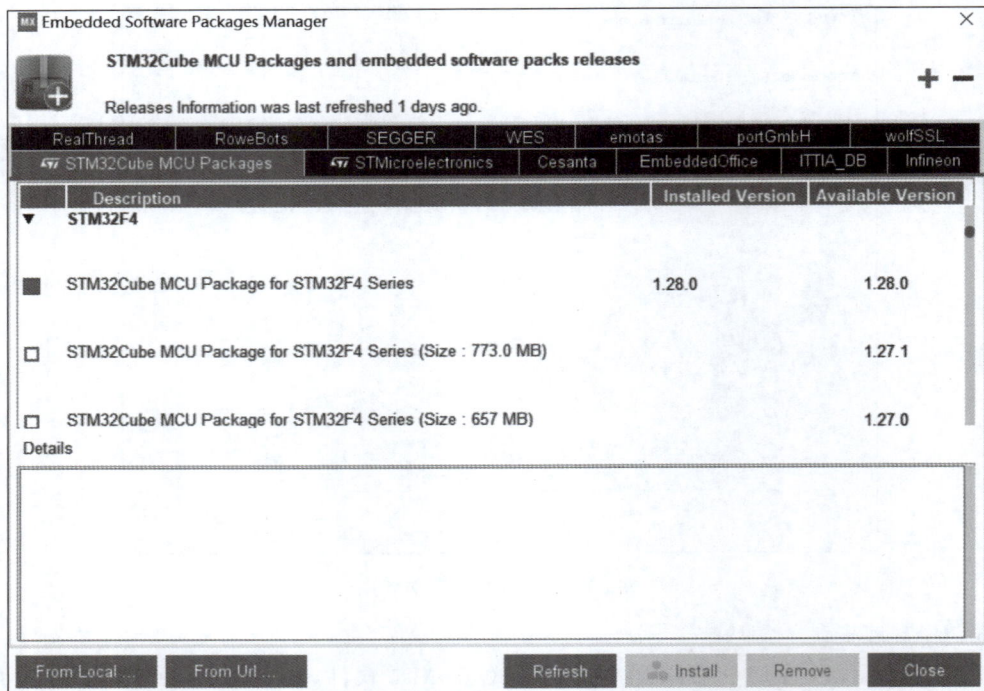

图 2-20　HAL 库安装界面

置硬件。HAL 库是 ST 公司为 STM32 微控制器提供的固件库,可以有效提高开发效率和可移植性。HAL 库为开发者提供了一个标准的接口,使其能够以更加独立的方式操作硬件,提高软件的重用性和可移植性,简化固件开发,让开发者更加关注应用层逻辑,而无须深入了解底层硬件细节。

HAL 库支持 STM32 全系列微控制器,提供了一致的 API 和驱动结构,使得开发者可以轻松地在不同系列的 STM32 微控制器之间迁移代码,简化了许多硬件操作,降低了学习难度,使得初学者也能快速上手。HAL 库提供了一整套一致的中间件组件,如实时操作系统(Real-Time Operating System,RTOS)、USB、传输控制协议/互联网协议(Transmission Control Protocol/Internet Protocol,TCP/IP),进一步扩展了开发者的应用能力。基于 BSD(Berkeley Software Distribution)许可协议发布的开源代码,允许开发者在 ST 公司的 MCU 芯片上自由修改和重复使用库中的中间件。

HAL 库中以_HAL 开头的函数是 HAL 库中的底层或内部函数,这些函数通常是被 HAL_函数或其他内部函数所调用,以实现特定的硬件操作或功能,如 __HAL_RCC_GPIOA_CLK_ENABLE()函数的作用是使能 GPIOA 时钟,通常被 GPIO_Init()函数调用。

以 HAL_开头的函数是 HAL 库中的高层 API,用于提供对 STM32 微控制器硬件功能的封装和抽象,这些函数通常以 HAL_为前缀,后跟具体的功能名称,如 HAL_GPIO_Init()用于初始化 GPIO 引脚,HAL_UART_Transmit()用于通过 UART 发送数据等。HAL_函数的设计使得用户可以更加便捷地访问和控制硬件,而无须深入了解底层的硬件细节。HAL_函数通常包含了初始化、配置、控制、读取和状态查询等功能,提供了丰富的接口,以满足在嵌入式应用开发中的需求。

4. 新建 STM32CubeMX 工程

新建工程的 4 种方式如图 2-21 所示,具体为:MCU/MPU Selector(MCU/MPU 选择器)、Board Selector(开发板选择器)、Example Selector(例程选择器)、Cross Selector(交叉选择器)。

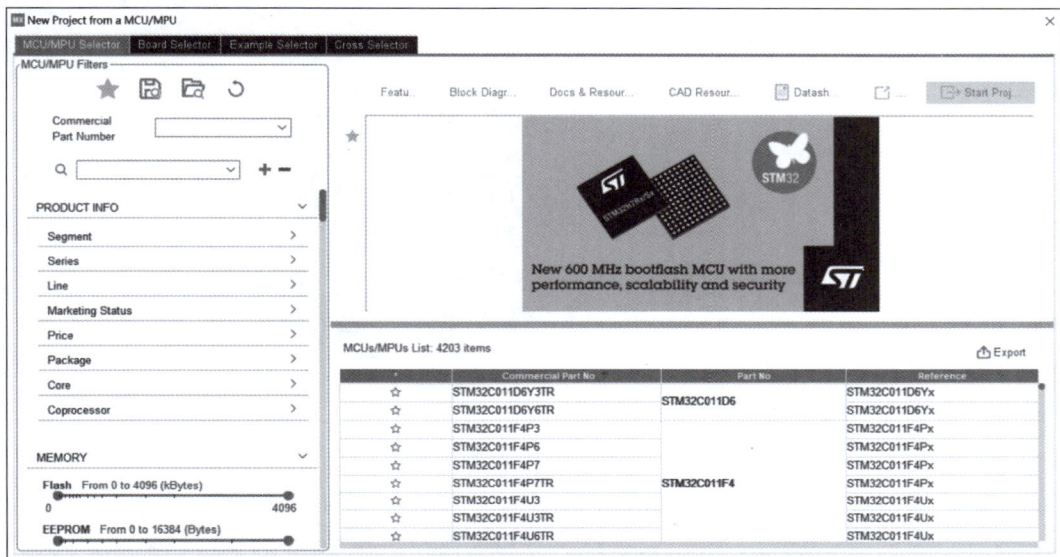

图 2-21　新建工程的 4 种方式

选择 MCU/MPU Selector 新建工程,在图 2-21 的 MCU/MPU Selector 页面中在 Commercial Part Number 文本框输入 STM32F407VET6,界面如图 2-22 所示。

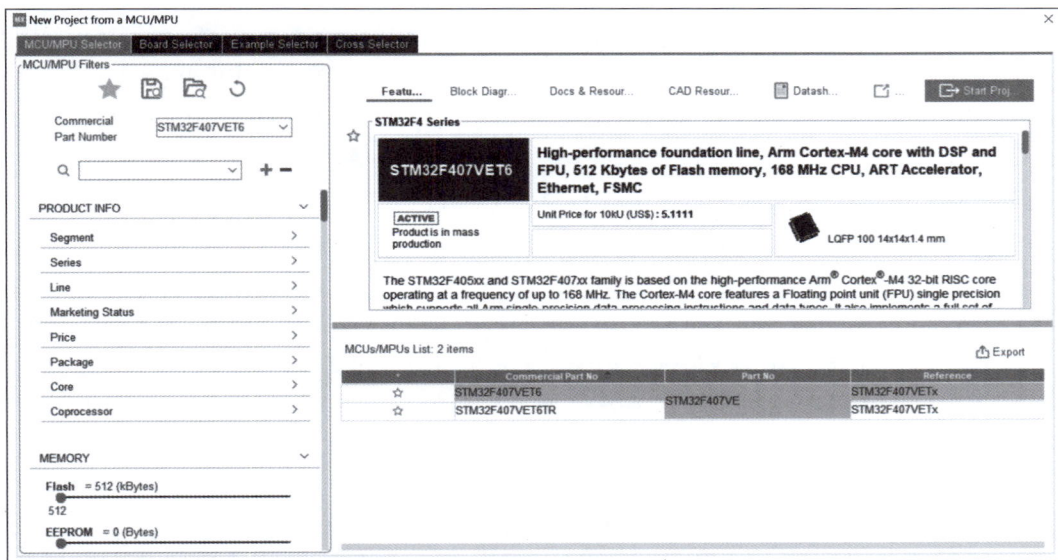

图 2-22　选型 STM32F407VET6 芯片

5. 芯片配置

STM32CubeMX 有芯片配置图形化界面,简化了整个系统的芯片功能配置。图 2-22

中单击右上角 Start Project 按钮,芯片配置如图 2-23 所示。

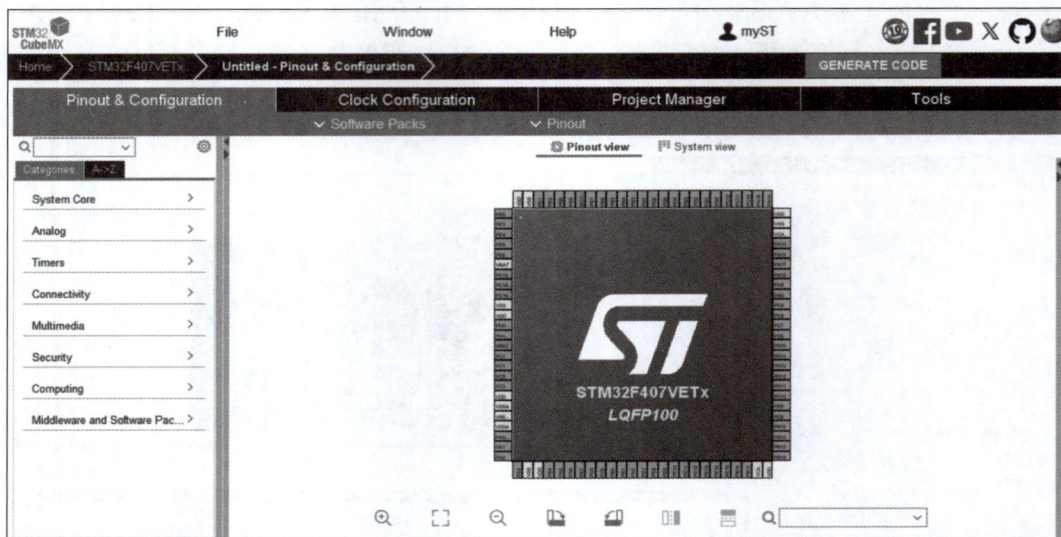

图 2-23　芯片配置

图 2-23 右侧为 STM32F407VET6 芯片引脚图,单击引脚可配置相应功能。

图 2-23 左侧为系统核心单元、模数转换器和数模转换器、定时器、外设、多媒体、安全、计算、中间件和软件包等配置。

(1) System Core(系统核心单元的配置),包含直接存储器访问(Direct Memory Access,DMA)、GPIO、IWDG、NVIC、RCC、SYS、WWDG。

(2) Analog(模数转换器和数模转换器的配置),包含 ADC1、ADC2、ADC3、DAC。

(3) Timers(定时器的配置),包含 RTC、TIM1~TIM14。

(4) Connectivity(外设接口配置),包含 CAN1、CAN2、ETH、FSMC、$I^2C1 \sim I^2C3$、SDIO、SPI1~SPI3、UART4、UART5、USART1~USART3、USART6、USB_OTG_FS、USB_OTG_HS。

(5) Multimedia(多媒体配置),包含 DCMI、I^2S2、I^2S3。

(6) Security(安全配置),包含 RNG。

(7) Computing(计算配置),包含 CRC。

(8) Middleware and Software Packs(中间件和软件包配置),主要是嵌入式操作系统支持包和软件扩展包,包括 FREERTOS、LIBJPEG、MBEDTLS 等。

STM32CubeMX 对项目初始化的各个外设以图形化方式配置,并管理冲突与硬件共享。外设和中间件选择、配置、解决引脚冲突如图 2-24 所示。

6. 配置时钟

STM32CubeMX 有可视化完整时钟树、时钟配置和自动解算器,可根据具体需求完成解析。单击 Clock Configuration 标签,时钟配置如图 2-25 所示。

图 2-25 中左侧 8MHz 时钟为外部高速时钟,32.768kHz 时钟为外部低速时钟,通过时钟配置图可以方便地配置系统各单元时钟。

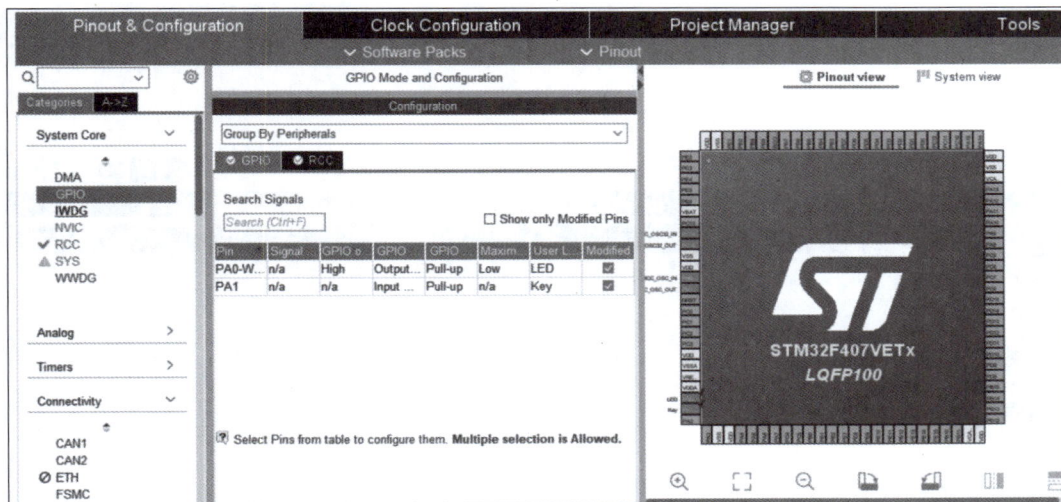

图 2-24　外设和中间件选择、配置、解决引脚冲突

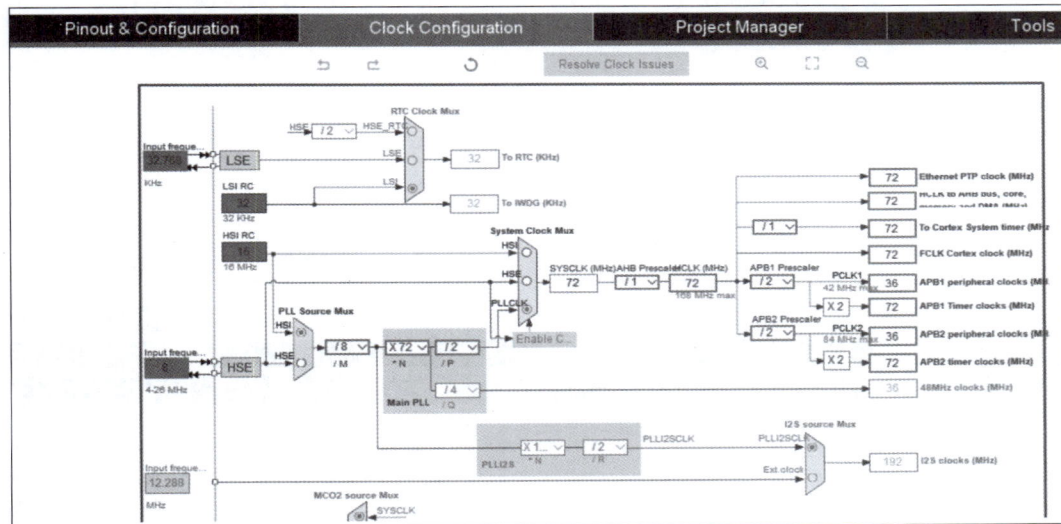

图 2-25　时钟配置

7. 工程管理

单击 Project Manager 标签，工程管理如图 2-26 所示。

在 Project 选项中，设置 Project Name、Project Location、Toolchain Folder Location，并选择 Toolchain/IDE 开发环境为 MDK-ARM。

Code Generator(代码生成)选项卡如图 2-27 所示，选中以下 4 个选项框：Copy all used libraries into the project folder、Generate peripheral initialization as a pair of '. c/. h' files per peripheral、Keep User Code when re-generating、Delete previously generated files when not re-generated。

Advanced Settings(高级设置)选项卡如图 2-28 所示，选择 HAL 库。

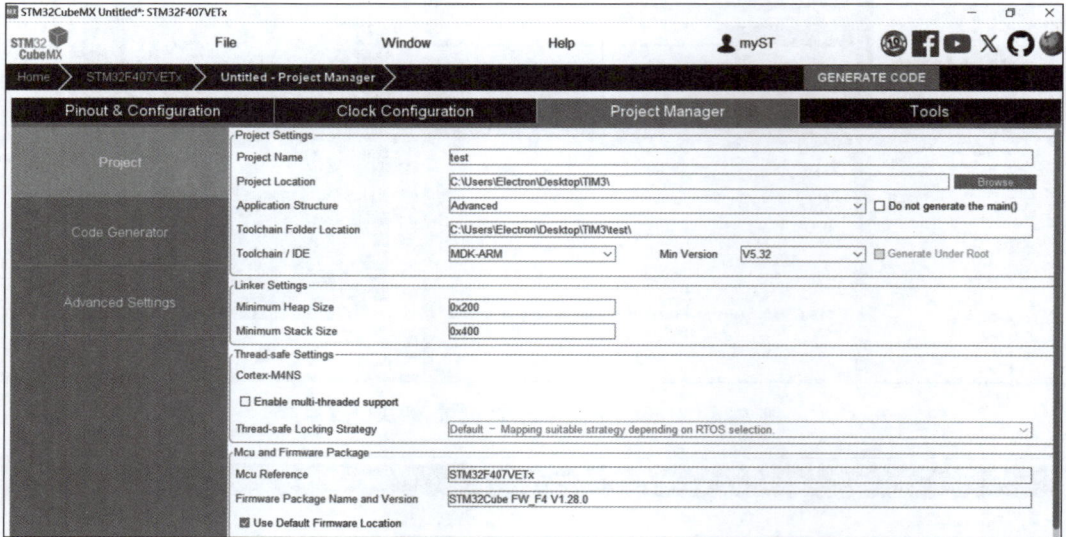

图 2-26　工程管理

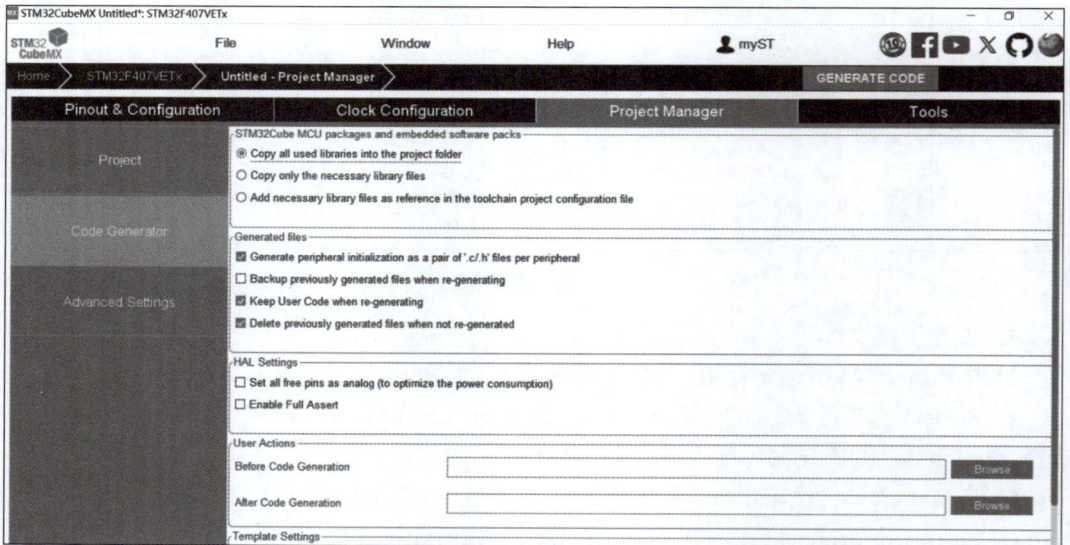

图 2-27　代码生成选项卡

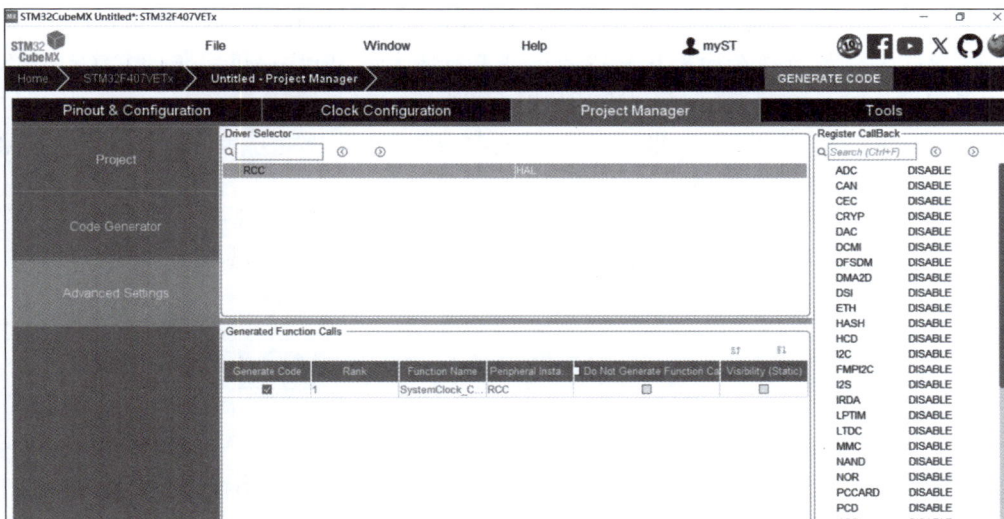

图 2-28　高级设置选项卡

完成配置后,单击右上角 GENERATE CODE,
生成包含相关文件的 MDK-ARM 工程,生成工
程成功后,代码生成提示框如图 2-29 所示,单击
Open Project 按钮,可以用 Keil MDK 软件打开
进行编辑、调试。

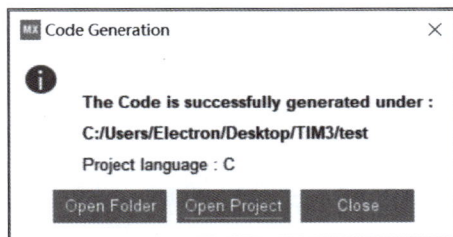

图 2-29　代码生成提示框

2.3.2　Keil MDK

Keil 公司是一家业界领先的微控制器软件
开发工具的独立供应商,制造和销售种类广泛的开发工具,包括 ANSI C 编译器、宏汇编程
序、调试器、连接器、库管理器、固件和实时操作系统核心。2005 年,Keil 公司被 ARM 公司
收购,并更名为 ARM Germany GmbH,此后 Keil 公司与 ARM 公司紧密合作,继续为嵌入
式系统开发提供高效、易用的解决方案。

Keil MDK,也称为 MDK-ARM、Realview MDK、I-MDK、μVision 等,是 Keil 公司开发
的 ARM 开发工具微控制器开发包(Microcontroller Development Kit,MDK),是用来开发
基于 ARM 内核系列微控制器的嵌入式应用程序,它适合不同层次的开发者使用,包括专业
的应用程序开发工程师和嵌入式软件开发的入门者。

Keil MDK 是一系列基于 ARM Cortex-M 的微控制器设备的完整软件开发环境,支持
多种编程语言,包括 C、C++、ASM 等,可以对多种单片机进行编译、调试和仿真。MDK 包
括 Keil Studio、μVision IDE、调试器、ARM C/C++编译器和重要的中间件组件。

Keil MDK 包含工业标准的 Keil C 编译器、宏汇编器、调试器、实时内核等组件,支持所
有基于 ARM 的设备。提供了源代码编辑器、编译器、调试器和仿真器等组件,使得开发人
员可以方便地编写和调试嵌入式应用程序;提供了强大的调试功能,可以实时监测程序执
行情况,查看变量值、寄存器状态、内存使用情况等信息,帮助用户快速定位和解决问题;内
置了丰富的库函数和示例代码,可以方便用户进行开发,节省开发时间和精力。可以连接多
种仿真器和调试器,支持在线调试和离线仿真,可以满足不同类型的嵌入式系统开发需求。

Keil MDK 有多个版本,主要包括 MDK-Lite、MDK-Basic、MDK-Standard 和 MDK-Professional 等。各版本在功能和支持的组件上有所不同,但均提供完善的 C/C++ 开发环境,广泛用于 ARM Cortex-M 微控制器的嵌入式软件开发。

Keil MDK 是基于 ARM 的微控制器最全面的软件开发解决方案,包括创建、构建和调试嵌入式应用程序所需的所有组件,Keil MDK 功能如图 2-30 所示。

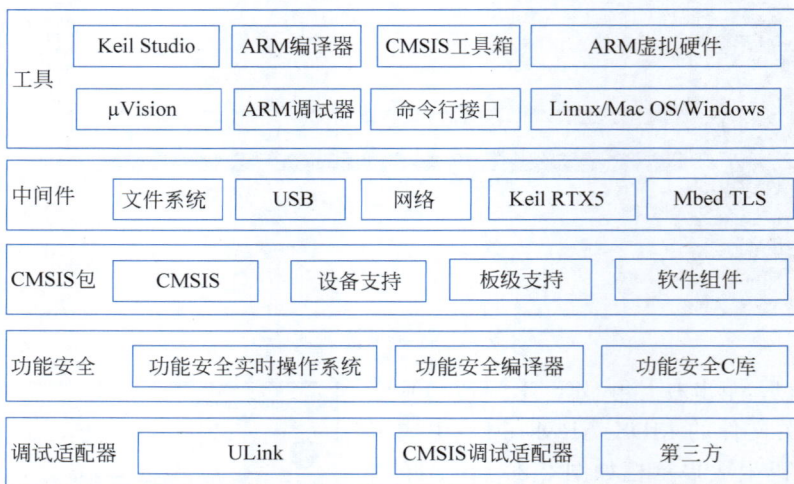

工具	Keil Studio	ARM编译器	CMSIS工具箱	ARM虚拟硬件
	μVision	ARM调试器	命令行接口	Linux/Mac OS/Windows

图 2-30 Keil MDK 功能

Keil MDK 包括以下功能。

(1) 工具。

- Keil Studio,集成开发环境,是一组 Visual Studio 代码扩展。它可以在云平台和桌面上使用。
- ARM 编译器,包括汇编程序、链接器和高度优化的运行时库,专为基于 ARM Cortex-M 的设备量身定制,以实现最佳代码大小和性能。MDK-Professional 版本中包含功能安全合格版本。
- CMSIS 工具箱,一组基于 CMSIS 包创建和构建项目的命令行工具。
- ARM 虚拟硬件,为基于 ARM Cortex-M 的核心和子系统建模的技术。
- μVision(仅限 Windows 系统),支持所有 Cortex-M 设备。
- ARM 调试器,一个命令行调试工具。

(2) 中间件。

MDK 中间件为微控制器中的通信外围设备(TCP/IP、USB 和文件系统)提供免费使用的软件组件。

(3) CMSIS 包。

CMSIS 包可以随时添加,这使得新的设备支持和中间件更新独立于工具箱;设备和板级支持是通过 CMSIS 包索引中列出的包添加的;CMSIS 包中提供其他软件组件。

CMSIS 提供包含核心支持组件以及免费使用的实时操作系统的软件包。

(4) 功能安全。

ARM 功能安全运行时系统是一组嵌入式软件组件,适用于汽车、铁路、医疗和工业系统中最关键的应用。它是 MDK-Professional 版本的一部分,是嵌入式功能安全的 ARM 编译器和功能安全 C 库等组件。

（5）调试适配器。

支持许多不同的调试和跟踪适配器。

运行 Keil MDK 安装软件,进入软件安装界面,如图 2-31 所示。

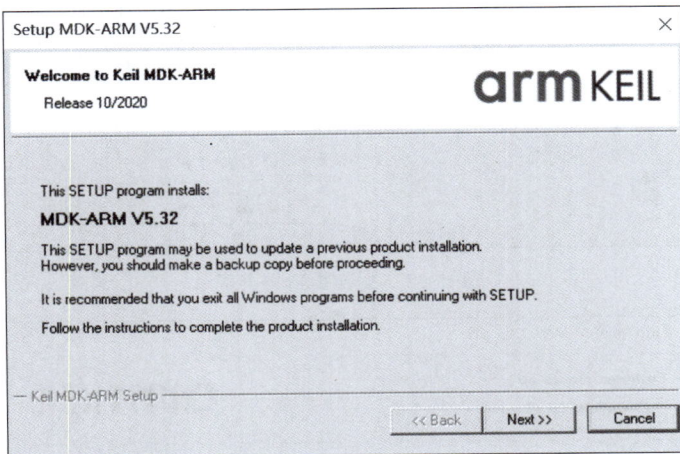

图 2-31　软件安装界面

单击 Next 按钮,进入许可协议界面,如图 2-32 所示。

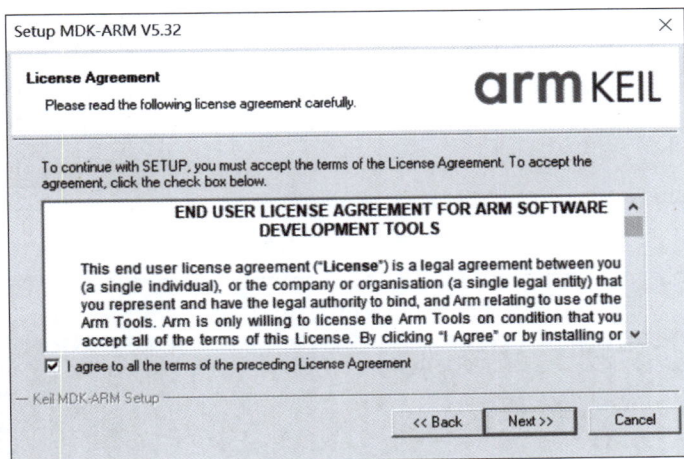

图 2-32　许可协议界面

勾选 I agree to all the terms of the preceding License Agreement 复选框,单击 Next 按钮,进入文件夹选择界面,如图 2-33 所示。

设置合适的安装路径,其中 Core 栏设置软件核心文件的安装路径,Pack 栏设置设备支持文件、软件库、中间件和其他软件工具的安装路径,注意所有路径应为英文目录,单击 Next 按钮,进入用户信息界面,如图 2-34 所示。

填写图 2-34 所示信息后,单击 Next 按钮,完成软件安装。软件安装完成后,以管理员权限打开该软件,界面如图 2-35 所示。

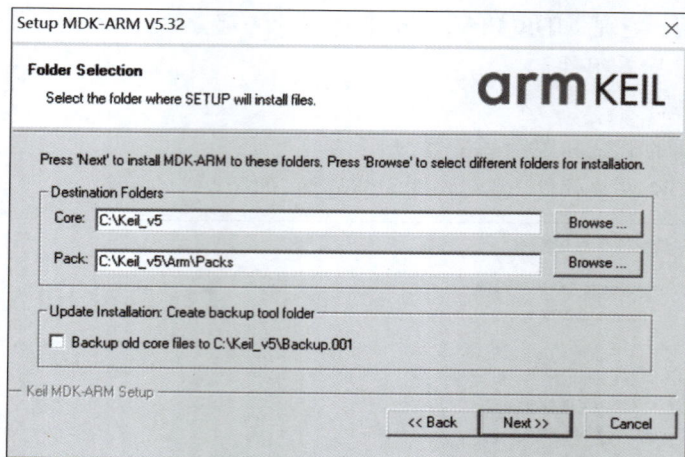

图 2-33　文件夹选择界面

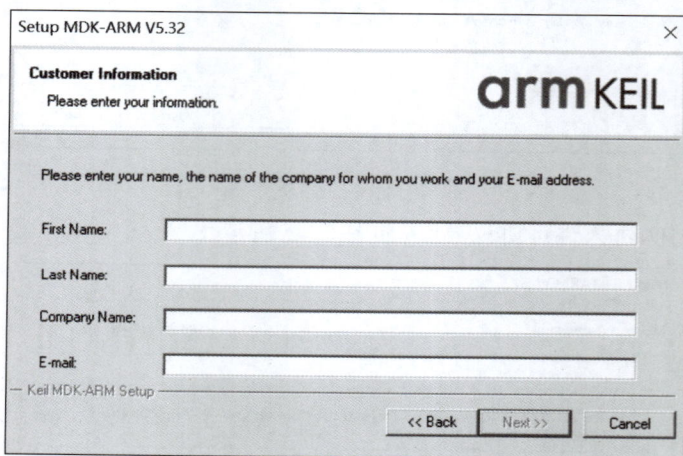

图 2-34　用户信息界面

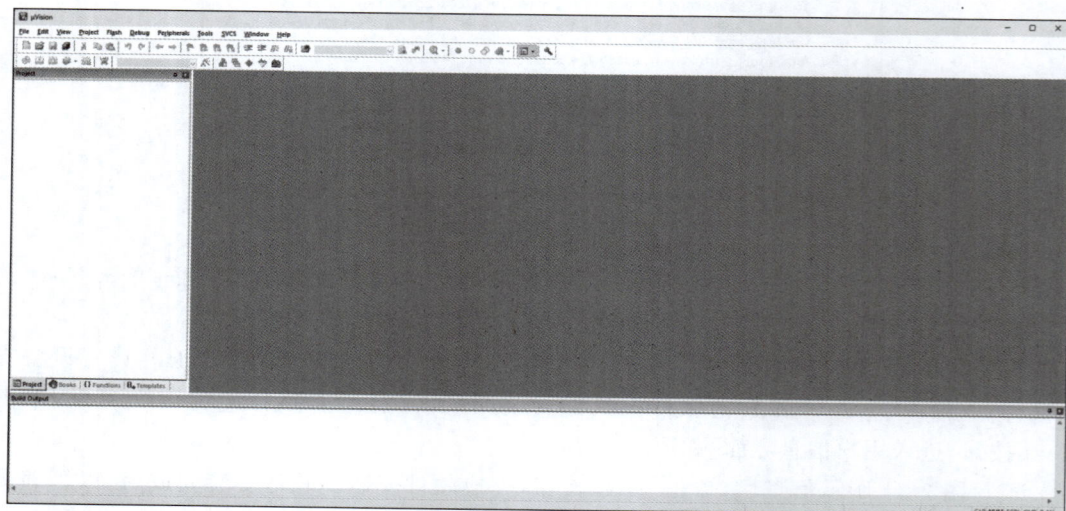

图 2-35　软件界面

在软件工具栏中单击 Pack Installer，或者单击软件菜单栏 Project→Manage→Pack Installer，安装 STM32F4 系列 Pack 支持包，也可以单独下载 STM32F4 系列 Pack 支持包进行离线安装，STM32F4 系列 Pack 包安装界面如图 2-36 所示。

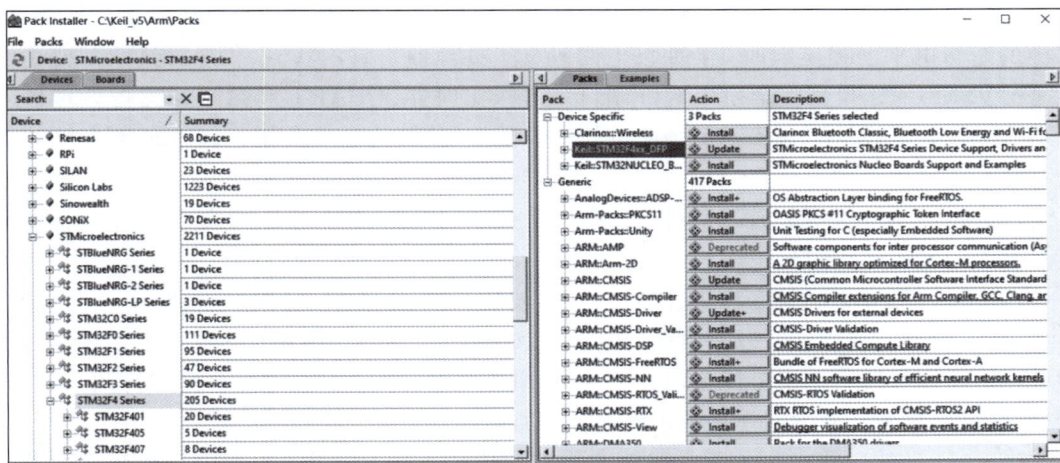

图 2-36　STM32F4 系列 Pack 包安装界面

2.3.3　Proteus

Proteus 是一款由英国 Lab Center Electronics 公司发行的电子设计自动化（Electronic Design Automation，EDA）工具软件，主要用于模拟硬件电路和编写嵌入式系统程序。Proteus 不仅具有其他 EDA 工具软件的仿真功能，还能仿真单片机及外围器件，如 51 系列、AVR、PIC、ARM 等常用主流单片机。它支持从原理图布图、代码调试到单片机与外围电路协同仿真，并可以一键切换到印制电路板（Printed-Circuit Board，PCB）设计，实现从概念到产品的完整设计。

Proteus 是将电路仿真软件、PCB 设计软件和虚拟模型仿真软件三合一的设计平台。在编译方面，它支持 IAR、Keil 和 MATLAB 等多种编译器。Proteus 提供了直观、易用的用户界面，支持多种视图模式和编辑模式。用户可以通过简单的拖放操作来设计电路图，并且可以自定义快捷键和配置文件，提高操作效率。Proteus 拥有完整的元件库和模型库，包括数字电路和模拟电路元件、传感器、执行器、通信设备等。用户可以根据自己的需求选择不同的元件进行设计，并且可以添加自己的元件和模型。Proteus 为电子工程教育、电子产品设计和嵌入式系统开发等领域提供了高效的电路设计和仿真解决方案，它可以帮助用户进行电路设计、仿真和调试等操作，从而提高电子产品的性能和可靠性，是电子设计和开发的有力工具。

1. 概述

Proteus 虚拟系统建模（Virtual System Modeling，VSM）为嵌入式系统的开发和调试提供了一种新的方法。具有原理图捕获、PCB 布局的微控制器和混合模式集成电路重点模拟程序（Simulation Program with Integrated Circuit Emphasis，SPICE）仿真。

Proteus VSM 是第一款为嵌入式设计弥合原理图和 PCB 之间差距的产品，在原理图内部提供基于微控制器设计的系统级模拟。Proteus VSM 具有数量较多的微控制器类型和外围设备,并且集成了测量和调试工具。

Proteus VSM 微控制器是嵌入式仿真工具的核心,可实现原理电路的系统级仿真,将混合模式 SPICE 仿真与快速微控制器仿真相结合,使硬件和固件设计能够在软件中快速原型化。模拟对象代码(机器代码)的执行,就像真正的芯片一样。如果程序代码写入端口,电路中的逻辑电平会相应地改变;如果电路改变了处理器引脚的状态,程序将读取到变化的电平。VSM CPU 模型完全模拟 I/O 端口、中断、定时器、USART 和每个受支持处理器上的所有其他外围设备。这不是一个简单的软件模拟器,因为这些外围设备与外部电路的交互都被完全建模为波形级别,因此整个系统都被模拟了。

Proteus VSM 拥有超过 750 种受支持的微处理器变体、数千种嵌入式 SPICE 模型和世界上最大的嵌入式模拟外设库之一,仍然是嵌入式模拟的首选。

Proteus VSM 包括许多虚拟仪器,包括示波器、逻辑分析仪、函数发生器、模式发生器、计数器、定时器、虚拟终端,以及简单的电压表和电流表。此外,还具有 SPI 和 I^{2}C 提供专用的主/从/监视器模式协议分析仪,只需连接到串行线上,即可在模拟过程中实时监测或与数据交互,可以在硬件原型制作之前正确地获得通信软件。

Proteus 设计套件在混合模式 SPICE 电路模拟的背景下提供了对高电平和低电平微控制器代码进行协同模拟的能力。

使用 Proteus VSM 作为嵌入式原型设计工具的优点如下。

(1)灵活性。Proteus VSM 为嵌入式工程师提供了一个独特的开发平台。它允许将程序(HEX 文件、COF 文件、ELF/DWARF2 文件、UBROF 文件等)指定为原理图上微控制器部件的属性,在模拟过程中,显示程序对所创建的原理图的影响。可以通过重新布线原理图、更改电阻器、电容器等的元件值以及在设计中删除或添加新元件来更改"硬件"。可以在 IDE 中更改固件,编译后,只需运行即可在新系统上测试新代码。

这样可以通过尝试不同的方法,为项目找到最佳设计解决方案,极大地增加了灵活性。

(2)提高生产率,节省发现和修复问题以及测试项目的时间。原理图作为固件的"虚拟原型",可以快速地完成更改。为虚拟硬件编写固件,当在代码中设置断点时,当到达该行代码时,整个系统将停止,继续运行时系统将展示这行代码在原理图(虚拟原型)上的执行效果,这使得更容易找出问题原因,判断软件设计或硬件设计是否有问题。

由于原理图用作硬件,因此完全可以划分任务,并行开发,由一个人开发 PCB 布局,另一个人则将原理图用作编写、测试和调试固件的基础。这意味着当物理原型在生成制造完成时,固件已经完成编写并测试。由于系统已经在软件中进行了调试和测试,因此需要更少的物理设计迭代,产品将更快地进入市场。

简而言之,Proteus VSM 在整个设计过程中提高了效率、质量和灵活性。

2. 程序安装

双击安装程序进入 Proteus 安装向导界面,如图 2-37 所示。单击 Browse 按钮可以更改程序安装路径(安装路径须为英文路径),单击 Next 按钮,进入许可协议界面,如图 2-38 所示。

勾选 I accept the terms of this agreement. 复选框,进入选择安装许可界面,选择适合的安装许可。下一步进入安装方式界面,选择适合的安装方式以后,单击相应图标后进入 Proteus 安装进度界面,如图 2-39 所示。

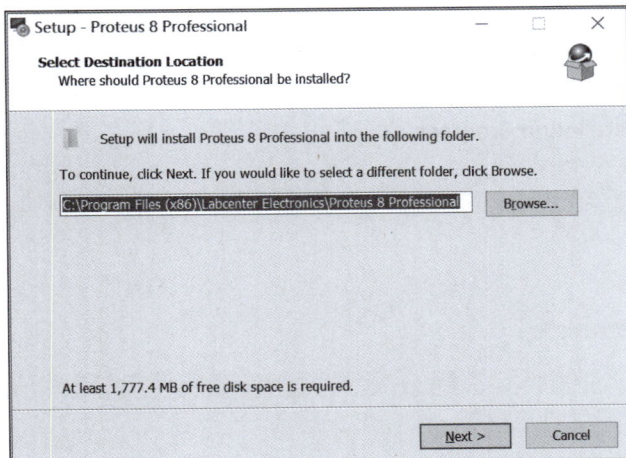

图 2-37 Proteus 安装向导界面

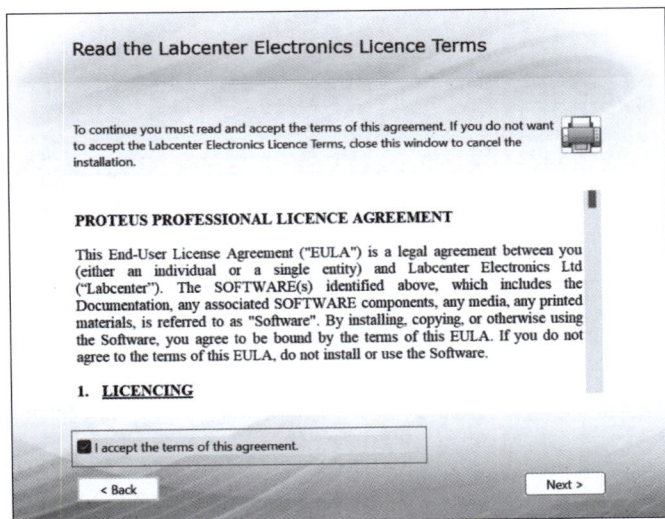

图 2-38 许可协议界面

Proteus 安装成功界面如图 2-40 所示。

3. 建立 STM32 仿真模型

软件安装完成后,运行 Proteus 软件,选择新建原理图,Proteus 原理图界面如图 2-41 所示。

菜单栏选择 Library→Pick Parts,元件库界面如图 2-42 所示。

目前在 Proteus 中 Cortex-M4 芯片仿真模型没有 STM32F407 系列,仅有 STM32F401 系列,而由于 STM32F407 在性能、资源、功耗等方面更有优势且在应用市场使用更广泛,因而本书选择讲授 STM32F407VET6 芯片,并通过引脚和性能对比,在 Proteus 中采用 STM32F401VE 模型来建立 STM32F407VET6 的仿真模型,具体建立 STM32F407VET6 仿真模型的方法如下。

(1) 在图 2-42 中 Keywords 文本框输入 STM32F401VE,选择仿真模型,如图 2-43 所示。

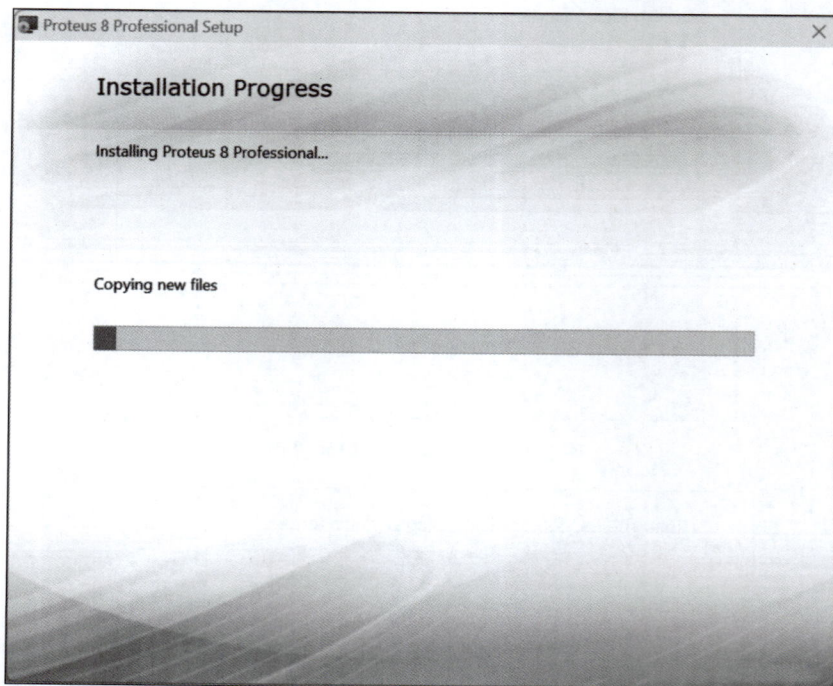

图 2-39　Proteus 安装进度界面

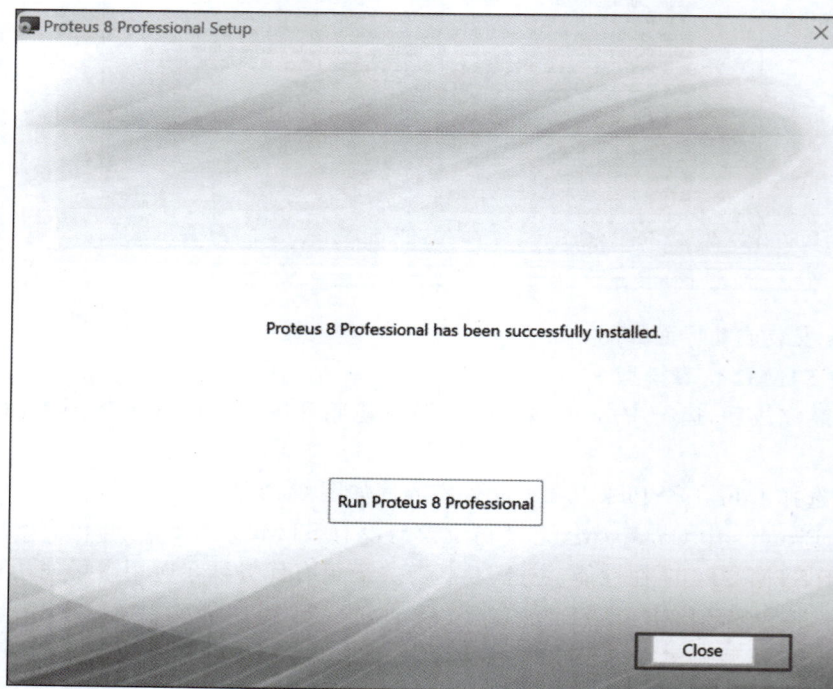

图 2-40　Proteus 安装成功界面

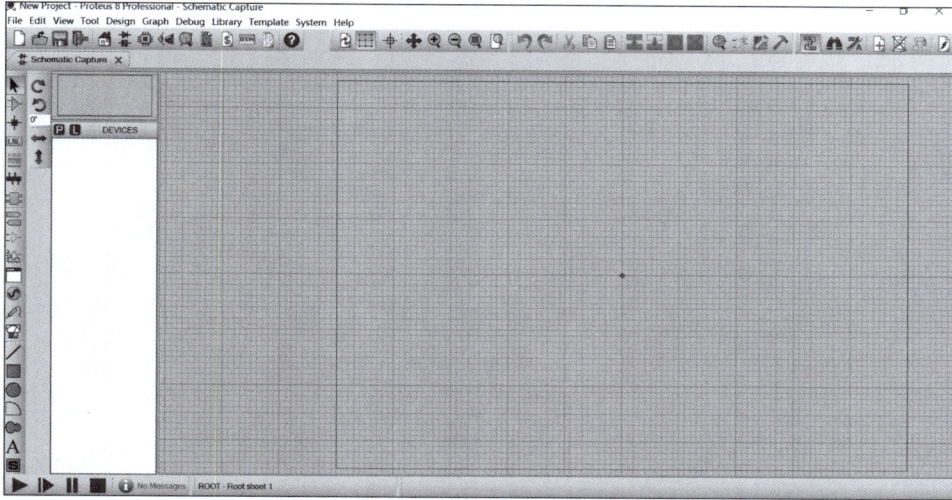

图 2-41　Proteus 原理图界面

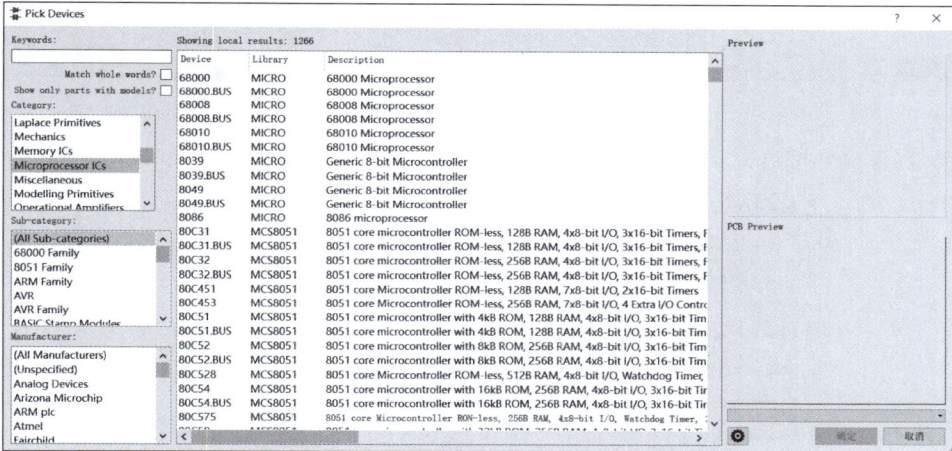

图 2-42　Proteus 元件库界面

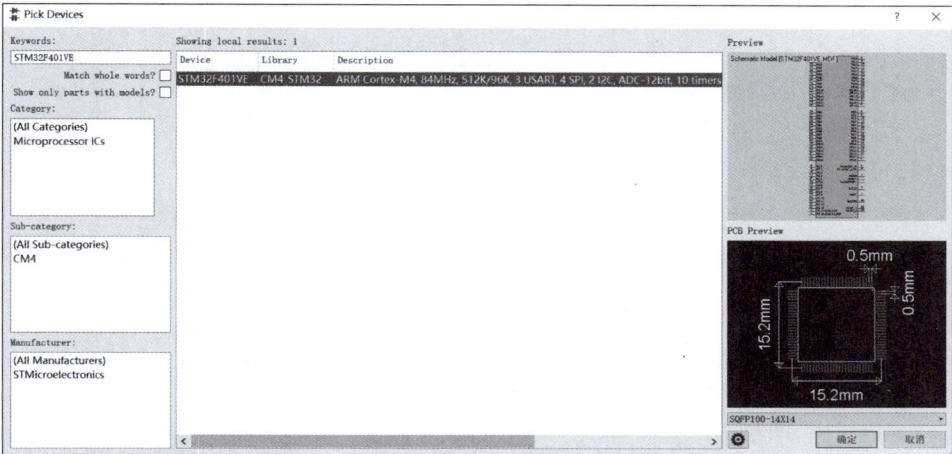

图 2-43　选择仿真模型

（2）将选择的仿真模型放入原理图，右击，在弹出的快捷菜单中选择 Make Device，如图 2-44 所示。

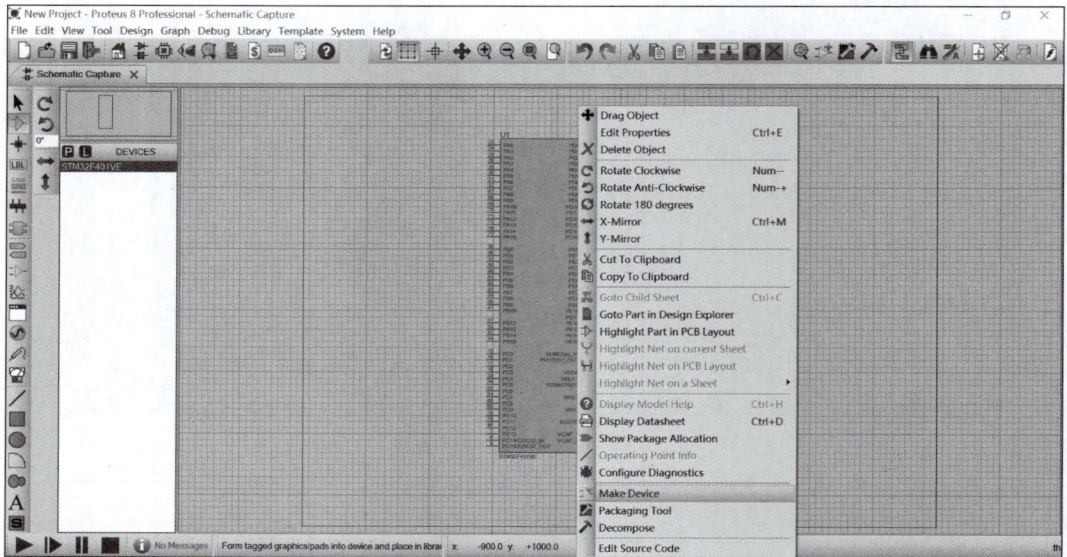

图 2-44　选择 Make Device

（3）器件属性配置对话框如图 2-45 所示，在 Device Name 文本框输入 STM32F407VET6。

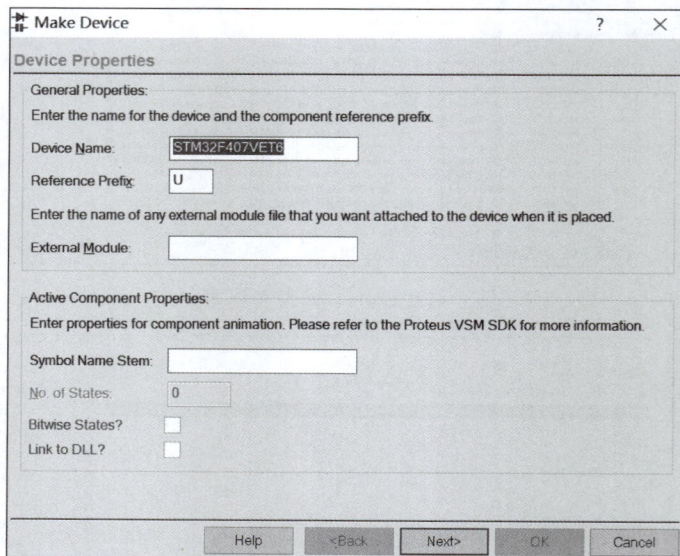

图 2-45　器件属性配置对话框

（4）选择器件封装，如图 2-46 所示，选择默认选型。

（5）选择器件属性和定义，如图 2-47 所示，采用默认值。

（6）器件参数表和帮助文件如图 2-48 所示，可修改相应文件名称。

（7）索引和库选择如图 2-49 所示，器件描述可以进行修改，在 Save Device To Library 列表框中选择：CM4_STM32。

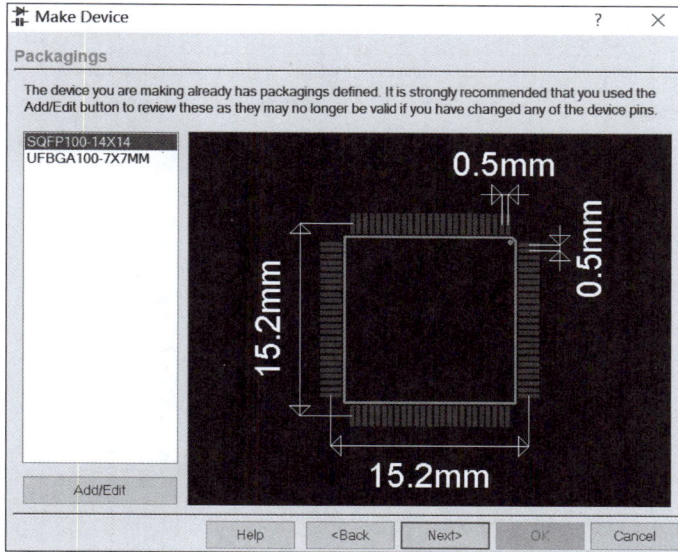

图 2-46　器件封装

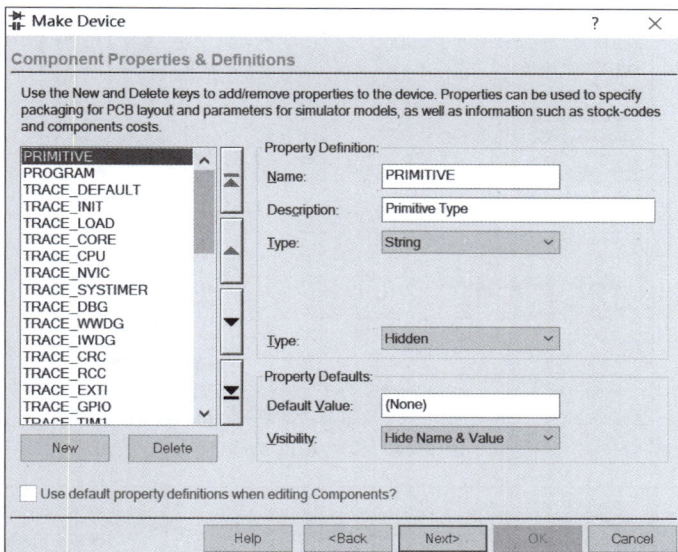

图 2-47　器件属性和定义

　　从库中选择元器件时,可以看到 STM32F407VET6 已经在元件库中了,如图 2-50 所示。

　　这里需要注意的是,仿真模型的最高频率和引脚分布与实际芯片是有区别的,但可以实现基本功能的仿真,书中的仿真实例均已进行了验证。仿真模型的建立,有助于熟悉并掌握应用更为广泛的 STM32F407 芯片的设计开发,使得 STM32F407 芯片进行产品原型设计的周期大为缩短并降低设计成本,同时也为深入学习 STM32F407 芯片的嵌入式开发者和初学者提供了方便。

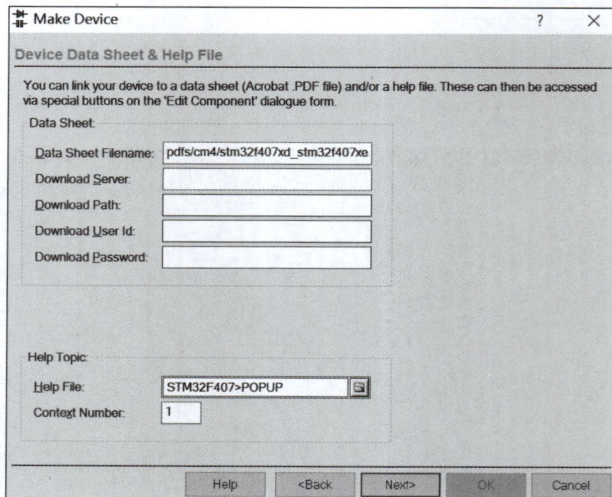

图 2-48　器件参数表和帮助文件

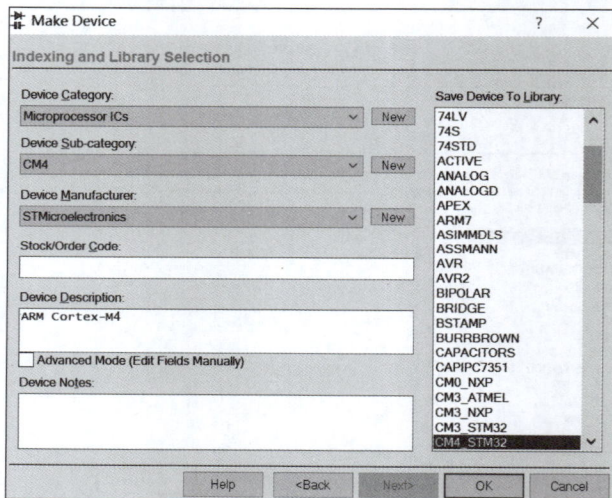

图 2-49　索引和库选择

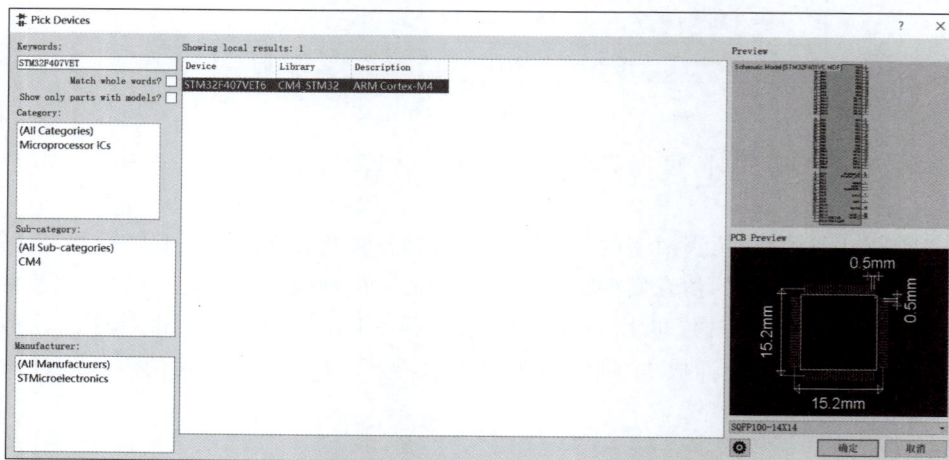

图 2-50　STM32F407VET6 仿真模型

【本章小结】

　　本章首先介绍了 ARM 的相关概念、相关芯片适用的应用领域。然后,引出了 STM32 微控制器的概念及其核心板。最后,介绍了开发嵌入式应用系统所需要的工具,包括 STM32CubeMX、Keil MDK 和 Proteus。通过本章的学习,学生应掌握 ARM、STM32 微控制器的有关概念,理解并掌握嵌入式系统常用开发工具,为后面学习 STM32 片内外设计打下基础。

【思政元素融入】

　　嵌入式系统设计在创新实验中的应用,培养学生的工程思维,关注学生的创造性思维; 嵌入式系统在解决社会问题中的应用,如环保监测、医疗健康等,增强学生的社会责任感和使命感。

第 3 章 通用输入/输出口

通用输入/输出口是微控制器与外部设备交互的重要接口。GPIO 提供了灵活的输入/输出功能，可以配置为数字输入、数字输出、复用功能输出以及外部中断触发等功能。本章将深入探讨 STM32F407 GPIO 模块的寄存器、引脚模式、HAL 库函数以及设计实例。从基础概念到设计应用，有助于更好地掌握 STM32F407 的输入/输出操作，为开发高效、可靠的嵌入式系统打下坚实基础。

知识目标：
◆ 阐述输入/输出模块的相关概念；
◆ 阐述 STM32F407 的 GPIO 构成；
◆ 说明 STM32F407 GPIO 的 HAL 库函数；
◆ 说明 GPIO 的开发流程。

能力目标：
◆ 运用 STM32CubeMX 软件配置 GPIO 工程；
◆ 运用 Keil MDK 软件编写程序，并进行分析；
◆ 运用 Proteus 软件搭建 GPIO 仿真电路；
◆ 设计基于 GPIO 的实例。

素质目标：
◆ 通过实例实践，培养学生的动手能力和解决问题的能力；
◆ 强调团队合作和沟通的重要性，让学生在实践中学会与他人协作完成任务；
◆ 鼓励学生进行创新性思考和探索，将 GPIO 应用于更多领域，提升创新能力和实践技能。

3.1 嵌入式系统的输入/输出

嵌入式系统的输入/输出是系统与外界环境或内部组件之间进行数据交换的关键部分。在嵌入式系统中，I/O 扮演着至关重要的角色，它使得系统能够接收来自外部设备（如传感器、键盘等）的输入信息，并通过输出设备（如显示器、电机等）将处理结果反馈给外部环境。

嵌入式系统的 I/O 设备种类繁多，包括但不限于数字 I/O、模拟 I/O、串行通信、并行通信、网络通信等。这些设备通过特定的接口与嵌入式处理器相连，实现数据的传输和控制。

在嵌入式系统设计中,I/O驱动是连接硬件设备和软件系统的桥梁。驱动程序负责控制硬件设备的工作状态,如初始化设备、读写数据、处理中断等。此外,嵌入式系统的I/O操作还涉及数据缓冲、中断处理、同步与互斥等复杂问题。为了提高系统的实时性和可靠性,需要深入理解I/O设备的特性和工作原理,并合理设计I/O驱动和应用程序。

嵌入式系统的I/O是系统与外界环境交互的窗口,其性能和可靠性直接影响到整个系统的功能和性能。因此,在嵌入式系统设计中,要重视I/O设备的选择和驱动程序的开发。

3.2　STM32F407 的 GPIO

STM32F407的GPIO是微控制器与外部设备通信、控制及数据采集的重要接口。STM32F407的GPIO引脚具有高度的灵活性和可配置性,能够满足多种应用需求。

STM32F407的GPIO引脚被分成多个组,每组包含一定数量的引脚,便于管理和配置。GPIO引脚具备基本的输入/输出功能,在输出模式下,STM32F407可以通过控制引脚输出高、低电平,实现对外部设备的控制,如控制LED灯的亮灭或驱动继电器等;在输入模式下,GPIO引脚可以检测外部电平信号,用于读取按键状态或接收外部设备的信号。

STM32F407的GPIO支持多种工作模式,包括浮空输入、上拉输入、下拉输入、模拟输入、开漏输出、推挽输出、复用开漏输出和复用推挽输出等。这些模式允许开发者根据具体的应用场景选择合适的配置,以满足不同的需求。GPIO引脚内置了保护二极管和上下拉电阻等保护机制,以防止引脚受到过高或过低的电压冲击,从而保护芯片免受损坏。STM32F407的GPIO引脚配置非常灵活,开发者可以通过软件编程来配置引脚的工作模式、输出速度等参数,以满足不同的应用需求。

在使用STM32F407单片机的GPIO之前,需要对其进行配置。GPIO引脚配置步骤为:启用对应GPIO的时钟;配置GPIO的引脚功能;使能GPIO;编写业务逻辑。在实际应用中,还需要考虑GPIO引脚的电气特性,如电压和电流规格等,以避免超出规格范围导致单片机或外部设备损坏。

STM32F407的GPIO是微控制器控制、与外部设备通信及数据采集的重要接口,具有高度的灵活性和可配置性,广泛应用于各种嵌入式系统,通过合理选择GPIO工作模式和参数进行GPIO引脚配置,可以实现与外部设备的有效通信和控制。

3.2.1　STM32F407 GPIO 寄存器

STM32F407系列寄存器组起始地址如表3-1所示。

表 3-1　STM32F407 系列寄存器组起始地址

总　　线	起　始　地　址	外　　设
AHB3	0xA000 0000～0xA000 0FFF	FSMC 控制寄存器
	0x9000 0000～0x9FFF FFFF	FSMC bank 4
	0x8000 0000～0x8FFF FFFF	FSMC bank 3
	0x7000 0000～0x7FFF FFFF	FSMC bank 2
	0x6000 0000～0x6FFF FFFF	FSMC bank 1

续表

总　　线	起 始 地 址	外　　设
AHB2	0x5006 0800～0x5006 0BFF	RNG
	0x5005 0400～0x5006 07FF	HASH
	0x5005 0000～0x5005 03FF	DCMI
	0x5006 0000～0x5006 03FF	CRYP
	0x5000 0000～0x5003 FFFF	USB OTG FS
AHB1	0x4004 0000～0x4007 FFFF	USB OTG HS
	0x4002 B000～0x4002 BBFF	DMA2D
	0x4002 8000～0x4002 93FF	以太网 MAC
	0x4002 6400～0x4002 67FF	DMA2
	0x4002 6000～0x4002 63FF	DMA1
	0x4002 4000～0x4002 4FFF	BKPSRAM
	0x4002 3C00～0x4002 3FFF	闪存接口寄存器
	0x4002 3800～0x4002 3BFF	RCC
	0x4002 3000～0x4002 33FF	CRC
	0x4002 2800～0x4002 2BFF	GPIOK
	0x4002 2400～0x4002 27FF	GPIOJ
	0x4002 2000～0x4002 23FF	GPIOI
	0x4002 1C00～0x4002 1FFF	GPIOH
	0x4002 1800～0x4002 1BFF	GPIOG
	0x4002 1400～0x4002 17FF	GPIOF
	0x4002 1000～0x4002 13FF	GPIOE
	0x4002 0C00～0x4002 0FFF	GPIOD
	0x4002 0800～0x4002 0BFF	GPIOC
	0x4002 0400～0x4002 07FF	GPIOB
	0x4002 0000～0x4002 03FF	GPIOA
APB2	0x4001 6800～0x4001 6BFF	LCD-TFT
	0x4001 5800～0x4001 5BFF	SAI1
	0x4001 5400～0x4001 57FF	SPI6
	0x4001 5000～0x4001 53FF	SPI5
	0x4001 4800～0x4001 4BFF	TIM11
	0x4001 4400～0x4001 47FF	TIM10
	0x4001 4000～0x4001 43FF	TIM9
	0x4001 3C00～0x4001 3FFF	EXTI
	0x4001 3800～0x4001 3BFF	SYSCFG
	0x4001 3400～0x4001 37FF	SPI4
	0x4001 3000～0x4001 33FF	SPI1
	0x4001 2C00～0x4001 2FFF	SDIO
	0x4001 2000～0x4001 23FF	ADC1—ADC2—ADC3
	0x4001 1400～0x4001 17FF	USART6
	0x4001 1000～0x4001 13FF	USART1
	0x4001 0400～0x4001 07FF	TIM8
	0x4001 0000～0x4001 03FF	TIM1

续表

总　　线	起　始　地　址	外　　设
APB1	0x4000 3400～0x4000 37FF	I2S2ext
	0x4000 3000～0x4000 33FF	IWDG
	0x4000 2C00～0x4000 2FFF	WWDG
	0x4000 2800～0x4000 2BFF	RTC & BKP 寄存器
	0x4000 2400～0x4000 27FF	保留
	0x4000 2000～0x4000 23FF	TIM14
	0x4000 1C00～0x4000 1FFF	TIM13
	0x4000 1800～0x4000 1BFF	TIM12
	0x4000 1400～0x4000 17FF	TIM7
	0x4000 1000～0x4000 13FF	TIM6
	0x4000 0C00～0x4000 0FFF	TIM5
	0x4000 0800～0x4000 0BFF	TIM4
	0x4000 0400～0x4000 07FF	TIM3
	0x4000 0000～0x4000 03FF	TIM2

每个 GPIO 具有 4 个 32 位配置寄存器（GPIOx_MODER、GPIOx_OTYPER、GPIOx_OSPEEDR、GPIOx_PUPDR），2 个 32 位数据寄存器（GPIOx_IDR、GPIOx_ODR），1 个 32 位置位/复位寄存器（GPIOx_BSRR），1 个 32 位锁定寄存器（GPIOx_LCKR）和 2 个 32 位复用功能（Alternative Function，AF）寄存器（GPIOx_AFRH、GPIOx_AFRL）。

1. 配置寄存器

每个 GPIO 具有 4 个 32 位存储器映射的配置寄存器（GPIOx_MODER、GPIOx_OTYPER、GPIOx_OSPEEDR、GPIOx_PUPDR），可配置多达 16 个 GPIO。GPIOx_MODER 寄存器用于选择 GPIO 方向（输入、输出、AF、模拟）。GPIOx_OTYPER 和 GPIOx_OSPEEDR 寄存器分别用于选择输出类型（推挽或开漏）和速度（无论 GPIO 方向如何，都会直接将 GPIO 速度引脚连接到相应的 GPIOx_OSPEEDR 寄存器位）。无论 GPIO 用于输入还是输出，GPIOx_PUPDR 寄存器都用于选择上拉/下拉电阻。

2. 数据寄存器

每个 GPIO 具有 2 个 32 位数据寄存器：输入和输出数据寄存器，即 GPIOx_IDR 和 GPIOx_ODR。GPIOx_ODR 用于存储待输出数据，可对其进行读/写访问。通过 GPIO 输入的数据存储到输入数据寄存器 GPIOx_IDR 中，它是一个只读寄存器。

3. 置位/复位寄存器

置位/复位寄存器（GPIOx_BSRR）是一个 32 位寄存器，它允许应用程序在输出数据寄存器 GPIOx_ODR 中对各个单独的数据位执行置位和复位操作。置位/复位寄存器的大小是 GPIOx_ODR 的 2 倍。GPIOx_ODR 中的每个数据位对应 GPIOx_BSRR 中的两个控制位：BSRR(i) 和 BSRR(i+SIZE)。当写入 1 时，BSRR(i) 位会置位对应的 ODR(i) 位；BSRR(i+SIZE) 位会清零 ODR(i) 对应的位。在 GPIOx_BSRR 中向任何位写入 0 都不会对 GPIOx_ODR 中的对应位产生任何影响。如果在 GPIOx_BSRR 中同时尝试对某个位执行置位和清零操作，则置位操作优先。使用 GPIOx_BSRR 寄存器更改 GPIOx_ODR 中各位的值是一个"单次"操作，不会锁定 GPIOx_ODR 位。随时都可以直接访问 GPIOx_ODR

位。GPIOx_BSRR 寄存器允许对 GPIO 进行原子操作(原子操作指不会被中断的操作,在多任务环境下非常重要),在对 GPIOx_ODR 进行位操作时,软件无须禁止中断;在一次原子 AHB1 写访问中,可以修改一位或多位。

4. 锁定寄存器

GPIO 锁定寄存器 GPIOx_LCKR 用于锁定 GPIO 的配置,以防止意外更改。一旦锁定寄存器被设置,GPIO 的配置(如模式、输出类型、速度、上拉/下拉等)就不能再被更改,除非先解锁该寄存器,可以锁定的寄存器包括 GPIOx_MODER、GPIOx_OTYPER、GPIOx_OSPEEDR、GPIOx_PUPDR、GPIOx_AFRL 和 GPIOx_AFRH。GPIOx_LCKR 是一个 32 位的寄存器。它的每位都对应一个 GPIO 引脚,当某位被设置为 1 时,对应的 GPIO 引脚配置就被锁定。

5. 复用功能寄存器

GPIO 复用功能低位寄存器 GPIOx_AFRL 和 GPIO 复用功能高位寄存器 GPIOx_AFRH 用于选择每个 GPIO 可用的 16 个复用功能。GPIOx_AFRL 寄存器用于选择 GPIO 低 8 位(即 GPIOx0~GPIOx7)的复用功能,GPIOx_AFRH 寄存器用于选择 GPIO 高 8 位(即 GPIOx8~GPIOx15)的复用功能。由于复用选择信号由复用功能输入和复用功能输出共用,所以只需为每个 GPIO 的复用功能输入/输出选择一个通道即可,对于每个 GPIO 而言,应用程序一次只能为其选择一个可用的外设功能。

3.2.2 STM32F407 GPIO 引脚模式

STM32F407 每个 GPIO 位可自由编程,但是 GPIO 寄存器必须作为 32 位字、半字或字节访问。GPIOx_BSRR 寄存器的目的是允许对任何 GPIO 寄存器进行原子读取/修改访问,通过这种方式,在读取和修改访问之间发生中断请求也不会有问题。GPIO 位的基本结构如图 3-1 所示。

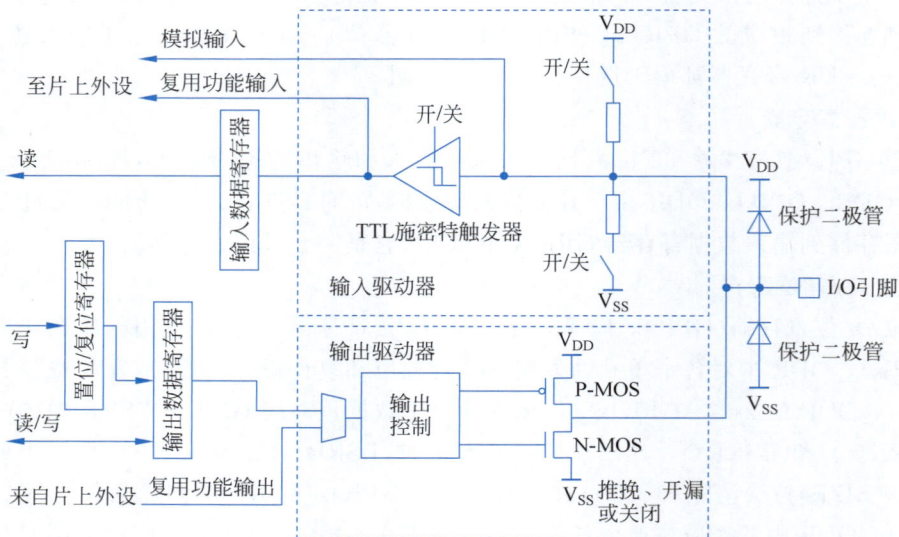

图 3-1 GPIO 位的基本结构

1. 输入/输出模式

GPIO 引脚输入/输出模式具体如下。

（1）浮空输入：数字输入，读取引脚电平，若引脚悬空，则电平不确定；

（2）上拉输入：数字输入，读取引脚电平，内部连接上拉电阻，悬空时默认高电平；

（3）下拉输入：数字输入，读取引脚电平，内部连接下拉电阻，悬空时默认低电平；

（4）模拟输入：数字输入，GPIO 无效，引脚直接接入内部模数转换器；

（5）开漏输出：数字输出，输出引脚电平，高电平为高阻态，低电平接 V_{SS}；

（6）推挽输出：数字输出，输出引脚电平，高电平接 V_{DD}，低电平接 V_{SS}；

（7）复用开漏输出：数字输出，由片上外设控制，高电平为高阻态，低电平接 V_{SS}；

（8）复用推挽输出：数字输出，由片上外设控制，高电平接 V_{DD}，低电平接 V_{SS}。

在复位期间及复位刚刚完成后，复用功能尚未激活，GPIO 被配置为浮空输入模式。复位后，调试引脚处于复用功能上拉/下拉状态：引脚 PA15 为 JTDI 处于上拉状态；引脚 PA14 为 JTCK/SWCLK 处于下拉状态；引脚 PA13 为 JTMS/SWDAT 处于下拉状态；引脚 PB4 为 NJTRST 处于上拉状态；引脚 PB3 为 JTDO 处于浮空状态。

GPIO 作为输入时，输出缓冲器被关闭，施密特触发器输入被打开，根据 GPIOx_PUPDR 寄存器中的值决定是否打开上拉和下拉电阻，输入数据寄存器每隔 1 个 AHB1 时钟周期对 GPIO 引脚上的数据进行一次采样，对输入数据寄存器的读访问可获取 GPIO 状态。GPIO 位的输入配置如图 3-2 所示。

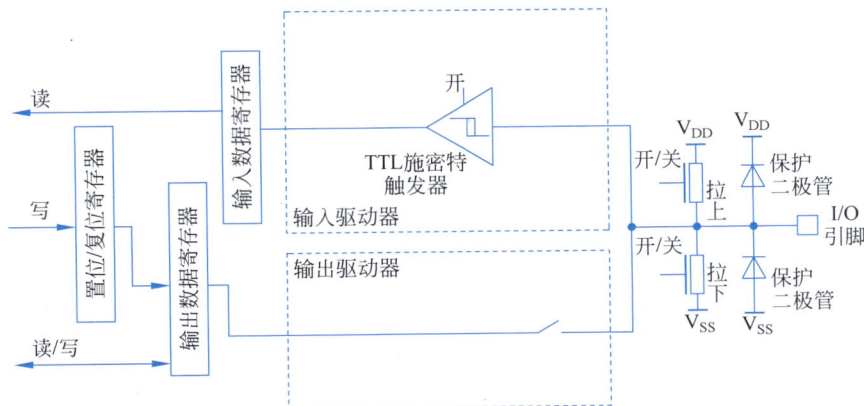

图 3-2　GPIO 位的输入配置

GPIO 作为输出时，输出缓冲器被打开，开漏模式输出低电平时 N-MOS 导通，而输出为高电平时端口保持高阻态（P-MOS 断开）；推挽模式输出低电平时 N-MOS 导通，而输出高电平时 P-MOS 导通，施密特触发器输入被打开，根据 GPIOx_PUPDR 寄存器中的值决定是否打开弱上拉电阻和下拉电阻，输入数据寄存器每隔 1 个 AHB1 时钟周期对 GPIO 引脚上的数据进行一次采样，对输入数据寄存器的读访问可获取 GPIO 状态，对输出数据寄存器的读访问可获取最后的写入值。GPIO 位的输出配置如图 3-3 所示。

2. 复用及模拟模式

GPIO 通过多路复用器，只允许一个外设的复用功能连接到 GPIO 引脚一次，因而，共享同一 GPIO 引脚的外围设备之间就不会发生冲突。每个 GPIO 引脚都有一个多路复用

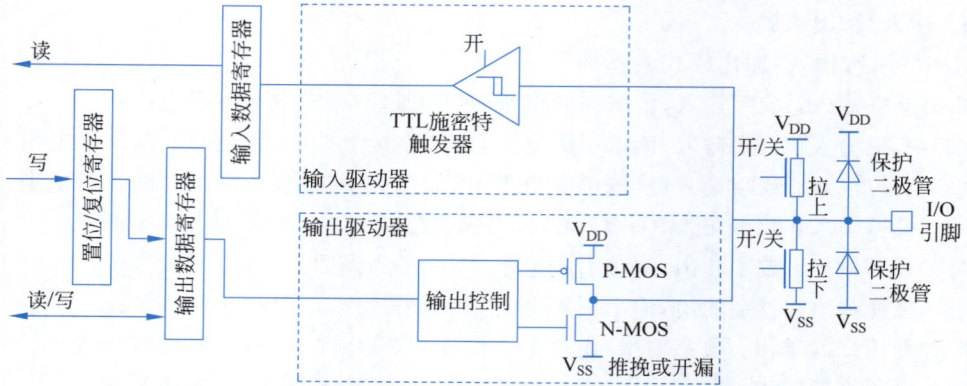

图 3-3　GPIO 位的输出配置

器,该多路复用器具有 16 个复用功能输入(AF0～AF15),可以通过 GPIOx_AFRL(用于引脚 0～7)和 GPIOx_AFRH(用于引脚 8～15)进行寄存器配置。重置后,所有 GPIO 都连接到系统的复用功能 0(AF0);外围设备的复用功能从 AF1 映射到 AF13;Cortex-M4F EVENTOUT 映射在 AF15 上。STM32F407 引脚复用功能选择如图 3-4 所示。

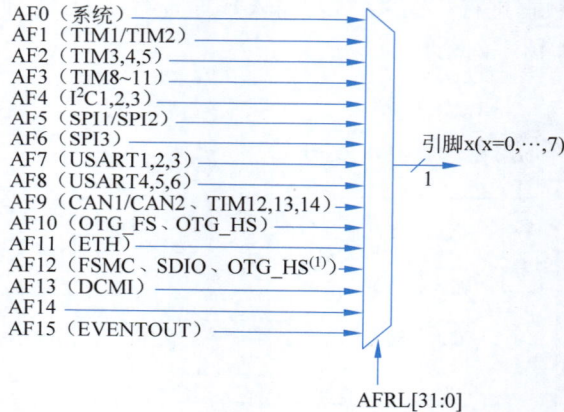

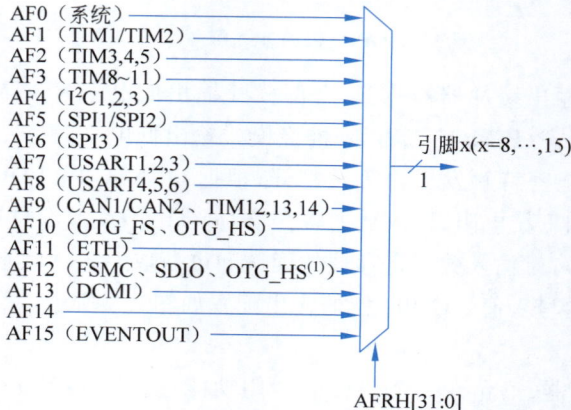

图 3-4　STM32F407 引脚复用功能选择

对于模数转换器和数模转换器,在 GPIOx_MODER 寄存器中将所需 GPIO 配置为模拟通道。对于其他外设,在 GPIOx_MODER 寄存器中将所需 GPIO 配置为复用功能,通过 GPIOx_OTYPER、GPIOx_PUPDR 和 GPIOx_OSPEEDER 寄存器,分别选择类型、上拉/下拉以及输出速度,在 GPIOx_AFRL 或 GPIOx_AFRH 寄存器中,将 GPIO 连接到所需引脚。

对 GPIO 作为复用功能时,可将输出缓冲器配置为开漏或推挽,输出缓冲器由来自外设的信号驱动(发送器使能和数据),施密特触发器输入被打开,根据 GPIOx_PUPDR 寄存器中的值决定是否打开弱上拉电阻和下拉电阻,输入数据寄存器每隔 1 个 AHB1 时钟周期对 GPIO 引脚上的数据进行一次采样,对输入数据寄存器的读访问可获取 GPIO 状态。GPIO 位的复用功能配置如图 3-5 所示。

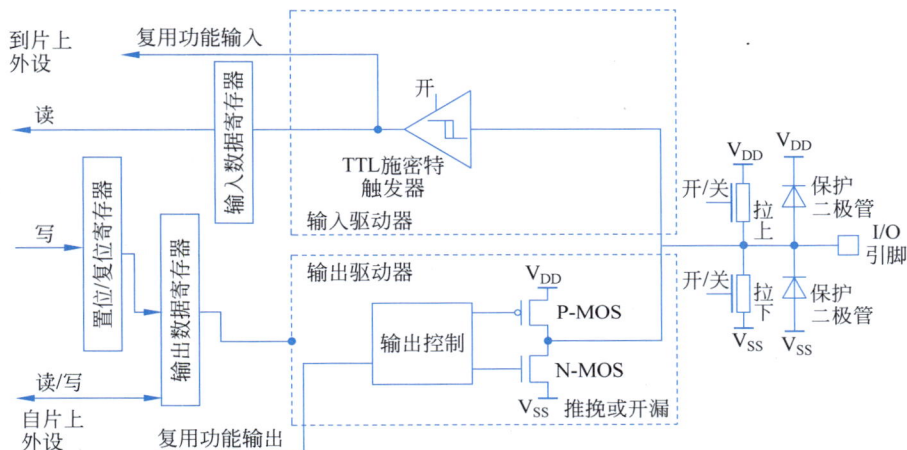

图 3-5　GPIO 位的复用功能配置

对 GPIO 作为模拟配置时,输出缓冲器被禁止,施密特触发器输入停用,GPIO 引脚的每个模拟输入的功耗变为 0,施密特触发器的输出被强制处理为恒定值 0,弱上拉和下拉电阻被关闭,对输入数据寄存器的读访问值为 0。GPIO 位的高阻态模拟输入配置如图 3-6 所示。

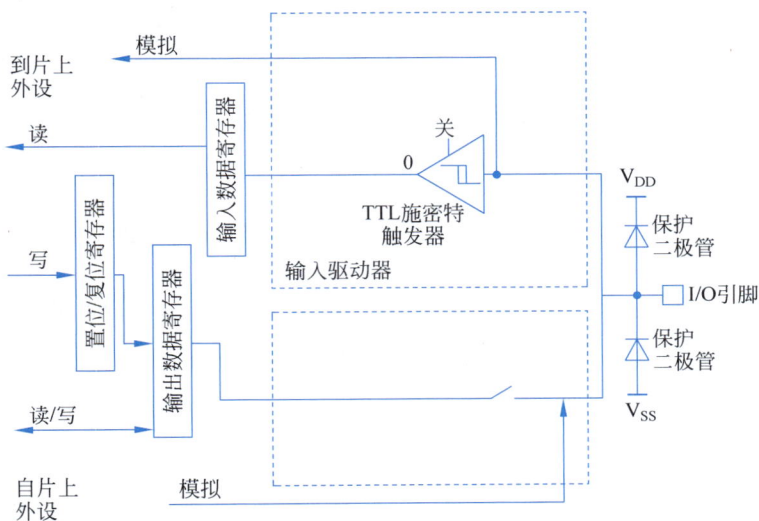

图 3-6　GPIO 位的高阻态模拟输入配置

3.3 STM32F407 GPIO HAL 库函数

STM32F407 GPIO HAL 库函数如表 3-2 所示。

表 3-2　STM32F407 GPIO HAL 库函数

函 数 名	功 能 描 述
HAL_GPIO_Init()	初始化 GPIO 引脚
HAL_GPIO_DeInit()	GPIO 引脚恢复为默认状态
HAL_GPIO_ReadPin()	读取 GPIO 引脚的电平状态
HAL_GPIO_WritePin()	设置 GPIO 引脚的电平状态
HAL_GPIO_TogglePin()	翻转 GPIO 引脚的电平状态
HAL_GPIO_LockPin()	锁定 GPIO 引脚的状态,防止其被更改

1. 初始化 GPIO 引脚

函数原型为 void HAL_GPIO_Init(GPIO_TypeDef * GPIOx，GPIO_InitTypeDef * GPIO_Init)，用于初始化指定的 GPIO 引脚。

其中,GPIOx 指定要初始化的 GPIO；GPIO_Init 提供初始化 GPIO 引脚所需的各种配置参数。

函数 HAL_GPIO_Init() 无返回值。

结构体 GPIO_InitTypeDef 成员如下。

(1) Pin：指定要配置的引脚。

(2) Mode：设置引脚的工作模式,如输入、输出、复用功能、外部中断等。

(3) Pull：配置引脚的上下拉电阻。

(4) Speed：设置引脚的速度等级。

(5) Alternate：当引脚配置为复用功能时,指定要连接的外设。

2. GPIO 引脚恢复为默认状态

函数原型为 void HAL_GPIO_DeInit(GPIO_TypeDef * GPIOx，uint32_t GPIO_Pin)，用于将指定的 GPIO 引脚恢复为默认状态。

其中,GPIOx 指定要恢复的 GPIO,GPIO_Pin 指定要恢复的引脚。

函数 HAL_GPIO_DeInit() 无返回值。

3. 读取 GPIO 引脚的电平状态

函数原型为 GPIO_PinState HAL_GPIO_ReadPin(GPIO_TypeDef * GPIOx，uint16_t GPIO_Pin)，用于读取指定的 GPIO 引脚电平状态。

其中,GPIOx 指定要读取电平状态的 GPIO,GPIO_Pin 指定要读取的引脚。

函数 HAL_GPIO_ReadPin() 的返回值为引脚的电平状态,GPIO_PIN_SET 表示高电平,GPIO_PIN_RESET 表示低电平。

4. 设置 GPIO 引脚的电平状态

函数原型为 void HAL_GPIO_WritePin(GPIO_TypeDef * GPIOx，uint16_t GPIO_Pin，GPIO_PinState PinState)，用于设置指定的 GPIO 引脚的电平状态。

其中,GPIOx 指定要设置电平状态的 GPIO,GPIO_Pin 指定要设置的引脚,PinState 指要设置的电平状态(GPIO_PIN_SET 指设置为高电平,GPIO_PIN_RESET 指设置为低电平)。

函数 HAL_GPIO_WritePin()无返回值。

5. 翻转 GPIO 引脚的电平状态

函数原型为 void HAL_GPIO_TogglePin(GPIO_TypeDef * GPIOx,uint16_t GPIO_Pin),用于翻转指定的 GPIO 引脚的电平状态。

其中,GPIOx 指定要翻转电平状态的 GPIO,GPIO_Pin 指定要翻转的引脚。

函数 HAL_GPIO_TogglePin()无返回值。

6. 锁定 GPIO 引脚的状态

函数原型为 HAL_StatusTypeDef HAL_GPIO_LockPin(GPIO_TypeDef * GPIOx,uint16_t GPIO_Pin),用于锁定指定的 GPIO 引脚的状态,防止其被更改。

其中,GPIOx 指定要锁定的 GPIO,GPIO_Pin 指定要锁定的引脚。

函数 HAL_GPIO_LockPin()的返回值如下:HAL_OK 表示函数执行成功,HAL_ERROR 表示函数执行失败,HAL_BUSY 表示函数当前正忙,HAL_TIMEOUT 表示函数执行超时。

3.4 GPIO 实例

视频讲解

本节实例为通过按键控制发光二极管闪烁。通过 GPIO 引脚输出高低电平控制发光二极管,并通过改变高低电平的时间间隔实现二极管闪烁。

3.4.1 STM32CubeMX 工程

1. 新建工程及芯片配置

双击软件图标启动 STM32CubeMX 软件。STM32CubeMX 软件界面如图 3-7 所示,切换到 File 选项卡,并单击 New Project 创建新工程。

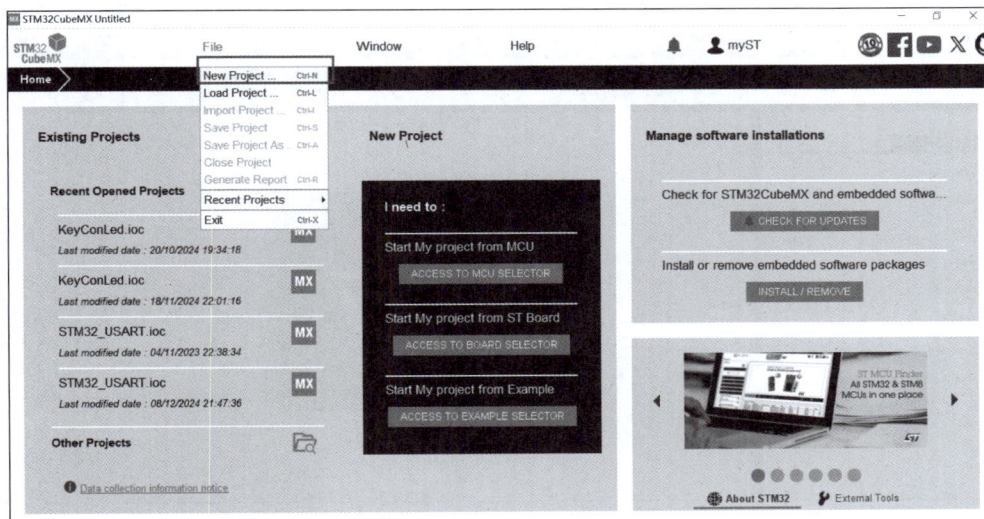

图 3-7　STM32CubeMX 软件界面

STM32CubeMX 新工程界面如图 3-8 所示。新工程需要确定所使用的芯片型号，在 Commercial Part Number 文本框中输入使用的芯片型号，例如，输入 STM32F407V，检索出与输入关键词相近且封装不同的芯片型号，选择所用的芯片型号 STM32F407VET6。

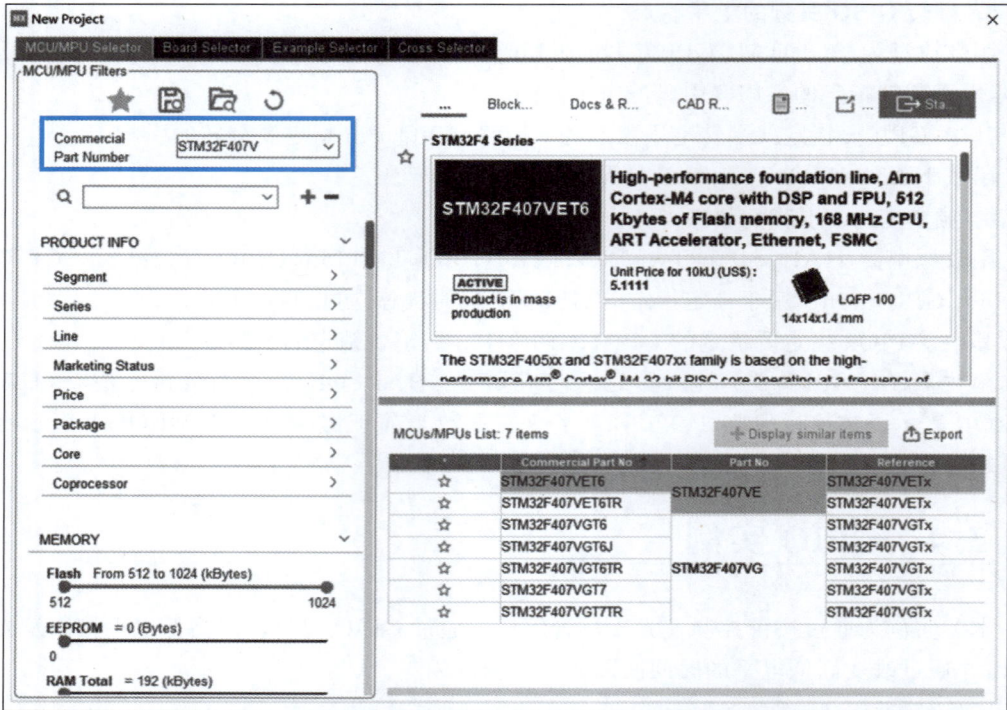

图 3-8　STM32CubeMX 新工程界面

单击右上角 Start Project，在 Pinout & Configuration 界面中给出 STM32F407VET6 芯片引脚视图，如图 3-9 所示。

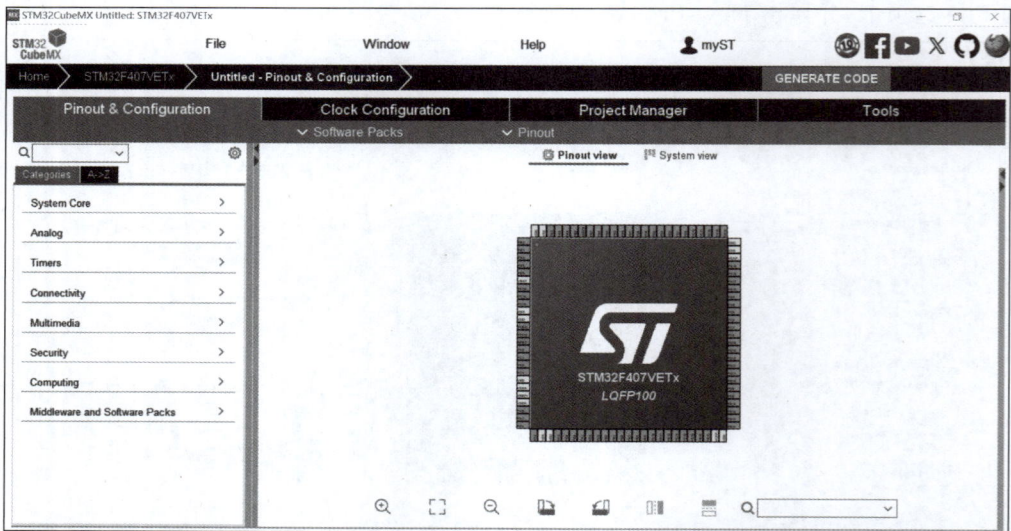

图 3-9　Pinout & Configuration 界面

选择左侧 System Core 中的 SYS,SYS Mode and Configuration 配置如图 3-10 所示,选择 Debug 选项为 Serial Wire。

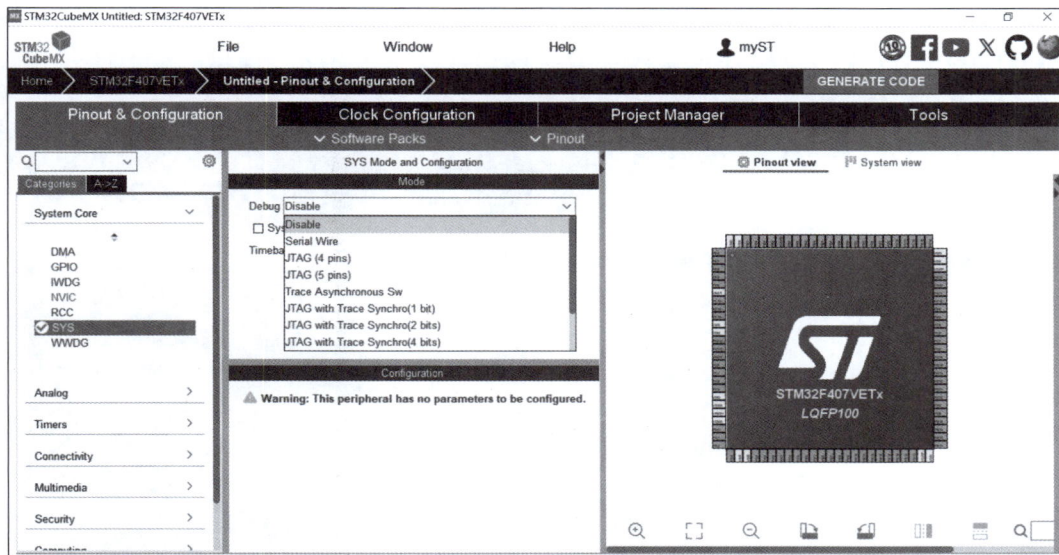

图 3-10　SYS Mode and Configuration 配置

2. 配置系统时钟

芯片的时钟源通过选择 RCC 设置,选择 System Core 中的 RCC。RCC Mode and Configuration 如图 3-11 所示,配置高速外部时钟 HSE 和低速外部时钟 LSE。通常来说,高速外部时钟和低速外部时钟的选项卡中包括禁止(Disable)、旁路时钟源(Bypass Clock Source),以及外部晶体陶瓷谐振器(Crystal/Ceramic Resonator)3 种选项。其中,Disable 选项为不启用外部时钟源; Bypass Clock Source 选项是不使用外部晶体陶瓷谐振器或其他

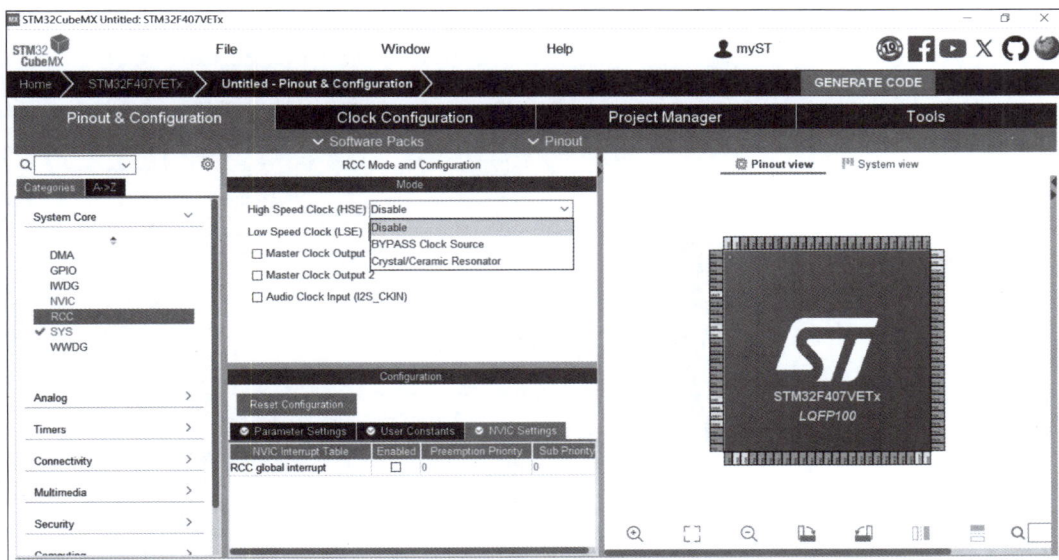

图 3-11　RCC Mode and Configuration

的时钟源,而是直接通过外部导入时钟信号;Crystal/Ceramic Resonator 选项为使用外部晶体谐振器,通过外部晶体谐振器与芯片内部时钟的驱动电路协作形成时钟源,精度较高。

设置高速外部时钟 HSE,选择 Crystal/Ceramic Resonator,如图 3-12 所示,PH0 引脚和 PH1 引脚被占用,分别用于 RCC_OSC_IN 和 RCC_OSC_OUT 的连接。

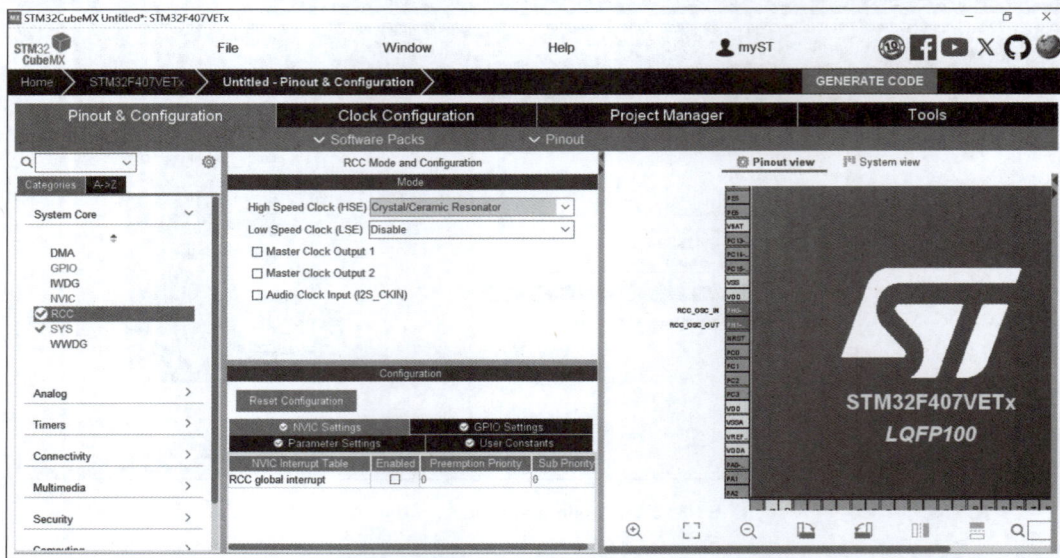

图 3-12 选择 Crystal/Ceramic Resonator

切换到 Clock Configuration 选项卡,如图 3-13 所示。

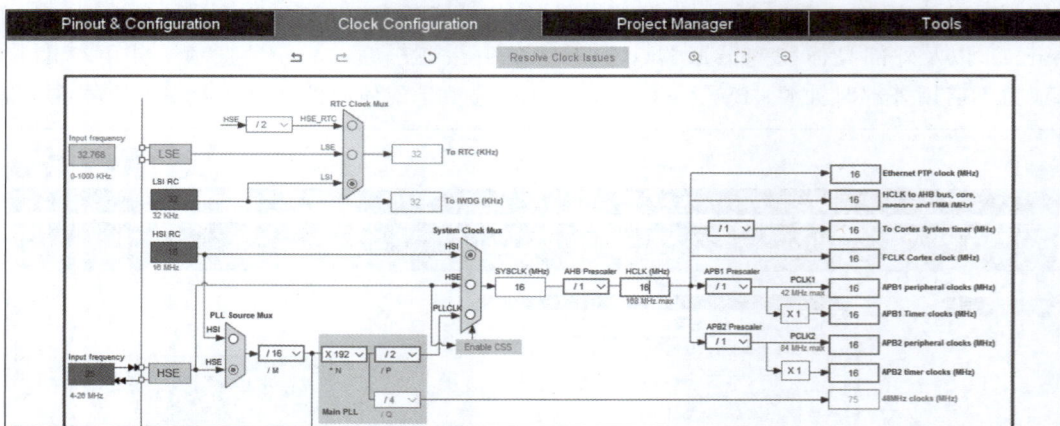

图 3-13 Clock Configuration 选项卡

HSE 外部时钟源输入频率(Input Frequency)取值范围为 4～26MHz,默认值为 25MHz,输入设置频率为 8MHz。选用 16MHz 内部高速晶振 HSI,在 HCLK(MHz)文本框中输入 16 后按 Enter 键,Clock Wizard 界面如图 3-14 所示,单击 OK 按钮,自动完成系统时钟配置。配置系统

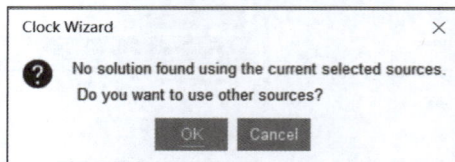

图 3-14 Clock Wizard 界面

工作频率为 16MHz,如图 3-15 所示。

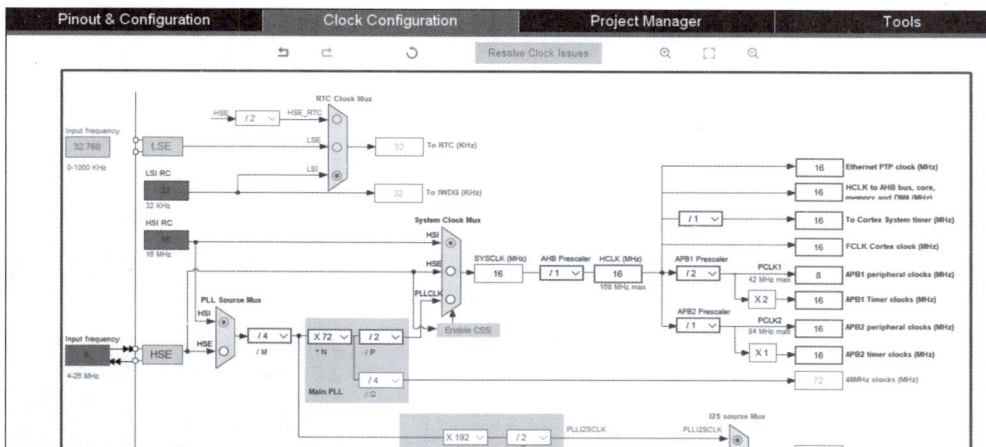

图 3-15 配置系统工作频率为 16MHz

3. 配置 GPIO 引脚工作模式

切换到 Pinout & Configuration 选项卡,配置 GPIO PA0 引脚工作模式,如图 3-16 所示。

PA0 引脚工作模式如下。

(1) Reset_State:复位状态,设置为低电平。

(2) ADC1_IN0:模数转换器 1 通道 0 的数据采集。

(3) ADC2_IN0:模数转换器 2 通道 0 的数据采集。

(4) ADC3_IN0:模数转换器 3 通道 0 的数据采集。

(5) ETH_CRS:以太网载波监听信号。

(6) SYS_WKUP:系统唤醒。

(7) TIM2_CH1:通用定时器 2 的通道 1。

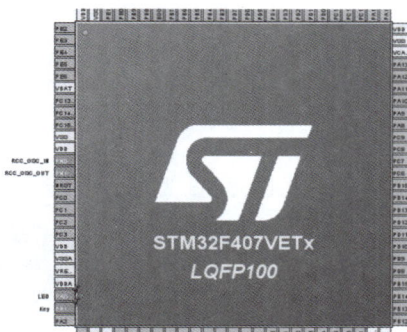

图 3-16 GPIO PA0 引脚工作模式

(8) TIM2_ETR:TIM2 定时器的外部时钟源模式。

(9) TIM5_ CH1:通用定时器 5 的通道 1。

(10) TIM8_ETR:TIM8 定时器的外部时钟源模式。

(11) UART4_TX:串口 4 通信发送端。

(12) USART2_CTS:USART2 通信接口清除发送。

(13) GPIO_Input:通用输入。

(14) GPIO_Output:通用输出。

(15) GPIO_Analog:通用模拟信号输出。

(16) EVENTOUT:事件输出。

(17) GPIO_EXT10:中断 EXT10。

本节实例通过单个 GPIO 引脚输出高低电平控制发光二极管,并通过改变高低电平的时间间隔实现二极管闪烁,因而将 PA0 引脚工作模式配置为通用输出功能(GPIO_Output)。

4. GPIO 引脚参数配置

切换到 System Core 中的 GPIO，GPIO Mode and Configuration 界面如图 3-17 所示，配置 PA0 引脚详细参数。GPIO output level 选项中可以将引脚电平设置为高电平或低电平；GPIO mode 下拉列表框中选择输出模式为推挽或开漏；GPIO Pull-up/Pull-down 下拉列表框中选择上拉电阻、下拉电阻、无上拉和下拉；Maximum output speed 下拉列表框中选择引脚输出速度为低速、中速、高速；User Label 为用户标签，用于设置引脚名称。本节实例将 PA0 引脚配置为高电平输出、推挽式输出模式、上拉电阻、高速输出，引脚标签为 LED。

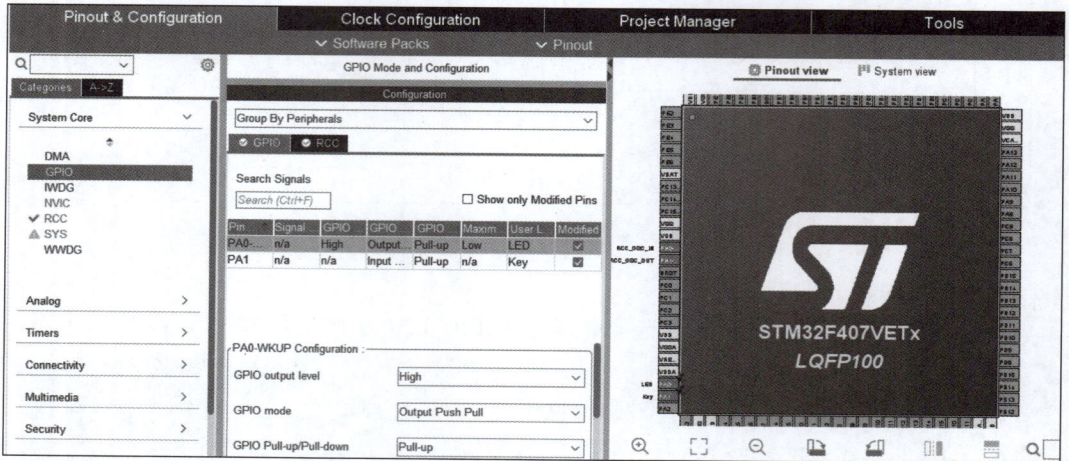

图 3-17　GPIO Mode and Configuration 界面

将 PA1 引脚配置为输入功能（GPIO_Input），如图 3-18 所示。

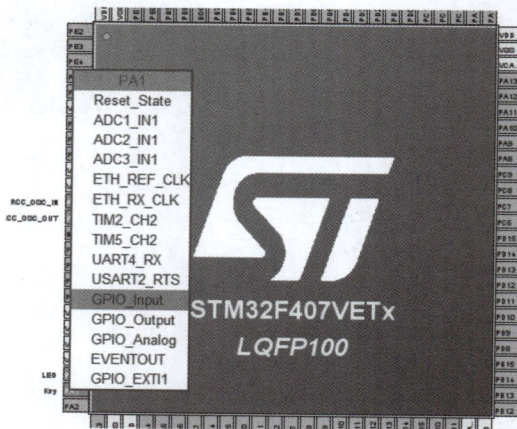

图 3-18　PA1 引脚配置

本节实例将 PA1 引脚配置为上拉电阻，引脚标签为 key，如图 3-19 所示。

5. 工程管理

切换到 Project Manager 选项卡，配置工程参数如图 3-20 所示。在 Project Name 文本框里输入项目名称，如 LED；Project Location 为当前工程的存放路径；Toolchain/IDE 选择代码的开发环境，由于采用 Keil MDK 作为集成开发环境，因此选择 MDK-ARM；Min Version 选择版本为 V5.32。

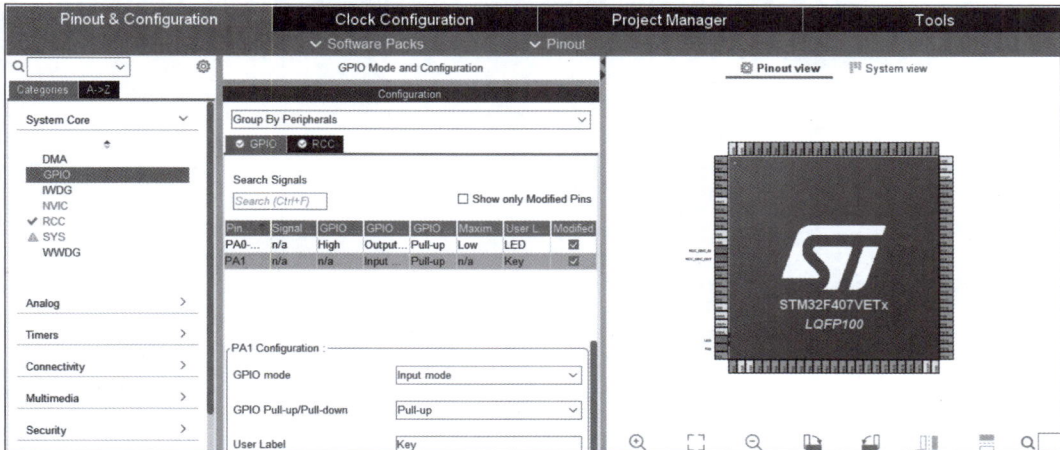

图 3-19 PA1 引脚配置

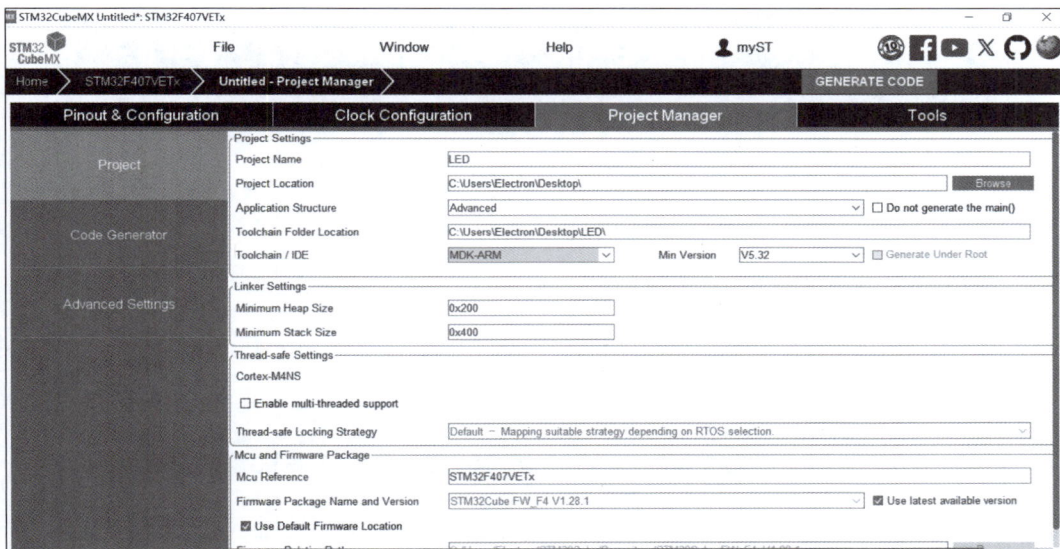

图 3-20 配置工程参数

切换到左侧的 Code Generator 选项卡,代码生成器配置如图 3-21 所示。勾选 Copy only the necessary library files、Generate peripheral initialization as a pair of '. c/. h' files per peripheral、Keep User Code when re-generating、Delete previously generated files when not re-generated 对应的复选框。

参数设置完成后单击 GENERATE CODE,生成源代码如图 3-22 所示。代码生成提示框如图 3-23 所示。

3.4.2 Keil MDK 程序

单击图 3-23 中的 Open Project,Keil MDK 工程文件界面如图 3-24 所示,单击左侧工程目录树中 Application/User/Core 文件下的 main. c 文件,右侧显示 main. c 文件源代码。

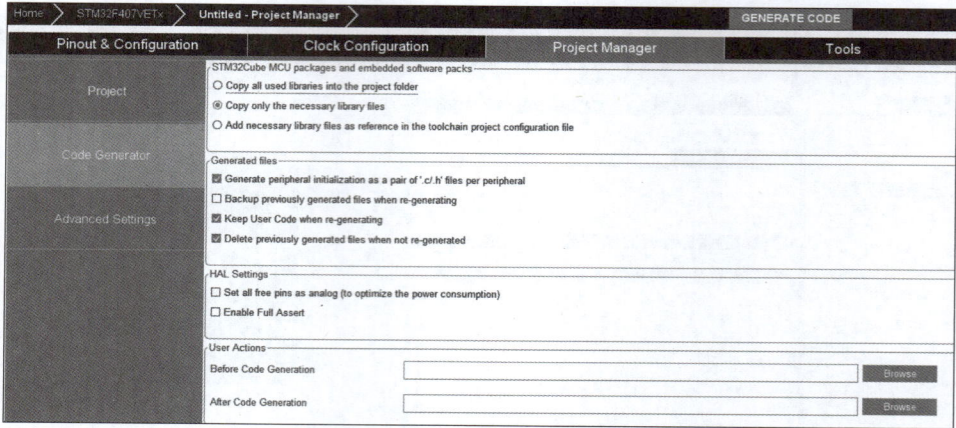

图 3-21　代码生成器配置

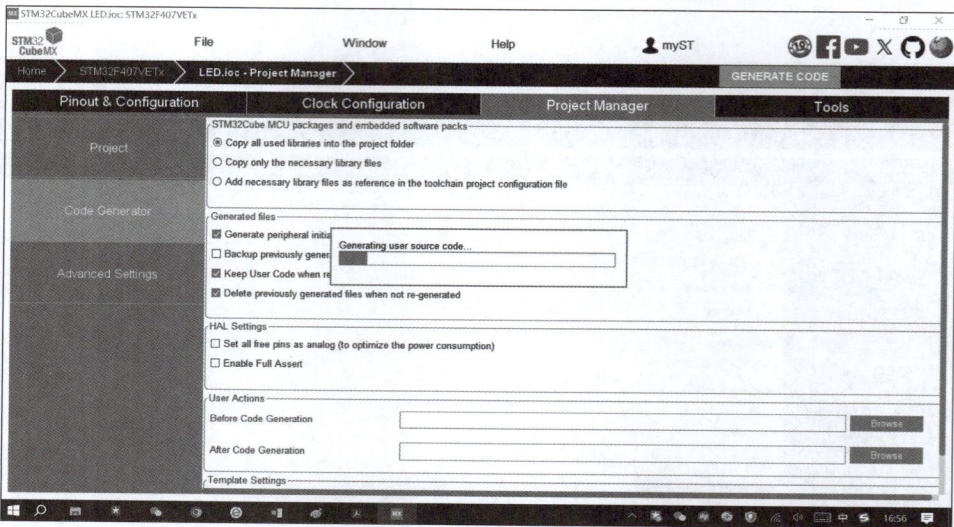

图 3-22　生成源代码

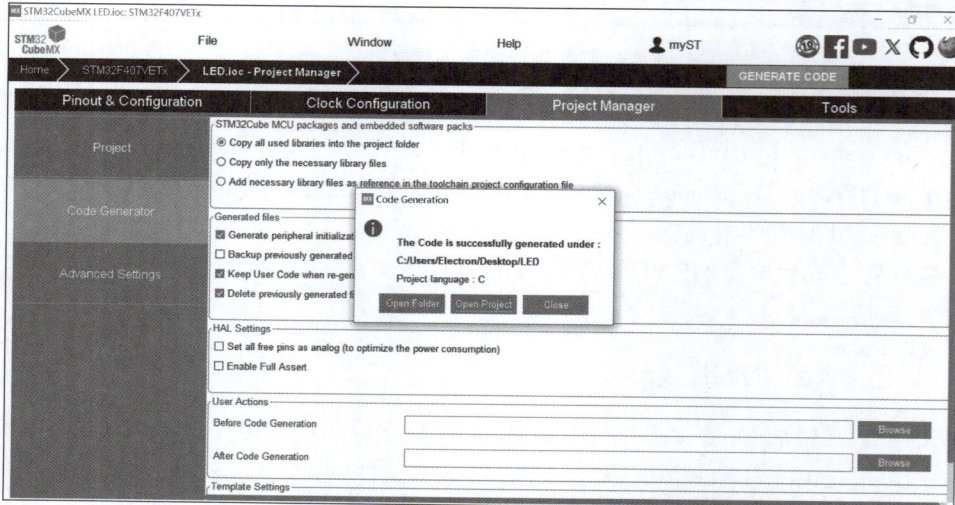

图 3-23　代码生成提示框

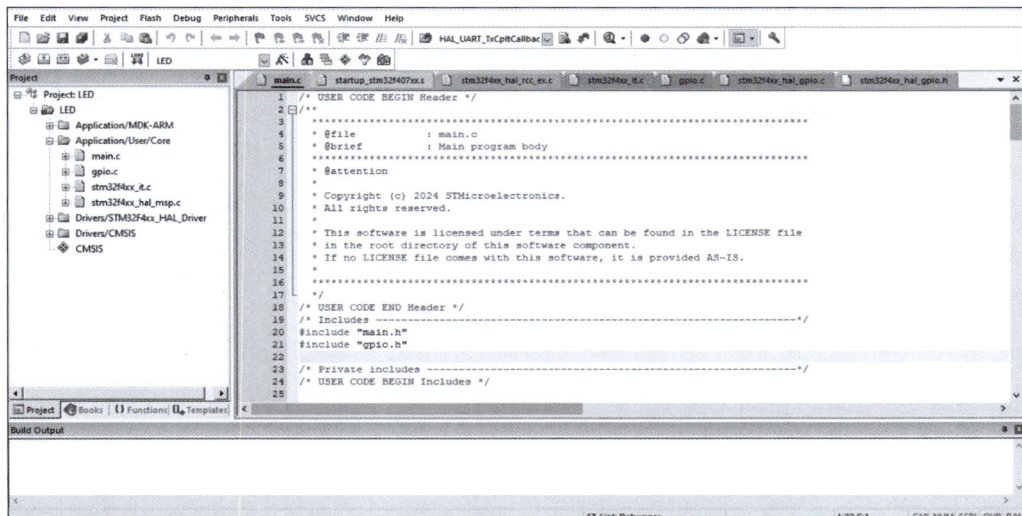

图 3-24 Keil MDK 工程文件界面

通过 STM32CubeMX 软件配置，工程文件的相关外设配置代码已大部分生成。HAL_Init() 函数会初始化 HAL 库的内部数据结构和变量；SystemClock_Config() 函数配置 STM32 微控制器的时钟系统，包括 HSI、HSE、PLL 等，以满足应用程序对时钟频率的需求；MX_GPIO_Init() 函数配置指定的 GPIO 引脚，包括引脚号、模式（输入、输出、复用功能、模拟等）、速度、上拉/下拉电阻等，并初始化 GPIO 时钟，使能 GPIO 时钟，以便能够对其进行配置。

下一步根据需求编写应用逻辑代码，在 Keil MDK 软件中编写发光二极管闪烁程序代码。需要注意的是，编写的代码要在注释语句的 BEGIN 与 END 之间，因为 STM32CubeMX 重新生成代码时会自动删除不在注释语句 BEGIN 与 END 之间的代码，如下所示。

```
/* USER CODE BEGIN 2 */
    GPIO_PinState KeyStaus;
/* USER CODE END 2 */
```

在 main.c 文件的 while(1) 循环中加入以下代码：

```
KeyStaus = HAL_GPIO_ReadPin(GPIOA,Key_Pin);
if(KeyStaus == GPIO_PIN_RESET)
{
    HAL_GPIO_TogglePin(GPIOA,GPIO_PIN_0);
}
    HAL_Delay(300);
```

按键控制发光二极管闪烁程序如图 3-25 所示，在 Keil MDK 软件中对该工程进行编译和构建，生成 .hex 文件。

3.4.3 Proteus 仿真电路

通过 Proteus 仿真软件构建发光二极管闪烁的仿真环境，模拟 STM32F407VET6 芯片的运行状态。

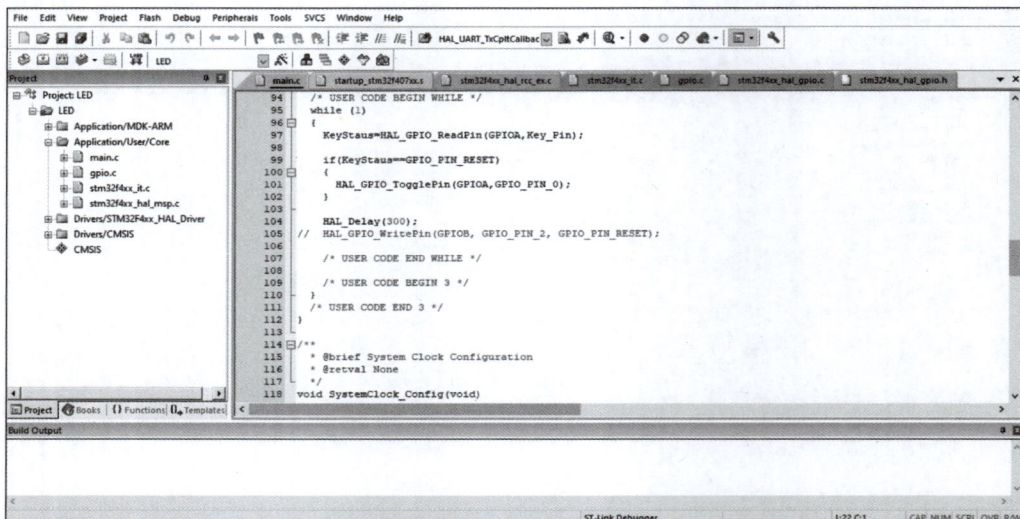

图 3-25　按键控制发光二极管闪烁程序

1. 创建 Proteus 工程

双击软件图标启动仿真软件,进入 Proteus 软件主页,单击菜单栏 File→New Project,弹出新建工程向导界面,如图 3-26 所示。

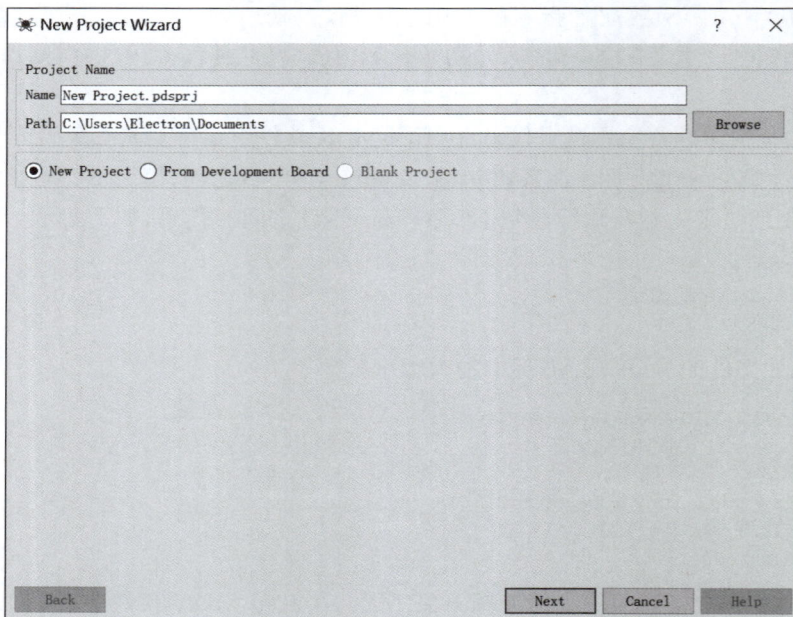

图 3-26　新建工程向导界面

设置工程名为 STM32F407_LED,并选择工程存放的位置,单击 Next 按钮,进入下一步,创建如图 3-27 所示的原理图。

可根据设计需求选择图纸大小,例程选择 DEFAULT 模板,然后单击 Next 按钮,进入下一步,PCB 布局如图 3-28 所示。

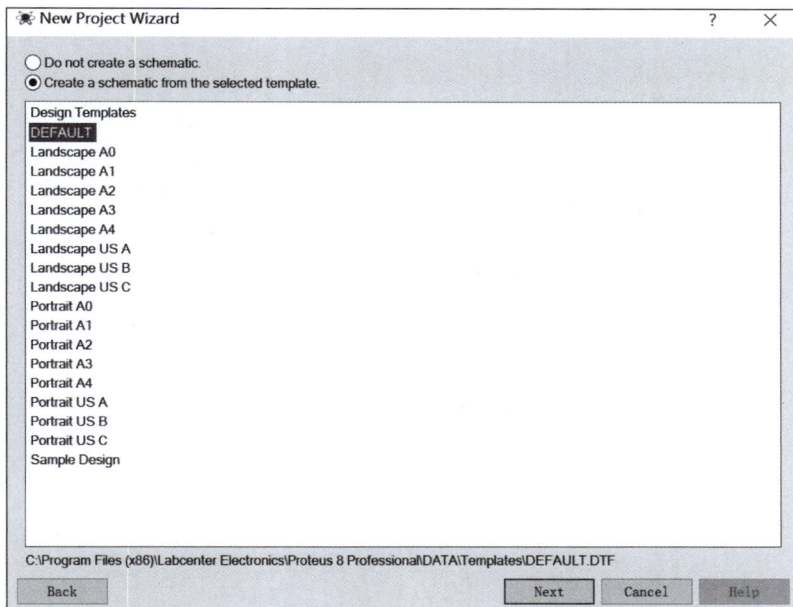

图 3-27　创建原理图

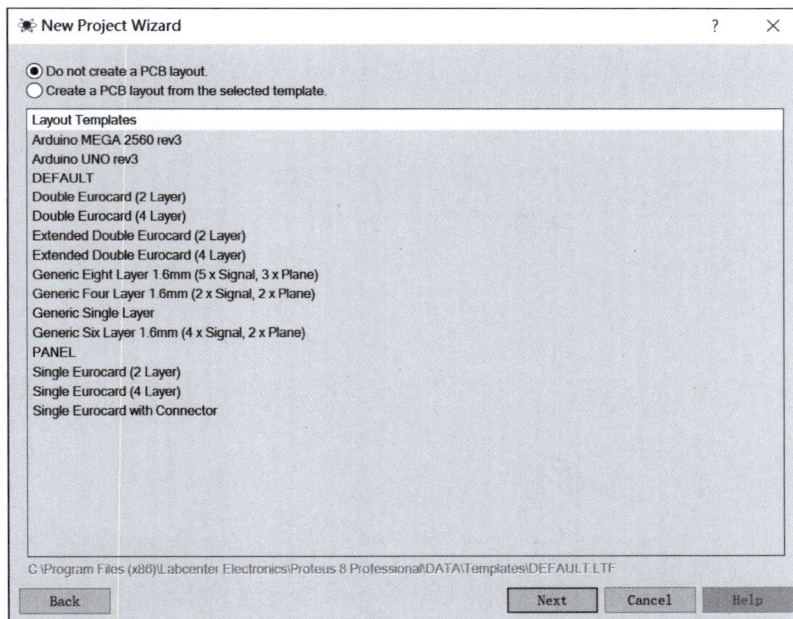

图 3-28　PCB 布局

本节实例不需要 PCB 布局,选择 Do not create a PCB layout,单击 Next 按钮,进行下一步,新建工程类型选择如图 3-29 所示。

在图 3-29 中选择 No Firmware Project,单击 Next 按钮,进入下一步,总结界面如图 3-30 所示。

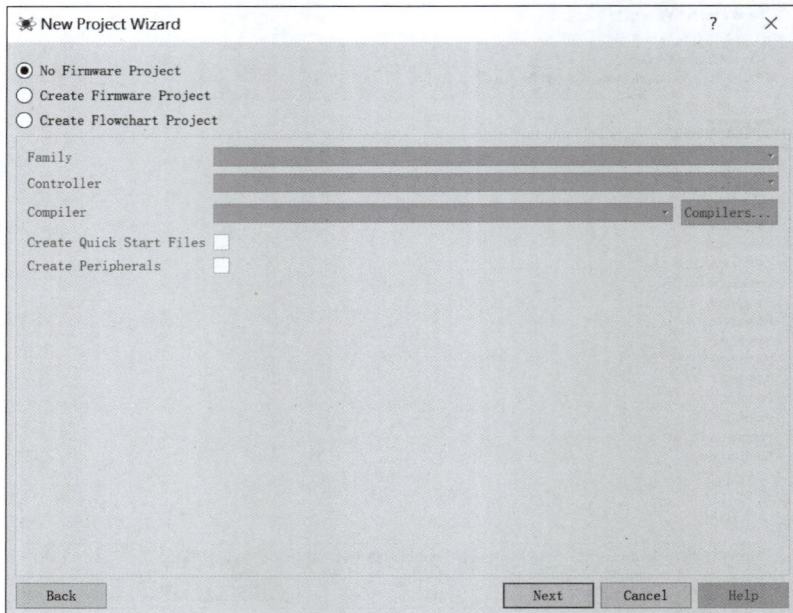

图 3-29　新建工程类型选择

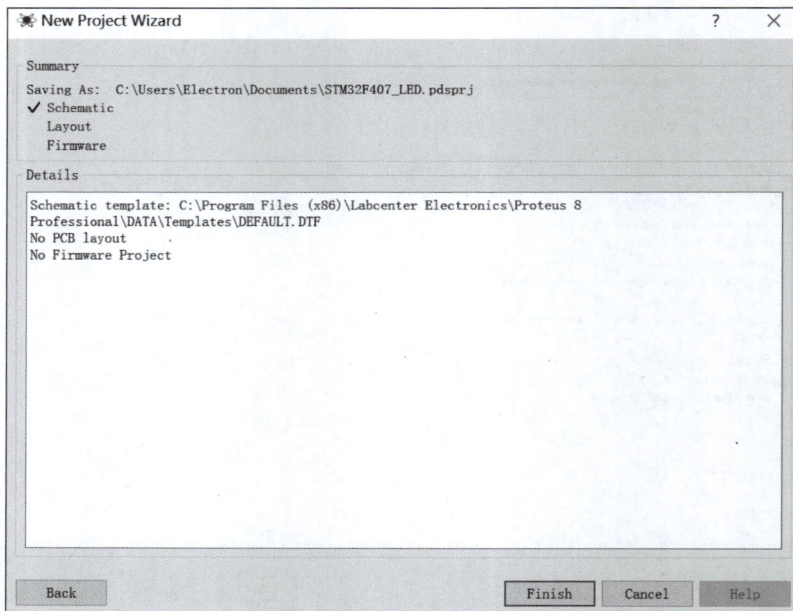

图 3-30　总结界面

2. 原理图绘制

在图 3-30 中单击 Finish 按钮，完成 Proteus 仿真工程创建，原理图绘制界面如图 3-31 所示。

单击左侧 DEVICES 中的 P 快捷键，Pick Devices 对话框如图 3-32 所示，在 Keywords 文本框中输入需要查找的元器件型号关键字。

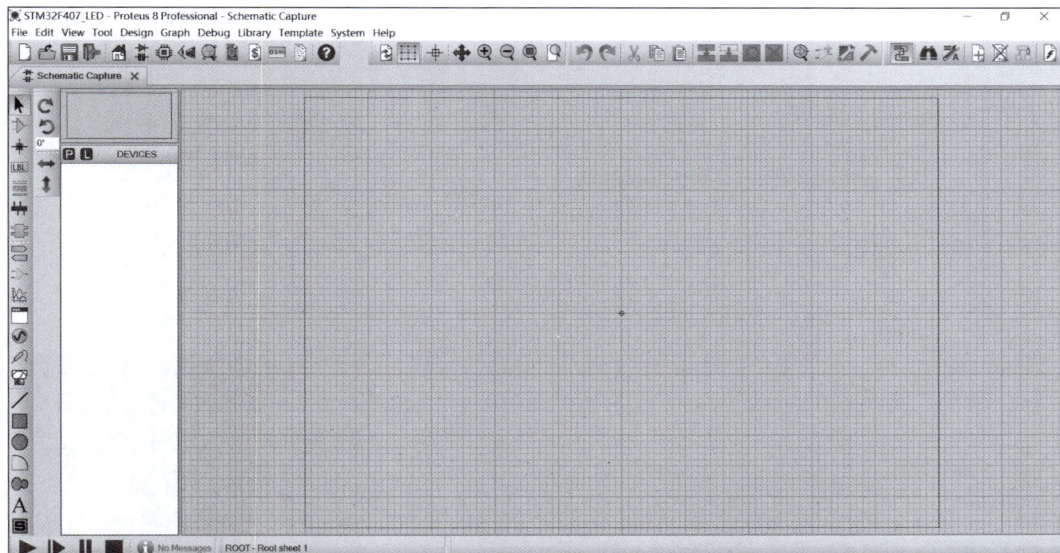

图 3-31 原理图绘制界面

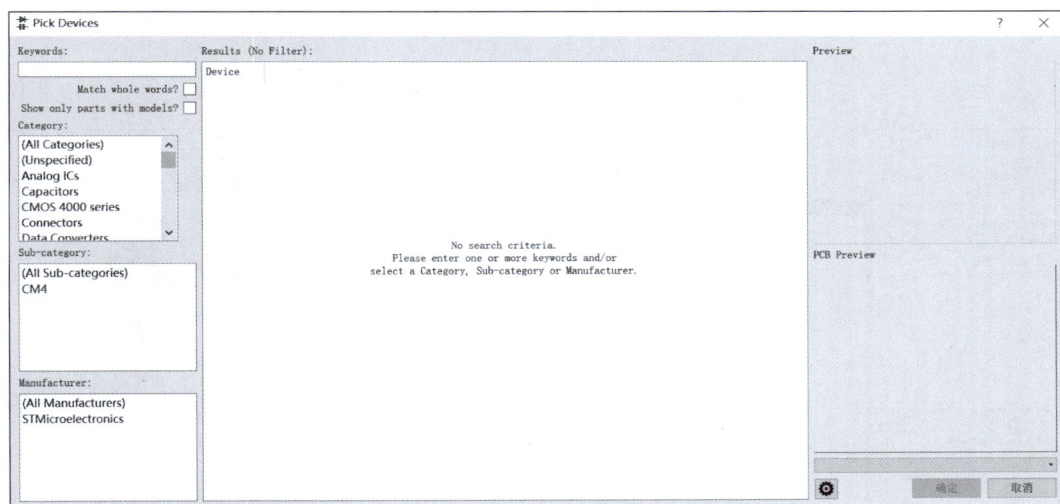

图 3-32 Pick Devices 对话框

选择 STM32F407VET6 作为仿真芯片,在 Keywords 文本框中输入 STM32F407VET6,STM32F407VET6 仿真模型如图 3-33 所示。单击"确定"按钮,将 STM32F407VET6 芯片放置于原理图中。

在 Pick Devices 的 Keywords 文本框中输入 LED-RED,发光二极管 LED-RED 仿真模型如图 3-34 所示。单击"确定"按钮,将发光二极管 LED-RED 仿真模型放置在原理图中。

在 Pick Devices 的 Keywords 文本框中输入 SWITCH,开关 SWITCH 仿真模型如图 3-35 所示。单击"确定"按钮,将开关 SWITCH 仿真模型放置在原理图中。

在 Pick Devices 的 Keywords 文本框中输入 RES,电阻 RES 仿真模型如图 3-36 所示。

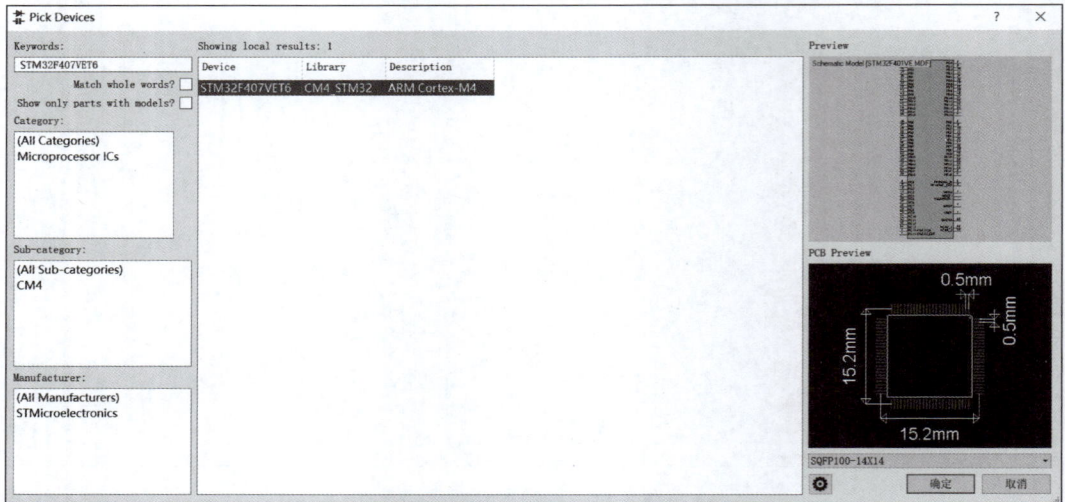

图 3-33   STM32F407VET6 仿真模型

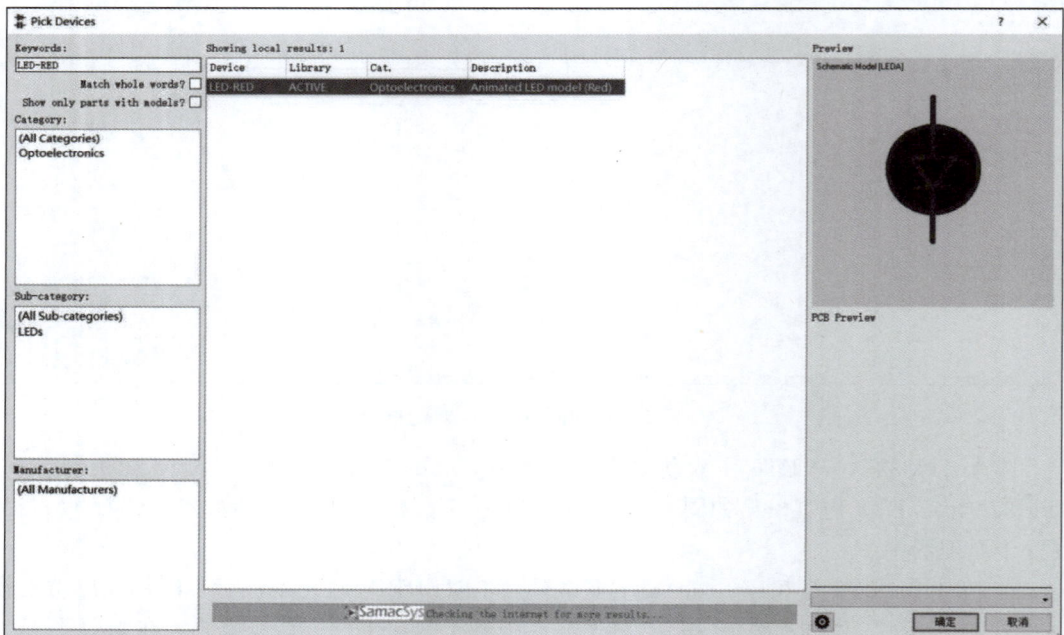

图 3-34   发光二极管 LED-RED 仿真模型

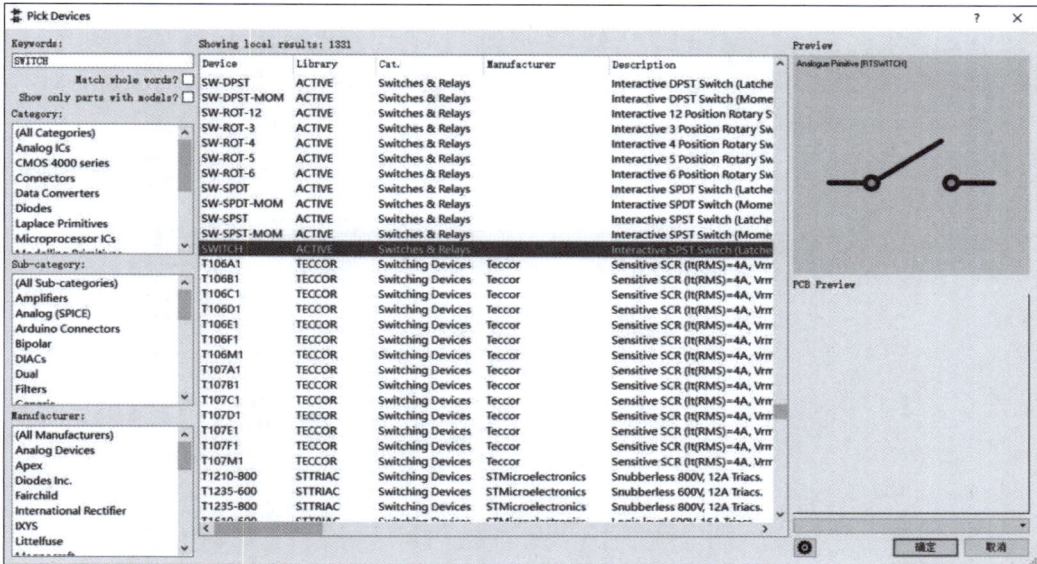

图 3-35　开关 SWITCH 仿真模型

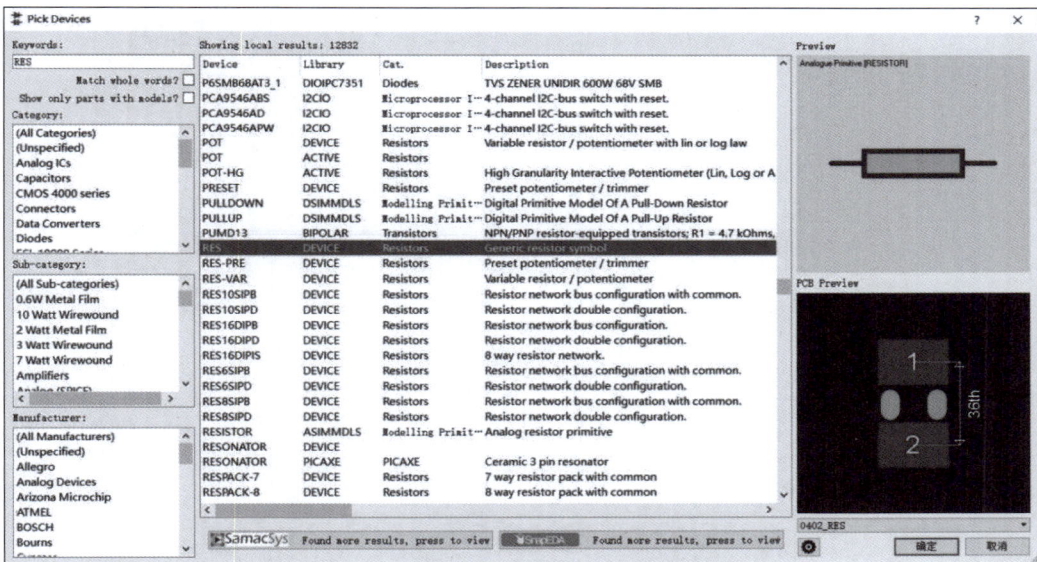

图 3-36　电阻 RES 仿真模型

在 Proteus 原理图界面中，单击左侧工具栏的 Terminals Mode，如图 3-37 所示，分别选择 POWER 和 GROUND 放入原理图中。

将原理图中的各类元器件连接，仿真电路图如图 3-38 所示。

双击 STM32F407VET6 元件，将 Keil MDK 软件编译建立的按键控制发光二极管闪烁程序的 .hex 文件加载到元件中，如图 3-39 所示，单击 OK 按钮。

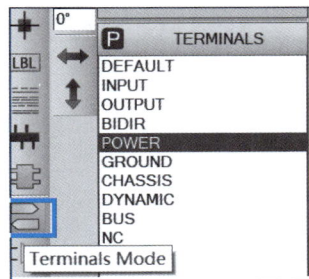

图 3-37　Terminals Mode

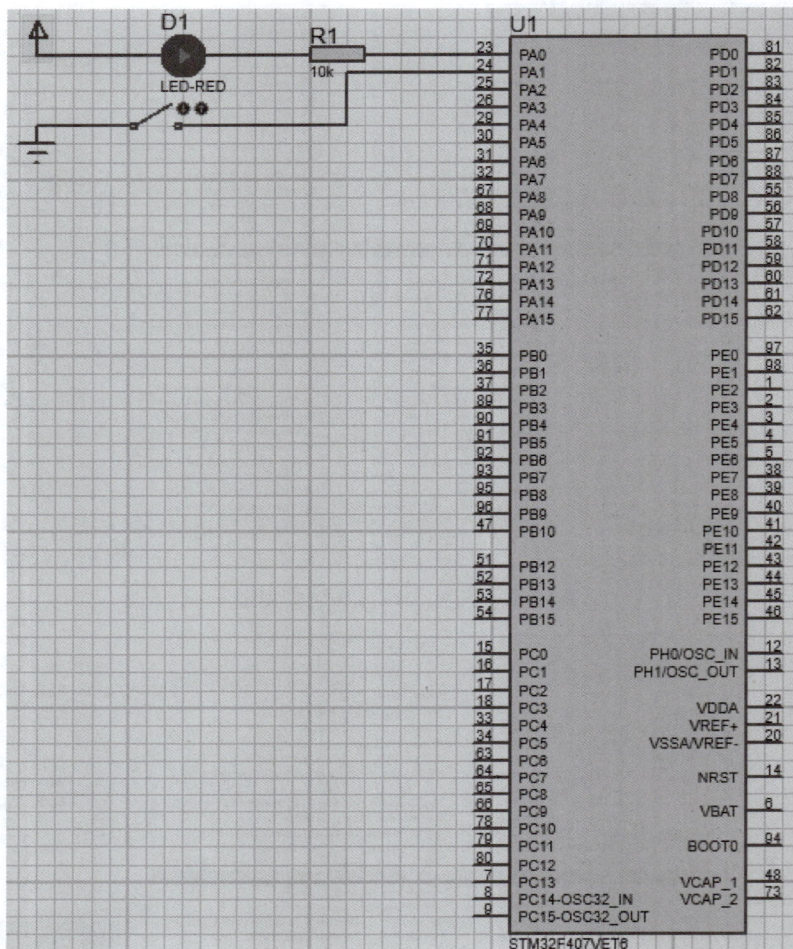

图 3-38　仿真电路图

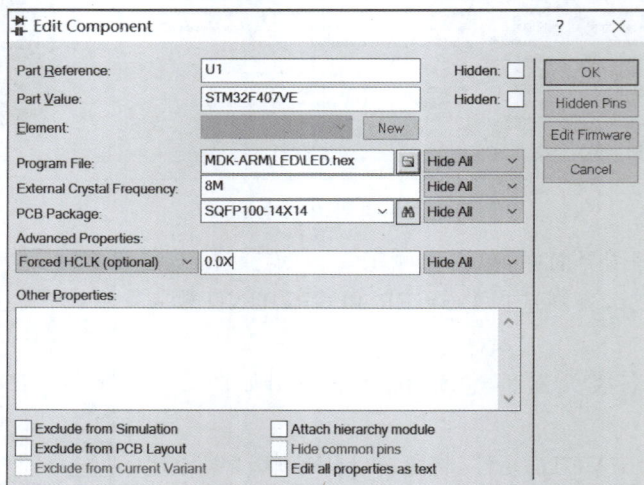

图 3-39　加载 .hex 文件

3. 运行仿真

单击菜单栏 Debug 中的 Run Simulation，开始仿真选项运行仿真。仿真运行开始后观察引脚 PA0 和发光二极管 LED-RED，由于开关打开，此时 LED-RED 两端都是高电平，LED-RED 不亮，开关打开时的仿真电路如图 3-40 所示。

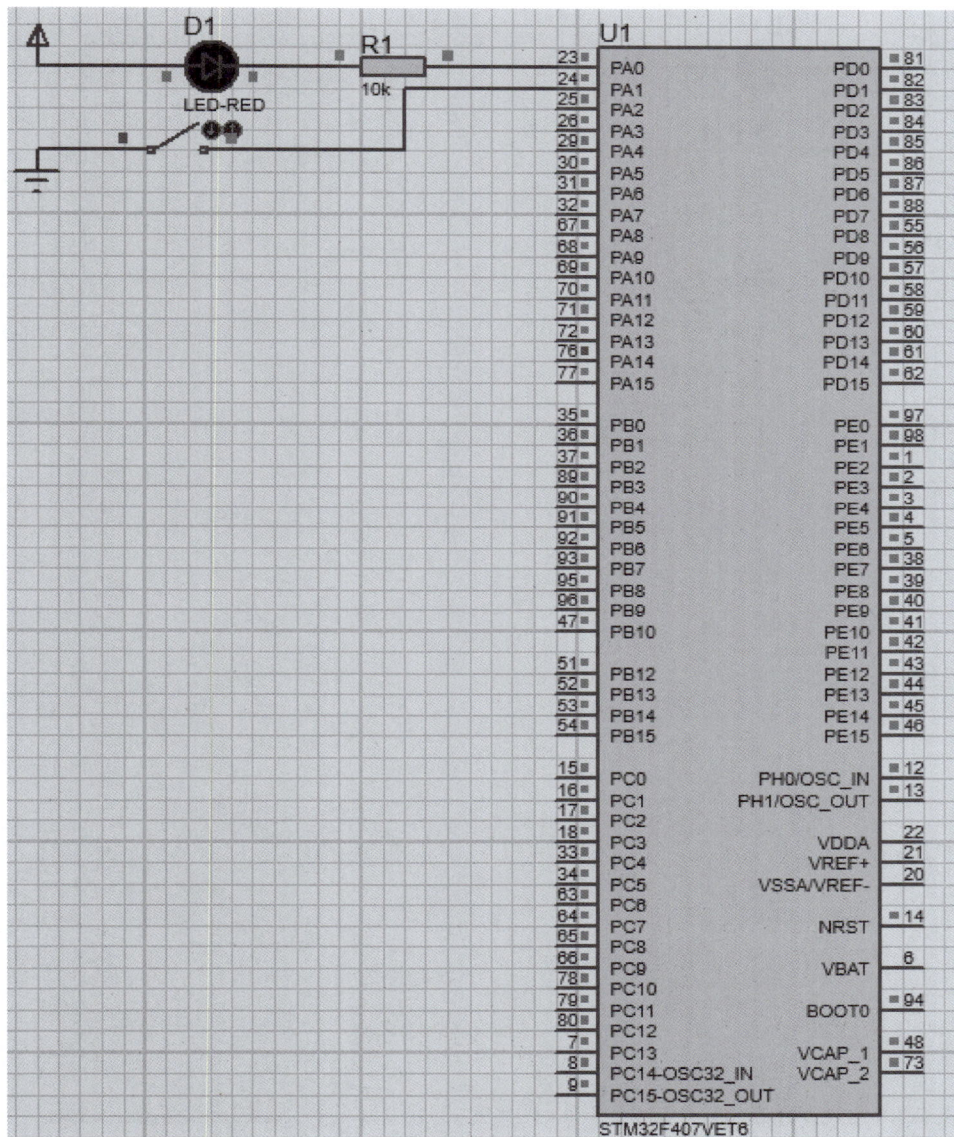

图 3-40 开关打开时的仿真电路

开关关闭，每隔 300ms，PA0 引脚电平翻转一次，发光二极管 LED-RED 状态变化一次。当 PA0 引脚输出低电平时，发光二极管 LED-RED 发光；当 PA0 引脚输出高电平时，发光二极管 LED-RED 不发光。开关关闭时发光二极管 LED-RED 发光仿真图如图 3-41 所示；开关关闭时发光二极管 LED-RED 不发光仿真图如图 3-42 所示。

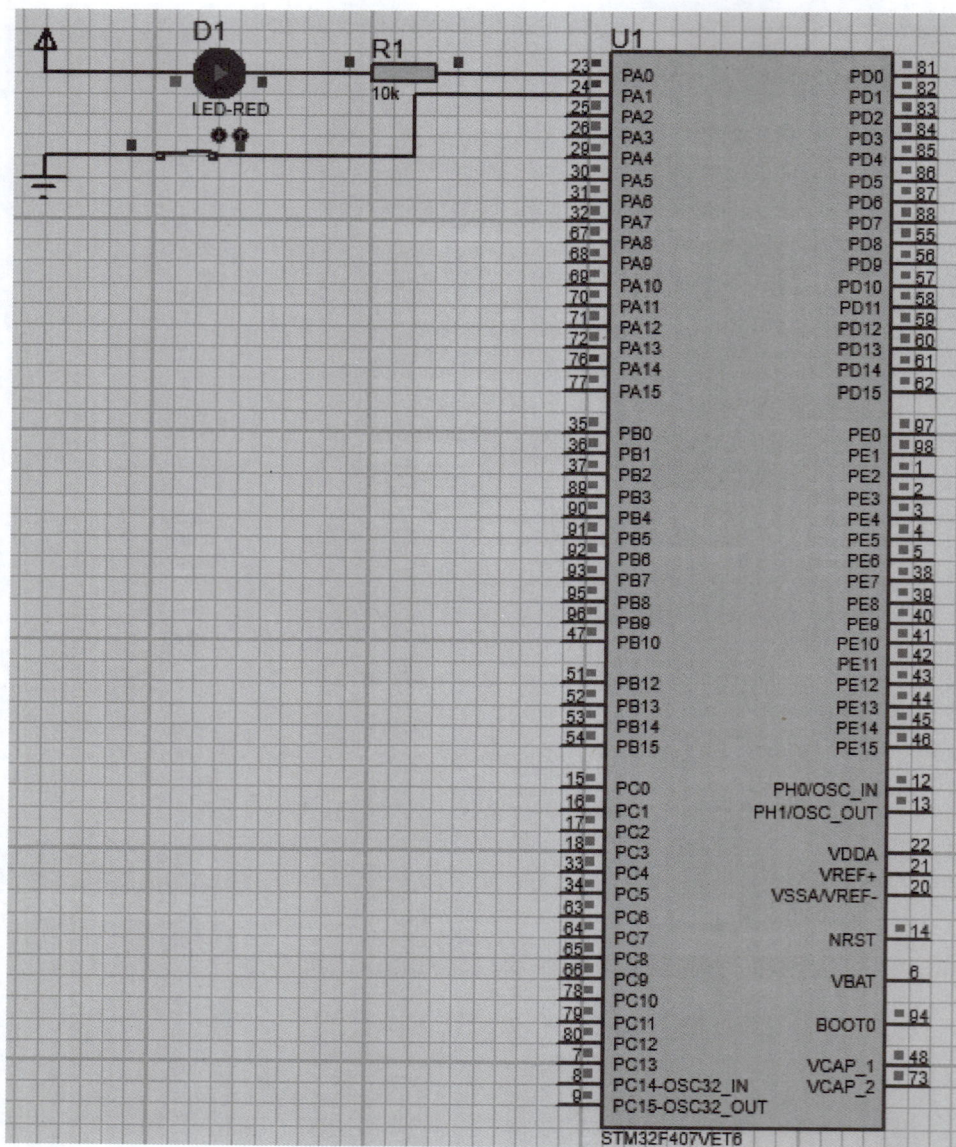

图 3-41　开关关闭时发光二极管 LED-RED 发光仿真图

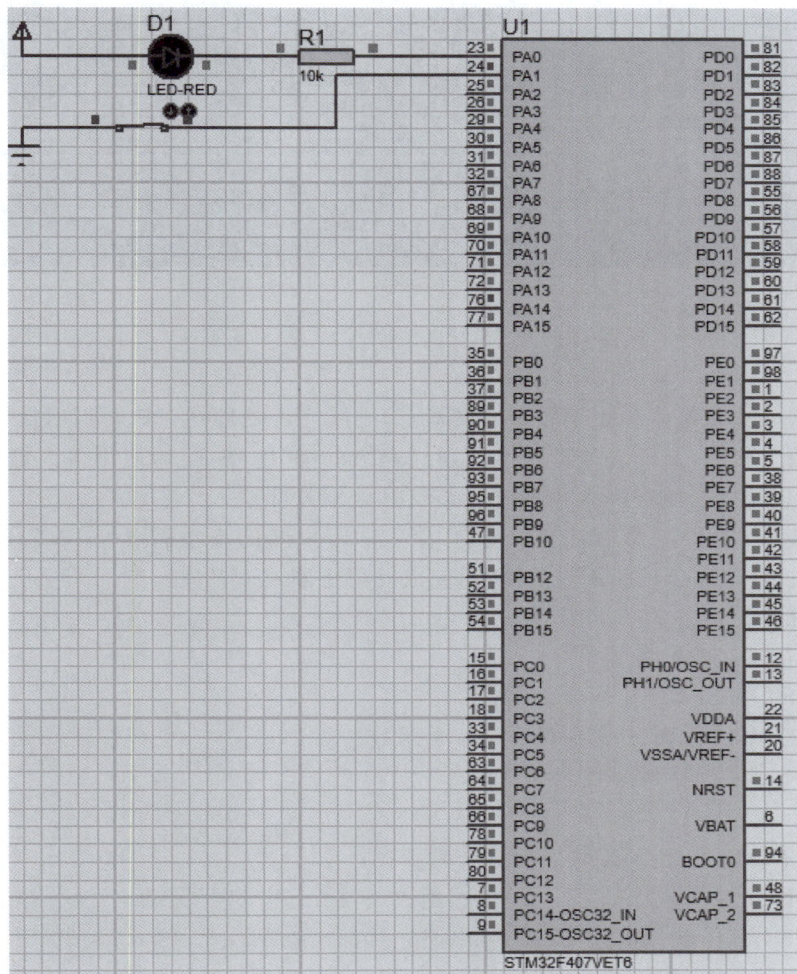

图 3-42　开关关闭时发光二极管 LED-RED 不发光仿真图

【本章小结】

本章深入探讨了 STM32 微控制器的 GPIO 功能。首先介绍了输入/输出的基本概念，为理解 GPIO 的工作原理奠定了基础。随后，详细阐述了 STM32 的 GPIO 特性，深入剖析了 STM32F407 GPIO 寄存器和 GPIO 引脚模式，有助于更深入地理解如何编程控制 GPIO 引脚。最后，通过一个具体的仿真实例——按键控制发光二极管闪烁，说明了如何综合应用 STM32CubeMX、Keil MDK、Proteus 实现 STM32 的 GPIO 控制功能，实例不仅加深了对 GPIO 操作的理解，还有助于提高学生在实际项目中对 GPIO 的应用能力。

【思政元素融入】

在通过 GPIO 引脚输出高电平和低电平来控制 LED 灯亮灭的过程中，将技术实践与思政教育相结合，培养学生的综合素质。鼓励学生亲自动手，通过搭建电路、编写代码来控制 LED 灯的亮灭，培养学生的实践能力和创新精神。这一过程不仅加深了学生对技术原理的理解，还激发了他们探索未知、解决问题的兴趣。

第4章 中　　断

中断是嵌入式系统中一个至关重要的概念,中断允许处理器在执行当前任务时,被外部事件或硬件请求打断,从而去处理这些更高优先级的事件。中断的使用极大地提高了系统的响应速度和实时性,使得嵌入式系统能够及时处理外部输入。本章将讨论 Cortex-M4 内核的 STM32F407 微控制器中断工作机制,深入学习中断的基本概念、STM32F407 中断系统,并结合外部中断 HAL 库函数的学习,完成外部中断实例开发。

知识目标:

◆ 阐述中断的基本概念;

◆ 阐述 STM32F407 中断系统构成;

◆ 说明 STM32F407 外部中断 HAL 库函数;

◆ 说明外部中断实例开发流程。

能力目标:

◆ 运用 STM32CubeMX 软件配置中断工程;

◆ 运用 Keil MDK 软件应用 HAL 库函数编写程序并进行调试;

◆ 运用 Proteus 软件搭建中断仿真电路;

◆ 设计基于中断的实例。

素质目标:

◆ 在学习和实践过程中,注重细节,培养严谨的工作态度;

◆ 面对中断系统配置、调试等复杂问题时,能够运用所学知识进行分析和解决,提高解决问题的能力;

◆ 时刻保持对新技术、新方法的关注和学习,培养持续学习的习惯。

4.1　中断概述

4.1.1　中断的定义

中断是处理器中的一种机制,用于响应和处理突发事件或紧急事件。当发生中断时,当前正在执行的程序会被暂时中止,处理器会跳转到中断处理程序,对中断事件进行处理,处理完中断后,处理器再返回被中断的程序继续执行。

为了更形象地解释中断的概念,举一个生活中的例子来说明。例如,当我们正在厨房做饭时,突然听到电话铃声响起,这时我们会暂停手中的烹饪工作,去接听电话。这个过程中,做饭可以看作是处理器正在执行的主程序,而电话铃声则是一个外部中断信号,当我们接听电话(即处理中断)完毕后,会返回厨房继续做饭(即恢复执行被中断的程序)。

中断可以分为内部中断、外部中断两种类型。内部中断由处理器内部的模块或事件引发,例如,定时器溢出、串口接收缓冲区非空等,可以用于定期执行特定任务、检测状态变化等。外部中断由外部设备或外部信号引发,例如,按键按下、外部传感器信号变化等,可用于响应外部事件,并及时处理相关任务。

4.1.2　中断的优点

1. 提高系统响应速度和实时性

中断机制允许 STM32 微控制器在执行当前任务时,被外部事件或硬件请求打断,从而去处理这些更高优先级的事件。这种能力极大地提高了系统的响应速度和实时性。例如,在温度监测系统中,如果使用轮询方式,处理器需要不断地检查温度传感器的读数,这会占用大量的 CPU 时间。而通过中断,当温度传感器的读数发生变化时,它会直接通知处理器,处理器可以立即响应,处理温度变化,然后继续执行其他任务。这种实时响应能力对于需要快速响应外部事件的嵌入式系统至关重要。

2. 实现任务的并行处理

中断机制使得 STM32 微控制器能够同时处理多个任务,实现任务的并行处理。当某个外部事件触发中断时,处理器会暂停当前任务,跳转到中断处理程序去处理该事件。处理完毕后,处理器再返回被中断的任务继续执行。这种并行处理能力提高了系统的效率,使得微控制器能够同时处理多个外部输入,如按键、传感器数据等。

3. 优化处理器资源利用

中断机制允许处理器在处理高优先级事件时暂停低优先级任务,优化了对处理器资源的利用。在没有中断机制的情况下,处理器需要按照程序编写的先后顺序,对各个外设进行查询和处理,即轮询的工作方式。这种方式不仅效率低下,而且不能及时响应紧急事件。而中断机制使得处理器能够在处理紧急事件时立即暂停当前任务,从而确保了高优先级事件得到及时处理,提高了处理器的工作效率。

4. 增强系统可靠性和稳定性

中断机制还有助于增强 STM32 嵌入式系统的可靠性和稳定性。通过合理的中断程序设计和错误处理机制,可以在出现异常或错误情况时,及时响应并采取适当措施,从而保证系统的稳定性和可靠性。例如,当外部设备发生故障时,它可以通过中断向处理器发出请求,处理器可以立即采取措施进行处理,避免故障扩散或导致系统崩溃。

5. 支持多种中断源和优先级管理

STM32 微控制器支持多种中断源,包括外部设备中断、内部定时器中断、串口接收中断等。同时,它还支持多种优先级管理策略,允许用户根据实际需求对中断优先级进行配置和调整。这种灵活性使得 STM32 嵌入式系统能够根据不同应用场景的需求,实现更加精细和高效的中断管理。

6. 降低系统功耗

在特定应用场景中,STM32 微控制器可以进入低功耗模式。通过配置中断唤醒功能,处理器在待机或休眠状态下,仅在特定的中断事件发生时被唤醒。这种低功耗模式有助于降低系统的功耗,延长设备的续航时间。

4.1.3　中断源与中断屏蔽

1. 中断源

在嵌入式系统中,中断源是引发中断的事件或设备。当中断源发出中断请求时,处理器会暂时中断当前正在执行的程序,转而执行与该中断源相关的中断服务程序(Interrupt Service Routines,ISR)。中断源可以是多种多样的,主要包括外部中断源和内部中断源,两者协同实现实时响应与资源高效管理。

外部中断源通常指的是来自微控制器外部的信号,这些信号通过特定的引脚向微控制器申请中断。内部中断源则由微控制器内部功能模块或程序运行异常产生。无论是外部中断源还是内部中断源,都能够引起 CPU 的中断响应,从而使 CPU 暂停当前任务,转而执行相应的中断服务程序,以处理这些突发事件。

中断源的管理和分发是嵌入式系统中的重要任务,需要合理设置中断优先级、避免中断嵌套等问题,以确保系统的实时性和稳定性。

2. 中断屏蔽

在嵌入式系统中,中断屏蔽是一种重要的技术,用于管理和控制中断的优先级和响应。

当多个中断源同时请求中断时,中断屏蔽可以临时屏蔽某些中断,防止它们打断当前的任务或其他重要中断的处理。这种机制确保了高优先级的中断能够得到及时响应,同时避免了低优先级中断对系统实时性的干扰。中断屏蔽通常通过修改中断控制器或处理器的相关寄存器来实现。在屏蔽中断期间,即使中断源发出中断请求,处理器也不会响应。直到中断屏蔽被解除,处理器才会根据中断优先级和中断请求的状态决定是否响应中断。

中断屏蔽在嵌入式系统中的应用非常广泛。例如,在实时控制系统中,为了确保关键任务的执行,可能会在处理关键任务时屏蔽其他中断。在通信系统中,为了避免数据丢失或错误,可能会在接收或发送数据时屏蔽其他中断。因而,中断屏蔽是嵌入式系统中一种重要的中断管理技术,能够提高系统的实时性和稳定性,确保关键任务得到及时响应。

4.1.4　中断处理过程

在中断系统的运作中,通常将处理器在正常状态下执行的程序称为主程序。当处理器接收到中断请求信号时暂停当前程序去处理中断,这个过程称为中断响应。主程序被中断的位置称为断点。中断服务程序执行完毕后,处理器返回到断点,继续执行原来的主程序,这个过程称为中断返回。整个中断处理过程如图 4-1 所示,可以概括为 4 个主要步骤:中断请求、中断响应、中断服务和中断返回。

在中断处理过程中,由于处理器在完成中断服务程序后需要重新回到主程序继续执行,因此在开始执行中断服务程序之前,必须先保存主程序中断时的地址,也就是断点的位置,这被称为"断点保护"。同时,考虑到处理器在执行中断服务程序期间可能会使用或修改主程序中使用的寄存器、标志位,甚至内存数据,因此在中断服务程序开始之前,也需要将这些数据保

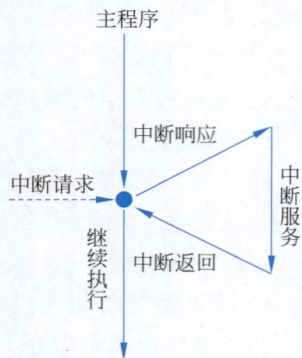

图 4-1　中断处理过程

存起来,这个过程称为"现场保护"。一旦中断服务程序执行完毕,处理器需要将之前保存的数据恢复到原来的状态,并返回主程序的断点处继续执行,分别称为"现场恢复"和"断点恢复"。

在微控制器中断点的保护和恢复主要是由微控制器的硬件来完成的。具体来说,当微控制器响应一个中断时,会自动将当前程序的断点地址存入系统的堆栈中,以实现断点的保护。而在中断服务程序执行完毕,执行中断返回指令时,会从堆栈中取出之前保存的断点地址,并恢复到处理器的程序计数器中,从而实现断点的恢复。

在微控制器的中断处理机制中,现场保护和恢复的工作同样是自动执行的,这大大减轻了开发工作,程序设计时无须担心底层的保护和恢复操作,可以专注于编写和优化中断服务程序本身。

4.1.5　中断优先级与中断嵌套

1. 中断优先级

在嵌入式系统中,中断优先级决定了当多个中断同时发生时,哪个中断会优先被处理。这种机制确保了关键任务能够及时得到处理,从而提高了系统的实时性和可靠性。

每个中断都被分配了一个唯一的优先级值,这个值决定了它在中断队列中的位置。优先级高的中断会先于优先级低的中断得到处理。中断优先级在实际应用中起着至关重要的作用,在嵌入式系统中,往往有一些任务需要实时处理,如传感器数据的读取、电机控制等,通过为这些任务分配较高的中断优先级,可以确保它们能够在其他低优先级的任务之前得到处理。在操作系统中,中断优先级也用于任务调度,例如,当一个高优先级的任务需要运行时,可以通过触发一个高优先级的中断来抢占当前正在运行的低优先级任务。当系统发生错误或异常时,如硬件故障、软件错误等,需要尽快处理以防止系统崩溃,通过为错误处理中断分配最高的优先级,可以确保能够立即得到响应和处理。

在嵌入式开发中,中断优先级的管理是确保系统稳定性和实时性的关键环节,需要根据系统的需求和运行情况不断调整和优化中断优先级配置,编写高效的中断处理程序,并采取适当的同步措施以避免资源竞争,确保系统的稳定运行。

2. 中断嵌套

在嵌入式系统中,中断嵌套涉及中断处理机制的高级特性。中断嵌套指在一个中断服务程序正在执行的过程中,再次发生了一个中断请求,即发生了中断抢占。具体来说,当系统正在处理一个中断服务程序时,如果有另一个优先级更高的中断请求提出中断请求,系统会暂时终止当前正在执行的级别较低的中断服务程序,去处理级别更高的中断请求。待处理完毕后,系统会返回被中断了的中断服务程序继续执行。这种机制允许高优先级的中断能够打断低优先级的中断,但反过来则不可以。

中断嵌套的原理基于对中断优先级的设置和中断屏蔽位的控制。嵌入式系统通常具有多个中断源,每个中断源都有一个对应的中断优先级,优先级高的中断源被优先响应。当中断嵌套发生时,系统会根据中断优先级来决定是否响应新的中断请求,并据此决定是否暂停当前的中断服务程序。此外,中断屏蔽位用于控制中断是否被屏蔽,当某个中断被屏蔽时,即使其优先级再高,系统也不会响应其请求。

在嵌入式系统中,中断嵌套的实现依赖中断控制器和处理器架构的支持。中断控制器负责识别中断源、分配优先级、向处理器发送中断请求，并协调多个中断的处理顺序。处理器则根据中断优先级和屏蔽位的状态决定是否响应中断请求，并跳转到相应的中断服务程序执行。

中断嵌套虽然提高了系统的响应速度和灵活性，然而也带来系统复杂度和不确定性增加、可能导致低优先级的中断延迟或丢失、系统的开销和资源消耗增加等问题，需要采取相应的策略来解决这些问题，以确保系统的稳定性和可靠性。

4.2　STM32F407中断系统

在了解中断相关基础知识后，下面从嵌套向量中断控制器（Nested Vectored Interrupt Controller，NVIC）、中断优先级、中断向量表、中断服务函数、外部中断/事件控制器方面来分析STM32F407的中断系统。

4.2.1　嵌套向量中断控制器

嵌套向量中断控制器是ARM Cortex-M4处理器不可或缺的组成部分，它与Cortex-M4内核的设计高度集成，两者之间的协同工作非常紧密。NVIC与Cortex-M4内核接口紧密配合，可以实现低延迟的中断处理和晚到中断的高效处理。

ARM Cortex-M4内核支持256个中断源，包括16个内部中断源和240个外部中断源。此外，还提供了256级可编程的中断优先级设置。对于STM32F407微控制器来说，其支持的中断源总数为95个，包括13个内部中断源和82个外部中断源。同时，STM32F407还具备16个可编程优先级（使用了4位中断优先级）。

STM32微控制器支持的82个中断通道是预先分配给特定外部设备的，每个中断通道都配有独立的中断优先级控制位，这些控制位每4个一组，共同构成一个32位的优先级寄存器。因此，82个中断通道的优先级控制位至少需要21个32位的优先级寄存器来存储。

4.2.2　中断优先级

中断优先级决定了一个中断是否被屏蔽，以及在未被屏蔽的情况下何时可以被响应。优先级的数值越小，则优先级越高。ARM Cortex-M4内核中有抢占式优先级（Preemption Priority）和响应优先级（Responsive Priority）两个优先级概念，也把响应优先级称为亚优先级或副优先级，每个中断源都需要被指定这两种优先级。

1. 抢占式优先级

抢占式优先级决定了中断是否能够打断其他正在执行的中断。如果两个中断的抢占式优先级不同，那么高抢占式优先级的中断将能够打断低抢占式优先级的中断，实现中断的嵌套。这种机制在实时性要求较高的系统中尤为重要，可以确保更紧急的任务得到优先处理。

2. 响应优先级

当两个中断的抢占式优先级相同时，如果它们同时到达，那么处理器将根据它们的响应优先级来决定先处理哪个中断，响应优先级高的中断将先被执行，从而确保在抢占式优先级相同的情况下，仍然能够按照一定的顺序来处理中断。如果一个响应优先级较低的中断正在被处理,而此时发生了一个响应优先级较高的中断,那么高优先级的中断将不得不等待,直到低优先级的中断处理完成之后,才能获得处理器响应。

如果同时发生的两个中断的抢占优先级和响应优先级都相同,那么中断控制器将根据它们在中断向量表中的顺序来决定处理的先后。简而言之,中断的响应顺序首先由抢占式优先级决定,其次是响应优先级,最后是中断向量表中的顺序。

3. 中断优先级设置

STM32 中设置中断优先级的寄存器位有 4 位,分组方式如下。

(1) 第 0 组:所有 4 位用于指定响应优先级。

(2) 第 1 组:最高 1 位用于指定抢占式优先级,最低 3 位用于指定响应优先级。

(3) 第 2 组:最高 2 位用于指定抢占式优先级,最低 2 位用于指定响应优先级。

(4) 第 3 组:最高 3 位用于指定抢占式优先级,最低 1 位用于指定响应优先级。

(5) 第 4 组:所有 4 位用于指定抢占式优先级。

STM32F407 优先级的寄存器位数和优先级级数如表 4-1 所示。

表 4-1 STM32F407 优先级的寄存器位数和优先级级数

优先级组别	抢占式优先级		响应优先级	
	位数	级数	位数	级数
第 4 组	4	16	0	0
第 3 组	3	8	1	2
第 2 组	2	4	2	4
第 1 组	1	2	3	8
第 0 组	0	0	4	16

4.2.3 中断向量表

中断向量表是中断系统中的一个关键组成部分,是一个特定的存储区域,一般位于存储器的起始地址,即地址零处。在这个区域中,按照中断号的递增顺序,依次存储着所有中断处理程序的入口地址。当一个中断发生,并且系统判断该中断未被屏蔽时,处理器会查找中断向量表,根据中断号定位到相应的位置,并获取该中断服务程序的入口地址,随后跳转到这个地址开始执行中断服务程序。

STM32F4 系列的微控制器在不同型号上支持的可屏蔽中断通道数量有所差异。具体如下。

(1) STM32F405、STM32F407、STM32F417 系列,总共支持 82 个可屏蔽中断通道。

(2) STM32F427、STM32F429、STM32F437 和 STM32F439 系列,总共支持 87 个可屏蔽中断通道。

STM32F407 中断向量表如表 4-2 所示。在表 4-2 中系统异常的优先级为 $-3 \sim 6$,地址是 0x0000 0004 $\sim$ 0x0000 003C,系统异常包括但不限于复位(Reset)、不可屏蔽中断(NMI)、硬故障(HardFault)等,这些异常通常具有固定的优先级,并由处理器内核的异常处理机制进行管理。

表 4-2   STM32F407 中断向量表

位置	优先级	优先级类型	中断名称	功能说明	入口地址
—	—	—	—	保留	0x0000 0000
	−3	固定	Reset	复位	0x0000 0004
	−2	固定	NMI	不可屏蔽中断。TCC 时钟安全系统(CSS)	0x0000 0008
	−1	固定	HardFault	硬故障,所有类型的错误	0x0000 000C
	0	可设置	MemManage	存储器管理	0x0000 0010
	1	可设置	BusFault	预取址失败,存储器访问失败	0x0000 0014
	2	可设置	UsageFault	未定义的指令或非法状态	0x0000 0018
—	—	—	—	保留	0x0000 001C~0x0000 002B
	3	可设置	SVCall	通过 SWI 指令调用的系统服务	0x0000 002C
	4	可设置	Debug Monitor	调试监控器	0x0000 0030
	—	—	—	保留	0x0000 0034
	5	可设置	PendSV	可挂起的系统服务	0x0000 0038
	6	可设置	SysTick	系统滴答定时器	0x0000 003C
0	7	可设置	WWDG	窗口看门狗中断	0x0000 0040
1	8	可设置	PVD	连接到 EXTI 线的可编程电压检测(PVD)中断	0x0000 0044
2	9	可设置	TAMP_STAMP	连接到 EXTI 线的入侵和时间戳中断	0x0000 0048
3	10	可设置	RTC_WKUP	连接到 EXTI 线的 RTC 唤醒中断	0x0000 004C
4	11	可设置	FLASH	Flash 全局中断	0x0000 0050
5	12	可设置	RCC	RCC 全局中断	0x0000 0054
6	13	可设置	EXTI0	EXTI 线 0 中断	0x0000 0058
7	14	可设置	EXTI1	EXTI 线 1 中断	0x0000 005C
8	15	可设置	EXTI2	EXTI 线 2 中断	0x0000 0060
9	16	可设置	EXTI3	EXTI 线 3 中断	0x0000 0064
10	17	可设置	EXTI4	EXTI 线 44 中断	0x0000 0068
11	18	可设置	DMA1_Stream0	DMA1 流 0 全局中断	0x0000 006C
12	19	可设置	DMA1_Stream1	DMA1 流 1 全局中断	0x0000 0070
13	20	可设置	DMA1_Stream2	DMA1 流 2 全局中断	0x0000 0074
14	21	可设置	DMA1_Stream3	DMA1 流 3 全局中断	0x0000 0078
15	22	可设置	DMA1_Stream4	DMA1 流 4 全局中断	0x0000 007C
16	23	可设置	DMA1_Stream5	DMA1 流 5 全局中断	0x0000 0080
17	24	可设置	DMA1_Stream6	DMA1 流 6 全局中断	0x0000 0084
18	25	可设置	ADC	ADC1、ADC2 和 ADC3 全局中断	0x0000 0088
19	26	可设置	CAN1_TX	CAN1 TX 中断	0x0000 008C
20	27	可设置	CAN1_RX0	CAN1 RXO 中断	0x0000 0090

续表

位置	优先级	优先级类型	中断名称	功能说明	入口地址
21	28	可设置	CAN1_RX1	CAN1 RXI 中断	0x0000 0094
22	29	可设置	CAN1_SCE	CAN1 SCE 中断	0x0000 0098
23	30	可设置	EXTI9-5	EXTI 线[9:5] 中断	0x0000 009C
24	31	可设置	TIM1_BRK_TIM9	TIM1 刹车中断和 TIM9 全局中断	0x0000 00A0
25	32	可设置	TIM1_UP _TIM10	TIM1 更新中断和 TIM10 全局中断	0x0000 00A4
26	33	可设置	TIM1_TRG _COM_ TIM1	TIM1 触发和换相中断与 TIM1 全局中断	0x0000 00A8
27	34	可设置	TIM1_CC	TIM1 捕获比较中断	0x0000 00AC
28	35	可设置	TIM2	TIM2 全局中断	0x0000 00B0
29	36	可设置	TIM3	TIM3 全局中断	0x0000 00B4
30	37	可设置	TIM4	TIM4 全局中断	0x0000 00B8
31	38	可设置	I2C1_EV	I2C1 事件中断	0x0000 00BC
32	39	可设置	I2C1_ER	I2C1 错误中断	0x0000 00C0
33	40	可设置	I2C2_EV	I2C2 事件中断	0x0000 00C4
34	41	可设置	I2C2_ER	I2C2 错误中断	0x0000 00C8
35	42	可设置	SPI1	SPI1 全局中断	0x0000 00CC
36	43	可设置	SPI2	SPI2 全局中断	0x0000 00D0
37	44	可设置	USART1	USART1 全局中断	0x0000 00D4
38	45	可设置	USART2	USART2 全局中断	0x0000 00D8
39	46	可设置	USART3	USART3 全局中断	0x0000 00DC
40	47	可设置	EXTI15-10	EXTI 线[15:10] 中断	0x0000 00E0
41	48	可设置	RTC_Alarm	连接到 EXTI 线的 RTC 闹钟(A 和 B)中断	0x0000 00E4
42	49	可设置	OTG_FS_WKUP	连接到 EXTI 线的 USB On-The-GoFS 唤醒中断	0x0000 00E8
43	50	可设置	TIM8_BRK_TIM12	TIM8 刹车中断和 TIM12 全局中断	0x0000 00EC
44	51	可设置	TIM8_UP_TIM13	TIM8 更新中断和 TIM13 全局中断	0x0000 00F0
45	52	可设置	TIM8_TRG_COM_ TIM14	TIM8 触发和换相中断与 TIM14 全局中断	0x0000 00F4
46	53	可设置	TIM8_CC	TIM8 捕捉比较中断	0x0000 00F8
47	54	可设置	DMA1_Stream7	DMA1 流 7 全局中断	0x0000 00FC
48	55	可设置	FSMC	FSMC 全局中断	0x0000 0100
49	56	可设置	SDIO	SDIO 全局中断	0x0000 0104
50	57	可设置	TIM5	TIM5 全局中断	0x0000 0108
51	58	可设置	SPI3	SPI3 全局中断	0x0000 010
52	59	可设置	UART4	UART4 全局中断	0x0000 0110
53	60	可设置	UART5	UART5 全局中断	0x0000 0114

续表

位置	优先级	优先级类型	中断名称	功能说明	入口地址
54	61	可设置	TIM6_DAC	TIM6 全局中断，DAC1 和 DAC2 下溢错误中断	0x0000 0118
55	62	可设置	TIM7	TIM7 全局中断	0X0000 011C
56	63	可设置	DMA2_Sream0	DMA2 流 0 全局中断	0X0000 0120
57	64	可设置	DMA2_Sream1	DMA2 流 1 全局中断	0X0000 0124
58	65	可设置	DMA2_Sream2	DMA2 流 2 全局中断	0X0000 0128
59	66	可设置	DMA2_Sream3	DMA2 流 3 全局中断	0X0000 012C
60	67	可设置	DMA2_Sream4	DMA2 流 4 全局中断	0X0000 0130
61	68	可设置	ETH	以太网全局中断	0X0000 0134
62	69	可设置	ETH_WKUP	连接到 EXTI 线的以太网唤醒中断	0X0000 0138
63	70	可设置	CAN2_TX	CAN2TX 中断	0X0000 013C
64	71	可设置	CAN2_RX0	CAN2 RX0 中断	0X0000 0140
65	72	可设置	CAN2_RX1	CAN2 RX1 中断	0X0000 0144
66	73	可设置	CAN2_SCE	CAN2 SCE 中断	0X0000 0148
67	74	可设置	OTG_FS	USB_OTG_FS 全局中断	0X0000 014C
68	75	可设置	DMA2_Stream5	DMA2 流 5 全局中断	0X0000 0150
69	76	可设置	DMA2_Stream6	DMA2 流 6 全局中断	0X0000 0154
70	77	可设置	DMA2_Stream7	DMA2 流 7 全局中断	0X0000 0158
71	78	可设置	USART6	USART6 全局中断	0X0000 015C
72	79	可设置	I2C3_EV	I2C3 事件中断	0X0000 0160
73	80	可设置	I2C3_ER	I2C3 错误中断	0X0000 0164
74	81	可设置	OTG_HS_EP1_OUT	USB OTG HS 端点 1 输出全局中断	0X0000 0168
75	82	可设置	OTG_HS_EP1JN	USB OTG HS 端点 1 输入全局中断	0X0000 016C
76	83	可设置	OTG_HS_WKUP	连接到 EXTI 线的 USB OTG HS 唤醒中断	0X0000 0170
77	84	可设置	OTG_HS	USB OTG HS 全局中断	0X0000 0174
78	85	可设置	DCMI	DCMI 全局中断	0X0000 0178
79	86	可设置	CRYP	CRYP 加密全局中断	0X0000 017C
80	87	可设置	HASH_RNG	哈希和随机数生成局全局中断	0X0000 0180
81	88	可设置	FUP	FUP 全局中断	0X0000 018C

编写中断服务程序是响应和处理中断的关键步骤。在表 4-2 中，除了 Reset 中断之外，每个中断都有对应的中断服务程序。这些中断服务程序在中断响应程序的头文件 stm32f4xx_it.h 中被定义，但在源文件 stm32f4xx_it.c 中的实现通常为空或者包含一个无限循环。如果需要对特定的系统中断进行响应，需要在相应的中断服务程序函数中添加自定义的功能实现代码，也就是需要根据中断的具体处理功能，编写 stm32f4xx_it.c 文件中的代码，以确保在中断发生时能够执行预期的操作。

4.2.4　中断服务函数

嵌入式系统的中断服务函数是专门用于处理特定中断事件的函数。当中断发生时,处理器会暂停当前任务的执行,并跳转到相应的中断服务函数,执行与中断事件相关的特定操作,如读取外设状态、更新变量值或发送数据等,完成后通过中断返回指令使处理器能够恢复之前的任务执行。中断服务函数具有高效性和灵活性,能够根据应用需求进行配置和扩展,为开发提供了强大的中断处理能力。

在 STM32F407 微控制器中,中断服务程序在启动代码文件 startup_stm32f407xx.s 中预先定义。内核中断通常以 PPP_Handler 的形式命名,而外部中断则以 PPP_IRQHandler 的形式命名,这里的 PPP 为表 4-2 中列出的中断名称。

当通过 STM32CubeMX 工具进行外设配置时,如配置 SysTick 定时器和 TIM7 定时器并生成初始化代码时,stm32f4xx_it.c 文件将自动生成这两个定时器对应的中断服务程序:SysTick_Handler() 和 TIM7_IRQHandler()。

STM32CubeMX 配置生成的工程中,中断处理通常是通过回调函数来实现的。回调函数在生成代码时由 STM32CubeMX 自动创建,创建的回调函数一般按照 HAL_XXX_Callback() 格式命名,且默认是弱函数(Weak 函数),可以通过在主函数中定义一个同名函数重写,响应中断时系统会调用重写的回调函数。通过重写回调函数完成中断处理的方式简化了中断服务程序的编写过程,可以更加专注于实现具体的业务逻辑。

在对 STM32F407 微控制器的中断服务程序进行更新时,一个关键的步骤是确保中断服务程序的名称在 stm32f4xx_it.c 文件中与启动代码文件 startup_stm32f407xx.s 中完全一致。例如,如果处理 TIM7 定时器中断,则中断服务程序在 stm32f4xx_it.c 中应命名为 TIM7_IRQHandler,而在启动代码中应命名为 TIM7_IRQHandler。如果对应名称不匹配,编译器在链接过程中将无法识别并调用相应的回调函数。

4.2.5　外部中断/事件控制器

STM32F407 微控制器配备了一个高级的外部中断/事件控制器 EXTI,它拥有 23 个独立的边沿检测器,每个检测器都能够产生中断或事件请求。这些输入线允许用户独立配置多种参数。

(1) 输入类型:可以选择脉冲模式或挂起模式。

(2) 触发事件:可以设置为上升沿触发、下降沿触发,或者双边沿触发,即无论信号上升还是下降都会触发中断。

(3) 屏蔽功能:每个输入线都可以被单独屏蔽,以控制中断的触发。

此外,挂起寄存器(Suspend Register)会持续跟踪并保持中断请求的状态,即使在中断被屏蔽的情况下也是如此。这种设计提供了高度的灵活性和控制能力,可以根据需要精确地管理中断和事件。

视频讲解

1. EXTI 内部结构

在 STM32F407 微控制器中,外部中断/事件控制器 EXTI 由 23 根外部输入线、23 个产生中断/事件的边沿检测器和 APB 接口等部分组成。STM32F407 外部中断/事件控制器内部结构如图 4-2 所示。

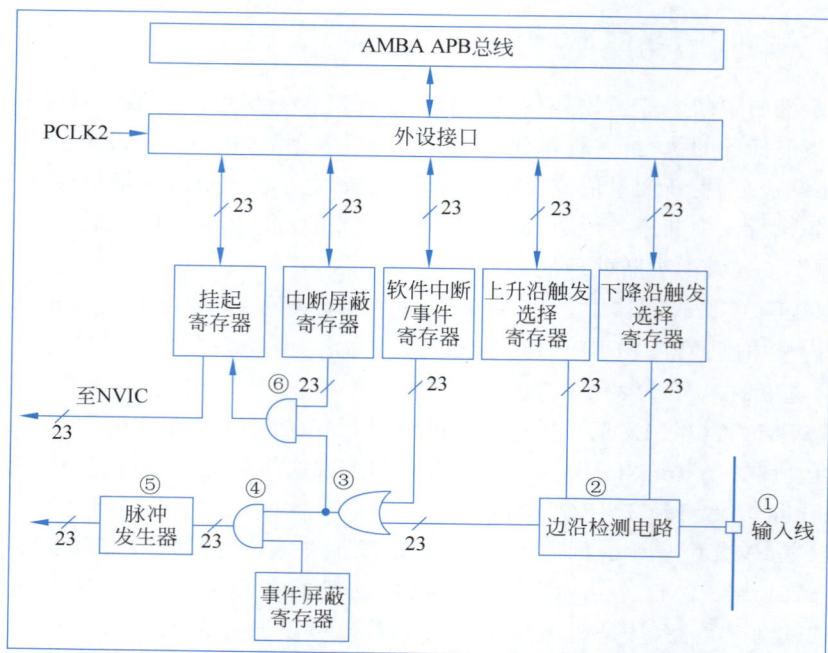

图 4-2 STM32F407 外部中断/事件控制器内部结构

1）外部中断/事件输入

在 STM32F407 微控制器中，外部中断/事件输入线总共有 23 根，具体为：EXTI0、EXTI1、EXTI2、……、EXTI22。23 根 EXTI 线中有 7 根是专用的：EXTI16（PVD 输出）、EXTI17（RTC 闹钟）、EXTI18（USB OTG FS 唤醒）、EXTI19（以太网唤醒）、EXTI20（USB OTG HS 唤醒）、EXTI21（RTC 入侵和时间戳）和 EXTI22（RTC 唤醒）。EXTI0～EXTI15 可以映射到 STM32F407 微控制器的 GPIO 引脚，外部信号可以通过这些引脚触发中断/事件，增强了微控制器的灵活性和可扩展性。

STM32F407 微控制器 GPIO 引脚可以通过特定的映射关系连接到 16 条外部中断/事件输入线（EXTI0～EXTI15），STM32F407 GPIO 与 EXTI 映射关系如图 4-3 所示。引脚映射的规则如下：每个端口的 0 号引脚（如 PA0、PB0 等）都映射到 EXTI0；每个端口的 1 号引脚（如 PA1、PB1 等）都映射到 EXTI1；依次类推，每个端口的 15 号引脚（如 PA15、PB15 等）映射到 EXTI15。需要注意，任何时刻如果两个或更多的引脚同时映射到同一个 EXTI 线，将会导致冲突，因此需要谨慎选择映射关系。

此外，如果将 STM32F407 的 I/O 引脚用作 EXTI 的外部中断/事件输入线，必须确保该引脚被配置为输入模式。这是因为外部中断/事件输入线需要接收来自外部的信号，而输入模式允许引脚接收这些信号并触发相应的中断/事件。通过这种方式，STM32F407 微控制器可以灵活地响应外部事件，增强了其在各种应用场景中的适用性和功能性。

2）APB 总线

外部中断/事件控制器通常挂载在 APB 上。外部中断/事件控制器可以通过 APB 与微控制器的其他模块进行通信和数据交换。当外部设备产生中断信号时，该信号首先被外部中断/事件控制器捕获，并通过 APB 传递给微控制器的内核。内核根据中断的优先级和当

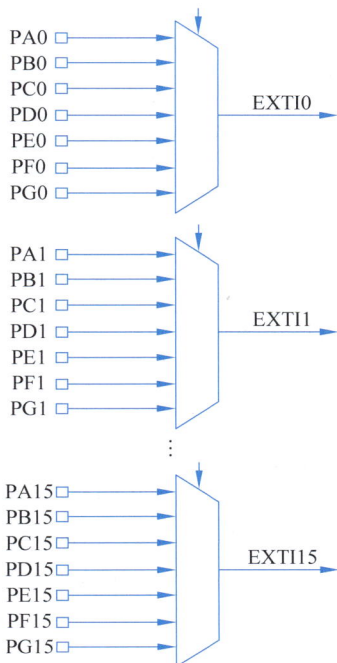

图 4-3 STM32F407 GPIO 与 EXTI 映射关系

前的任务状态,决定是否立即响应中断并执行相应的中断服务程序。

外部中断/事件控制器、APB 共同构成了微控制器与外部设备之间的通信和交互机制,使得微控制器能够高效地处理外部事件和任务。

3) 边沿检测器

每个边沿检测器由以下部分组成。

(1) 边沿检测电路:用于识别外部信号的上升沿或下降沿变化。

(2) 控制寄存器:存储配置信息,如边沿检测的类型(上升沿、下降沿或两者)。

(3) 门电路:根据控制寄存器的设置,决定何时允许信号触发中断/事件。

(4) 脉冲发生器:当检测到有效的边沿时,生成一个短暂的脉冲信号,用于触发中断/事件。

2. EXTI 工作原理

从输入端(即外部输入线)向输出端(即外部中断/事件请求信号)的方向,说明 EXTI 的工作机制,包括在 STM32F407 微控制器中,外部中断/事件请求信号是如何被生成和传递的。

1) 外部事件请求的传输

对外部事件请求,在图 4-2 中的传输具体如下。

(1) 外部请求信号从①输入线进入 STM32F407 微控制器内部。

(2) 通过②边沿检测电路,该电路的运行受控于两个寄存器:上升沿触发选择寄存器和下降沿触发选择寄存器。通过设定寄存器来确定是上升沿还是下降沿触发中断或事件。由于这两个寄存器是独立控制的,还可以选择双边沿触发,即可以在上升沿和下降沿发生时均触发中断/事件。

(3) 通过③逻辑或门,逻辑或门的另一个输入端连接着软件中断/事件寄存器。无论外部请求信号的状态如何,只要软件中断/事件寄存器置位,③逻辑或门将始终输出一个有效的信号。

(4)通过图 4-2 中④逻辑与门,该逻辑与门的另一个输入来自中断屏蔽寄存器。若中断屏蔽寄存器中对应的位设置为 0,则外部请求信号将被阻止;若该位为 1,则逻辑与门将允许信号通过,并将其发送至图 4-2 中⑤脉冲发生器。当事件线路被触发时,脉冲发生器会生成一个单脉冲信号,这个脉冲随后会被发送到 STM32F407 微控制器的其他功能模块中,如定时器、模数转换器等,触发这些模块开始工作。

2)外部中断请求的传输

对外部中断请求,在图 4-2 中的传输具体如下。

(1)外部中断信号从①输入线进入 STM32F407 微控制器内部。

(2)外部中断信号通过②边沿检测电路,可以选择上升沿触发、下降沿触发、双边沿触发。

(3)外部中断信号与软件中断/事件寄存器共同输入③逻辑或门。

(4)外部中断信号与中断屏蔽寄存器共同输入⑥逻辑与门。如果中断屏蔽寄存器相应的位为 0,则外部中断信号会被屏蔽,只有当中断屏蔽寄存器中相应的位被设置为 1 时,外部中断请求信号才能继续传输至挂起寄存器。

(5)挂起寄存器用于指示哪些外部中断已经产生了触发请求并且尚未被处理,通过挂起寄存器后,信号继续传输至内核的 NVIC,并触发一个中断请求。

3)事件与中断

由图 4-2 中对外部中断/事件请求信号的传输过程,从外部激励信号的角度来看,中断和事件的请求信号本质上是相同的,主要区别在于 STM32F407 微控制器内部的处理方式。

中断请求会被传递至 NVIC,进而向处理器内核发出中断请求,至于处理器如何响应这一请求,则取决于编写的中断服务程序或系统默认的中断处理逻辑。

事件触发会向微控制器中的相应功能模块(如定时器、USART、DMA 等)发送脉冲信号,这些功能模块对于脉冲触发信号的具体响应方式,由各模块的设计和配置决定。

4.3　STM32F407 中断 HAL 库函数

中断 HAL 库函数分为 NVIC 和 EXTI 两部分,NVIC 部分是处理器管理中断系统的通用函数,EXTI 部分是外部中断特有的函数。

4.3.1　STM32F407 NVIC HAL 库函数

视频讲解

STM32F407 NVIC HAL 库函数如表 4-3 所示。

表 4-3　STM32F407 NVIC HAL 库函数

函 数 名	功 能 描 述
__HAL_RCC_SYSCFG_CLK_ENABLE()	宏定义,使能系统配置外设时钟
HAL_NVIC_SetPriorityGrouping()	设置中断优先级分组
HAL_NVIC_SetPriority()	设置中断优先级
HAL_NVIC_EnableIRQ()	使能中断

1. 使能系统配置外设时钟

宏定义为__HAL_RCC_SYSCFG_CLK_ENABLE(),将 RCC_APB2 外设时钟使能寄存器 RCC_APB2ENR 中的 SYSCFGEN 位设置为 1,从而使能系统配置外设的时钟。需要注意,无论何时使用外部中断功能,都需要确保 SYSCFG 时钟是开启的。在 HAL 库中,通常不会直接调用__HAL_RCC_SYSCFG_CLK_ENABLE()函数,而是会通过更高层次的 HAL_()函数来间接使能外设时钟。例如,当使用 STM32CubeMX 生成初始化代码时,会自动在适当的位置插入使能外设时钟的代码,这些代码通常会调用类似 HAL_RCC_ClockConfig()或 HAL_Init()等函数来配置和使能时钟。

2. 设置中断优先级分组

函数原型为 void HAL_NVIC_SetPriorityGrouping(uint32 PriorityGroup),用于设置中断优先级分组。

其中,PriorityGroup 取值为 NVIC_PRIORITYn,n=0,…,4,表示抢占式优先级的位数为 n 位,响应优先级的位数为 4−n 位。

函数 HAL_NVIC_SetPriorityGrouping()无返回值。

3. 设置中断优先级

函数原型为 void HAL_NVIC_SetPriority(IRQn_Type IRQn,uint32_t PreemptPriority,uint32_t SubPriority),设置中断的抢占式优先级和响应优先级。在系统设计时需要根据任务的紧急程度和重要性来合理地分配优先级,并根据 NVIC 的优先级分组情况来指定具体的优先级数值。如果系统使用的是 NVIC_PRIORITYGROUP_2 的优先级分组方式,那么抢占式优先级和响应优先级都将被限制为 2 位,数值应介于 0~3 之间。

其中,IRQn 为需要配置优先级的中断,是一个 IRQn_Type 枚举类型的值,命名遵循 PPP_IRQn 的格式,PPP 对应表 4-2 中列出的中断名称。例如,外部中断 0 对应的名称是 EXTI0_IRQn。PreemptPriority 用于定义中断的抢占式优先级。SubPriority 用于定义中断的响应优先级。

函数 HAL_NVIC_SetPriority()无返回值。

4. 使能中断

函数原型为 void HAL_NVIC_EnableIRQ(IRQn_Type IRQn),用于使能特定中断。

其中,IRQn 为需要使能的中断。

函数 HAL_NVIC_EnableIRQ()无返回值。

4.3.2 STM32F407 EXTI HAL 库函数

STM32F407 EXTI HAL 库函数如表 4-4 所示。其中,EXTIx 代表具体的外部中断号,如 EXTI0_IRQHandler。

表 4-4 STM32F407 EXTI HAL 库函数

函 数 名	功 能 描 述
__HAL_GPIO_EXTI_GET_IT()	宏定义,读取中断标志
__HAL_GPIO_EXTI_CLEAR_IT()	宏定义,清除中断标志
__HAL_GPIO_EXTI_GRNERATE_SWIT()	宏定义,软中断

续表

函 数 名	功 能 描 述
EXTIx_IRQHandler()	中断服务例程,用于处理特定的外部中断
HAL_GPIO_EXTI_IRQHandler()	外部中断处理函数
HAL_GPIO_EXTI_Callback()	外部中断回调函数

1. 读取中断标志

宏定义为__HAL_GPIO_EXTI_GET_IT(_EXTI_LINE_),用于检测外部中断挂起寄存器(EXTI_PR)中指定的外部中断线是否具有挂起的中断。_EXTI_LINE_代表特定的外部中断线,通常使用如 GPIO_PIN_0、GPIO_PIN_1 等宏定义的常量来指定。函数的返回值如果不等于 0,则意味着相应的外部中断线挂起标志位已被设置,表明存在未被处理的中断事件。

2. 清除中断标志

宏定义为__HAL_GPIO_EXTI_CLEAR_IT(_EXTI_LINE_),用于向外部中断挂起寄存器(EXTI_PR)的特定位写入 1,可以清除_EXTI_LINE_对应的中断线的挂起状态。在处理外部中断的中断服务程序中,完成中断处理后,需要调用此函数来清除挂起标志位,确保中断线能够响应后续的中断事件。

3. 软中断

宏定义为__HAL_GPIO_EXTI_GENERATE_SWIT(_EXTI_LINE_),用于将外部中断的软件中断事件寄存器(EXTI_SWIER)中对应中断线_EXTI_LINE_的位置 1,通过软件的方式产生某个外部中断。

4. 中断服务例程

对于 0~15 号的外部中断,根据表 4-2 的描述,可以发现 EXTI0~EXTI4 每条都有其独立的中断服务程序。而 EXTI5~EXTI9 以及 EXTI10~EXTI15 则分别共享一个中断服务程序。一旦启用了特定的中断,STM32CubeMX 会在中断处理程序文件 stm32f4xx_it.c 中自动生成相应的代码框架。这些为不同外部中断生成的中断服务程序代码框架在结构上是相似的。EXTI0 的中断服务函数具体如下。

函数原型为 void EXTI0_IRQHandler(void) 。

函数 EXTI0_IRQHandler()无参数,无返回值。

5. 外部中断处理函数

函数原型为 void HAL_GPIO_EXTI_IRQHandler(uint16_t GPIO_Pin)。

其中,GPIO_Pin 触发中断的 GPIO 引脚号。

函数 HAL_GPIO_EXTI_IRQHandler()无返回值。

6. 外部中断回调函数

函数原型为__weak void HAL_GPIO_EXTI_Callback(uint16_t GPIO_Pin),弱定义的回调函数,用于处理外部中断的自定义逻辑。

其中,GPIO_Pin 触发中断的 GPIO 引脚号。

函数 HAL_GPIO_EXTI_Callback()无返回值。

函数定义前使用__weak 属性,这表示该函数是一个弱函数。在 HAL 库中,带有__weak 属性的函数是预先定义好的,如果没有自行编写的代码,编译器会默认编译这些函数。但如果提供了编写的代码,则编译器会优先编译重新编写的函数。当重写这些弱函数时,应去掉__weak属性。

实际应用中,可以通过重写 HAL_GPIO_EXTI_Callback()函数来添加应用中断处理代码。当外部中断发生时,如果 HAL_GPIO_EXTI_IRQHandler()函数被调用,并且已经重写了 HAL_GPIO_EXTI_Callback()函数,那么 HAL_GPIO_EXTI_IRQHandler()会在清除中断标志后调用这个回调函数。由于这个函数是弱定义的,所以可以在应用代码中直接重写,而不需要担心与其他函数冲突。

4.4 外部中断实例

本节实例为用按键控制5个LED发光二极管,每次按键按下触发中断并累计按键按下次数,根据按键按下次数点亮对应发光二极管。

4.4.1 STM32CubeMX工程

1. 配置 STM32CubeMX 工程

基于STM32F407的工程,需要对该芯片的引脚参数进行配置。STM32F407芯片的SYS配置如图4-4所示,选择System Core中的SYS,出现SYS Mode and Configuration界面,选择调试下载方式,因为例程使用Proteus仿真,选择Debug选项为Disable。

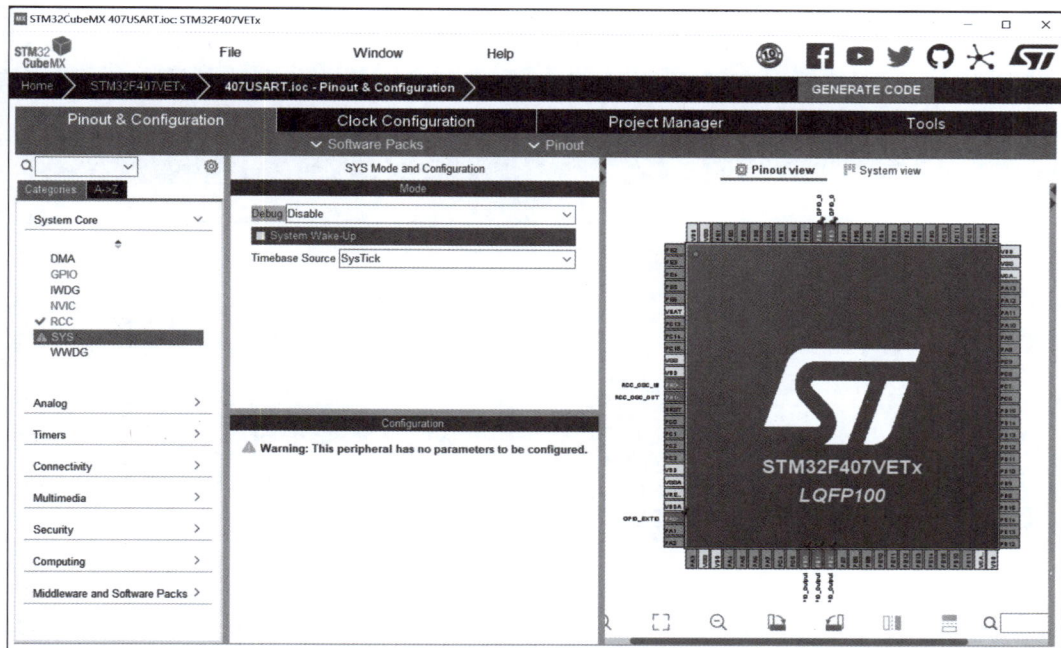

图 4-4 STM32F407 芯片的 SYS 配置

2. 配置系统时钟

RCC模式和配置如图4-5所示,通过选择最左侧的RCC,可以设置系统的时钟源。选择RCC,在RCC Mode and Configuration界面中选择High Speed Clock(HSE)为Crystal/

Ceramic Resonator。

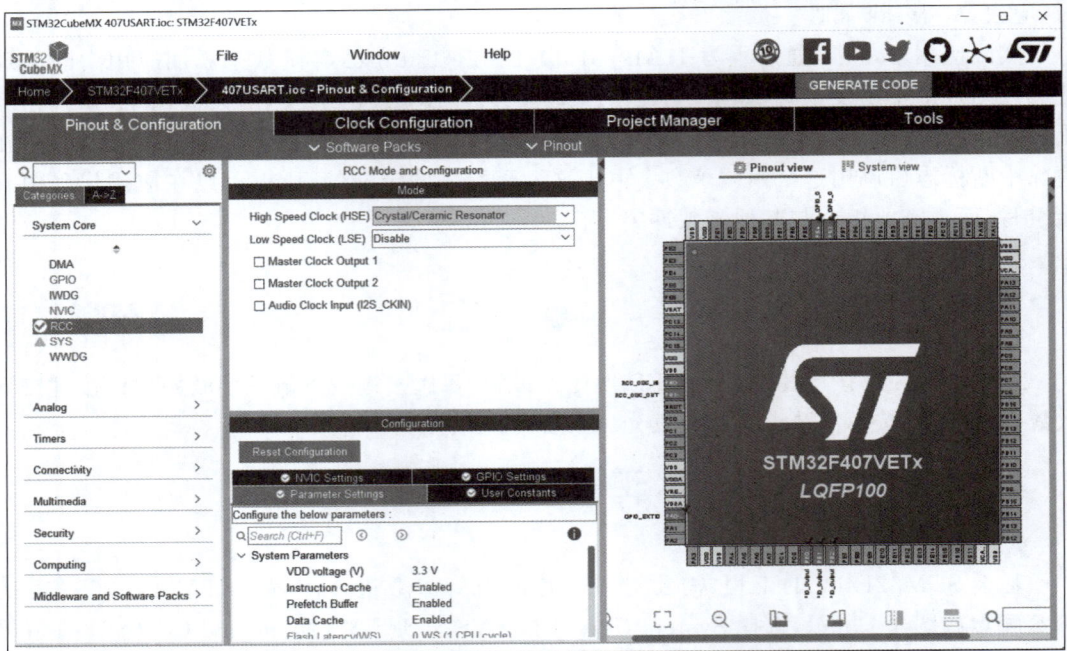

图 4-5　RCC 模式和配置

切换到 Clock Configuration 选项卡,时钟配置具体步骤为:①设置 HSE 输入频率,其取值范围为 4～26MHz,这里设置为 8MHz;②选择 16MHz 内部高速时钟 HSI;③双击 HCLK 栏,输入频率 16MHz,时钟配置如图 4-6 所示。

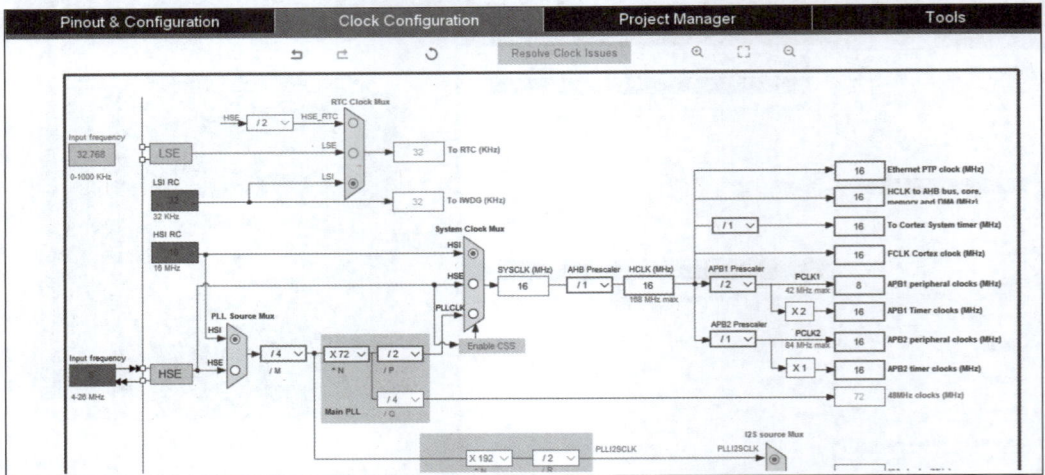

图 4-6　时钟配置

3. 配置 GPIO 功能

单击需要用到的引脚,选择 PA0、PB0、PB1、PB2、PB3 和 PB4 共 6 个引脚,GPIO 引脚配置如图 4-7 所示。

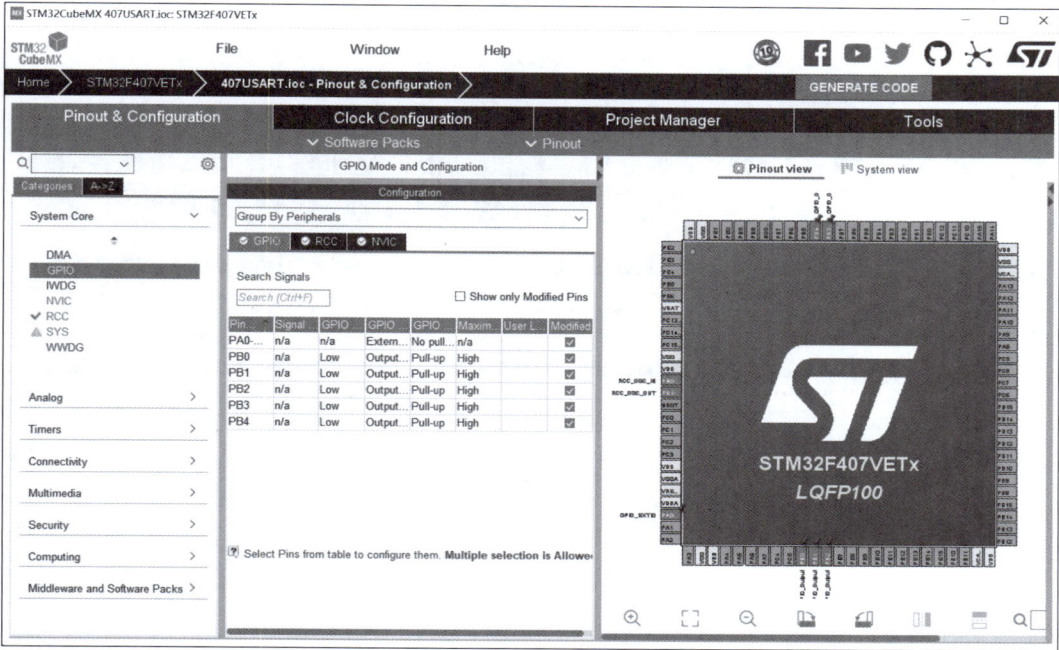

图 4-7　GPIO 引脚配置

　　PA0 作为按键 BUTTON1 外部中断的引脚,配置中断线 GPIO_EXTI0,按键中断配置如图 4-8 所示。

　　在本次例程中分别选用 PB0、PB1、PB2、PB3 和 PB4 共 5 个引脚,分别用于控制 5 个 LED 灯,LED 灯控制引脚配置如图 4-9 所示。

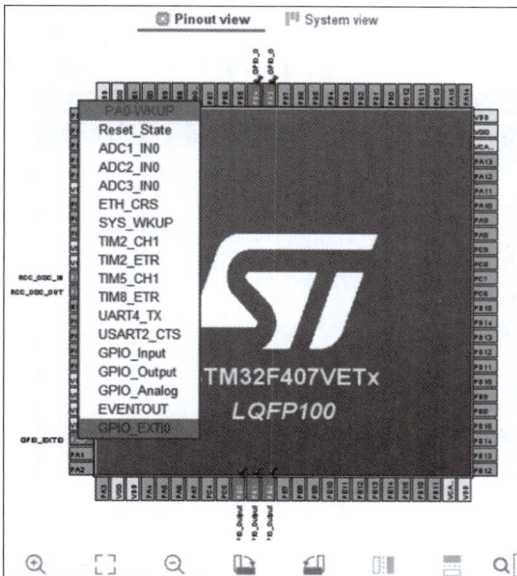

图 4-8　按键中断配置

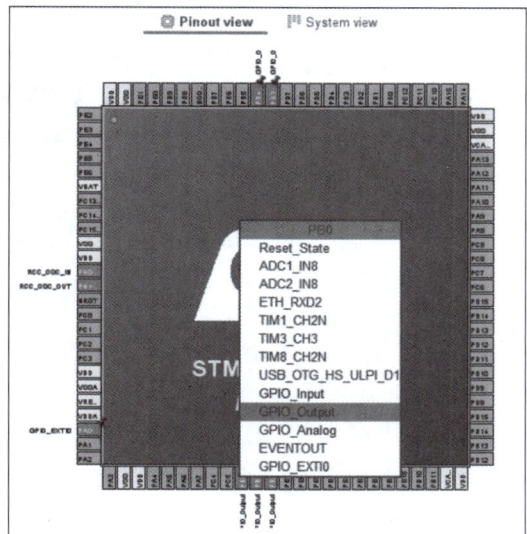

图 4-9　LED 灯控制引脚配置

4. 中断配置

单击左侧 NVIC，使能中断，中断优先级采用默认设置，中断参数配置如图 4-10 所示。

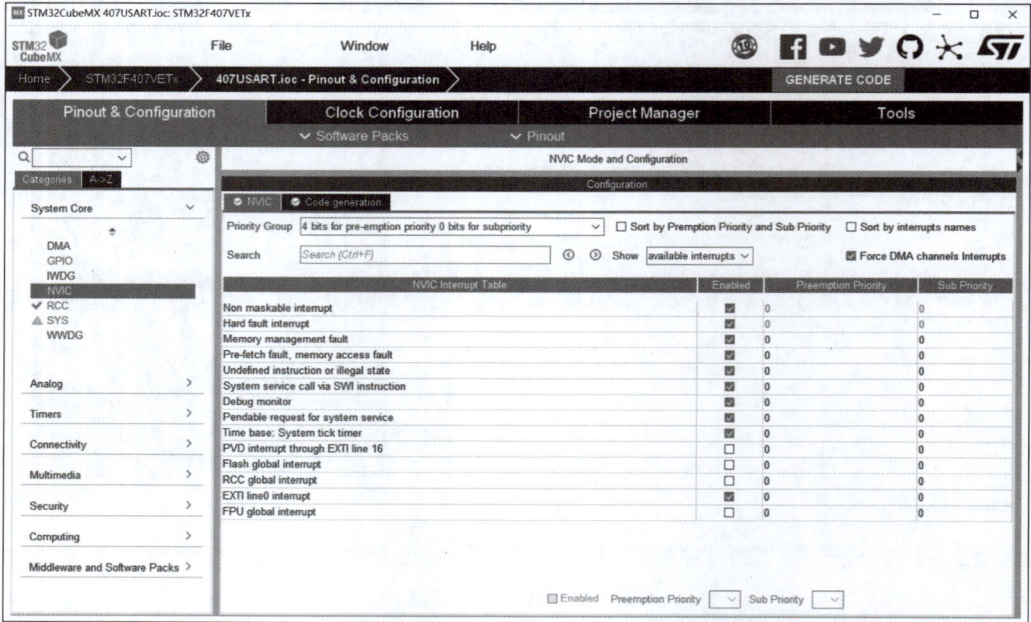

图 4-10　中断参数配置

5. 生成代码

切换到 Project Manager 选项卡，配置工程参数如图 4-11 所示。图 4-11 中，切换到左侧 Project 选项卡，在 Project Settings 中，Project Name 为当前工程文件名，Project Location 为当前

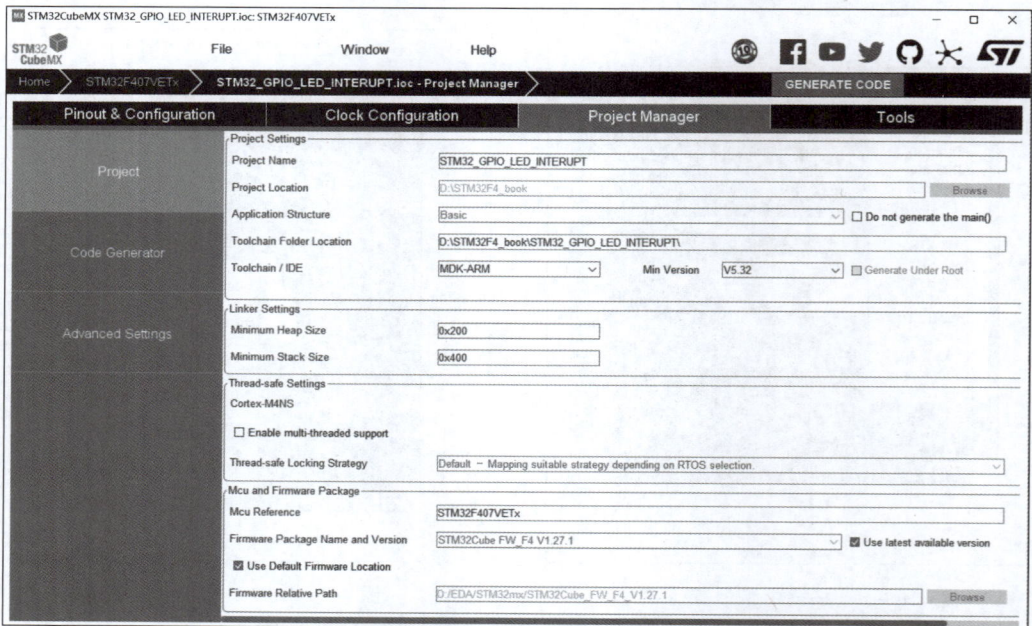

图 4-11　配置工程参数

工程存放的路径。Toolchain/IDE 选择生成工程的集成开发环境,本例程选择 MDK-ARM。Min Version 是选择集成开发环境软件的最低版本号,本例程选择 V5.32,其余参数选择默认设置。

切换到左侧 Code Generator 选项卡,代码生成器配置如图 4-12 所示。勾选 Copy only the necessary library files、Generate peripheral initialization as a pair of '. c/. h' files per peripheral、Keep User Code when re-generating、Delete previously generated files when not re-generated 复选框。

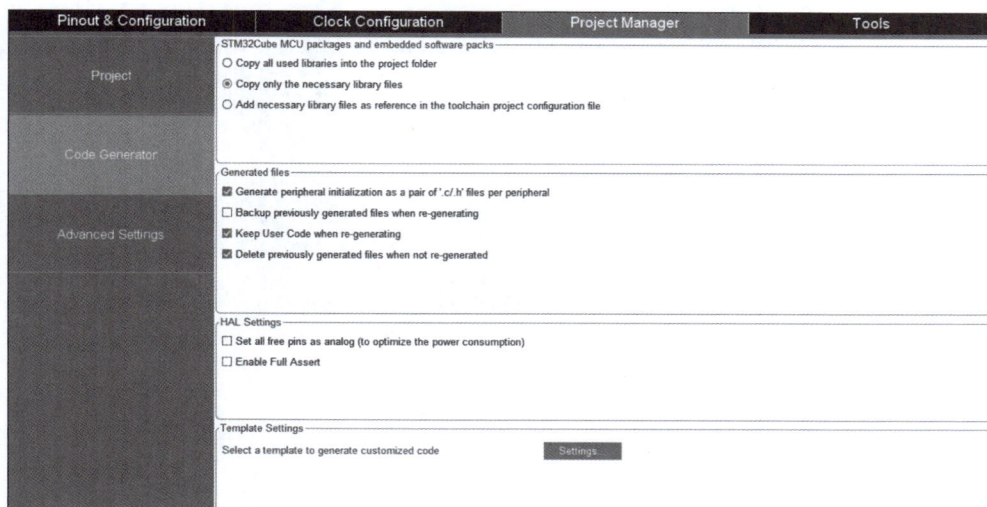

图 4-12　代码生成器配置

6. 生成代码

以上选项信息设置好后,单击 GENERATE CODE 生成 Keil MDK 源代码,代码生成如图 4-13 所示。

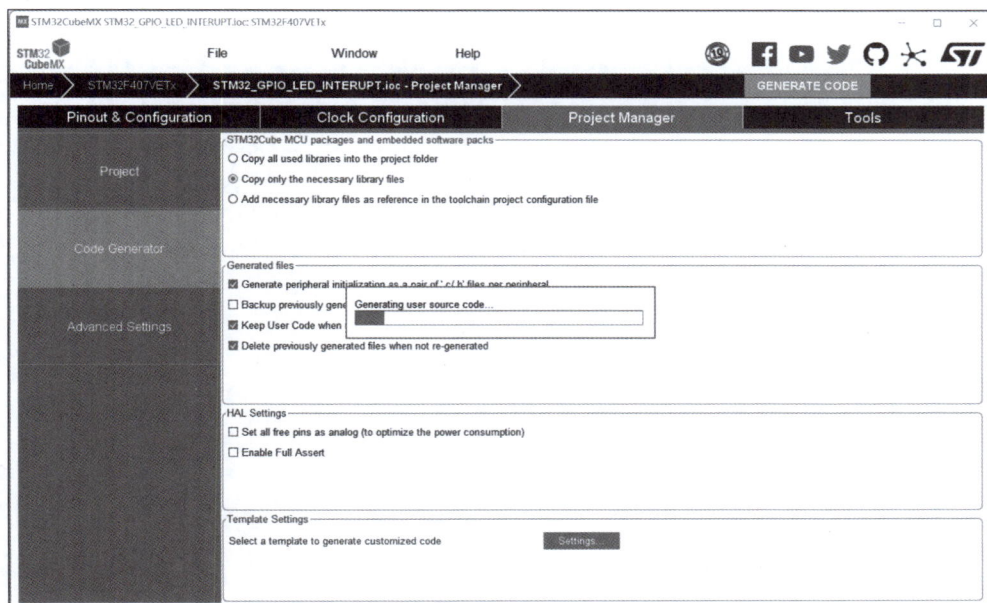

图 4-13　代码生成

代码生成对话框如图 4-14 所示，单击 Open Project 打开创建的工程。

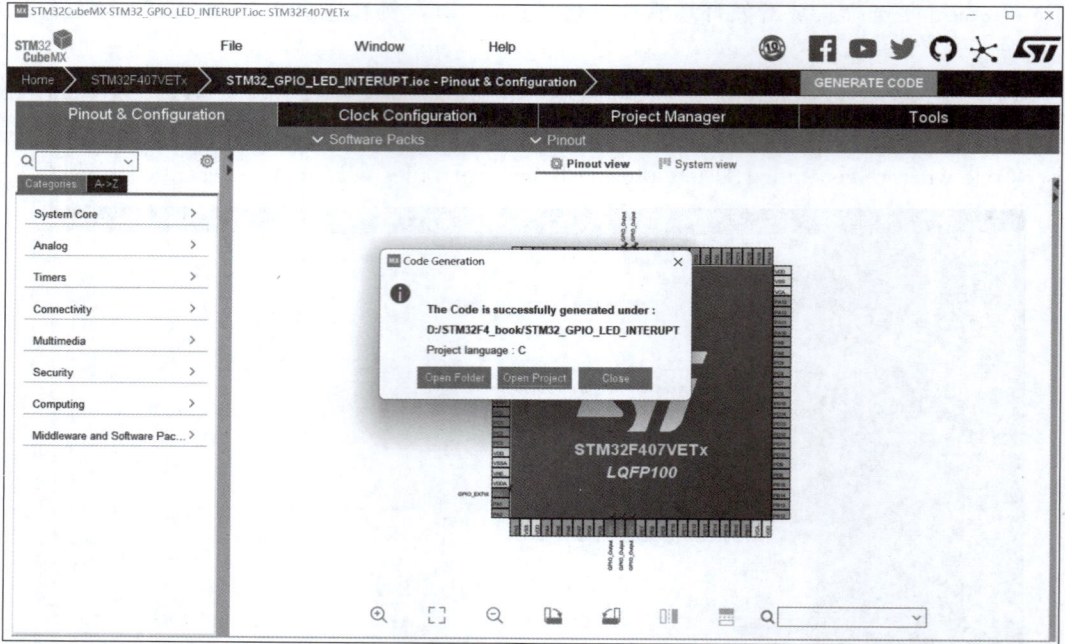

图 4-14　代码生成对话框

4.4.2　Keil MDK 程序

创建的 Keil MDK 工程文件如图 4-15 所示。左侧工程目录树显示的源程序都由 STM32CubeMX 生成，双击 main.c 文件，右侧显示出 main.c 文件源代码。

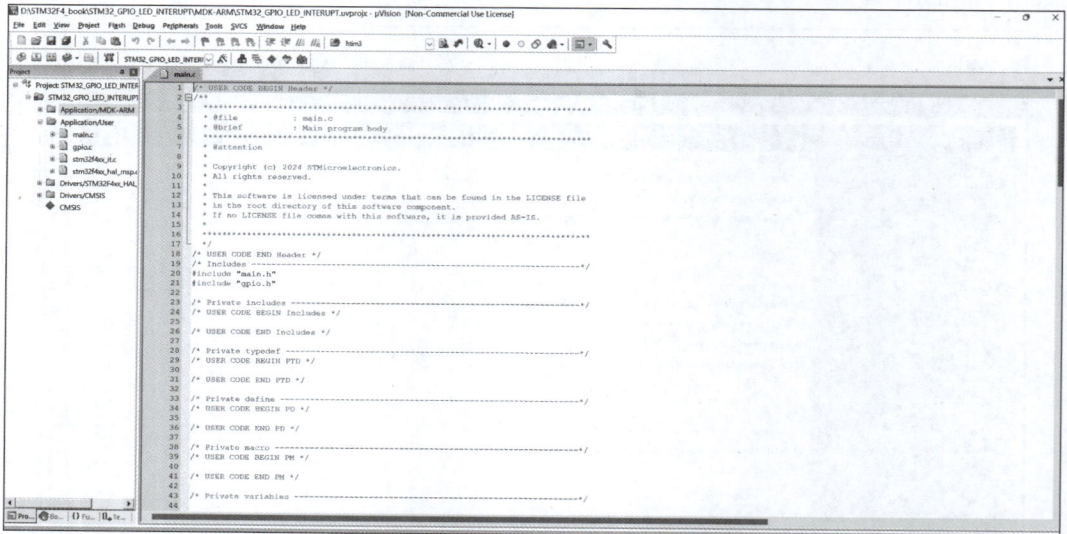

图 4-15　创建的 Keil MDK 工程文件

实现例程需要编写应用逻辑代码,在 main.c 文件中加入 int 型变量 led_number,代码如下。

```
/* Private user code ------------------------------- /* USER CODE BEGIN 0 */
int led number = 0;
/* USER CODE END 0 */
```

在 main()函数中加入发光二极管闪烁的应用逻辑代码,代码如下。

```
/* Infinite loop */
/* USER CODE BEGIN WHILE */
while(1)
{
    HAL_Delay(50);
    switch(led_number)
    {
    case 0:
        HAL_GPIO_WritePin(GPIOB,GPIO_PIN 4,GPIO_PIN_RESET);
        HAL_GPIO_WritePin(GPIOB,GPIO_PIN_0,GPIO_PIN_SET);
        break;
    case 1:
        HAL_GPIO_WritePin(GPIOB,GPIO_PIN_0,GPIO_PIN_RESET);
        HAL_GPIO_WritePin(GPIOB,GPIO_PIN 1,GPIO_PIN_SET);
        break;
    case 2:
        HAL_GPIO_WritePin(GPIOB,GPIO_PIN 1,GPIO_PIN_RESET);
        HAL_GPIO_WritePin(GPIOB,GPIO_PIN2,GPIO_PIN_SET);
        break;
    case 3:
        HAL_GPIO_WritePin(GPIOB,GPIO_PIN_2,GPIO_PIN_RESET);
        HAL_GPIO_WritePin(GPIOB,GPIO_PIN 3,GPIO_PIN_SET);
    break;
    case 4:
        HAL_GPIO_WritePin(GPIOB,GPIO_PIN 3,GPIO_PIN_RESET);
        HAL_GPIO_WritePin(GPIOB,GPIO_PIN 4,GPIO_PIN_SET);
        break;
    default:
        led number = 0;
    }
    /* USER CODE END WHILE */
    /* USER CODE BEGIN 3 */
}
```

外部中断的触发方式采用下降沿触发,即高电平状态转换为低电平状态时触发中断,并由硬件调用中断处理函数 EXTI0_IRQHandler()进行处理。

```
/**
 * @brief This function handles EXTI line0 interrupt.
 */
void EXTI0_IRQHandler(void)
{
    /* USER CODE BEGIN EXTI0_IROn 0 */
```

```
/* USER CODE END EXTI0 IROn 0 */
HAL_GPIO_EXTI_IRQHandler(GPIO PIN 0);
/* USER CODE BEGIN EXTI0_IROn 1 */
/* USER CODE END EXTI0_IROn 1 */
}
```

在 main.c 文件中重写中断回调函数 HAL_GPIO_EXTI_Callback()。在 HAL_GPIO_EXTI_Callback()函数中变量 led_number 进行累加计算，具体代码如下。

```
/* USER CODE BEGIN 4 */
void HAL_GPIO_EXTI_Callback(uint16_t GPIO_Pin)
{
    led number++;
}
/* USER CODE END 4 */
```

4.4.3 Proteus 仿真电路

在 Proteus 中建立例程的仿真电路，双击原理图上的 STM32F407VET6 芯片，芯片配置如图 4-16 所示。将 Keil MDK 中生成的.hex 文件加载到芯片中。

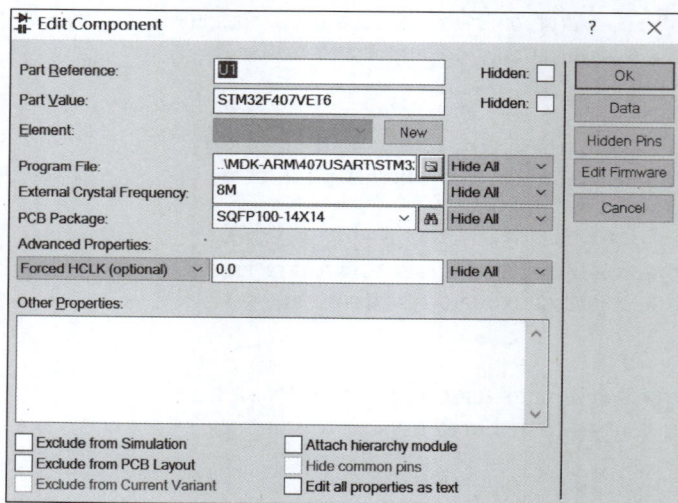

图 4-16 芯片配置

单击运行仿真或者按快捷键 F12，仿真结果如图 4-17 所示。

当 BUTTON1 按下后，调用回调函数 HAL_GPIO_EXTI_Callback()，执行 led_number++ 操作。这时 PB0 引脚输出低电平，PB1 引脚输出高电平，即点亮 D2，按键按下一次仿真结果如图 4-18 所示。

同样，BUTTON1 按键每按下一次都会产生一个中断，并由 EXTI0_IRQHandler() 函数调用回调函数 HAL_GPIO_EXTI_Callback()，更改 led_number 计数值，从而更改 GPIO 引脚输出状态，实现每按一次 BUTTON1 按键就点亮一个 LED，同时熄灭其他 LED，按键按下 2 次仿真结果如图 4-19 所示。

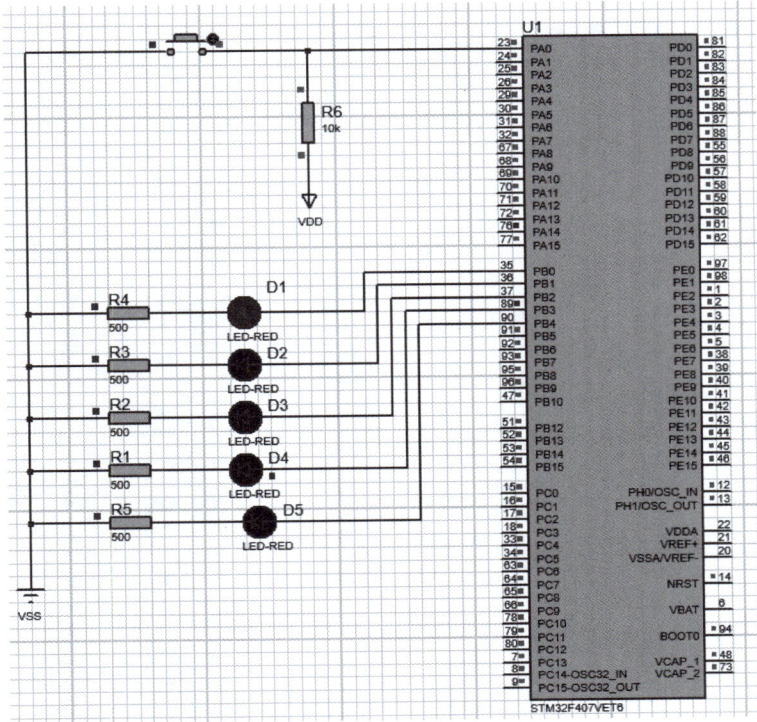

图 4-17 仿真结果

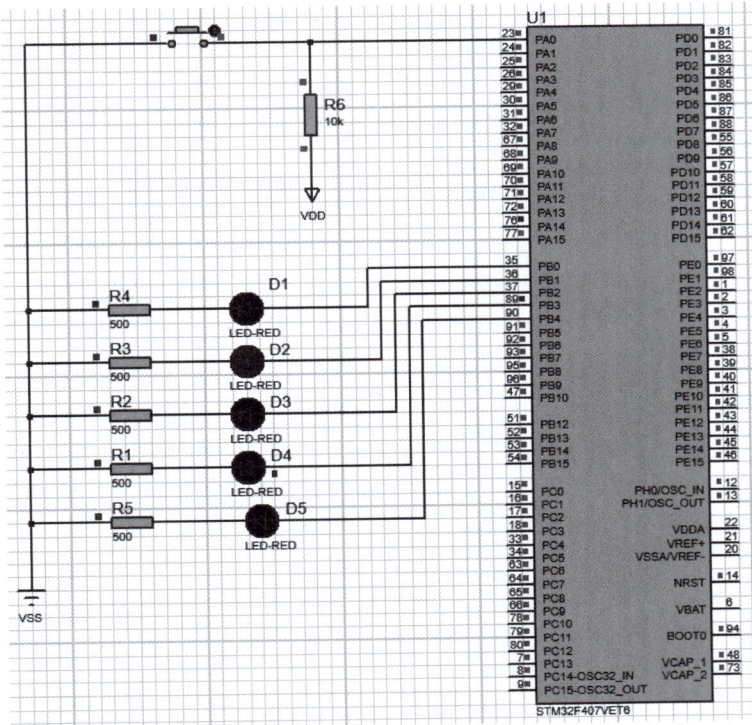

图 4-18 按键按下一次仿真结果

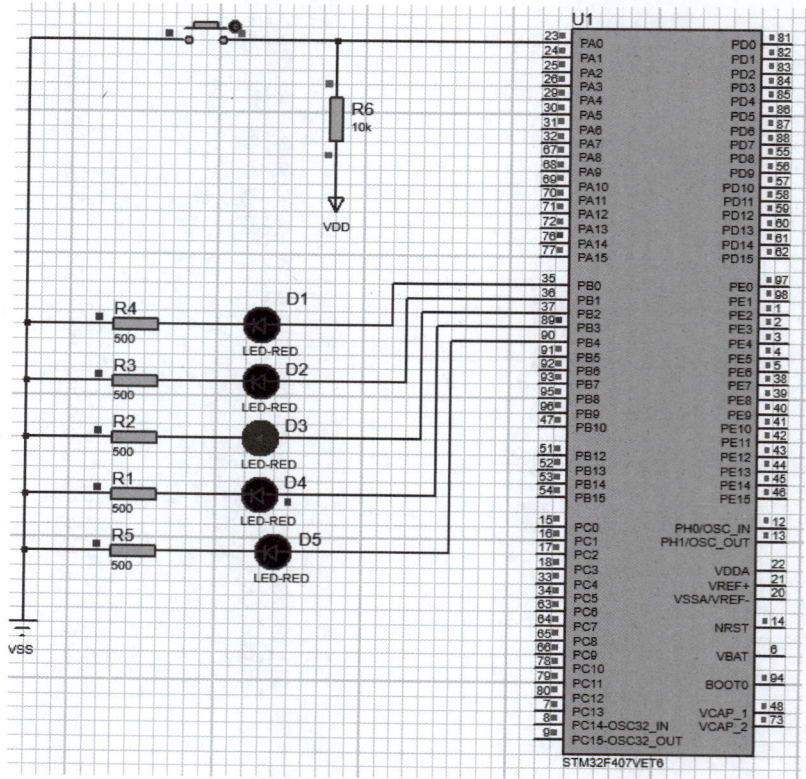

图 4-19　按键按下 2 次仿真结果

【本章小结】

本章深入探讨了 STM32 微控制器的中断功能。首先介绍了中断的基本概念,有助于理解中断的工作原理。随后,详细阐述了 STM32F407 的中断系统,包括嵌套向量中断控制器、中断优先级、中断向量表、中断服务函数、外部中断/事件控制器,并介绍了 STM32F407 外部中断 HAL 库函数,从而能够更好地帮助深入理解如何编程实现中断控制。最后,通过一个具体的仿真实例——按键控制发光二极管,说明了如何综合应用 STM32CubeMX、Keil MDK、Proteus 实现 STM32 的中断控制功能,实例不仅加深了对中断编程的理解,同时有助于提高学生在实际项目中对中断的应用能力。

【思政元素融入】

通过强调在设计系统时需要考虑到各种紧急情况,及时响应中断,体现对系统稳定性和安全性的责任感。在中断优先级中如何根据不同情况合理分配资源和处理任务,要学会灵活应对,及时调整策略,确保任务顺利完成。正如中断系统中各部分的协同工作,团队合作与沟通在解决复杂问题时同样至关重要。

第 5 章 定 时 器

定时器是微控制器中至关重要的外设之一,广泛应用于各种定时、计数和控制任务中。在 STM32F407 系列微控制器中,定时器被分为基本定时器、通用定时器和高级定时器 3 种类型,每种类型都有其独特的功能和应用场景。定时器主要由计数器、预分频器和自动重装载寄存器等组成,通过配置相应寄存器,可以实现精确的定时和计数功能。在 STM32F407 的定时器应用中,可以利用脉冲宽度调制输出、输入捕获、定时中断等功能,实现电机控制、信号测量和定时任务调度等多种应用。

知识目标:

◆ 阐述定时器/计数器的定义与工作方式;
◆ 阐述 STM32F407 定时器分类及工作原理;
◆ 阐述脉冲宽度调制原理;
◆ 说明定时器实例开发流程。

能力目标:

◆ 运用 STM32CubeMX 软件配置定时器工程;
◆ 运用 Keil MDK 软件编写程序,并进行分析;
◆ 运用 Proteus 软件搭建定时器仿真电路;
◆ 设计基于定时器的实例。

素质目标:

◆ 能够通过阅读文档、查阅资料或寻求帮助来解决问题;
◆ 具有团队合作能力和人际交流能力。

5.1 定时器概述

定时器是用于精确控制时间间隔和事件触发的电子或数字设备。在嵌入式系统、计算机和电子设备中广泛应用,通过内部计数器或振荡器实现时间测量。定时器可以设置特定的时间间隔,当达到该时间间隔时,会触发中断、产生信号或执行预设的操作。定时器在各种应用场景中发挥着重要作用,如实时系统的时间管理、周期性任务的调度、定时任务的执行、时间延迟的实现等。定时器的精确性和可靠性对于确保系统的正常运行和性能至关重要。

1. 定时器的工作方式

定时器的工作方式有定时方式和计数方式。

定时方式：对内部固定频率的机器周期进行计数时为定时方式，称为定时器。

计数方式：对外部事件进行计数时为计数方式，称为计数器。

2. 定时器的功能及工作模式

定时器具有的功能如下。

（1）计数功能：脉冲计数，使用微控制器内部的外部时钟来计数，对固定周期的脉冲信号计数。

（2）定时功能：时间控制，通过对微控制器内部的时钟脉冲进行计数实现定时功能。

（3）输入捕获功能：对输入信号进行捕获，实现对脉冲的频率测量，可用于对外部输入信号脉冲宽度的测量，比如测量电机转速。

（4）输出比较功能：将计数器计数值和设定值进行比较，根据比较结果输出不同电平，用于控制输出波形，比如直流电机的调速。

定时器具有多种工作模式：计数器模式、定时器模式、输入捕获模式、输出比较模式。

3. 定时器的工作原理

定时器可以分为硬件定时器和软件定时器两种类型。

硬件定时器的工作原理是时钟信号源提供稳定的时钟信号作为计时器的基准。计数器从预设值开始计数，每当时钟信号到达时计数器递增。当计数器达到预设值时，定时器会触发一个中断信号通知中断控制器处理相应的中断服务程序。在中断服务程序中，可以执行设定的操作。

软件定时器的工作原理是通过编程语言或系统提供的库函数或系统调用实现定时。

5.2 STM32F407 定时器

STM32F407 定时器中的主要寄存器有计数器寄存器、预分频寄存器和自动重载寄存器。这些寄存器共同协作，使得 STM32F407 的定时器能够实现精确的时间控制和事件触发功能。

（1）计数器寄存器（TIMx_CNT）：存储计数器当前的计数值，该值在运行时可以被读取。计数器的数值范围为 0～65 535（16 位计数器）或 0～4 294 967 295（32 位计数器）。

（2）预分频寄存器（TIMx_PSC）：一个 16 位的寄存器，用于对输入时钟信号进行分频，分频系数介于 1～65 536 之间。可以在定时器运行时修改预分频寄存器的值，但新值将在下一个更新事件（Update Event，UEV）发生时才会生效。

（3）自动重载寄存器（TIMx_ARR）：用于存放与计数器进行比较的值，当计数器的值等于自动重载寄存器的值时，会生成更新事件。该寄存器具有预装载功能，即具有影子寄存器，用于底层的实时工作。

STM32F407 定时器共 14 个，分为基本定时器（TIM6、TIM7）、通用定时器（TIM2～TIM5、TIM9～TIM14）和高级控制定时器（TIM1、TIM8）。

所有定时器是彼此独立的，通用定时器包含基本定时器所有功能，高级定时器包含通用定时器所有功能。计数器类型包含向上计数模式、向下计数模式、中央对齐模式。计数器类型如图 5-1 所示。

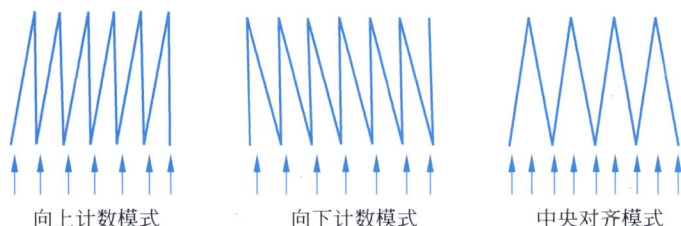

图 5-1 计数器类型

（1）向上计数模式：计数器从起始值 0 开始向上递加，直到计数器的计数值达到上限，即 TIMx_ARR 值，此时产生一个溢出事件，将计数器清零，从 0 开始进入下一个计数周期。

（2）向下计数模式：从上限值 TIMx_ARR 开始向下递减，直到计数器为 0，此时产生一个溢出事件，将计数器清零，从 TIMx_ARR 开始进入下一个计数周期。

（3）中央对齐模式：即向上/向下计数模式，计数器从 0 开始，计数到 TIMx_ARR 后产生一个溢出事件，再从 TIMx_ARR 开始递减到 0。

STM32F407 各类定时器功能描述如表 5-1 所示。

表 5-1　STM32F407 各类定时器功能描述

类型	定时器名称	计数器位数	预分频位数	计数器类型	有无DMA	有无互补输出	所在总线	最大时钟	应用场景
基本定时器	TIM6、TIM7	16	16	向上	有	无	APB1	SYSCLK/2	触发数模转换器
通用定时器	TIM2、TIM5	32	16	向上/向下/中央对齐	有	无	APB1	SYSCLK/2	定时、计数、PWM、输入捕获、输出比较
	TIM3、TIM4	16	16		有	无	APB1	SYSCLK/2	
	TIM9、TIM10、TIM11	16	16	向上	无	无	APB2	SYSCLK	
	TIM12、TIM13、TIM14	16	16	向上	无	无	APB1	SYSCLK/2	
高级定时器	TIM1、TIM8	16	16	向上/向下/中央对齐	有	有	APB2	SYSCLK	带可编程死区的互补输出

5.2.1　基本定时器

1. 基本定时器的结构

基本定时器包含 TIM6、TIM7，只有定时功能和驱动数模转换器功能。TIM6、TIM7 中各包含一个 16 位自动装载计数器、一个可编程预分频器，TIM6、TIM7 之间互相独立，不共享任何资源。预分频器由一个 16 位的寄存器组成，分频系数为 1～65 536。基本定时器的功能结构如图 5-2 所示。

基本定时器的时基单元由计数器寄存器 TIMx_CNT、预分频器寄存器 TIMx_PSC、自动重装载寄存器 TIMx_ARR 构成。

（1）计数器寄存器（TIMx_CNT）：计数器是最基本的计数单元，计数值建立在分频的

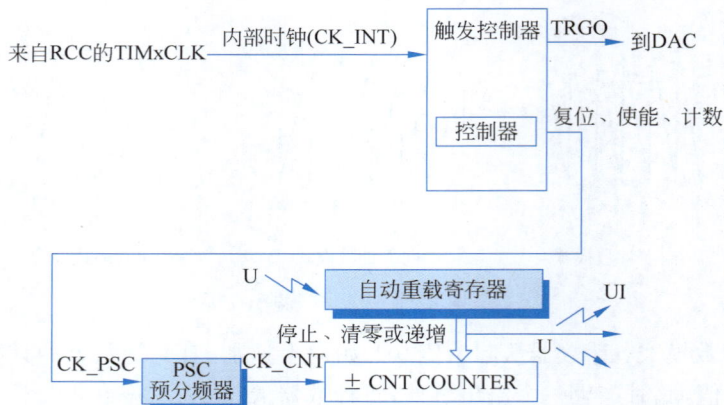

图 5-2　基本定时器的功能结构

基础上。比如通过 TIMx_PSC 设置分频后的频率为 100MHz,那么计数器寄存器计一次数就是 10ns。

（2）预分频器寄存器（TIMx_PSC）：用于设置定时器的分频。比如定时器的主频是168MHz,通过此寄存器可以将其设置为 168MHz、84MHz、42MHz 等分频值。

（3）自动重装载寄存器（TIMx_ARR）：自动重装载寄存器是 CNT 计数器寄存器能达到的最大计数值,以递增计数模式为例,就是 CNT 计数器达到 ARR 寄存器数值时,重新从0 开始计数。

CNT 计数器是一个 16 位向上计数的计数器,最大计数值为 65 535,自动重装载寄存器存放着计数器的最大值。基本定时器的计数器从 0 开始向上计数,当计数器的值与自动重装载寄存器相等时产生溢出中断,调用中断函数响应事件,并清零从 0 重新开始计数。

2. 基本定时器的溢出时间

基本定时器每计数一次的时间如式(5-1)所示。

$$Time = (PSC + 1)/TIMxCLK \qquad (5-1)$$

其中,Time 是计数一次所需的时间,PSC 是定时器的预分频系数,TIMxCLK 是内部时钟频率。基本定时器的溢出时间如式(5-2)所示。

$$TimeOver = (PSC + 1)(ARR + 1)/TIMxCLK \qquad (5-2)$$

其中,ARR 是自动重装载寄存器的数值,PSC 是定时器的预分频系数,TIMxCLK 是内部时钟频率。

因此,设定定时器的预分频系数 PSC 和自动重装载寄存器 ARR 的数值,即可实现基本定时器的精准延时。

3. 基本定时器的配置步骤

计算基本定时器的延时时间,并对其进行配置,其配置步骤如下。

（1）使能基本定时器 Tim；

（2）设置基本定时器 Tim 的预分频系数 PSC 和自动重装载寄存器 ARR；

（3）打开基本定时器 Tim 中断；

（4）在 NVIC 中配置基本定时器的中断优先级；

（5）编写基本定时器的中断服务函数。

5.2.2 通用定时器

TIM2~TIM5、TIM9~TIM14 为通用定时器,通用定时器包含一个 16 位或 32 位自动重装载计数器,TIM2、TIM5 为 32 位,TIM3、TIM4、TIM9~TIM14 为 16 位,该计数器由可编程预分频器驱动。通用定时器 TIMx 之间相互独立,不共享任何资源。

视频讲解

1. 通用定时器的功能

通用定时器具有以下功能。

(1)定时功能。

(2)输入捕获:测量输入信号的脉冲宽度。

(3)生成输出波形:输出比较、产生脉冲宽度调制。

2. 通用定时器的结构

通用定时器结构如图 5-3 所示。TIM2、TIM5 有 4 个独立通道:TIMx_CH1~TIMx_CH4。TIM3、TIM4 有 4 个独立通道:TIMx_CH1~TIMx_CH4。

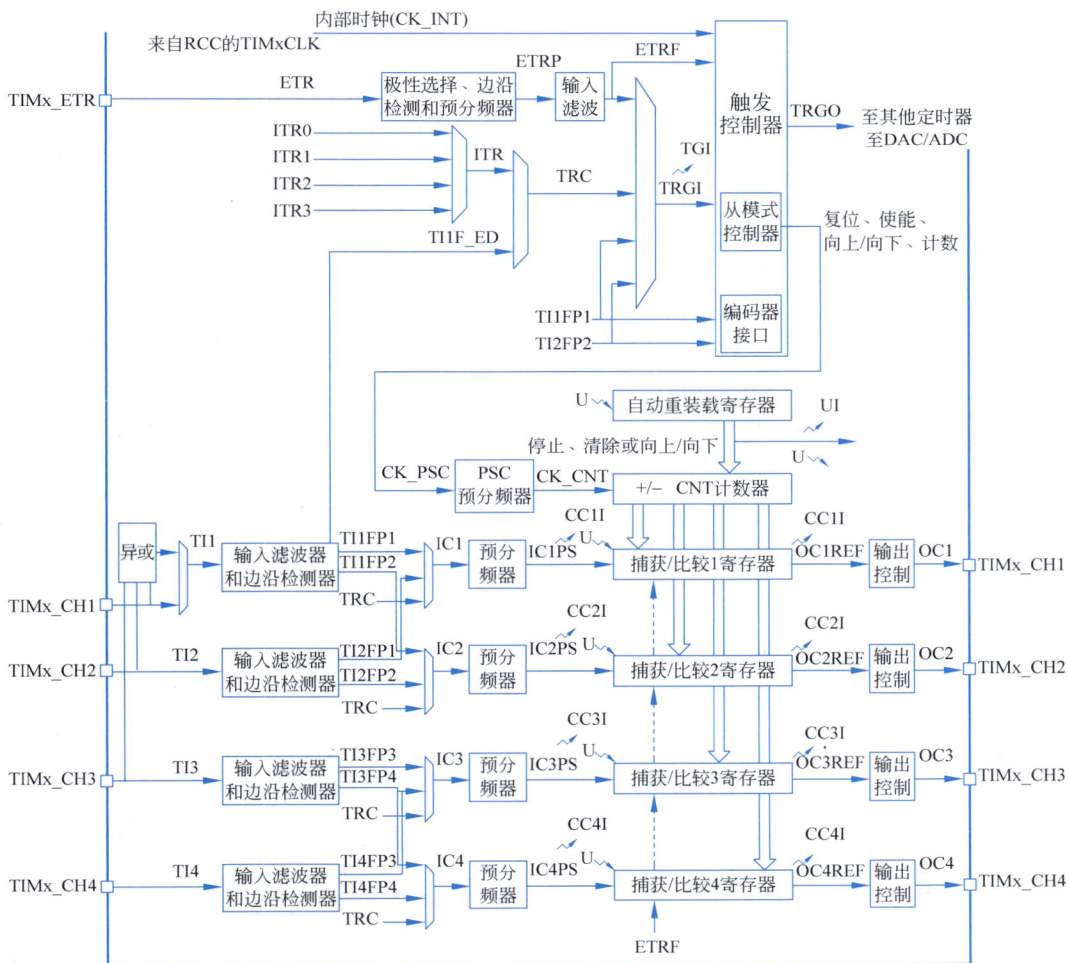

图 5-3 通用定时器结构

通用定时器中的 TIM9 与 TIM12 有 2 个独立通道：TIMx_CH1 与 TIMx_CH2,通用定时器中的 TIM10～TIM14 有 1 个独立通道 TIMx_CH1。TIM9 和 TIM12 结构如图 5-4 所示,TIM10～TIM14 结构如图 5-5 所示。

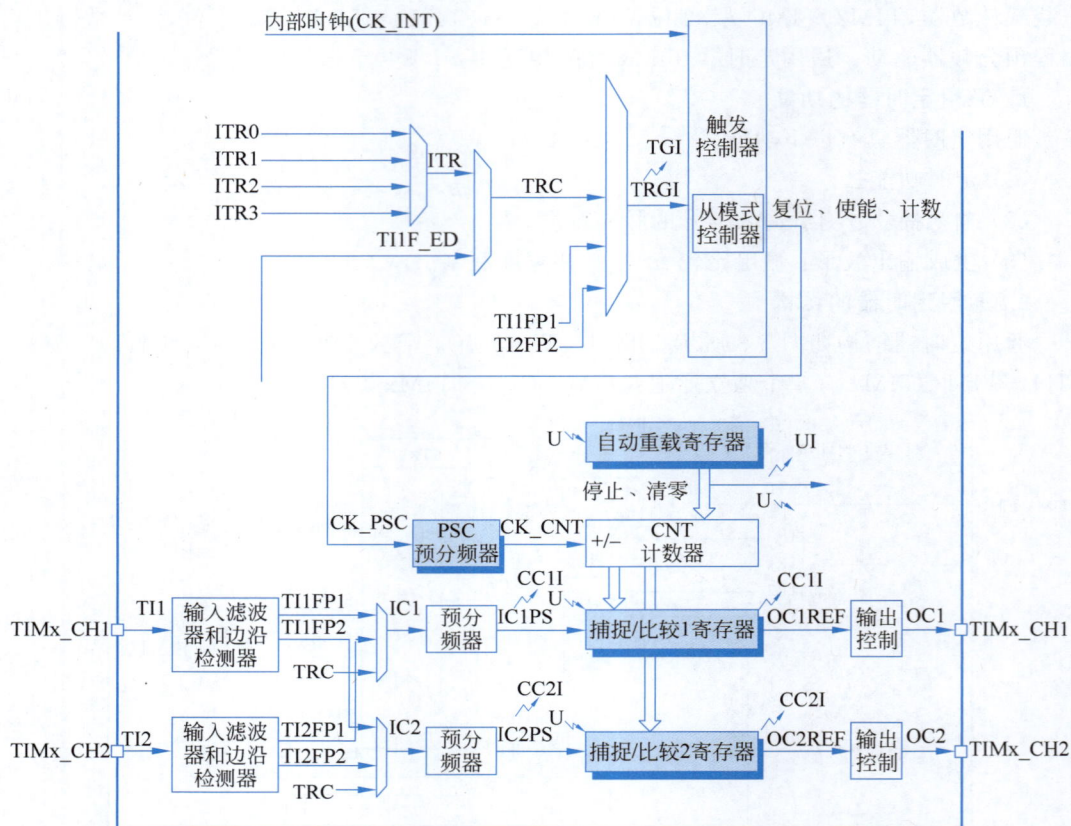

图 5-4　TIM9 和 TIM12 结构

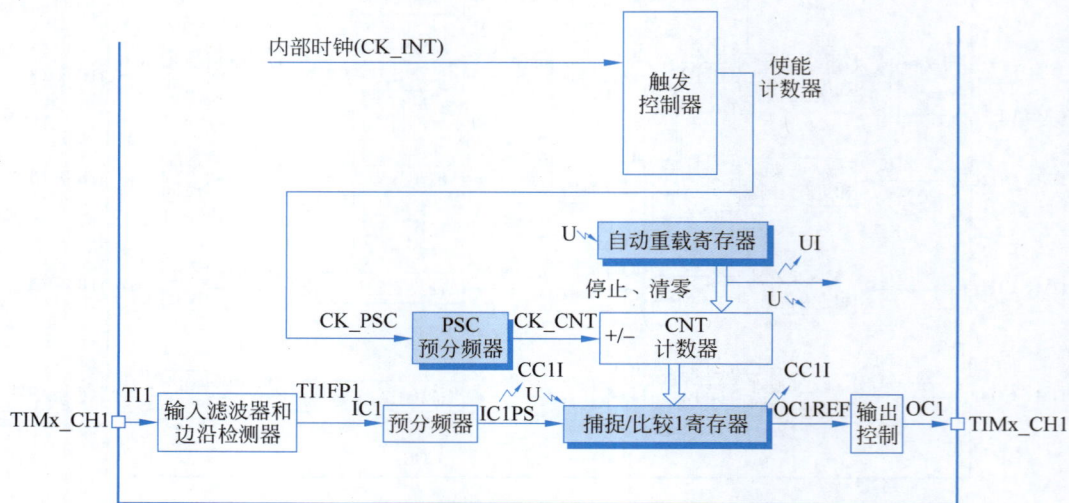

图 5-5　TIM10～TIM14 结构

通用定时器由计数器时钟、时基单元、输入捕获、PWM 输出 4 部分组成。

（1）计数器时钟：可以由内部时钟源 CK_INT、外部时钟模式 1（TIx）、外部时钟模式 2（ETR）、内部触发输入 ITRx 共 4 种时钟源提供。

（2）时基单元：由计数器寄存器 TIMx_CNT、预分频器寄存器 TIMx_PSC、自动重装载寄存器 TIMx_ARR 构成。计数方式包含：向上计数模式、向下计数模式、中央对齐模式。

（3）输入捕获：可以对输入信号的上升沿、下降沿、双边沿进行捕获，常用的有测量输入信号的脉宽、测量 PWM 输入信号的频率与占空比。

（4）PWM 输出：通过定时器的外部引脚对外输出控制信号，每个捕获/比较通道均围绕一个捕获/比较寄存器（包括一个影子寄存器）、一个捕获输入阶段（数字滤波、多路复用、预分频器）和一个输出阶段构建而成。

3. 通用定时器的特性

通用 TIMx 定时器具有以下特性。

（1）16 位（TIM3、TIM4、TIM9～TIM14）、32 位（TIM2、TIM5）向上、向下和向上/向下自动重装载计数器。

（2）16 位可编程预分频器，用于对计数器时钟频率进行分频（即运行时修改），分频系数介于 1～65 536 之间。

（3）多达 4 个独立通道，可用于：

- 输入捕获；
- 输出比较；
- PWM 生成（边沿和中心对齐模式，TIM9～TIM14 为边沿对齐模式）；
- 单脉冲模式输出。

（4）使用外部信号控制定时器且可实现多个定时器互连的同步电路。

（5）发生如下事件时生成中断/DMA 请求：

- 更新：计数器上溢/下溢、计数器初始化（通过软件或内部/外部触发）；
- 触发事件（计数器启动、停止、初始化或通过内部/外部触发计数）；
- 输入捕获；
- 输出比较。

（6）支持定位用增量（正交）编码器和霍尔传感器电路。

（7）外部时钟触发输入或逐周期电流管理。

需要注意的是，TIM2～TIM5 具有第（6）、（7）项特性。

4. 通用定时器的溢出时间

通用定时器每计数一次的时间如式（5-3）所示。

$$\text{Time} = (PSC + 1)/\text{TIMxCLK} \tag{5-3}$$

其中，Time 是计数一次所需的时间，PSC 是通用定时器的预分频系数，TIMxCLK 是内部时钟频率。通用定时器的溢出时间如式（5-4）所示。

$$\text{TimeOver} = (PSC + 1) * (ARR + 1)/\text{TIMxCLK} \tag{5-4}$$

其中，ARR 是自动重装载寄存器的数值，PSC 是通用定时器的预分频系数，TIMxCLK 是内部时钟频率。

因此，设定通用定时器的预分频系数 PSC 和自动重装载寄存器 ARR 的数值，即可实现通用定时器的精准延时。

5. 通用定时器的配置步骤

通用定时器的配置包含如下几个步骤。

(1) 使能通用定时器 Tim；

(2) 设置通用定时器 Tim 的预分频系数 PSC 和自动重装载寄存器 ARR；

(3) 打开通用定时器 Tim 中断；

(4) 在 NVIC 中配置通用定时器的中断优先级；

(5) 编写通用定时器的中断服务函数。

5.2.3 高级定时器

高级定时器 TIM1 和 TIM8 包含一个 16 位自动重装载计数器，该计数器由可编程预分频器驱动。TIM1 和 TIM8 定时器可用于测量输入信号的脉冲宽度（输入捕获），或者生成输出波形（输出比较、PWM 和带死区插入的互补 PWM）。使用定时器预分频器和 RCC 时钟控制器预分频器，可将脉冲宽度和波形周期从几微秒提高到几毫秒。高级定时器 TIM1、TIM8 和通用定时器彼此完全独立，不共享任何资源。

1. 高级定时器的结构

高级定时器的结构如图 5-6 所示。

高级定时器时基单元由计数器寄存器（TIMx_CNT）、预分频器寄存器（TIMx_PSC）、自动重装载寄存器（TIMx_ARR）、重复计数器寄存器（TIMx_RCR）构成。重复计数器寄存器（TIMx_RCR）以递增计数模式为例，当 CNT 计数器数值达到 ARR 自动重装载数值时，重复计数器的数值加 1，重复次数达到 TIMx_RCR＋1 后将生成更新事件。

2. 高级定时器的特性

TIM1 和 TIM8 定时器具有以下特性。

(1) 16 位递增、递减、递增/递减自动重装载计数器。

(2) 16 位可编程预分频器，用于对计数器时钟频率进行分频（即运行时修改），分频系数介于 1～65 536 之间。

(3) 多达 4 个独立通道，可用于：

- 输入捕获；
- 输出比较；
- PWM 生成（边沿和中心对齐模式）；
- 单脉冲模式输出。

(4) 带可编程死区的互补输出。

(5) 使用外部信号控制定时器且可实现多个定时器互连的同步电路。

(6) 重复计数器，用于仅在给定数目的计数器周期后更新定时器寄存器。

(7) 用于将定时器的输出信号置于复位状态或已知状态的断路输入。

(8) 发生如下事件时生成中断/DMA 请求：

- 更新：计数器上溢/下溢、计数器初始化（通过软件或内部/外部触发）；
- 触发事件（计数器启动、停止、初始化或通过内部/外部触发计数）；
- 输入捕获；

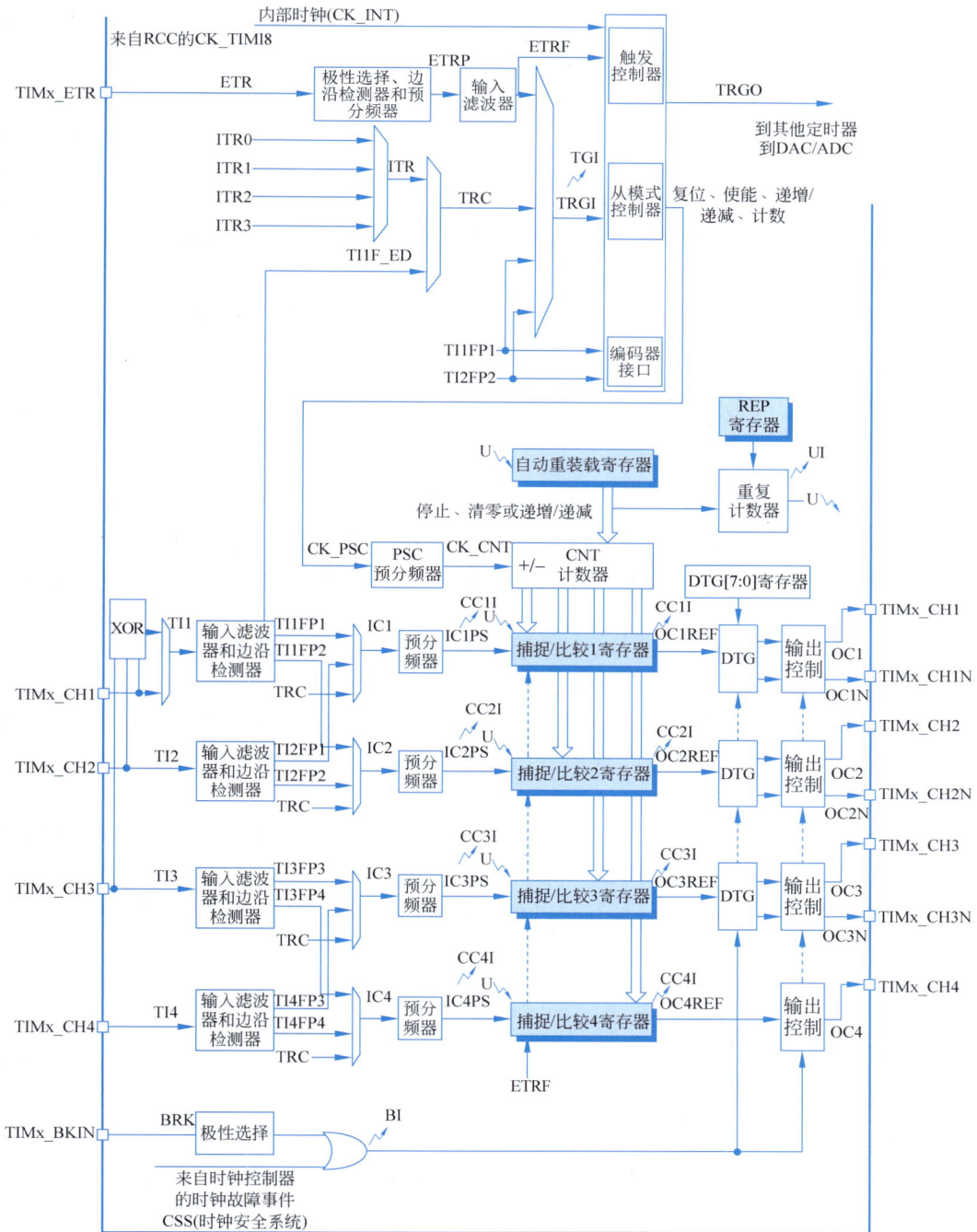

图 5-6 高级定时器的结构

- 输出比较；
- 断路输入。

（9）支持定位用增量（正交）编码器和霍尔传感器电路。

（10）外部时钟触发输入或逐周期电流管理。

3. 高级定时器的溢出时间

高级定时器每计数一次的时间如式(5-5)所示。

$$Time = (PSC + 1)/TIMxCLK \tag{5-5}$$

其中，Time 是计数一次所需的时间，PSC 是高级定时器的预分频系数，TIMxCLK 是内部时钟频率。高级定时器的溢出时间为

$$TimeOver = (PSC + 1) * (ARR + 1)/TIMxCLK \tag{5-6}$$

其中，ARR 是自动重装载寄存器的数值，PSC 是高级定时器的预分频系数，TIMxCLK 是内部时钟频率。

因此，设定高级定时器的预分频系数 PSC 和自动重装载寄存器 ARR 的数值，即可实现高级定时器的精准延时。

5.2.4 看门狗

1. 看门狗概述

看门狗是一种用于监视系统运行状态的定时器电路。在 STM32F407 中，看门狗能够检测并响应系统的异常情况，如程序跑飞、死循环或硬件故障等。当系统正常运行时，会定期向看门狗发送信号以重置其计时器，如果系统无法及时发送信号，看门狗将触发复位操作，使系统重新启动。

使用看门狗能够提高系统的可靠性和稳定性，保证系统在各种异常情况下能够及时恢复正常运行状态，从而确保系统的稳定运行，使用看门狗的作用如下。

（1）应对软件错误。在复杂的软件系统中，程序错误或异常情况导致系统死锁、无限循环等问题时，系统可能停止响应。使用看门狗重启系统，可以使软件系统恢复到正常运行状态。

（2）应对硬件故障。在嵌入式系统中，由于电源、外部干扰等硬件故障，系统可能出现异常情况。使用看门狗可以检测到系统异常并进行重启。

（3）提高系统稳定性。通过重置看门狗计时器，确保系统在正常运行时能够持续稳定运行。

（4）应对环境变化。在高温、高湿度、电磁干扰等特殊环境下，看门狗可以监视系统状态，及时应对突发情况。

（5）远程系统管理。对于远程或分布式系统，看门狗通过远程监控和重启功能，实现对系统的远程管理和维护。

2. 看门狗分类

STM32F407 看门狗分为独立看门狗和窗口看门狗。

1）独立看门狗

独立看门狗由专用的低速时钟驱动，在主时钟发生故障时仍然保持工作状态。IWDG 应用于需要看门狗作为一个在主程序之外，能够完全独立工作，并且对时间精度要求较低的场合。

IWDG 的主要特性如下。

（1）自由运行递减计数器；

（2）时钟由独立 RC 振荡器提供（可在待机和停止模式下运行）；

（3）当递减计数器值达到 0x000 时产生复位（如果看门狗已激活）。

独立看门狗功能如图 5-7 所示。

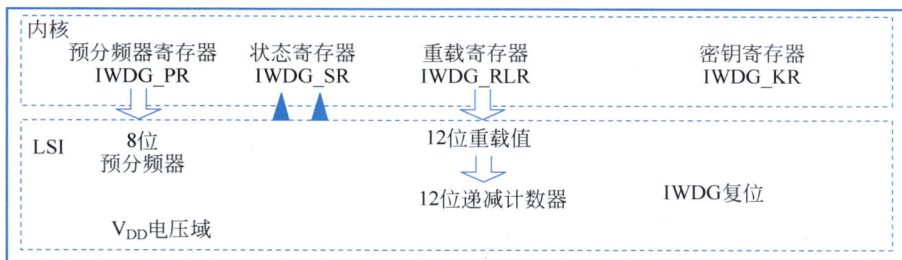

图 5-7 独立看门狗功能

2）窗口看门狗

窗口看门狗由 APB1 时钟经预分频后提供，通过可配置的时间窗口检测应用程序非正常的过迟或过早的操作。WWDG 应用于要求看门狗在精确计时窗口起作用的应用程序。窗口看门狗通常被用来监测由外部干扰或不可预见的逻辑条件造成的应用程序背离正常的运行序列而产生的软件故障。除非递减计数器的值在 T6 位变成 0 前被刷新，看门狗电路在达到预置的时间周期时，会产生一个 MCU 复位。如果在递减计数器达到窗口寄存器值之前刷新控制寄存器中的 7 位递减计数器值，也会产生 MCU 复位。这意味着必须在限定的时间窗口内刷新计数器。

WWDG 主要特性如下。

（1）可编程的自由运行递减计数器。

（2）复位条件：当递减计数器值小于 0x40 时复位（如果看门狗已激活）；在窗口之外重载递减计数器时复位（如果看门狗已激活）。

（3）提前唤醒中断：当递减计数器等于 0x40 时触发（如果已使能且看门狗已激活）。

窗口看门狗功能如图 5-8 所示。

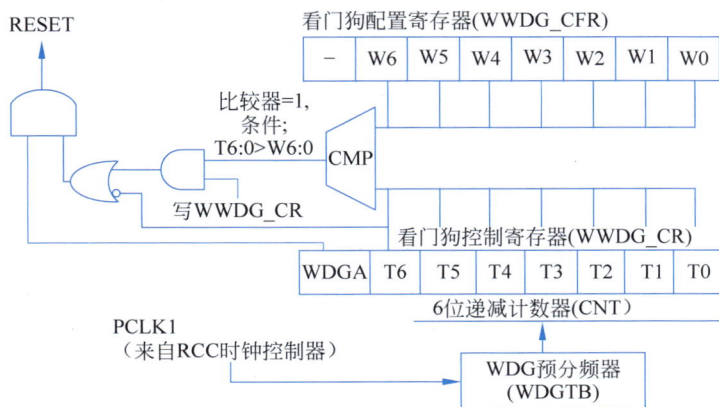

图 5-8 窗口看门狗功能

5.2.5 实时时钟

实时时钟是一个独立的二进制编码的十进制(Binary Coded Decimal,BCD)定时器/计数器。RTC提供一个日历时钟、两个可编程闹钟中断,以及一个具有中断功能的周期性可编程唤醒标志。RTC还包含用于管理低功耗模式的自动唤醒单元。

RTC单元的主要特性如下。

(1) 包含亚秒、秒、分钟、小时(12/24小时制)、星期几、日期、月份和年份的日历。

(2) 软件可编程的夏令时补偿。

(3) 两个具有中断功能的可编程闹钟,可通过任意日历字段的组合驱动闹钟。

(4) 自动唤醒单元,可周期性地生成标志以触发自动唤醒中断。

(5) 参考时钟检测:可使用更加精确的第二时钟源(50Hz或60Hz)提高日历的精确度。

(6) 利用亚秒级移位特性与外部时钟实现精确同步。

(7) 可屏蔽中断/事件:闹钟A、闹钟B、唤醒中断、时间戳、入侵检测。

(8) 数字校准电路(周期性计数器调整):精度为5ppm、精度为0.95ppm(在数秒的校准窗口中获得)。

(9) 用于事件保存的时间戳功能(1个事件)。

(10) 入侵检测:两个带可配置过滤器和内部上拉的入侵事件。

(11) 20个备份寄存器(80字节):发生入侵检测事件时,将复位备份寄存器。

(12) 复用功能输出(RTC_OUT):可选择以下两个输出之一:

① RTC_CALIB,512Hz或1Hz时钟输出(LSE频率为32.768kHz),可通过将RTC_CR寄存器中的COE[23]位置1来使能此输出,该输出可连接到器件RTC_AF1功能;

② RTC_ALARM(闹钟A、闹钟B或唤醒),可通过配置RTC_CR寄存器的OSEL[1:0]位选择此输出,该输出可连接到器件RTC_AF1功能。

(13) RTC复用功能输入如下。

① RTC_TS:时间戳事件检测,该输入可连接到器件RTC_AF1和RTC_AF2功能;

② RTC_TAMP1:TAMPER1事件检测,该输入可连接到器件RTC_AF1和RTC_AF2功能;

③ RTC_TAMP2:TAMPER2事件检测;

④ RTC_REFIN:参考时钟输入(通常为市电,50Hz或60Hz)。

5.2.6 系统滴答定时器

系统滴答(SysTick)定时器,是一个24位的倒计数定时器,是Cortex-M4内核嵌套向量中断控制器中的一个功能单元。当SysTick的计数值递减到0时,SysTick重装载寄存器会自动重新装载初值,并继续计数,除非在SysTick控制及状态寄存器中的使能位被清除。SysTick定时器被捆绑在NVIC中,可以产生SysTick异常(异常号:15),其优先级也可以进行设置。

SysTick定时器主要功能如下。

(1) 延时功能。SysTick定时器常用作延时操作,通过配置SysTick的重装载值和时钟源,可以实现精确的微秒级或毫秒级延时。

（2）实时系统的心跳时钟。在实时操作系统中，SysTick 定时器可以作为系统的心跳时钟，用于推动任务和时间的管理。

（3）节省 MCU 资源。由于 STM32F407 等 Cortex-M4 内核的芯片都内置了 SysTick 定时器，因此无须额外使用其他定时器资源。

SysTick 定时器主要包括如下寄存器。

（1）SysTick 控制和状态寄存器（CTRL），用于配置 SysTick 定时器的时钟源、使能位、中断使能位等。

（2）SysTick 重装载数值寄存器（LOAD），用于设置 SysTick 定时器的重装载值，即每次计数到 0 后重新装载的初值。

（3）SysTick 当前值寄存器（VAL），用于读取 SysTick 定时器的当前计数值。

5.3 STM32F407 脉冲宽度调制

视频讲解

1. 脉冲宽度调制

脉冲宽度调制是一种设定脉冲信号高低电平所占比例的调制技术，是对模拟信号电平进行数字编码的方法，广泛应用于测量、通信、功率控制与变换等许多领域中，如逆变电路的应用、变频空调的交直流变频调速等。

STM32F407 的定时器除了 TIM6 和 TIM7 外，其他的定时器都可以产生 PWM 输出：高级定时器 TIM1 和 TIM8 可以同时产生 7 路 PWM 输出；通用定时器 TIM2～TIM5 可以同时产生 4 路 PWM 输出。

PWM 的频率 f 指 1s 内信号从高电平到低电平再回到高电平的次数，即 1s 内 PWM 有多少个周期，单位为赫兹（Hz）。

PWM 的周期 $T = 1/f$。即，如果频率 $f = 50\text{Hz}$，则 $T = 20\text{ms}$，也就是说周期为 20ms 时，1s 内有 50 个 PWM 周期。

占空比（Duty Cycle）指在一个周期内，高电平时间占整个信号周期的百分比，即高电平时间与周期的比值。PWM 的周期与占空比示意如图 5-9 所示。

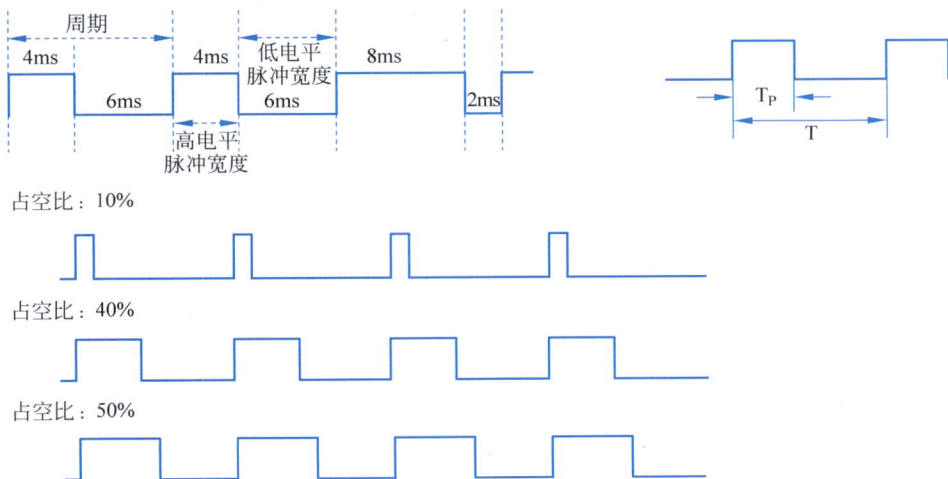

图 5-9　PWM 的周期与占空比示意

2. PWM 输出呼吸灯

一般来说,人的眼睛对于 80Hz 以上刷新频率完全没有闪烁感。因为人眼会产生视觉暂留效果,频率在 80Hz 以上时,人眼看到的是一个常亮的 LED。因而,选择合适的 PWM 波频率,在一段时间内逐渐增加占空比,使 LED 灯逐渐变亮;然后在另一段时间内逐渐减小占空比,使 LED 灯逐渐变暗,可以使其达到呼吸灯的效果。

3. PWM 的配置步骤

PWM 的配置步骤如下。

(1) 设置 RCC 时钟。

(2) 设置 GPIO。GPIO 模式设置为复用推挽输出 GPIO_Model_AF_PP,如果需要引脚重映像,则需要用 GPIO_PinRemapConfig() 函数进行设置。

(3) 设置 TIMx 定时器的相关寄存器。

(4) 设置 TIMx 定时器的 PWM 相关寄存器。设置 PWM 模式(默认情况下 PWM 是冻结的);设置占空比;设置输出比较极性;使能 TIMx 的输出状态,使能 TIMx 的 PWM 输出功能。

(5) 启动 TIMx 定时器,从而得到 PWM 的输出。

5.4　STM32F407 定时器 HAL 库函数

STM32F407 定时器 HAL 库函数如表 5-2 所示。

表 5-2　STM32F407 定时器 HAL 库函数

函 数 名 称	功 能 描 述
HAL_TIM_Base_Start_IT()	启动定时器计数功能,并使能中断。当定时器溢出时,会产生中断
HAL_TIM_Base_Stop_IT()	停止定时器计数功能,并禁止中断
HAL_TIM_PWM_Start()	启动 PWM 输出
HAL_TIM_PWM_Stop()	停止 PWM 输出
__HAL_TIM_SetCompare()	宏定义,动态调整 PWM 占空比
HAL_TIM_IRQHandler()	定时器中断处理入口函数,通常用于处理定时器溢出、输入捕获、输出比较等中断
HAL_TIM_PeriodElapsedCallback()	定时器溢出回调函数

1. 启动定时器计数功能

函数原型为 HAL_StatusTypeDef HAL_TIM_Base_Start_IT(TIM_HandleTypeDef * htim),用于启动定时器计数功能,并使能中断,当定时器溢出时,会产生中断。

其中,htim 为指向定时器句柄的指针。

函数 HAL_TIM_Base_Start_IT() 函数的返回值表示启动操作的结果,若成功则返回 HAL_OK,若失败则返回错误代码。

2. 停止定时器计数功能

函数原型为 HAL_StatusTypeDef HAL_TIM_Base_Stop_IT(TIM_HandleTypeDef * htim),用于停止定时器的计数功能,并禁止中断。

其中,htim 为指向定时器句柄的指针。

函数 HAL_TIM_Base_Stop_IT() 的返回值表示启动操作的结果,若成功则返回 HAL_OK,若失败则返回错误代码。

3. 启动 PWM 输出

函数原型为 HAL_StatusTypeDef HAL_TIM_PWM_Start(TIM_HandleTypeDef * htim, uint32_t Channel),用于启动 PWM 输出。

其中,htim 为指向定时器句柄的指针,Channel 为要启动的 PWM 通道号。

函数 HAL_TIM_PWM_Start() 的返回值表示启动 PWM 输出的结果,若成功则返回 HAL_OK,若失败则返回错误代码。

4. 停止 PWM 输出

函数原型为 HAL_StatusTypeDef HAL_TIM_PWM_Stop(TIM_HandleTypeDef * htim, uint32_t Channel),用于停止 PWM 输出。

其中,htim 为指向定时器句柄的指针,Channel 为要停止的 PWM 通道号。

函数 HAL_TIM_PWM_Stop() 的返回值表示停止 PWM 输出的结果,若成功则返回 HAL_OK,若失败则返回错误代码。

5. 动态调整 PWM 占空比

宏定义为 __HAL_TIM_Set_Compare(TIM_HandleTypeDef * htim, uint32_t Channel, uint32_t CompareValue),用于在 HAL 库中直接设置定时器的比较寄存器值,这个宏通常用于 PWM 应用中,以动态地改变 PWM 信号的占空比。

其中,htim 为指向定时器句柄的指针,Channel 指定要设置的比较寄存器的通道,CompareValue 设置 PWM 信号占空比的新比较值。

6. 定时器中断处理入口函数

函数原型为 void HAL_TIM_IRQHandler(TIM_HandleTypeDef * htim)。

其中,htim 为指向定时器句柄的指针。

函数 HAL_TIM_IRQHandler() 无返回值。

7. 定时器溢出回调函数

函数原型为 _weak void HAL_TIM_PeriodElapsedCallback(TIM_HandleTypeDef * htim),为弱函数,需要重写函数实现应用功能。

其中,htim 为指向定时器句柄的指针。

函数 HAL_TIM_PeriodElapsedCallback() 函数无返回值。

5.5　定时器实例

5.5.1　TIM3 延时实例

本节实例要求:使用 TIM3 驱动 LED 灯定时亮灭,使其产生精准延时实现 LED 灯闪烁,定时 500ms。使用 PB0 引脚连接 LED 灯,每 500ms 进行一次电平翻转,LED 灯状态翻转一次。

1. STM32CubeMX 配置

1)创建 STM32CubeMX 工程

双击 STM32CubeMX 图标启动该软件,使用芯片 STM32F407VET6 创建一个新工程。

2）配置 STM32CubeMX 工程 SYS

选择 System Core 中的 SYS，选择 Debug 选项为 Disable，选择 Timebase Source 选项为 SysTick，SYS Mode and Configuration 如图 5-10 所示。

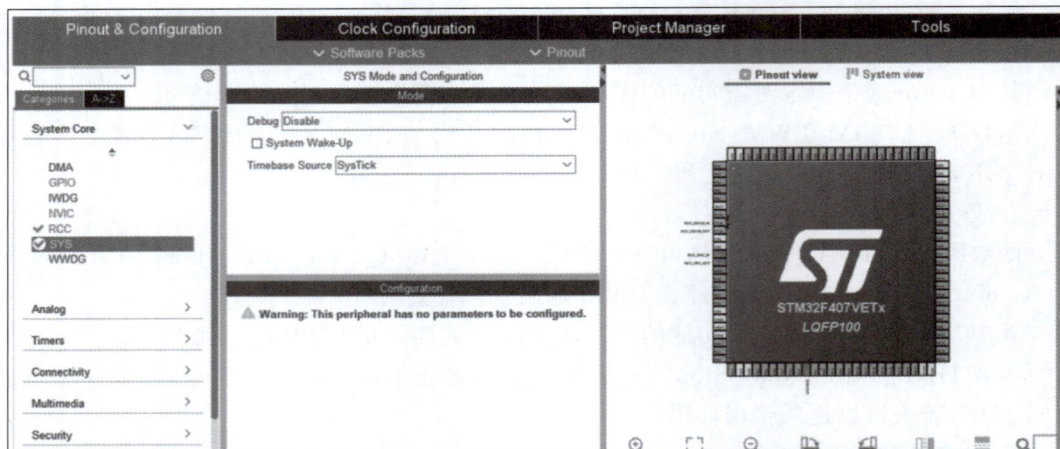

图 5-10　SYS Mode and Configuration

3）配置系统时钟

选择 System Core 中的 RCC，将 High Speed Clock（HSE）选项设置为 Crystal/Ceramic Resonator，RCC 模式和配置如图 5-11 所示。

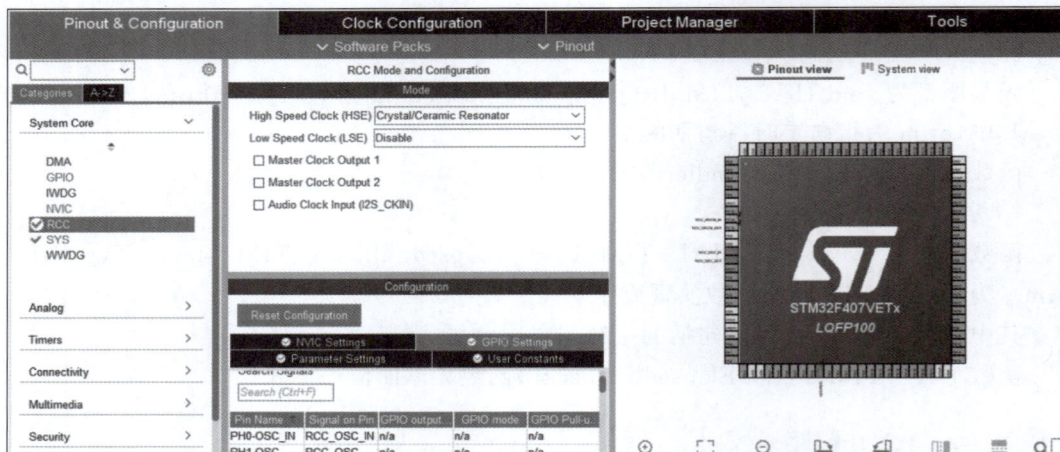

图 5-11　RCC 模式和配置

切换到 Clock Configuration 选项卡，将 Input Frequency 设置为 8，将 HCLK（MHz）设置为 16，按 Enter 键，自动完成时钟的配置，时钟配置如图 5-12 所示。

4）配置 GPIO

由 Clock Configuration 选项卡切换回 Pinout & Configuration 选项卡，因使用 PB0 连接并控制 LED 灯的亮灭，因此需要设置 PB0 引脚。在界面右侧的芯片窗口，左击 PB0，配置 PB0 为 GPIO_Output，如图 5-13 所示；右击 PB0，配置 Enter User Label，如图 5-14 所示；配置 PB0 标识名为 LED_RED，如图 5-15 所示。

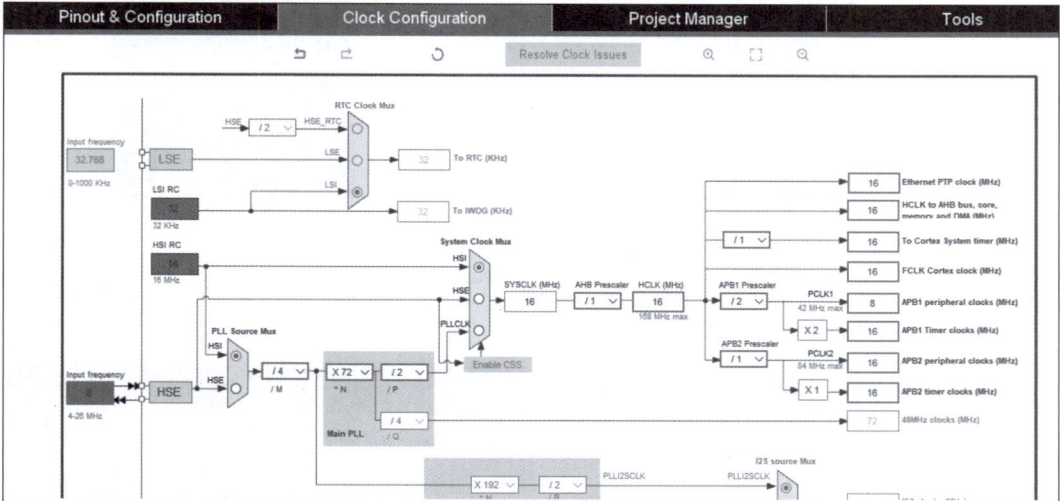

图 5-12　时钟配置

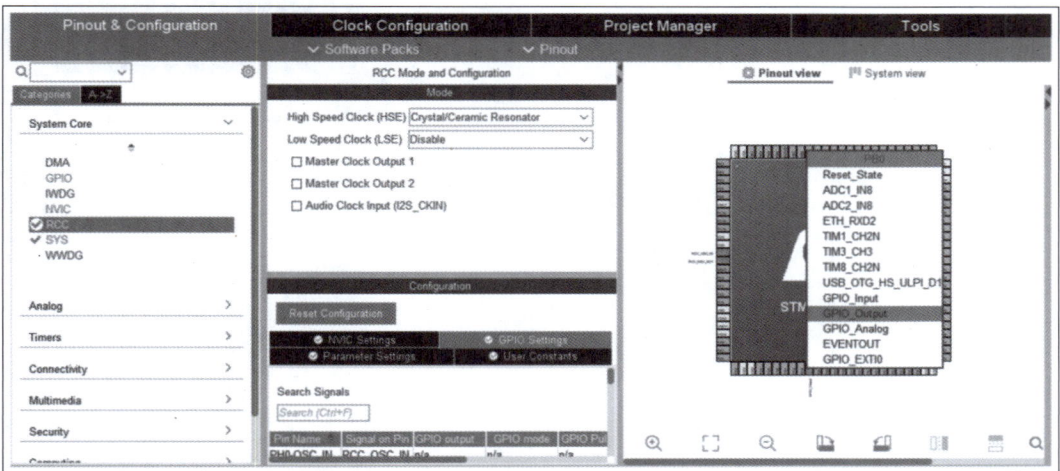

图 5-13　配置 PB0 为 GPIO_Output

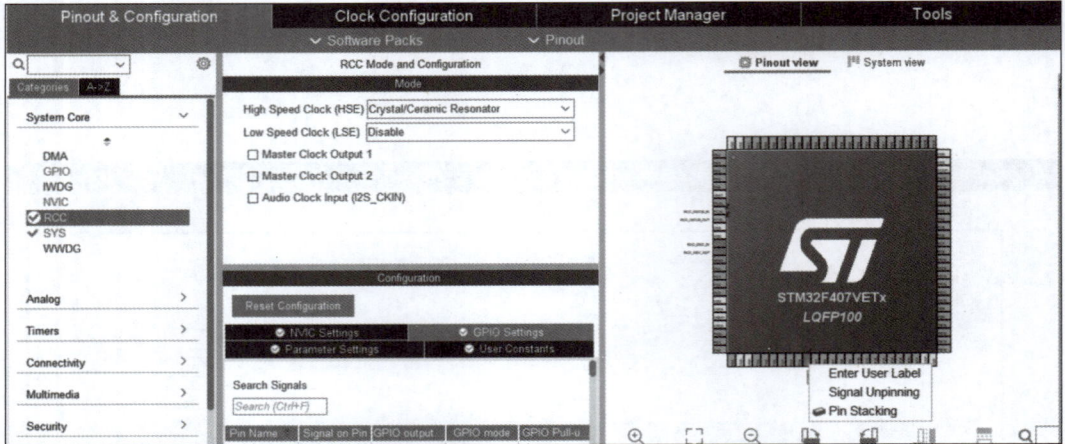

图 5-14　配置 Enter User Label

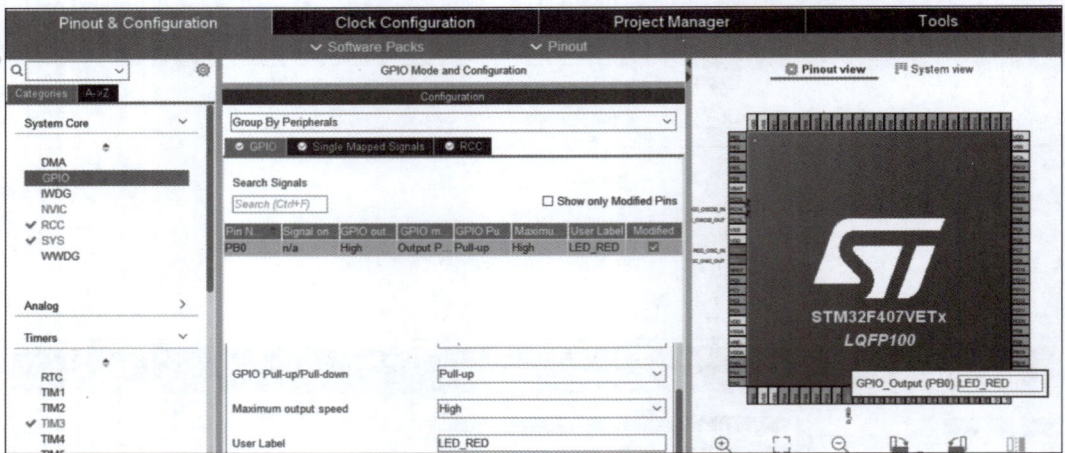

图 5-15　配置 PB0 标识名为 LED_RED

选择 System Core 中的 GPIO，配置 PB0 引脚信息如图 5-16 所示。

图 5-16　配置 PB0 引脚信息

5）配置定时器 TIM3

选择左侧 Timers 中的 TIM3，因周期为 500ms，因此设置分频系数 Prescaler 为 799，设置定时器周期为 9999，TIM3 Mode and Configuration 如图 5-17 所示。

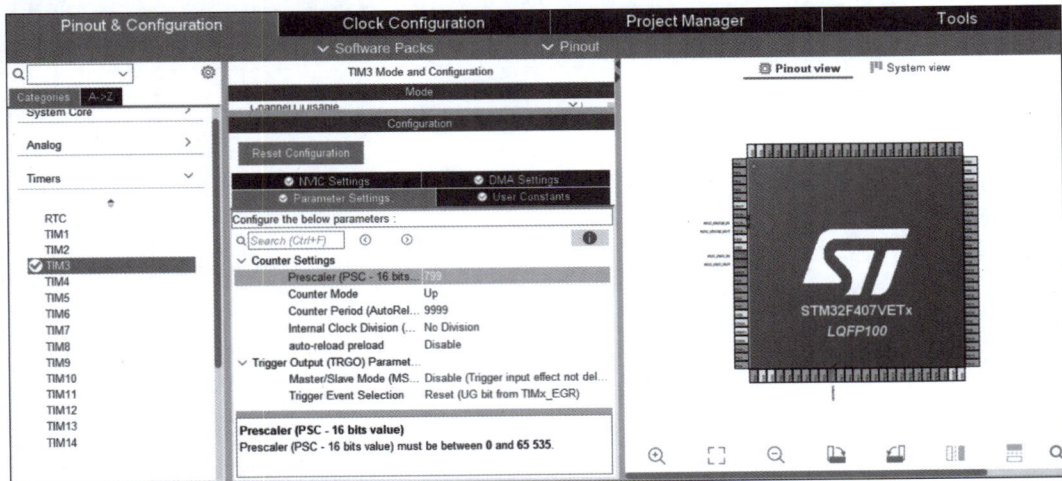

图 5-17　TIM3 Mode and Configuration

6）配置定时器中断

选择 System Core 中的 NVIC，开启 TIM3 定时器中断，抢占式优先级设置为 0，响应优先级设置为 0。NVIC Mode and Configuration 如图 5-18 所示。

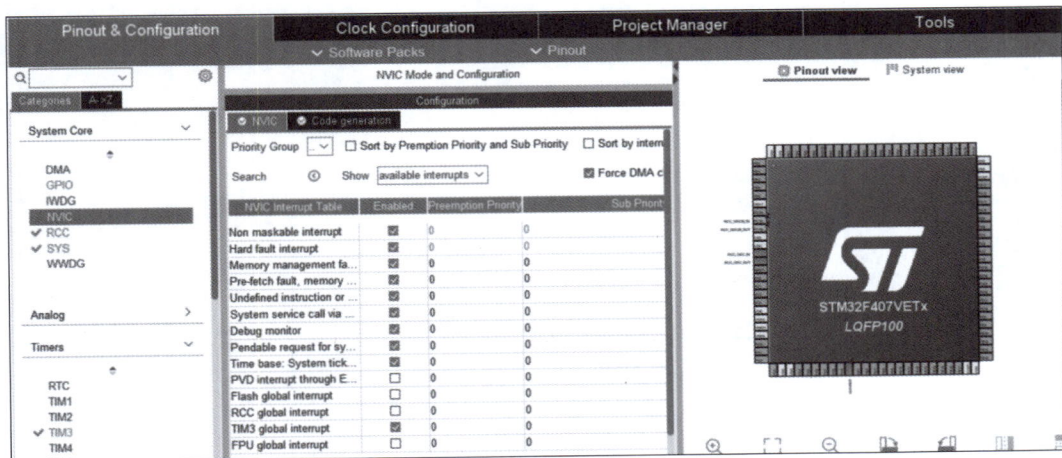

图 5-18　NVIC Mode and Configuration

7）工程管理

切换到 Project Manager 选项卡，单击左侧 Project 选项，填写 Project Name，选择 Toolchain/IDE 选项为 MDK-ARM，配置工程参数如图 5-19 所示。

单击左侧 Code Generator 选项卡，勾选相应选项，代码生成器配置如图 5-20 所示。

设置完毕后，单击 GENERATE CODE，生成系统源代码，单击 Open Project 打开自动创建的工程，进入 Keil MDK 程序界面。

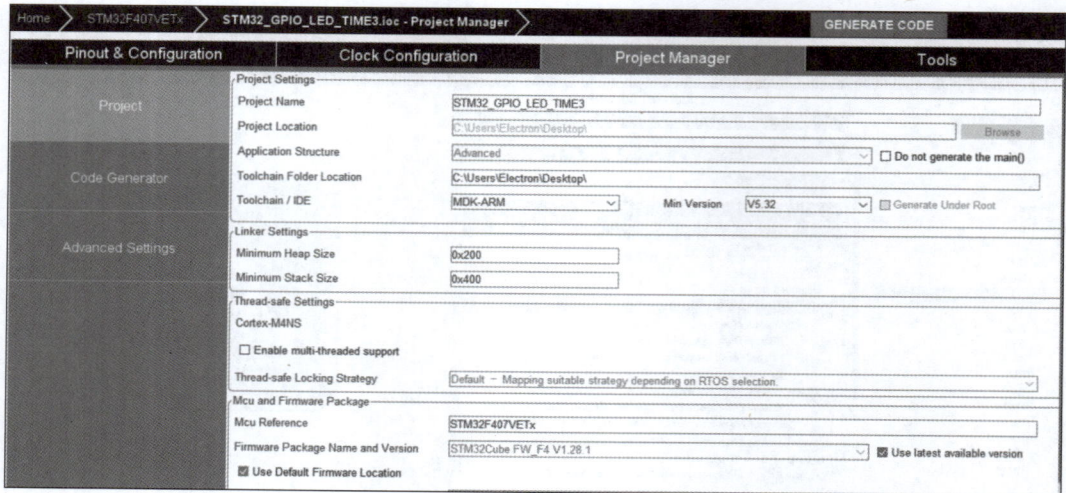

图 5-19　配置工程参数

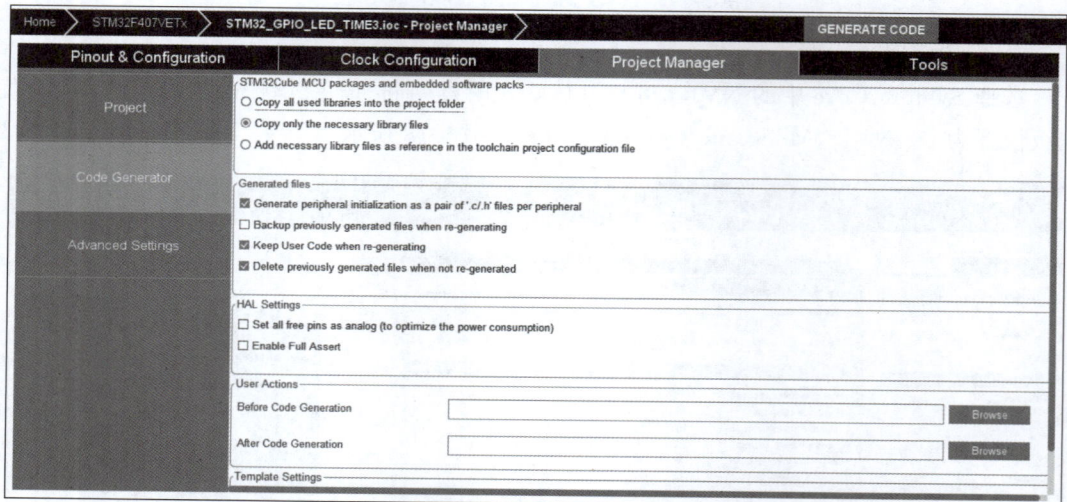

图 5-20　代码生成器配置

2. Keil MDK 程序

1）编写代码

双击打开 main.c 文件，在 main.c 文件中编写代码。

（1）将以下代码写在 /＊ USER CODE BEGIN 0 ＊/ 代码段中。

```
/* USER CODE BEGIN 0 */
void HAL_TIM_PeriodElapsedCallback(TIM_HandleTypeDef * htim)    //定时器中断回调函数
{
    HAL_GPIO_TogglePin(LED_RED_GPIO_Port,LED_RED_Pin);          //翻转 PB0 引脚电平
} / * USER CODE END 0 */
```

（2）在 main() 函数中，将以下代码写在 /＊ USER CODE BEGIN 2 ＊/ 代码段中。

```
/* USER CODE BEGIN 2 */
HAL_TIM_Base_Start_IT(&htim3);                  //开启 Tim3 定时,同时开启中断
/* USER CODE END 2 */
```

2）编译生成

单击工具栏 Rebuild 对程序进行编译链接，生成 .hex 文件，如图 5-21 所示。

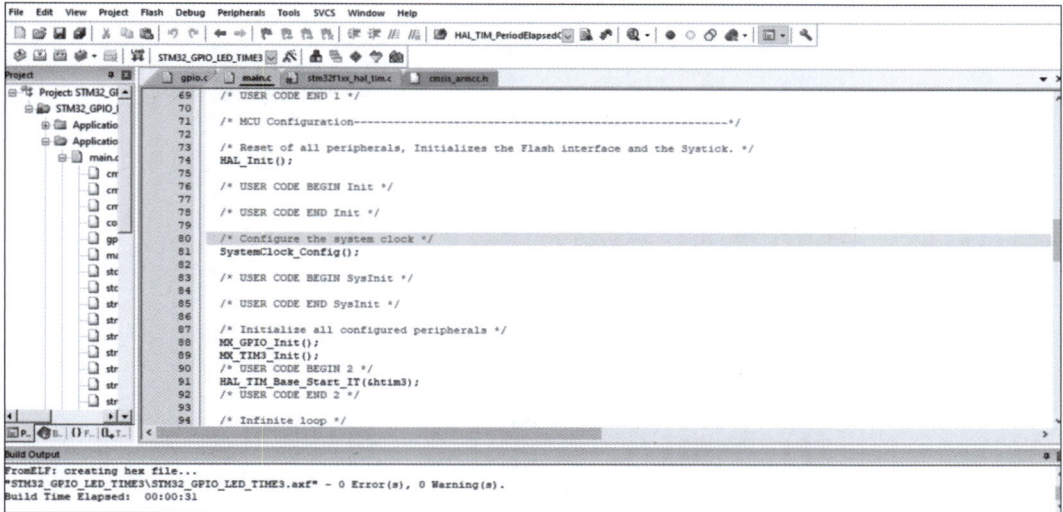

图 5-21　生成 .hex 文件

3. Proteus 仿真

打开 Proteus 软件，新建工程文件并绘制 Proteus 仿真电路图，Proteus 仿真电路如图 5-22 所示。

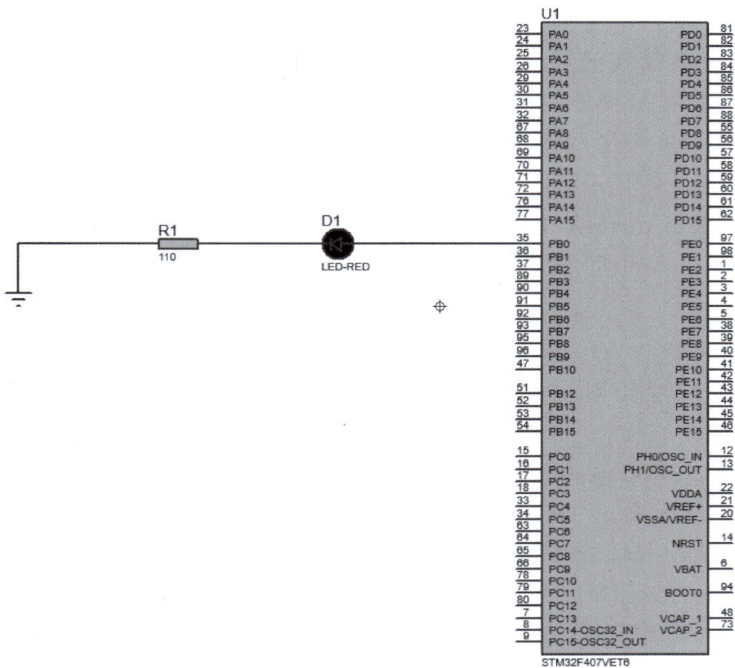

图 5-22　Proteus 仿真电路

双击 STM32F407VET6 元件打开元件编辑对话框，在 Program File 浏览框中选中已生成的.hex 文件。STM32F407VET6 元件编辑对话框如图 5-23 所示。

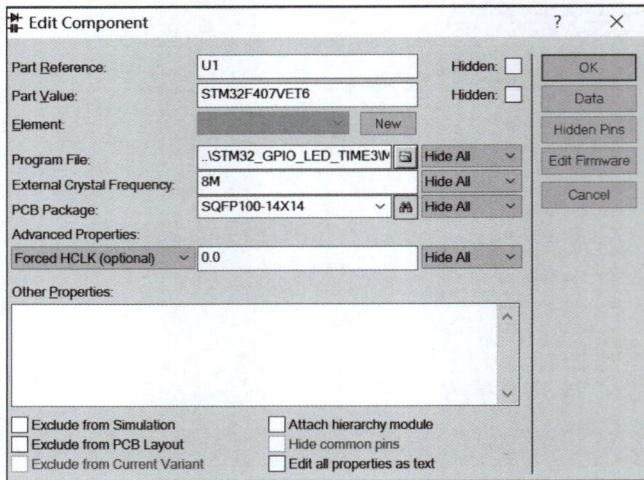

图 5-23　STM32F407VET6 元件编辑对话框

5.5.2　TIM1 PWM 输出实例

本节实例要求：利用 TIM1 的 Channel2 通道输出频率为 1Hz、占空比为 10% 的 PWM 波。TIM1 的 Channel2 通道对应 PE11 引脚，使用虚拟示波器观察 PE11 引脚的波形变化，分析 PWM 波形及其占空比。

1. STM32CubeMX 配置

1）创建 STM32CubeMX 工程

双击 STM32CubeMX 图标启动该软件，使用芯片 STM32F407VET6 创建一个新工程。

2）配置 STM32CubeMX 工程 SYS

选择 System Core 中的 SYS，选择 Debug 选项为 Disable，选择 Timebase Source 选项为 SysTick。

3）配置系统时钟

选择 System Core 中的 RCC，将 High Speed Clock(HSE)选项设置为 Crystal/Ceramic Resonator。

切换到 Clock Configutation 选项卡，选择 HSI，将 HCLK(MHz)设置为 16，按 Enter 键，自动完成时钟的配置。时钟配置如图 5-24 所示。

4）配置定时器 TIM1 的 Channel2

选择 Timers 中的 TIM1，选择 Clock Scource 选项为 Internal Clock，选择 Channel2 选项为 PWM Generation CH2，TIM1 Mode and Configuration 如图 5-25 所示。

根据需求得到频率为 1Hz、占空比为 10% 的 PWM 波，需设置 Prescaler、Counter Period、Pulse 共 3 个参数，PWM 参数配置如图 5-26 所示。

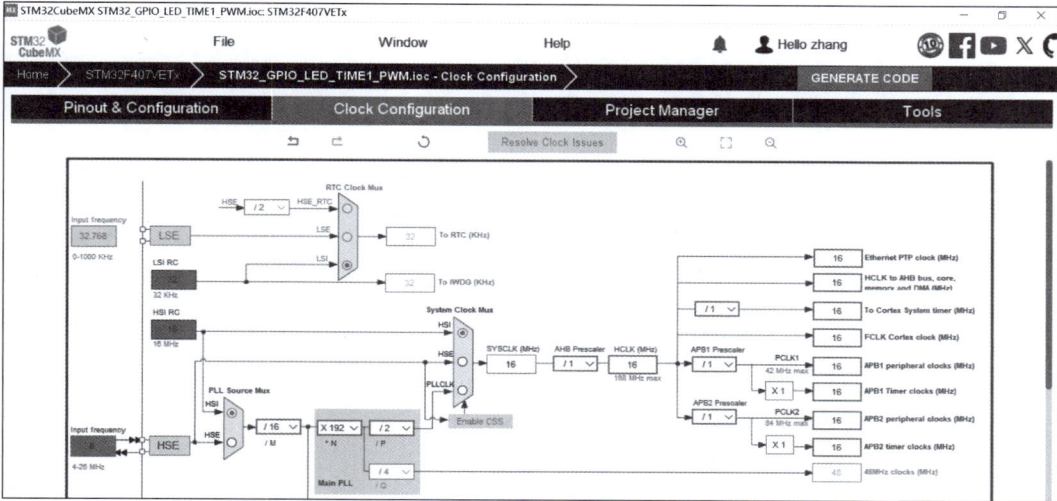

图 5-24　时钟配置

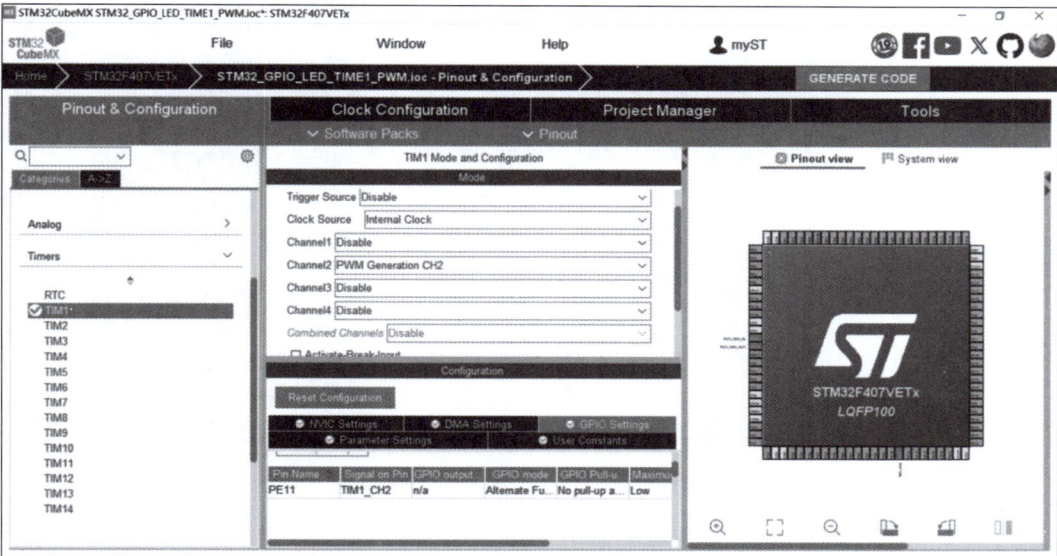

图 5-25　TIM1 Mode and Configuration

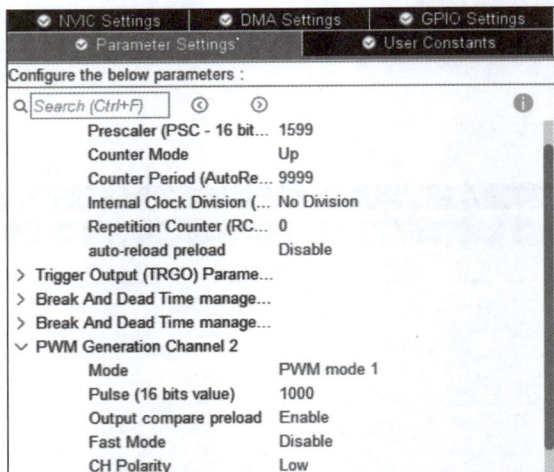

图 5-26　PWM 参数配置

5）配置定时器中断

选择 System Core 中的 NVIC，将中断优先级设为 0，NVIC Mode and Configuration 如图 5-27 所示。

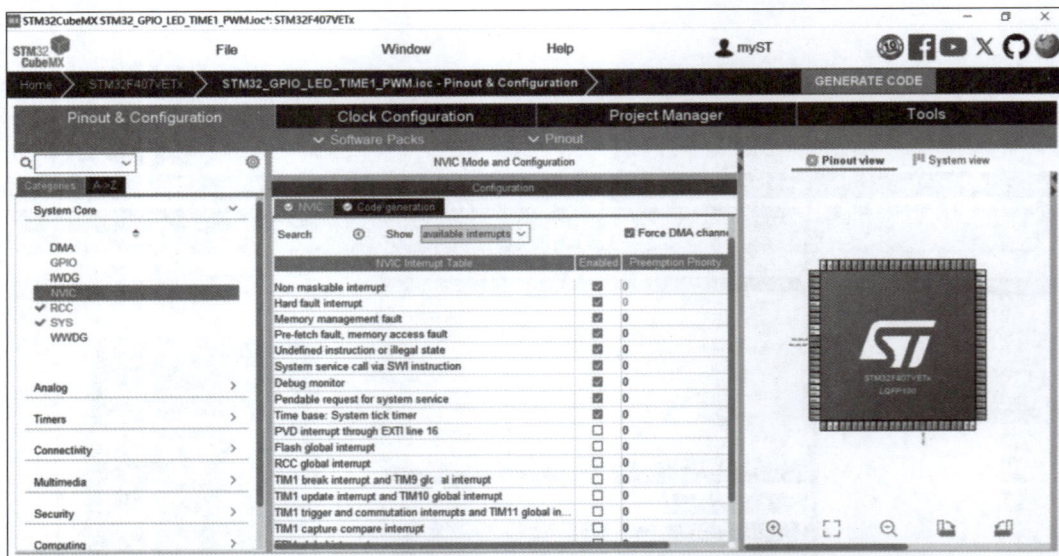

图 5-27　NVIC Mode and Configuration

6）工程管理

切换到 Project Manager 选项卡，单击左侧 Project 选项，填写 Project Name，选择 Toolchain/IDE 选项为 MDK-ARM，选择 Firmware Relative Path 路径，配置工程参数如图 5-28 所示。

单击左侧 Code Generator 选项卡，勾选相应选项，代码生成配置如图 5-29 所示。

设置完毕后，单击 GENERATE CODE，生成 Keil MDK 工程。

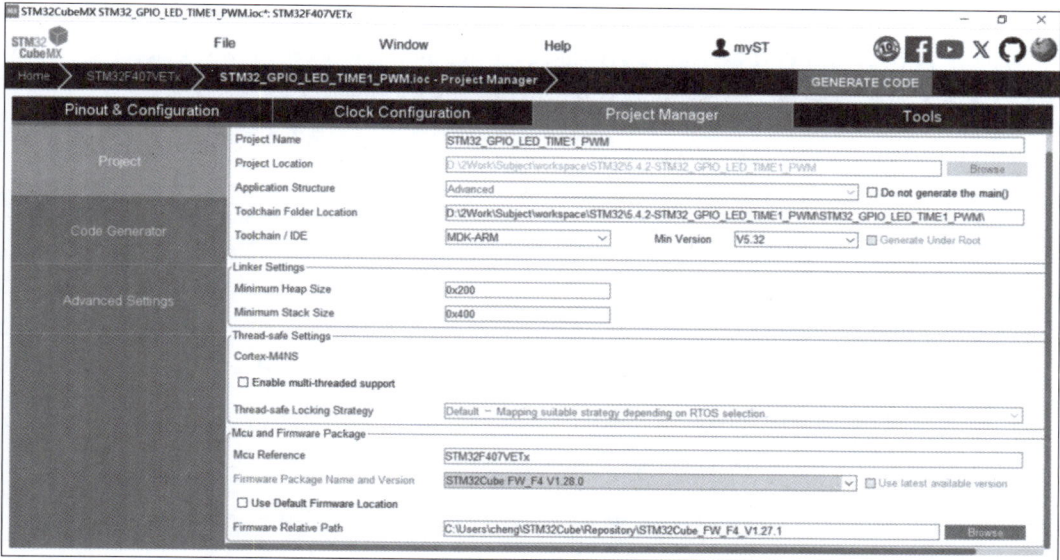

图 5-28　配置工程参数

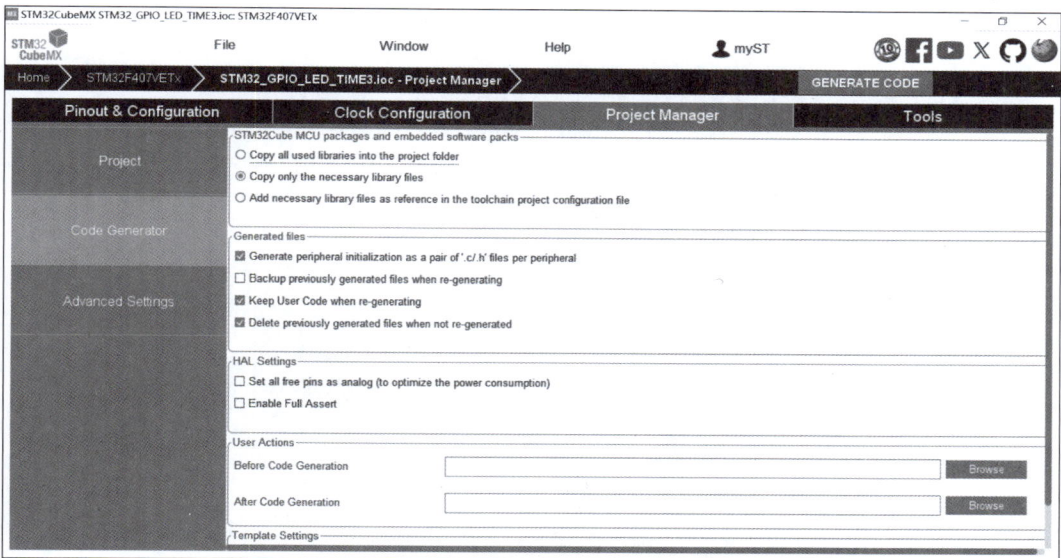

图 5-29　代码生成配置

2. Keil MDK 程序

1）编写代码

双击打开 main.c 文件，在 main.c 文件中编写代码，将以下代码写在/ * USER CODE BEGIN 2 * /代码段中。

```
/* USER CODE BEGIN 2 */
  HAL_TIM_PWM_Start(&htim1,TIM_CHANNEL_2);          //使能 TIM1 的 Channel2
/* USER CODE END 2 */
```

2）编译生成

单击工具栏 Rebuild 对程序进行编译链接，生成 .hex 文件，如图 5-30 所示。

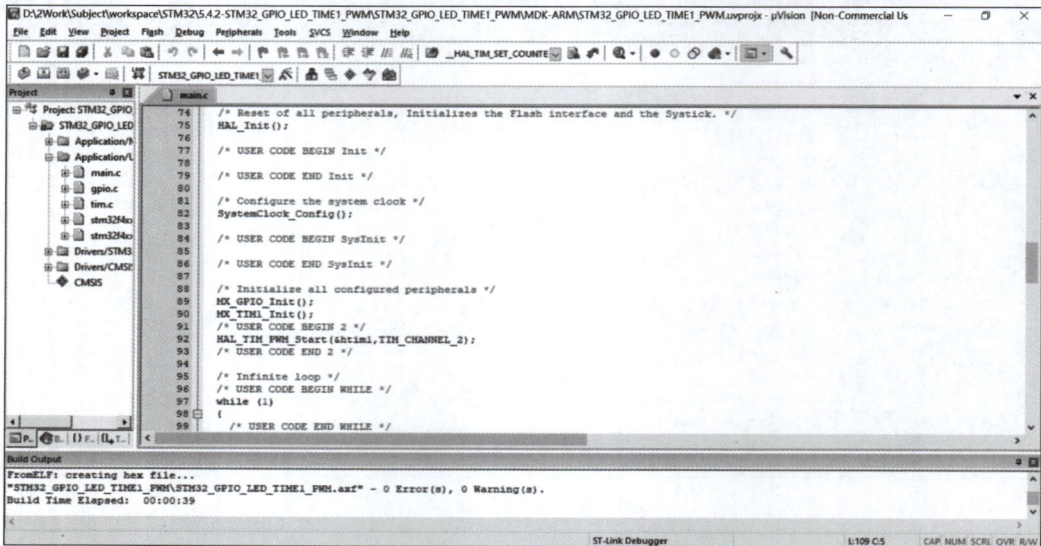

图 5-30　生成 .hex 文件

3. Proteus 仿真

打开 Proteus 软件，新建工程文件并绘制 Proteus 仿真电路图，Proteus 仿真电路如图 5-31 所示。

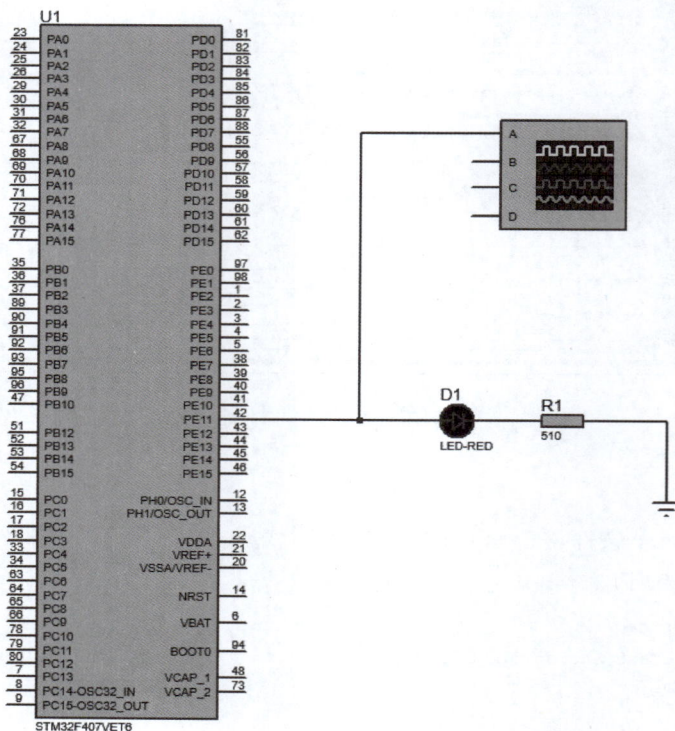

图 5-31　Proteus 仿真电路

双击 STM32F407VET6 元件打开元件编辑对话框,在 Program File 浏览框中选中已生成的.hex 文件。STM32F407VET6 元件编辑对话框如图 5-32 所示。

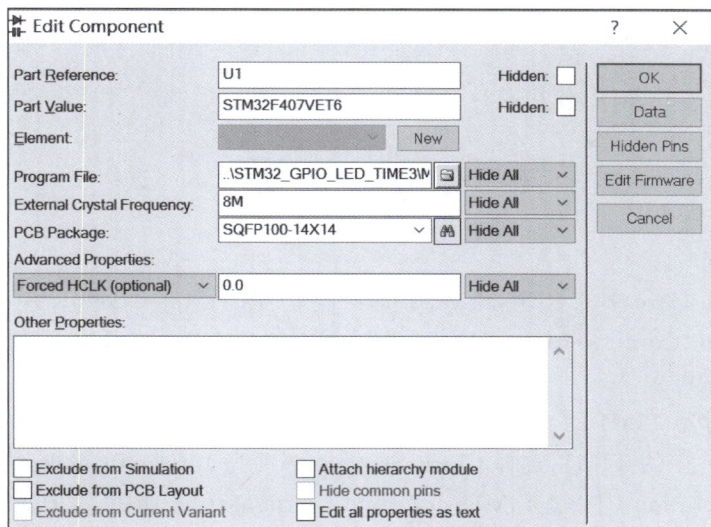

图 5-32　STM32F407VET6 元件编辑对话框

单击仿真运行按钮,观察 PE11 引脚对应的波形图,进而分析 PWM 波形的占空比。虚拟示波器显示波形图如图 5-33 所示。

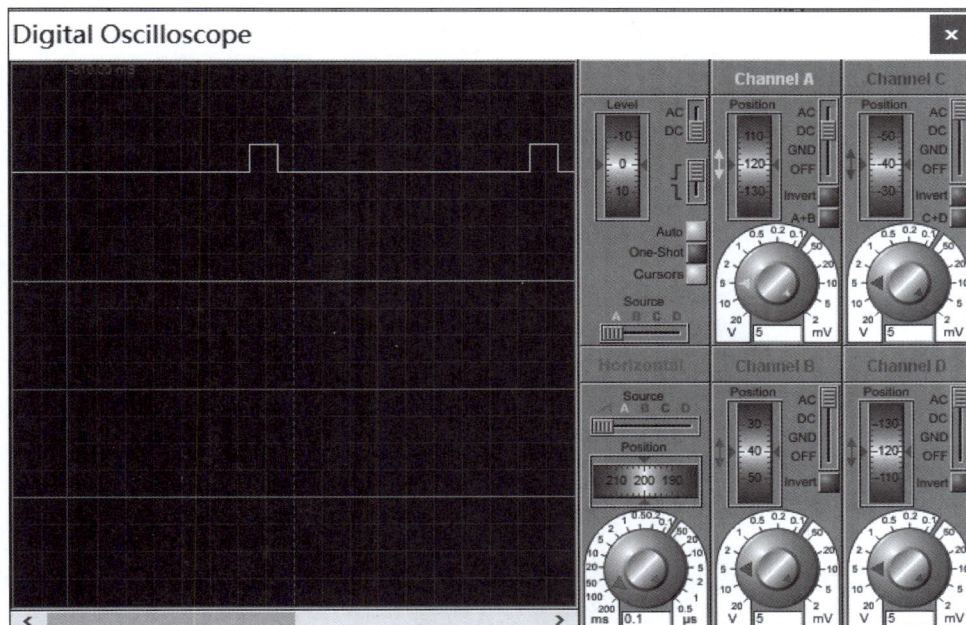

图 5-33　虚拟示波器显示波形图

5.5.3　TIM1 PWM 动态调整占空比实例

本节实例要求:利用 TIM1 的 Channel2 通道输出频率为 1Hz、占空比为 10% 的 PWM

视频讲解

波,并且在程序运行过程中动态修改 PWM 占空比。TIM1 的 Channel2 通道对应 PE11 引脚,使用虚拟示波器观察 PE11 引脚的波形变化,分析 PWM 波形及其占空比。

1. STM32CubeMX 配置

1) 创建 STM32CubeMX 工程

启动 STM32CubeMX,使用芯片 STM32F407VET6 创建新工程。

2) 配置 SYS

选择 System Core 中的 SYS,选择 Debug 选项为 Disable,选择 Timebase Source 选项为 SysTick。

3) 配置系统时钟

选择 System Core 中的 RCC,将 HSE 选项设置为 Crystal/Ceramic Resonator。

切换到 Clock Configuration 选项卡,选择 HSI,将 HCLK(MHz)设置为 16,按 Enter 键,自动完成时钟配置。

4) 配置定时器 TIM1 的 Channel2

选择 Timers 中的 TIM1,选择 Clock Scource 选项为 Internal Clock,选择 Channel2 选项为 PWM Generation CH2。TIM1 Mode and Configuration 如图 5-34 所示。

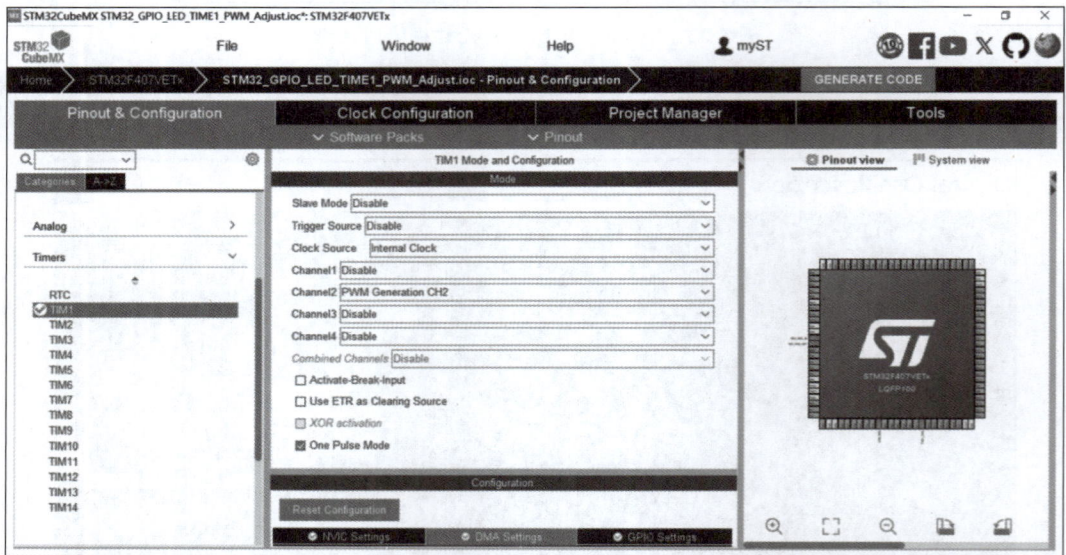

图 5-34 TIM1 Mode and Configuration

设置 Prescaler、Counter Period、PWM Configuration 参数,PWM 参数配置如图 5-35 所示。

5) 配置定时器中断

选择 System Core 中的 NVIC,将中断优先级设为 0。

6) 工程管理

切换到 Project Manager 选项卡,单击左侧 Project 选项,填写 Project Name,选择 Toolchain/IDE 选项为 MDK-ARM,选择 Firmware Relative Path 路径。

单击左侧 Code Generator 选项卡,勾选相应选项,代码生成配置如图 5-36 所示。

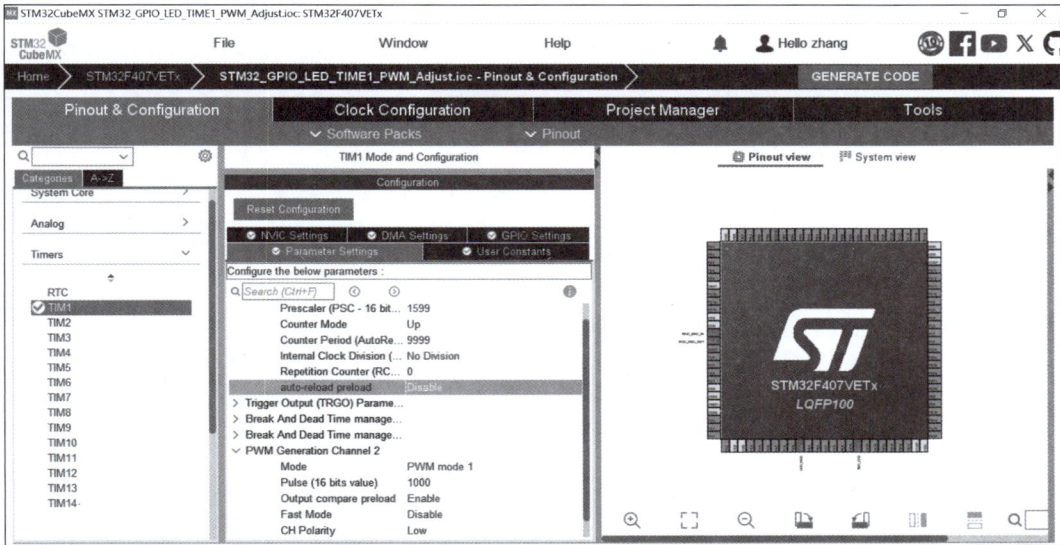

图 5-35　PWM 参数配置

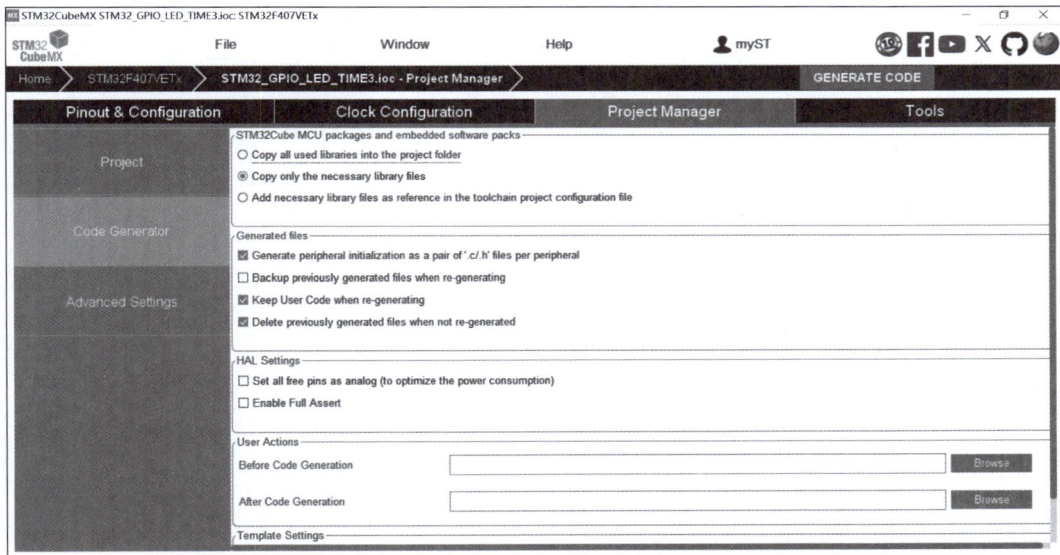

图 5-36　代码生成配置

设置完毕后,单击 GENERATE CODE,生成 Keil MDK 工程。

2. Keil MDK 程序

1) 编写代码

双击打开 main.c 文件,在 main.c 文件中编写代码。

将以下代码写在 /＊USER CODE BEGIN 0＊/代码段中,设置变量 pwmVal 并赋初始值 0,以便后续调用。

```
/＊USER CODE BEGIN 0＊/
    uint16_t pwmVal = 0;                          //PWM 占空比
```

```
/* USER CODE END 0 */
```

将以下代码写在/* USER CODE BEGIN 2 */代码段中,使能 TIM1 的 Channel2。

```
/* USER CODE BEGIN 2 */
HAL_TIM_PWM_Start(&htim1,TIM_CHANNEL_2);
/* USER CODE END 2 */
```

将以下代码写在 while(1)循环体中,不断变化 PWM 的占空比。

```
while (1)
{
while (pwmVal <= 10000)
 { pwmVal = pwmVal + 1000;
    __HAL_TIM_SetCompare(&htim1, TIM_CHANNEL_2, pwmVal);        //修改比较值,修改占空比
    HAL_Delay(1000);
 }
while (pwmVal)
{ pwmVal = pwmVal − 1000;
    __HAL_TIM_SetCompare(&htim1, TIM_CHANNEL_2, pwmVal);        //修改比较值,修改占空比
    HAL_Delay(1000);
 }
/* USER CODE END WHILE */
/* USER CODE BEGIN 3 */ }
```

2) 编译生成

单击工具栏 Rebuild 对程序进行编译链接,生成的.hex 文件如图 5-37 所示。

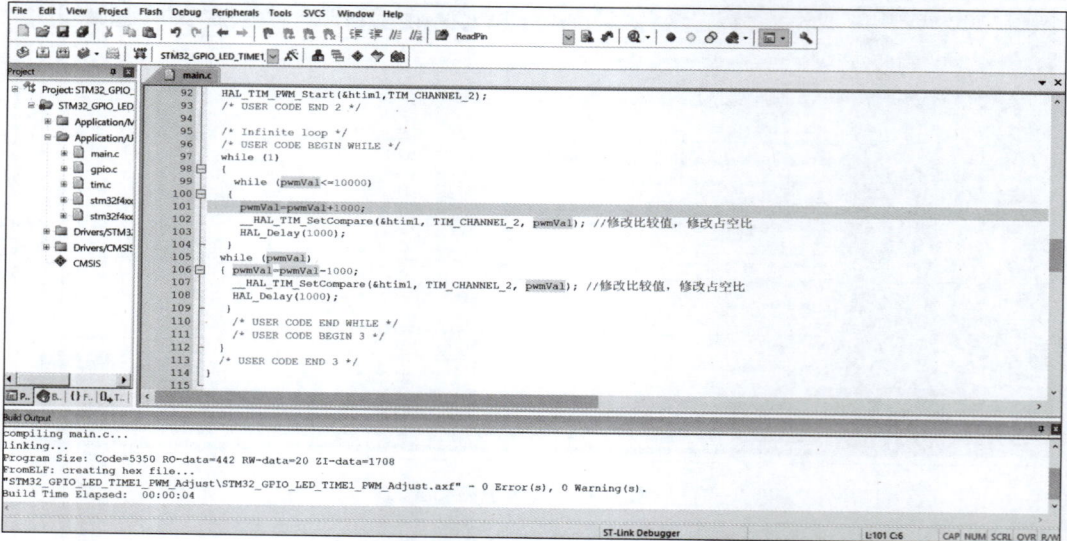

图 5-37　生成的.hex 文件

3. Proteus 仿真

打开 Proteus 软件,新建工程文件并绘制 Proteus 仿真电路图,Proteus 仿真电路如图 5-38 所示。

双击 STM32F407VET6 元件打开元件编辑对话框,在 Program File 浏览框中选中已生成的.hex 文件。STM32F407VET6 元件编辑对话框如图 5-39 所示。

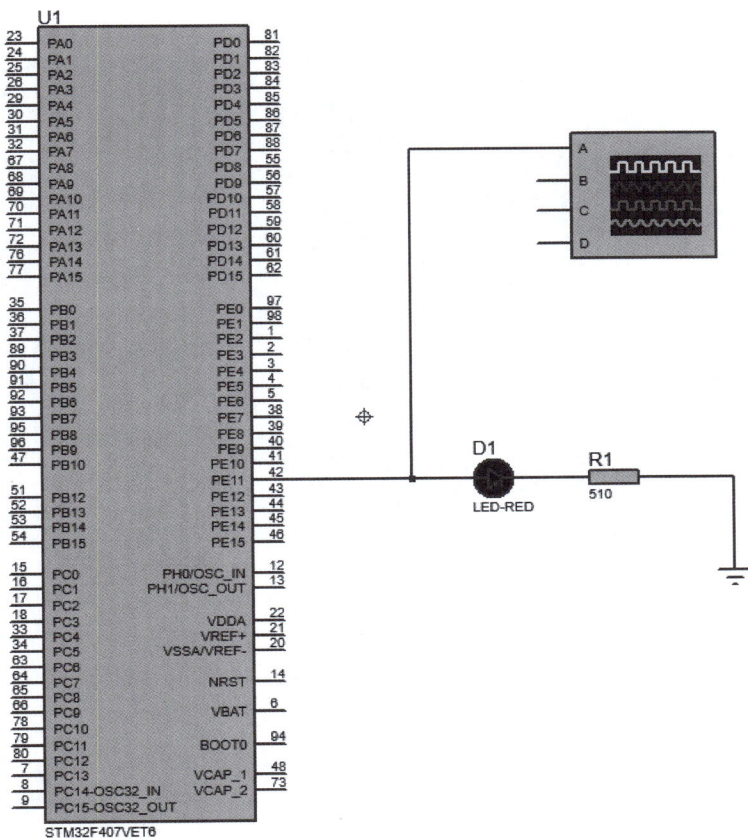

图 5-38　Proteus 仿真电路

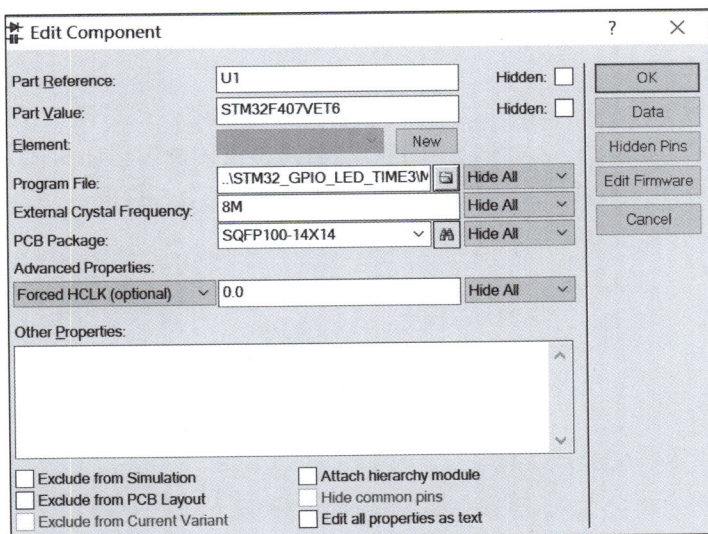

图 5-39　STM32F407VET6 元件编辑对话框

　　单击仿真运行按钮,观察 PE11 引脚的 PWM 波形变化,并分析其占空比的变化情况。虚拟示波器显示波形图如图 5-40 所示。

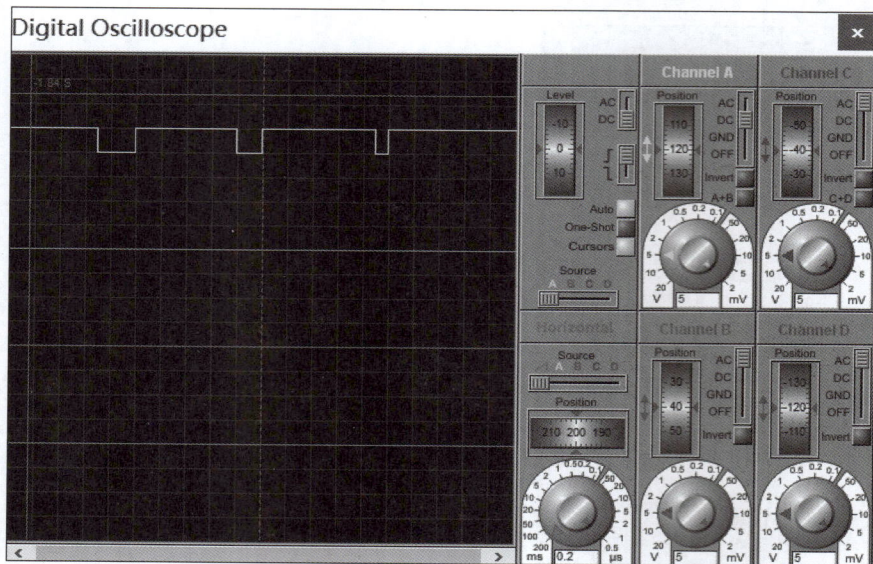

图 5-40 虚拟示波器显示波形图

【本章小结】

本章深入探讨了 STM32F407 微控制器的定时器功能。首先介绍了定时器的基本概念,有助于理解定时器的工作原理。随后,详细阐述了 STM32F407 定时器的基本定时器、通用定时器、高级定时器,以及 STM32F407 脉冲宽度调制,并介绍了 STM32F407 定时器 HAL 库函数,从而能够更好地深入理解如何编程实现定时器控制。最后,通过 3 个具体的仿真实例——TIM3 延时实例、TIM1PWM 输出实例、TIM1PWM 动态调整占空比实例,说明了如何综合应用 STM32CubeMX、Keil MDK、Proteus 实现定时器控制功能,这些实例不仅加深了对定时器编程的理解,同时有助于提高学生在实际项目中对定时器的应用能力。

【思政元素融入】

通过学习定时器精准控制,体会科技对工业、生活的革新力量,激发学生创新热情。同时,强调定时器在国防、医疗等关键领域的应用,增强学生的爱国情怀和社会责任感,鼓励学生将所学用于服务国家和社会,为科技进步贡献力量,实现个人价值与社会价值的统一。

第6章 串行通信

作为嵌入式系统中设备间数据交换的主要方式,串行通信以其高效、灵活的特性,在嵌入式系统应用中占有重要的地位。本章将深入剖析 STM32 串行通信的基本概念及其工作原理和例程实现,从串行通信工作原理逐步展开到 STM32F407 串行通信,并结合串行通信 HAL 库函数的学习,以 STM32F407VET6 为例介绍如何对串口进行编程开发,完成了 3 个串行通信实例。

知识目标:
◆ 阐述串行通信的基本概念,能够区分串行通信、并行通信,区分单工、半双工和全双工;
◆ 说明串口的波特率设置、结构、控制和工作方式;
◆ 阐述 STM32F407 的串行接口的内部结构;
◆ 说明串口实例开发流程。

能力目标:
◆ 运用 STM32CubeMX 软件配置串口工程;
◆ 运用 Keil MDK 软件编写程序,并进行分析;
◆ 运用 Proteus 软件搭建串口仿真电路;
◆ 设计基于串口的实例。

素质目标:
◆ 培养创新思维和实践能力;
◆ 增强学生的社会责任感和职业使命感。

6.1 串行通信概述

嵌入式系统中的串行通信是一种重要的数据传输方式,它允许嵌入式设备与外部设备(如传感器、显示器、计算机等)进行数据交换。串行通信简单便捷,大部分电子设备都支持该通信方式,在调试设备时也经常使用该通信方式输出调试信息。

目前无线移动通信中射频模块与基带模块通信,物联网中无线组网 LoRa/NB-IoT 模块与微控制器通信都是用的串行接口。STM32 系统微控制器也带有串行接口,其中 STM32F407 系列微控制器,带有多达 6 个串行接口。串行接口因为其可靠性高、稳健性好的特点,经常被作为软件开发的重要调试工具。串行协议提供了访问存储器等其他外部设备的功能,在外部设备比较丰富的情况下,串行接口作为有限资源,需要被合理规划和使用。

通用异步收发器或通用同步异步收发器能够与需要工业标准不归零（Non-Return-Zero，NRZ）异步串行数据格式的外部设备进行全双工数据交换。使用可编程波特率发生器，USART可以在较宽的波特率范围内运行。串行通信支持同步单向通信和半双工单线通信，以及多处理器通信，同时支持局部互连网络、智能卡协议、红外线数据接口 SIR ENDEC［串行红外（Serial Infra-Red，SIR），编码器/解码器（Encoder/Decoder，ENDEC）］规范和调制解调器操作，此外，还可与中断配合使用。

6.1.1　串行通信和并行通信

　　串行通信与并行通信是数字设备中两种基本的通信模式。并行通信指将数据同时传输多位，每位通过独立的通信线路进行传输，并行通信方式如图 6-1 所示。而串行通信则是将数据逐位地进行传输，通过单一的通信线路进行传输，串行通信方式如图 6-2 所示。相比而言，并行通信传输的成本较高，多用在实时、快速的近距离通信，而串行通信在硬件复杂性、成本及距离限制方面都有优势，且稳定性较高、抗干扰能力强。

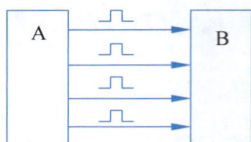

图 6-1　并行通信方式　　　　图 6-2　串行通信方式

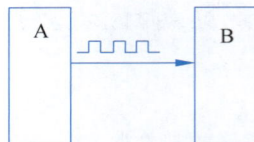

　　串行通信指计算机主机与外设之间、主机系统与主机系统之间数据的串行传送。串行通信使用一条数据线，将数据逐位地依次传输，每位数据占据一个固定的时间长度。因此在串行通信时，发送和接收的每个字符实际上都是一次一位地传送，每位为 1 或 0。串行通信特别适合远距离通信，因为串行通信数据线少，在远距离通信中可节约通信成本。

6.1.2　单工、半双工和全双工

　　按照信息在同一时间能否双向传输，数据通信可分为单工通信、半双工通信、全双工通信 3 种方式。

图 6-3　单工通信

　　单工通信指在同一时刻只允许沿一个方向传输信息。单工通信双方，每一端仅具备发送或者接收装置，如图 6-3 所示。

　　半双工通信，指数据可以沿两个方向传输，但同一时刻一个通道只允许单方向传输，若要改变传输方向，需要开关进行切换。半双工通信双方每一端也都具备发送和接收装置，但是传输通道需要共享，如图 6-4 所示。

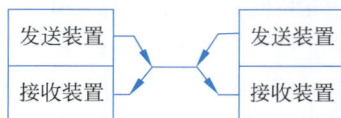

　　全双工通信指在通信的任意时刻，数据可以同时在两个方向上传输，即通信的双方可以同时发送和接收数据。全双工通信双方每一端都具备发送和接收装置，用于控制数据同时在两个方向上传输。这种方式需要两根数据线传输数据信号，如图 6-5 所示。

图 6-4　半双工通信　　　　图 6-5　全双工通信

6.1.3 波特率

波特率,通常表示为"Baud Rate",是衡量串行通信中数据传输速率的重要参数。在信息传输通道中,携带数据信息的信号单元称为码元,单位时间内通过信道传输的码元数目称为码元传输速率,即波特率。一位码元可以含有一定比特的信息量。波特率等于每秒传输的信息量,如果数据不压缩,也就等于每秒传输的二进制数据位。波特率的单位是波特(Baud),通常也用"bps"来表示,即"位/秒"(bits per second)。波特率既指在串行通信中数据传输的速度,也指数据信号对载波的调制速率。在嵌入式系统的串口异步通信中,由于没有专门的时钟信号线来同步发送和接收设备,因此必须事先约定好数据传输的速率,即波特率。常用的波特率包括 4800bps、9600bps、115 200bps 等。波特率的选择对嵌入式系统的性能有着直接的影响,过高的波特率可能导致信号在传输过程中发生畸变或衰减,增加误码率,而过低的波特率则会降低数据传输的效率。因此,在实际应用中,需要根据具体的硬件设备和通信需求来选择合适的波特率。信号传输速率与波特率如图 6-6 所示。其中,信源指信号的发出端,也就是信息的来源或产生地,是通信系统中最重要的组成部分之一,负责将信息转换为适合传输的信号,并将其发送到信道中。信宿指信号的接收端,也就是信息的接收者或目的地,是信息动态运行一个周期的最终环节,负责接收并处理从信道传来的信号。在通信系统中,信源和信宿通过信道互相收发信息。

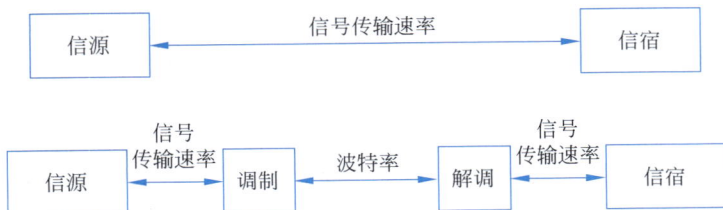

图 6-6 信号传输速率与波特率

6.1.4 同步通信和异步通信

在串行通信中,存在两种不同的传输方式,分别是同步通信和异步通信。

同步通信指在约定的通信速率下,发送端和接收端的时钟信号频率和相位始终保持一致,从而确保双方在发送和接收数据时具有完全一致的定时关系。同步通信的发送端和接收端使用共同的时钟信号来协调数据的发送和接收。

异步通信指通信双方以一个字符(包括特定附加位)作为数据传输单位,且发送方传送字符的间隔时间不固定。异步通信不要求时钟同步,相邻字符之间的时间间隔任意,每个字符的传输都包含起始位、数据位和停止位,用于实现字符之间的同步。

同步通信和异步通信的主要区别在于收发双方的时钟是否是同一个,整个系统由一个统一的时钟控制收发信息,是同步通信;收发双方分别用各自的时钟控制收发,是异步通信。

同步通信是采用一个同步时钟,通过一条同步时钟线,加到收发双方,使收发双方达到完全同步,此时传输数据的位之间的距离均为"位间隔"的整数倍,同时传送的字符间不留间隙,即保持位同步关系。同步通信如图 6-7 所示。

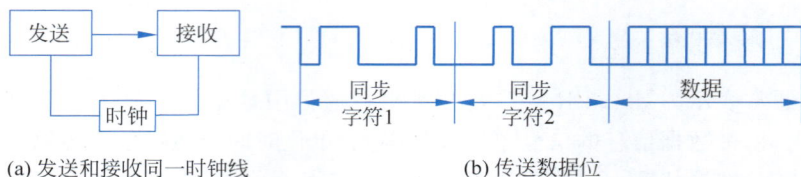

(a) 发送和接收同一时钟线　　　　　　　　(b) 传送数据位

图 6-7　同步通信

异步通信收发双方使用各自的时钟控制数据的发送和接收,这样可以省去连接收发双方的一条同步时钟信号线,使得异步通信更加简单且容易实现。异步通信如图 6-8 所示。

(a) 发送和接收不同时钟线　　　　　　　　(b) 典型的数据帧格式

图 6-8　异步通信

同步通信是一种连续串行传送数据的通信方式,每次通信仅传送一帧信息。同步通信需要带时钟信号传输,如 SPI、I^2C 总线。异步通信是一种不带时钟同步信号的通信方式,如 UART、单总线等。异步通信在发送字符时,所发送的字符之间的时间间隔可以是任意的。接收端必须时刻做好接收的准备,发送端可以在任意时刻发送字符,因此必须在每个字符的开始和结束的地方加上标志,即加上起始位和停止位,以便使接收端能够正确地将每个字符接收下来。相比异步通信,同步通信在数据块传输时去掉了字符开始和结束的标志,因此其速度高于异步通信,但同步通信对硬件的结构要求比较高。

6.1.5　串口引脚连接

两个微控制器串口之间的连接要求如下,发送引脚(TxD)和接收引脚(RxD)需要交叉连接,同时两个芯片 GND 连接。交叉连接指微控制器 A 的 RxD 连接微控制器 B 的 TxD,微控制器 B 的 RxD 连接微控制器 A 的 TxD。串口引脚连接如图 6-9 所示。

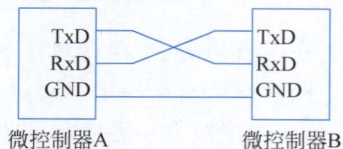

图 6-9　串口引脚连接

在串行通信中,微控制器(如 STM32 等)通常发出的数据电平采用的是晶体管-晶体管逻辑(Transistor-Transistor Logic,TTL)电平标准。TTL 电平标准是一种电气特性标准,用于确定逻辑电平的高低阈值。在 TTL 电平中,逻辑"1"电平被定义为高电平,其电压通常为 2.4~5V;逻辑"0"电平被定义为低电平,通常为 0~0.8V。TTL 电平标准简单、成本低,且能直接与集成电路连接,因此被广泛应用于微控制器和其他数字电路之间的信号传输。

计算机串口常用的是标准 RS-232 电平。RS-232 电平是出现比较早且应用较为广泛的接口电平标准,有 25 条信号线,但常用的为 9 条信号线,通常采用 DB9 连接器。在多数工业控制和一般应用中,RS-232 接口通常只使用 3 条关键线:接收数据线用于接收来自另一设备的数据;发送数据线用于向另一设备发送数据;信号地线为信号提供公共参考电平,确保信号的正确传输。RS-232 的电平标准中,逻辑"1"的电平为 $-15\sim-3$V(典型值为 -12V);逻辑"0"的电平为 $3\sim15$V(典型值为 12V)。这些电平值确保了信号在传输过程中具有足够的抗干扰能力,从而能够在较长的距离上稳定传输。

因而,微控制器与计算机进行串行通信时需要使用电平转换芯片,如 MAX232。电平转换芯片可以将标准 RS-232 的电平信号转换成微控制器的 TTL 电平信号。TTL 电平标准与 RS-232 电平标准如表 6-1 所示。

表 6-1 TTL 电平标准与 RS-232 电平标准

电 平 标 准	电平标准范围
RS-232	逻辑 0:$3\sim15$V 逻辑 1:$-15\sim-3$V
TTL	逻辑 0:$0\sim0.8$V 逻辑 1:$2.4\sim5$V

6.2 STM32F407 串行通信

STM32F407 的串行通信接口包括 4 个 USART 接口和 2 个 UART 接口。

USART 不仅可以进行异步通信,还可以配置为同步通信模式,以适应不同的应用场景。USART 具有如下特点:高速数据传输;可编程数据字长度,支持 8bit 和 9bit;可配置的停止位,支持 1 个或 2 个停止位;强大的错误检测功能,包括帧错误、数据溢出、校验错误等。通过配置多个缓冲区使用直接存储器访问可实现高速数据通信。USART 接口在 STM32F407 中广泛应用于与外设、其他微控制器或计算机进行串行通信。

UART 是一种用于异步通信的接口,通过单根数据线(加上地线)进行数据传输,以字符为单位进行发送和接收。UART 工作在异步通信模式,无须时钟信号进行数据同步;占用引脚资源少,易于实现;支持多种波特率、数据位、停止位和校验位配置。

6.2.1 STM32F407 USART

STM32F407 内嵌 4 个通用同步异步收发器(USART1、USART2、USART3 和 USART6)以及 2 个通用异步收发器(UART4 和 UART5)。USART1 和 USART6 位于 APB2 上,最高传输速率为 4.5Mbps。USART2、USART3、UART4、UART5 位于 APB1 上,最高传输速率为 2.25Mbps。USART1、USART2、USART3 和 USART6 支持同步通信和异步通信,UART4 和 UART5 只支持异步通信。STM32F407 中各收发器的功能如表 6-2 所示。

表 6-2 STM32F407 中各收发器的功能

功 能	USART1	USART2	USART3	UART4	UART5	USART6
异步通信	√	√	√	√	√	√
硬件流控制	√	√	√	√	√	√
多缓存通信	√	√	√	√	√	√
多处理器通信	√	√	√	√	√	√
同步通信	√	√	√	×	×	√

续表

功　　能	USART1	USART2	USART3	UART4	UART5	USART6
智能卡	√	√	√	×	×	√
半双工(单线模式)	√	√	√	√	√	√
红外接口	√	√	√	√	√	√
局部互联网络	√	√	√	√	√	√

在 STM32F407 中，USART 支持全功能可编程串行接口，波特率发生器可编程，可调范围广，支持硬件流控。每个 USART 都可以独立产生发送中断和接收中断；每个 USART 都有独立的 DMA 发送和接收通道，因此所有的 USART 可在同一时间使用 DMA 进行数据传输。USART 支持同步通信模式，USART 工作在主模式时可以对外输出时钟。6 个串行接口都支持红外数据通信编码和解码，支持智能卡通信，支持单线半双工通信。

STM32F4 微控制器中的 USART 数据传输方式分为轮询方式和中断方式，具体如下。

(1) 轮询方式。程序使用轮询方式来检测收发过程中 USART 各个寄存器的状态位，然后完成相应的动作，优点是程序简单，但程序执行效率低。

(2) 中断方式。利用中断来处理传输过程中发生的事件，USART 在中断服务程序中检查当前 USART 所处的状态(如接收模式或发送模式)，然后完成相应的动作，优点是程序执行效率高。

6.2.2　STM32F407 USART 功能

按串行通信功能划分，可以分为数据处理、收发控制和波特率控制。

1. 数据处理

数据从 RxD 引脚进入接收移位寄存器，然后进入接收数据寄存器，由 CPU 或 DMA 进行读取；数据从 CPU 或 DMA 传递过来，进入发送数据寄存器，然后进入发送移位寄存器，最终通过 TxD 引脚发送出去。USART 支持 DMA 传输，可以实现高速数据传输。USART 功能如图 6-10 所示。

USART 相关的功能引脚如表 6-3 所示。

表 6-3　USART 相关的功能引脚

引　　脚	功　能　简　介
TxD	发送引脚
RxD	接收引脚
SW_Rx	智能卡数据接收引脚，是一个内部引脚，通常不直接连接到外部设备
nRTS	请求以发送(Request To Send，RTS)，n 表示低电平有效。如果使能 RTS 流控制，当 USART 接收器准备好接收新数据时就会将 nRTS 变成低电平；当接收寄存器已满时，nRTS 将被设置为高电平。该引脚只适用于硬件流控制
nCTS	清除以发送(Clear To Send，CTS)，n 表示低电平有效。如果使能 CTS 流控制，发送器在发送下一帧数据之前会检测 nCTS 引脚，如果为低电平，表示可以发送数据；如果为高电平则在发送完当前数据帧之后停止发送。该引脚只适用于硬件流控制
SCLK	发送器时钟输出引脚。这个引脚仅适用于同步通信

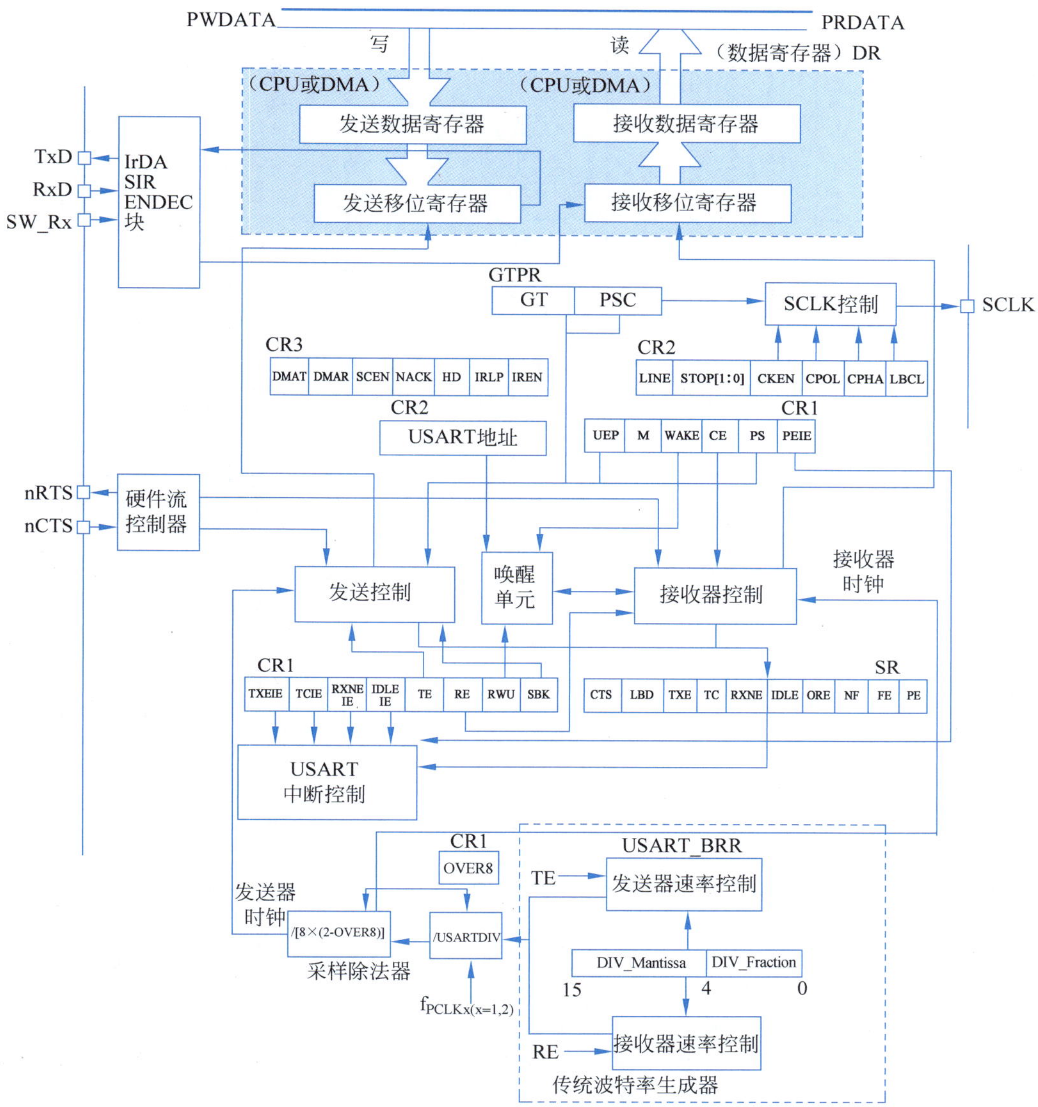

图 6-10 USART 功能

STM32F407 常用 USART 寄存器如表 6-4 所示。

表 6-4 STM32F407 常用 USART 寄存器

寄存器名称	功 能 描 述
状态寄存器 USART_SR	存放串行通信状态和错误信息
数据寄存器 USART_DR	存放接收数据或需要发送的数据,取决于执行的操作是读取操作还是写入操作
波特率寄存器 USART_BRR	设置通信波特率
USART 控制寄存器 1 USART_CR1	主要用于配置串行通信的基本参数和功能
USART 控制寄存器 2 USART_CR2	主要用于配置串行通信的停止位、地址检测等功能
USART 控制寄存器 3 USART_CR3	主要用于配置串行通信的流控制、DMA 使能等功能
保护时间和预分频器寄存器 USART_GTPR	位[15:8]用于智能卡模式提供保护时间值,位[7:0]用于设置预分频值

USART 寄存器映射和复位值如表6-5 所示。

表6-5　USART 寄存器映射和复位值

偏移	寄存器	31	30	29	28	27	26	25	24	23	22	21	20	19	18	17	16	15	14	13	12	11	10	9	8	7	6	5	4	3	2	1	0
0x00	USART_SR	Reserved																						CTS	LBD	TXE	TC	RXNE	IDLE	ORE	NF	FE	PE
	Reset value																							0	0	1	1	0	0	0	0	0	0
0x04	USART_DR	Reserved																							DR[8:0]								
	Reset value																								0	0	0	0	0	0	0	0	0
0x08	USART_BRR	Reserved																DIV_Mantissa[15:4]												DIV_Fraction[3:0]			
	Reset value																	0	0	0	0	0	0	0	0	0	0	0	0	0	0	0	0
0x0C	USART_CR1	Reserved																OVER8	Reserved	UE	M	WAKE	PCE	PS	PEIE	TXEIE	TCIE	RXNEIE	IDLEIE	TE	RE	RWU	SBK
	Reset value																	0	0	0	0	0	0	0	0	0	0	0	0	0	0	0	0
0x10	USART_CR2	Reserved																	LINEN	STOP[1:0]		CLKEN	CPOL	CPHA	LBCL	Reserved	LBDIE	LBDL	Reserved	ADD[3:0]			
	Reset value																		0	0	0	0	0	0	0	0	0	0	0	0	0	0	0
0x14	USART_CR3	Reserved																				ONEBIT	CTSIE	CTSE	RTSE	DMAT	DMAR	SCEN	NACK	HDSEL	IRLP	IREN	EIE
	Reset value																					0	0	0	0	0	0	0	0	0	0	0	0
0x18	USART_GTPR	Reserved																GT[7:0]								PSC[7:0]							
	Reset value																	0	0	0	0	0	0	0	0	0	0	0	0	0	0	0	0

USART 数据寄存器(USART_DR)只有低 9 位有效,并且位 9 数据是否有效取决于 USART 控制寄存器 1(USART_CR1)的位 12 M 的设置,M 位为 0 表示 8 位数据字长,M 位为 1 表示 9 位数据字长,一般使用 8 位数据字长。

2. 收发控制

USART 有专门控制发送的发送器、控制接收的接收器、中断控制等。使用 USART 之前需要将 USART_CR1 寄存器的位 13 UE 置 1 使能 USART。发送或接收数据字长可选 8 位或 9 位,由 USART_CR1 的位 12 M 控制。

1) 发送控制

当 USART_CR1 寄存器的发送使能位 3 TE 置 1 时,启动数据发送,发送移位寄存器的数据会在 TxD 引脚输出,如果是同步通信模式 SCLK 也输出时钟信号。一个字符帧发送需要 3 部分:起始位、数据帧、停止位。起始位是一个位周期的低电平,位周期是每位占用的时间;数据帧是要发送的 8 位或 9 位数据,数据是从最低位开始传输的;停止位是一定时间周期的高电平。

2) 接收控制

将 USART_CR1 寄存器的位 2 RE 置 1,使能 USART 接收,使得接收器在 RxD 线开始搜索起始位。在确定起始位后就根据 RxD 线电平状态把数据存放在接收移位寄存器内。接收完成后就把接收移位寄存器数据移到接收数据寄存器内,并把 USART_SR 寄存器的位 5 RXNE 位置 1。如果 USART_CR1 寄存器的位 5 RXNEIE 置 1,则可以产生中断。

3) 过采样设置

为了降低噪声对数据正确性的影响,STM32F407 采用了过采样模式,通过配置 USART_CR1 寄存器的位 15 OVER8 来选择过采样模式,OVER8 为 0 时为 16 倍过采样速率,OVER8 为 1 时为 8 倍过采样速率。

过采样信号总是位于每个接收位的中间位置,以避免数据位两端的边沿失真,同时也可以防止接收时钟频率和发送时钟频率不完全同步引起的误差。例如:8 倍过采样使用第 4~6 个脉冲的取样值,并遵从三中取二的原则确定最终值,8 倍过采样如图 6-11 所示;16 倍过采样使用第 8~10 个脉冲的取样值,并遵从三中取二的原则确定最终值,16 倍过采样如图 6-12 所示。

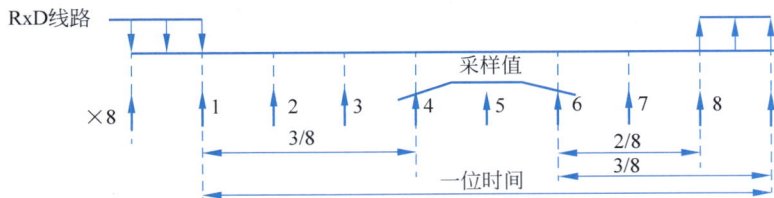

图 6-11　8 倍过采样

选择 8 倍过采样(OVER8=1)可以获得更快的通信速度(最高为 PCLK/8),但这种情况下接收器对时钟偏差的最大容差将会降低;选择 16 倍过采样(OVER8=0)时,最大传输速度为 PCLK/16,比 8 倍过采样慢,但可以增加接收器对时钟偏差的容差。

仅当总的时钟系统偏差小于 USART 接收器的容差时,USART 接收器才能正常工作。

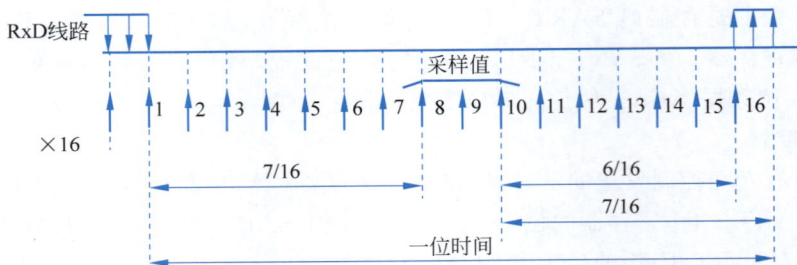

图 6-12　16 倍过采样

3. 波特率控制

对于 USART 通信来说,通信双方接收器和发送器的波特率设置应该相同。在 STM32F407 中 USART 波特率的计算公式如式(6-1)所示。

$$\text{Baud Rate} = \frac{f_{\text{PCLK}}}{8 \times (2 - \text{OVER8}) \times \text{USARTDIV}} \tag{6-1}$$

其中,f_{PCLK} 表示 USART 的时钟频率,APB1 上的 USART 模块频率最高为 42MHz,APB2 上的 USART 模块频率最高为 84MHz。OVER8 为采样系数,可以选择 1 或 0。 USARTDIV 是分频值,配置在 USART_BRR 寄存器中,由 DIV_Mantissa[15:4](整数部分)和 DIV_Fraction[3:0](小数部分)组成,计算公式如式(6-2)所示。

$$\text{USARTDIV} = \text{DIV\_Mantissa} + \text{DIV\_Fraction}/(8 \times (2 - \text{OVER8})) \tag{6-2}$$

USART 配置示例:将 STM32F407 中的 USART2 的波特率设置为 115 200bps。

计算过程如下。

由于 USART2 挂在 APB1 上,且时钟速率为 42MHz,因此当 OVER8 取 0 时,带入式(6-1)可得:

$$115\,200 = \frac{42\,000\,000}{8 \times (2 - 0) \times \text{USARTDIV}}$$

计算得到 USARTDIV 值约为 22.7864。由式(6-2)可知,整数部分为 22,则 DIV_Mantissa 为 0x16;小数部分 0.7864=DIV_Fraction/16,计算得到 DIV_Fraction=0.7864× 16=12.5824,取整为 13,则 DIV_Fraction 值为 0xD,因此设置 USART_BRR 值为 0x160D。 由于取值存在误差,将 DIV_Mantissa 和 DIV_Fraction 取值带入式(6-2),并由式(6-1)可得 实际波特率约为 115 068bps,因此实际波特率和理论波特率存在大约 0.11% 的误差。

6.2.3　STM32F407 UART 参数

STM32F407 UART 需要定义的参数包括:起始位、数据位(8 位或者 9 位)、奇偶校验 位(第 9 位)、停止位(1 位,1.5 位,2 位)、波特率设置。

UART 串行通信的数据包以帧为单位,常用的帧结构为:1 位起始位、1 位停止位、8 位 数据位、1 位奇偶校验位。字长设置如图 6-13 所示。

奇偶校验位分为奇校验和偶校验两种,是一种较为简单的数据误码校验方法。奇校验 (Odd)指每帧数据中,包括数据位和奇偶校验位的全部 9 位中"1"的个数必须为奇数;偶校验 (Even)指每帧数据中,包括数据位和奇偶校验位的全部 9 位中"1"的个数必须为偶数。校验方 法除了奇校验、偶校验之外,还可以有 0 校验(Space)、1 校验(Mark)以及无校验(Noparity)。

视频讲解

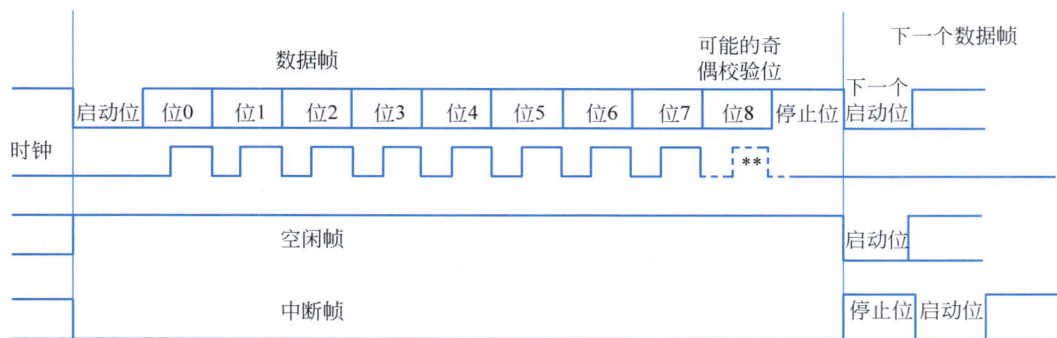

(a) 9位字长（M位置1），1个停止位

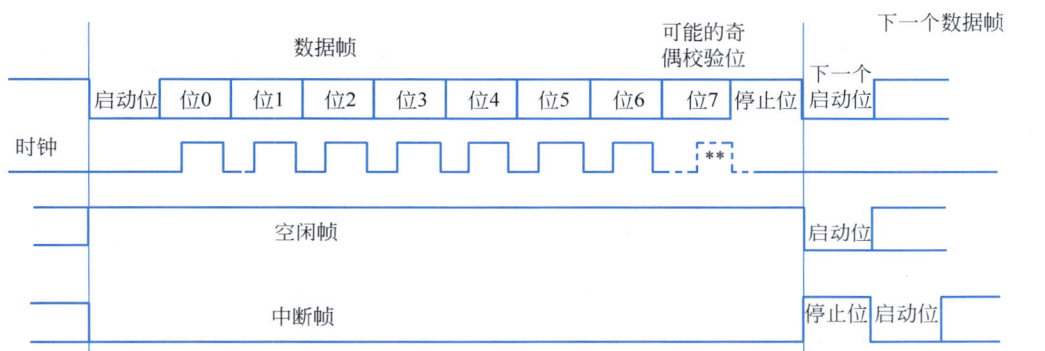

(b) 8位字长（M位复位），1个停止位

图 6-13　字长设置

　　串行通信的数据收发双方需要在串行通信的协议层规定数据包的内容。数据包包括起始位、主体数据、校验位以及停止位。通信双方的数据包格式一致、波特率一致才能正常收发数据。串行通信协议如图 6-14 所示。

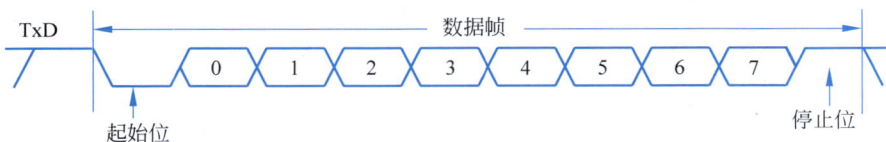

图 6-14　串行通信协议

6.3　STM32F407 串行通信 HAL 库函数

　　HAL 库提供了实现 USART 数据传输的相关数据结构和用户接口函数，用于异步通信的函数都是以 HAL_UART_开头，同步异步串行通信的函数以 HAL_USART_开头。本节主要说明异步通信的数据结构和 HAL 库函数。

1. 异步通信数据结构

stm32f4xx_hal_usart.h 文件中存放了与 USART 相关的定义和声明。其中结构体 UART_

视频讲解

InitTypeDef 定义了串行通信初始化所用到的传输参数。结构体 UART_HandleTypeDef 封装了描述缓冲区、DMA 和传输状态等所需的指针和变量,指向该结构体的指针将作为访问 USART 的入口。

```
typedef struct
{
  uint32_t BaudRate;                                /* 波特率 */
  uint32_t WordLength;                              /* 数据帧长度 */
  uint32_t StopBits;                               /* 停止位 */
  uint32_t Parity;                                 /* 校验位 */
  uint32_t Mode;                                   /* 工作模式:发送、接收、双向 */
  uint32_t HwFlowCtl;                              /* 硬件流量控制 */
  uint32_t OverSampling;                           /* 过采样配置 */
} UART_InitTypeDef;
typedef struct __UART_HandleTypeDef
{
  USART_TypeDef              * Instance;           /* 指向 USART 控制寄存器组的指针 */
  UART_InitTypeDef           Init;                 /* 指向传输参数的指针 */
  const uint8_t              * pTxBuffPtr;         /* 指向发送缓冲区的指针 */
  uint16_t                   TxXferSize;           /* 需要发送的数据量 */
  __IO uint16_t              TxXferCount;          /* 发送计数器 */
  uint8_t                    * pRxBuffPtr;         /* 接收缓冲区指针 */
  uint16_t                   RxXferSize;           /* 需要接收的数据量 */
  __IO uint16_t              RxXferCount;          /* 接收计数器 */
  __IO HAL_UART_RxTypeTypeDef ReceptionType;       /* 接收的数据类型 */
  __IO HAL_UART_RxEventTypeTypeDef RxEventType;    /* 接收事件的类型 */
  DMA_HandleTypeDef          * hdmatx;             /* 指向 DMA 发送数据流的指针 */
  DMA_HandleTypeDef          * hdmarx;             /* 指向 DMA 接收数据流的指针 */
  HAL_LockTypeDef            Lock;                 /* 锁定状态 */
  __IO HAL_UART_StateTypeDef gState;               /* UART 全局状态,包括发送状态 */
  __IO HAL_UART_StateTypeDef RxState;              /* UART 接收状态 */
  __IO uint32_t              ErrorCode;            /* UART 出错码 */
} UART_HandleTypeDef;
```

2. 异步通信函数

HAL 库中异步通信常用函数及其功能描述如表 6-6 所示。

表 6-6　HAL 库中异步通信常用函数及其功能描述

函 数 名 称	函数功能描述
HAL_UART_Init()	初始化 USART 异步通信
HAL_UART_Transmit()	以轮询方式发送数据
HAL_UART_Receive()	以轮询方式接收数据
HAL_UART_Transmit_IT()	中断方式发送数据
HAL_UART_Receive_IT()	中断方式接收数据
HAL_UART_IRQHandler()	异步串行通信的中断入口函数
HAL_UART_TxCpltCallback()	发送完成回调函数
HAL_UART_RxCpltCallback()	接收完成回调函数

1) 初始化 USART 异步通信

函数原型为 HAL_StatusTypeDef HAL_UART_Init(UART_HandleTypeDef * huart),用于初始化 UART 外设。

其中,huart 为指向 UART_HandleTypeDef 结构体的指针,该结构体包含了 UART 配置的所有信息。

函数 HAL_UART_Init()返回值表示函数执行状态,若成功则返回 HAL_OK,若失败则返回错误代码。

2)以轮询方式发送数据

函数原型为 HAL_StatusTypeDef HAL_UART_Transmit(UART_HandleTypeDef * huart, const uint8_t * pData, uint16_t Size, uint32_t Timeout),用于以轮询方式发送数据。

其中,huart 为指向 UART_HandleTypeDef 结构体的指针,pData 为指向要发送数据的指针,Size 为要发送的数据大小(以字节为单位),Timeout 为超时时间(以毫秒为单位)。

函数 HAL_UART_Transmit()的返回值如下:HAL_OK 表示数据发送成功,HAL_ERROR 表示数据发送过程中发生错误,HAL_BUSY 表示 UART 正在忙于其他操作无法启动新的发送,HAL_TIMEOUT 表示数据发送超时。

3)以轮询方式接收数据

函数原型为 HAL_StatusTypeDef HAL_UART_Receive(UART_HandleTypeDef * huart, uint8_t * pData, uint16_t Size, uint32_t Timeout),用于以轮询方式接收数据。

其中,huart 为指向 UART_HandleTypeDef 结构体的指针,pData 为指向接收数据的缓冲区的指针,Size 为期望接收的数据大小(以字节为单位),Timeout 为超时时间(以毫秒为单位)。

函数 HAL_UART_Receive()的返回值如下:HAL_OK 表示数据接收成功,HAL_ERROR 表示数据接收过程中发生错误,HAL_BUSY 表示 UART 正在忙于其他操作无法启动新的接收,HAL_TIMEOUT 表示数据接收超时。

4)中断方式发送数据

函数原型为 HAL_StatusTypeDef HAL_UART_Transmit_IT(UART_HandleTypeDef * huart, const uint8_t * pData, uint16_t Size),用于以中断方式发送数据。

其中,huart 为指向 UART_HandleTypeDef 结构体的指针,pData 为指向要发送数据的指针,Size 为要发送的数据大小(以字节为单位)。

函数 HAL_UART_Transmit_IT()的返回值如下:HAL_OK 表示数据发送过程已成功启动,HAL_ERROR 表示数据发送启动失败(例如,由于 UART 未初始化或参数错误),HAL_BUSY 表示 UART 正在忙于其他操作无法启动新的发送。

5)中断方式接收数据

函数原型为 HAL_StatusTypeDef HAL_UART_Receive_IT(UART_HandleTypeDef * huart, uint8_t * pData, uint16_t Size),用于以中断方式接收数据。

其中,huart 为指向 UART_HandleTypeDef 结构体的指针,pData 为指向接收数据的缓冲区的指针,Size 为期望接收的数据大小(以字节为单位)。

函数 HAL_UART_Receive_IT()的返回值如下:HAL_OK 表示数据接收过程已成功启动,HAL_ERROR 表示数据接收启动失败(例如,由于 UART 未初始化或参数错误),HAL_BUSY 表示 UART 正在忙于其他操作无法启动新的接收。

6)异步串行通信的中断入口函数

函数原型为 void HAL_UART_IRQHandler(UART_HandleTypeDef * huart),通常不需要直接调用此函数,由中断向量表自动调用。

其中,huart 为指向 UART_HandleTypeDef 结构体的指针。

函数 HAL_UART_IRQHandler()无返回值。

7) 发送完成回调函数

函数原型为 void HAL_UART_TxCpltCallback(UART_HandleTypeDef * huart),当使用中断或 DMA 方式完成数据发送后,HAL 库会自动调用它。

其中,huart 为指向 UART_HandleTypeDef 结构体的指针。

函数 HAL_UART_TxCpltCallback()无返回值。

8) 接收完成回调函数

函数原型为 void HAL_UART_RxCpltCallback(UART_HandleTypeDef * huart),当使用中断或 DMA 方式完成数据接收后,HAL 库会自动调用它。

其中,huart 为指向 UART_HandleTypeDef 结构体的指针。

函数 HAL_UART_RxCpltCallback()无返回值。

6.4   串行通信实例

本节实现 STM32F407VET6 串行通信 3 个实例,其中两个实例通过使用 STM32F407VET6 的 USART1 实现发送数据;第三个实例实现了 USART1 数据发送的同时也接收数据。

6.4.1   轮询方式串口发送

实例设计要求:使用 USART1 每隔 1s,用轮询的方式向虚拟终端发送数据,通信成功后 LED 闪烁一次。Proteus 仿真电路中,与 STM32F407VET6 USART1 对应的引脚 PA9 和 PA10,分别与虚拟终端的 RxD 和 TxD 相连,STM32F407VET6 的 PB8 外接 LED。串行通信参数:波特率 115 200bps,字长 8 位,停止位 1 位,无奇偶校验。

1. STM32CubeMX 工程配置

新建 STM32CubeMX 工程后对 USART1 进行配置。STM32CubeMX 串口配置如图 6-15 所示。

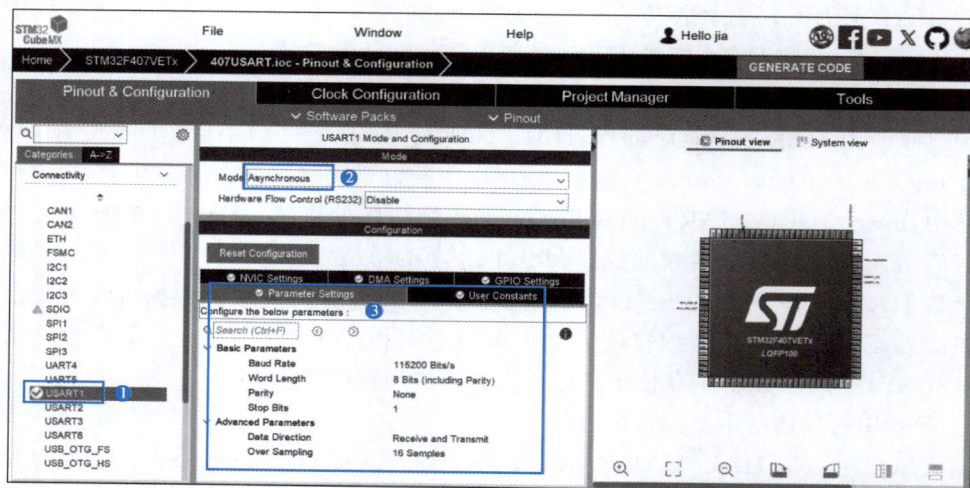

图 6-15   STM32CubeMX 串口配置

选择 USART1 选项,设置 Mode 为 Asynchronous,设置串口参数 Baud Rate 为 115 200bps,Word Length 为 8Bits,Parity 为 None,Stop Bits 为 1。串行通信前收发双方波特率须设置一致。

按照实例设计,PB8 引脚连接 LED。在 Pinout view 界面,PB8 引脚如图 6-16 所示。

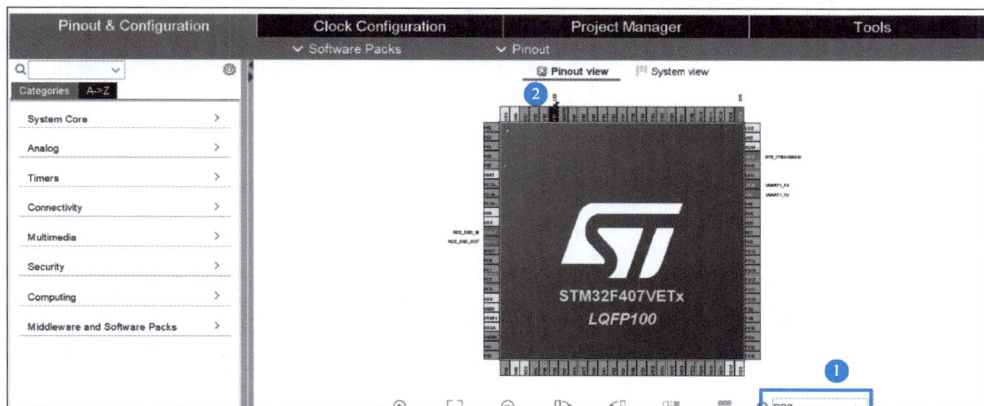

图 6-16　PB8 引脚

配置 PB8 引脚为 GPIO_Output 模式,PB8 引脚配置如图 6-17 所示。

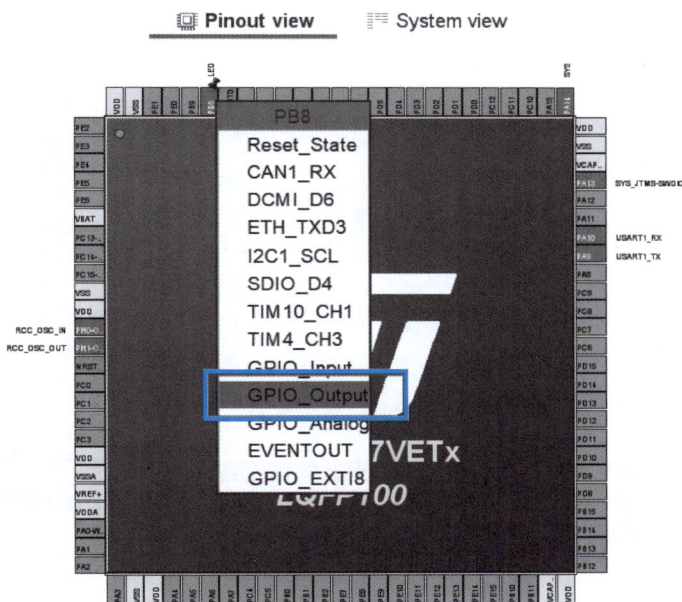

图 6-17　PB8 引脚配置

在 System Core 中的 GPIO,配置 PB8 Configuration 参数如图 6-18 所示。

时钟要配置为采用内部时钟 HSI,时钟配置如图 6-19 所示。

在 STM32CubeMX 主界面 Project Manager 选项卡中配置工程参数,单击 GENERATE CODE,生成 Keil MDK 工程文件和程序代码。工程参数配置如图 6-20 所示。

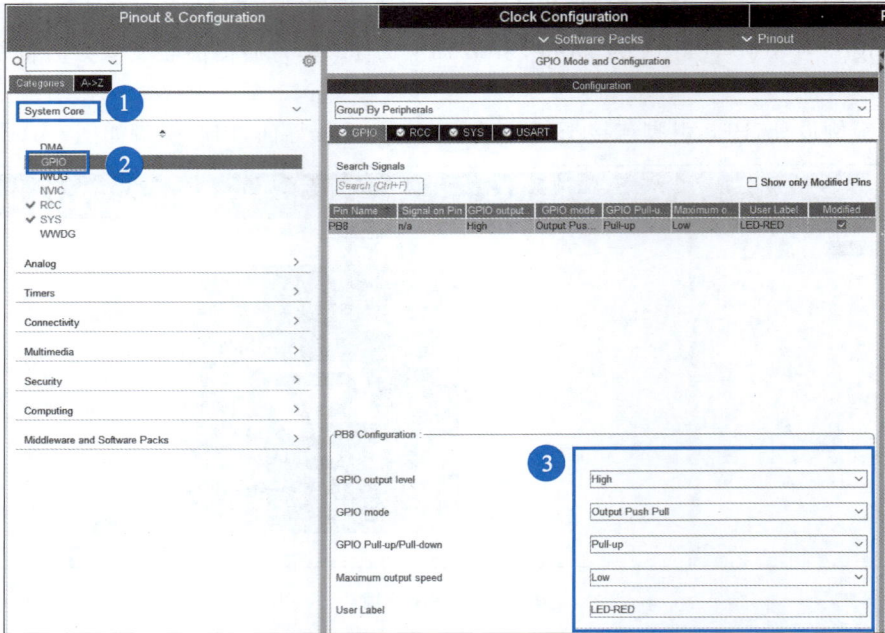

图 6-18　配置 PB8 Configuration 参数

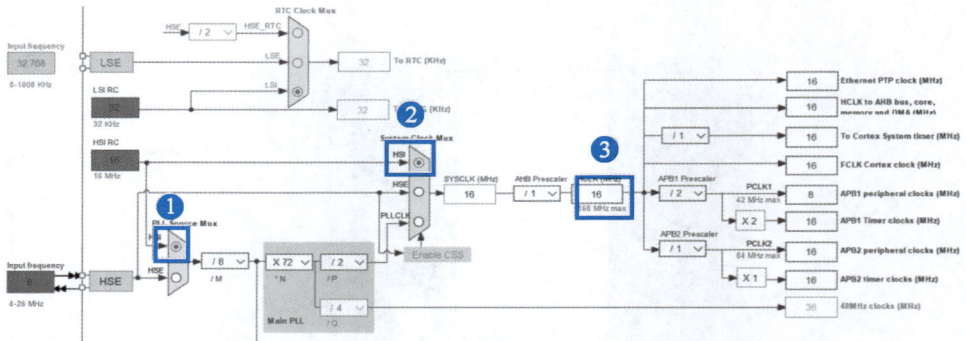

图 6-19　时钟配置

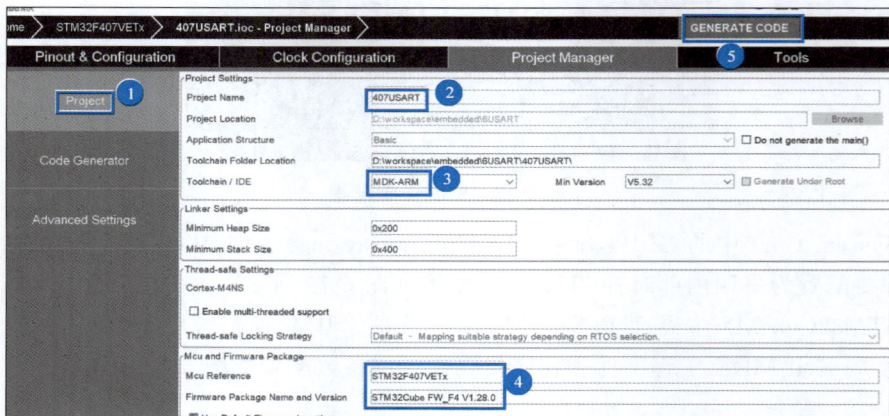

图 6-20　工程参数配置

2. Keil MDK 程序

通过 USART1 每隔 1s 发送 H、e、l、l 和 o 共 5 个数据。Keil MDK 软件打开由 STM32CubeMX 生成的工程，在 Keil MDK 左侧工程目录树的 Application/User/Core 文件夹下找到 main.c 源文件，在 main.c 源文件中编写串口发送数据代码。

在 main.c 文件中找到 USER CODE BEGIN 1，添加定义发送数据 pData 数组如下。

```
/* USER CODE BEGIN 1 */
uint8_t pData[7] = {'H','e', 'l', 'l', 'o','\r','\n'};
```

其中，\r 为控制字符，作用是将光标返回到行的开始位置。\n 为控制字符，作用是光标将移动到下一行的开始位置。

找到 main()函数中的 USER CODE BEGIN 3 所在行，添加发送 pData 数据的代码如下。

```
/* USER CODE BEGIN 3 */
    HAL_UART_Transmit(&huart1, pData, 7,100);
    HAL_GPIO_TogglePin(LED_RED_GPIO_Port,LED_RED_Pin);
    HAL_Delay(1000);
```

由于程序采用了轮询方式，因此程序中 HAL_UART_Transmit()函数中设置了 Timeout 参数，该参数为在放弃操作之前等待操作完成的最长时间，通常以毫秒(ms)为单位。如果超时了，函数会返回一个错误代码，指示操作超时。Timeout 参数不能设置太小，否则很容易导致超时。

注意，编译工程代码时选择 6.0 以上的编译器，选择编译器版本如图 6-21 所示。设置后编译连接工程代码生成.hex 文件。

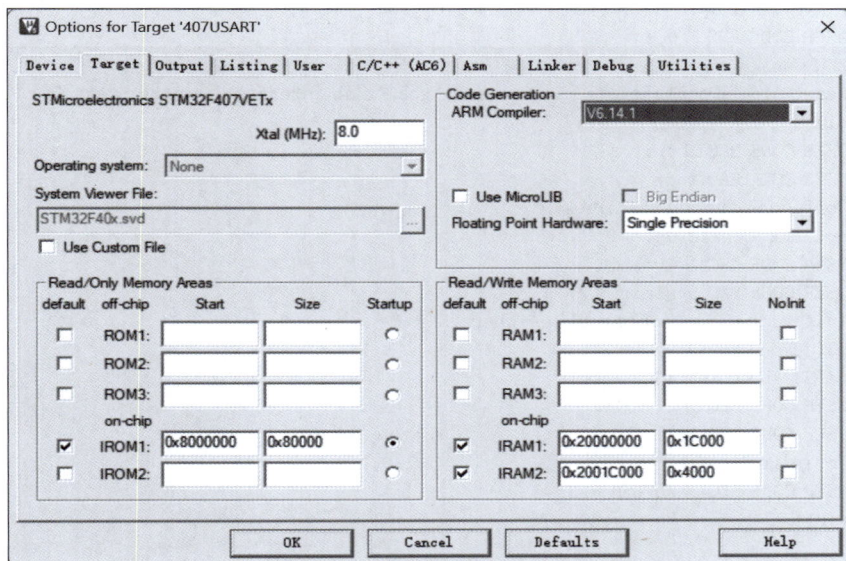

图 6-21 选择编译器版本

3. 代码解析

本实例中生成的 usart.c 文件中定义了指向 UART_HandleTypeDef 类型的指针 huart1，用于 USART1 的配置参数。USART1 的配置过程是由 MX_USART1_UART_Init() 函数完成的，其实现代码如下。

```
void MX_USART1_UART_Init(void)
{
  huart1.Instance = USART1;
  huart1.Init.BaudRate = 115200;
  huart1.Init.WordLength = UART_WORDLENGTH_8B;
  huart1.Init.StopBits = UART_STOPBITS_1;
  huart1.Init.Parity = UART_PARITY_NONE;
  huart1.Init.Mode = UART_MODE_TX_RX;
  huart1.Init.HwFlowCtl = UART_HWCONTROL_NONE;
  huart1.Init.OverSampling = UART_OVERSAMPLING_16;
  if (HAL_UART_Init(&huart1) != HAL_OK)
  {
    Error_Handler();
  }
}
```

MX_USART1_UART_Init()函数将 STM32CubeMX 中配置的 USART1 的参数赋值到指向 UART_HandleTypeDef 类型的 huart1 中,然后调用 HAL_UART_Init()函数将参数写入 USART1 的控制寄存器中。

main()函数先定义了用于发送的数组 pData,依次调用了 HAL 库初始化函数 HAL_Init()、系统时钟配置函数 SystemClock_Config()和 GPIO 初始化函数 MX_GPIO_Init(),然后调用 MX_USART1_UART_Init()函数对 USART1 初始化。

```
int main(void)
{
  /* USER CODE BEGIN 1 */
    uint8_t pData[7] = {'H','e', 'l', 'l', 'o','\r','\n'};
  /* USER CODE END 1 */
  /* MCU Configuration--------------------------------------------- */
  /* Reset of all peripherals, Initializes the Flash interface and the Systick */
  HAL_Init();
  /* USER CODE BEGIN Init */
  /* USER CODE END Init */
  /* Configure the system clock */
  SystemClock_Config();
  /* USER CODE BEGIN SysInit */
  /* USER CODE END SysInit */
  /* Initialize all configured peripherals */
  MX_GPIO_Init();
  MX_USART1_UART_Init();
  /* USER CODE BEGIN 2 */
  /* USER CODE END 2 */
  /* Infinite loop */
  /* USER CODE BEGIN WHILE */
  while (1)
  {
    /* USER CODE END WHILE */
    /* USER CODE BEGIN 3 */
      HAL_UART_Transmit(&huart1, pData, 7,100);
      HAL_GPIO_TogglePin(LED_RED_GPIO_Port,LED_RED_Pin);
      HAL_Delay(1000);
  }
  /* USER CODE END 3 */
}
```

在 while 循环中,HAL_UART_Transmit()函数将 pData 中存放的数据进行串口发送,由于程序采用了轮询方式,因此函数中设置了 Timeout 参数,该参数用于设置超时时间。

在嵌入式系统程序中使用 printf()和 scanf()这类输入/输出的 C 语言库函数时,需要考虑系统的软硬件配置环境。为了将 C 语言库函数中的 printf()和 scanf()转向串口输出和输入,需要在 main.c 中重写 fputc()和 fgetc()函数,代码如下。

```
int fputc(int ch, FILE * f)
{
    HAL_UART_Transmit(&huart1, (uint8_t * )&ch, 1, 100);
    return ch;
}
int fgetc(FILE * f)
{
    Uint8_t ch;
    HAL_UART_ Receive(&huart1, &ch, 1, 100);
    return ch;
}
```

在 main.c 文件中找到 USER CODE BEGIN 0 所在行,添加上述 fputc()和 fgetc()函数代码。

在 main.c 文件中找到 USER CODE BEGIN 2 所在行,添加 printf()函数代码如下。

```
/ * USER CODE BEGIN 2 * /
  printf("this is USART test\r\n");
  / * USER CODE END 2 * /
```

在 main()函数中的 USER CODE BEGIN Includes 下,添加包含标准输入/输出库的代码如下。

```
/ * USER CODE BEGIN Includes * /
# include "stdio. h"
/ * USER CODE END Includes * /
```

Keil MDK 编译时需要在设置中勾选"Use MicroLIB",编译设置勾选 Use MicroLIB 如图 6-22 所示。在程序中使用 printf()和 scanf()语句实现串口接收和发送数据。

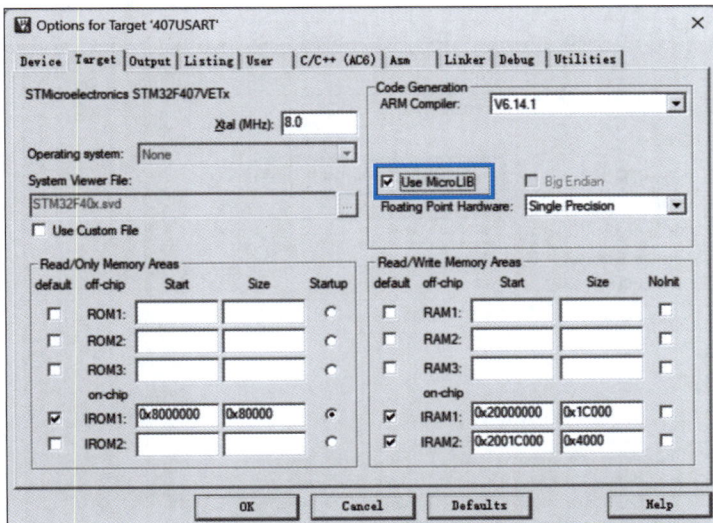

图 6-22 编译设置勾选 Use MicroLIB

4. Proteus 仿真电路

在 Proteus 软件中搭建仿真电路图。在元器件库中找到 STM32F407VET6 并放置到原理图中。在 Proteus 主界面左侧找到虚拟设备模型(Virtual Instruments Mode),并从中选中虚拟终端(VIRTUAL TERMINAL)放置到原理图中,选择虚拟终端如图 6-23 所示。

在 Proteus 原理图中,将虚拟终端的引脚 RxD、TxD 和 STM32F407VET6 的 PA9 和 PA10 引脚相连,同时在 PB8 上连接一个红色 LED。仿真电路如图 6-24 所示。

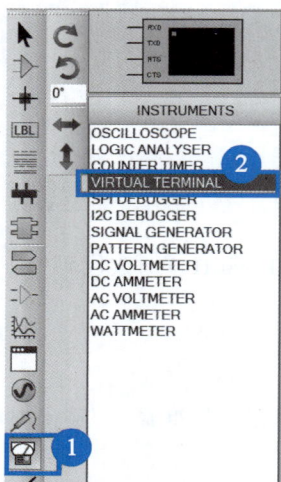

图 6-23　选择虚拟终端

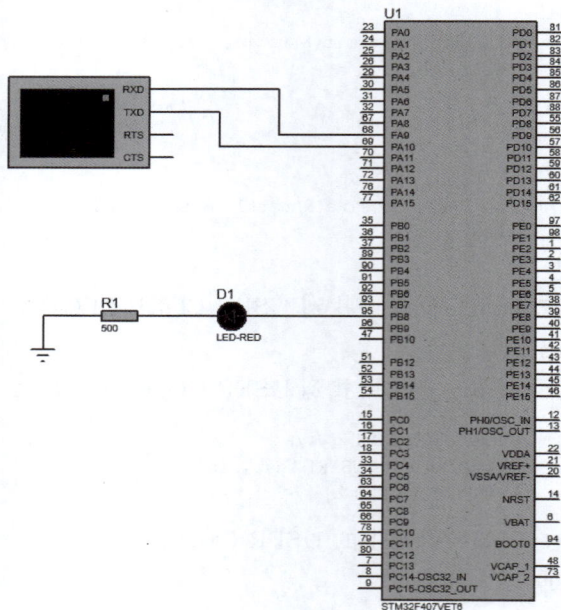

图 6-24　仿真电路

双击 Proteus 原理图中的 STM32F407VET6。设置程序文件的路径,将 Keil MDK 编译生成的 .hex 串口发送程序加载到 STM32F407VET6 芯片中,然后单击 OK 按钮,程序文件路径设置如图 6-25 所示。

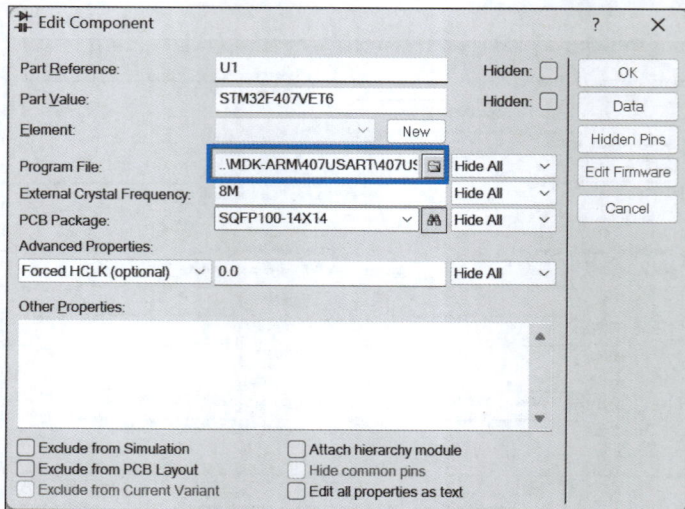

图 6-25　程序文件路径设置

运行仿真后,轮询方式串口发送仿真如图 6-26 所示。

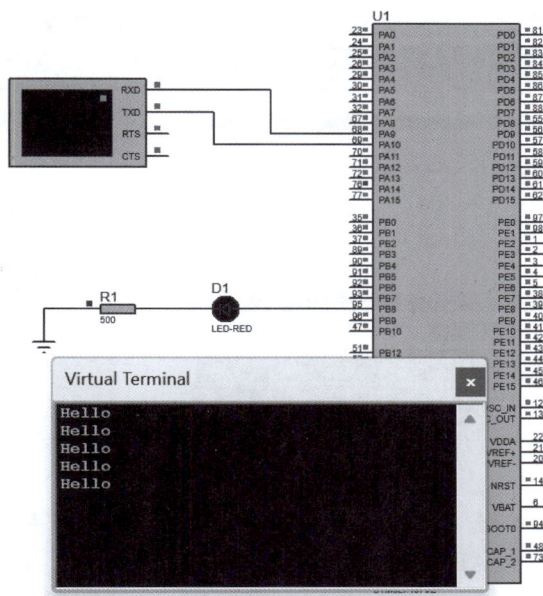

图 6-26　轮询方式串口发送仿真

6.4.2　中断方式串口发送

视频讲解

在轮询方式串口发送实例中,Timeout 的取值依赖开发人员的经验,取值太大将会导致程序效率低下,取值太小又会导致频繁超时。采用中断方式进行串行通信可以避免轮询方式的缺点。本节案例通过中断方式来实现串口数据传输。

实例设计要求:USART1 每隔 1s,用中断方式向虚拟终端发送数据,通信成功后 LED灯闪烁一次并调用中断发送回调函数向虚拟终端输出信息。与 STM32F407VET6 的USART1 对应的引脚 PA9 和 PA10,分别与虚拟终端的 RxD 和 TxD 相连,PB8 外接红色LED。串口参数:波特率为 115 200bps,字长为 8 位,停止位 1 位,无奇偶校验。

1. STM32CubeMX 工程配置

选择 STM32CubeMX 主界面中的 Pinout & Configuration 选项卡,在界面左侧的列表中展开 Connectivity,选择 USART1。在 USART1 Mode and Configuration 中选择 NVIC Interrupt Table 选项卡,勾选 USART1 global interrupt 的 Enable 属性。使能 USART1 中断如图 6-27 所示。

在 STM32CubeMX 主界面 Project Manager 选项卡中配置完成相关的工程参数,单击GENERATE CODE,生成 Keil MDK 工程文件和程序代码。

2. Keil MDK 程序

打开 main.c 源文件,并找到 USER CODE BEGIN 3 所在行,在下面添加串口发送数据代码如下。

```
/* USER CODE BEGIN 3 */
HAL_UART_Transmit_IT(&huart1, pData, 7);
HAL_GPIO_TogglePin(LED_RED_GPIO_Port,LED_RED_Pin);
HAL_Delay(1000);
```

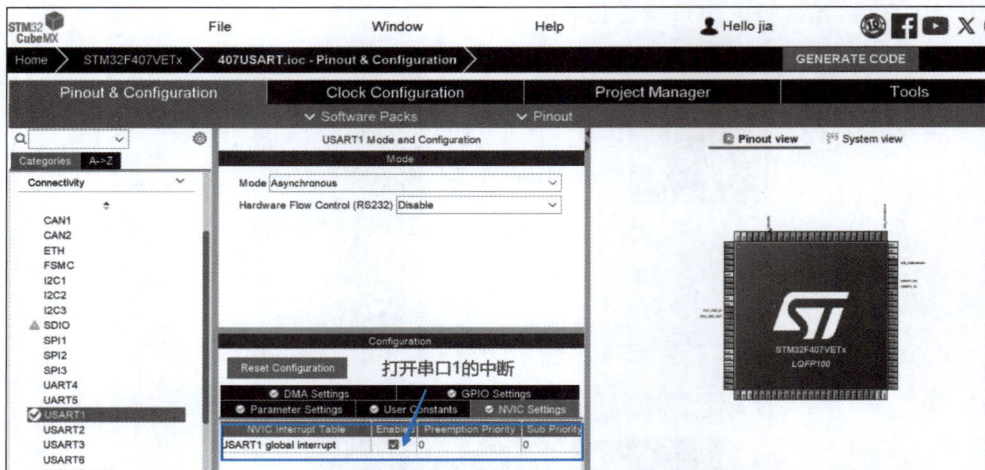

图 6-27　使能 USART1 中断

对于数据发送，当有数据写入 UASRT1 的数据寄存器时，USART1 的中断事件会被触发。中断处理函数 HAL_UART_IRQHandler()会调用 UART_Transmit_IT()函数来执行数据发送。所有数据发送完之后，HAL_IRQHandler()函数会调用 HAL_UART_TxCpltCallback()回调函数。

在 main.c 文件中找到 USER CODE BEGIN 4 所在行，在下面添加 USART1 的发送回调函数，代码如下。

```
/* USER CODE BEGIN 4 */
#define UART_PORT huart1
void HAL_UART_TxCpltCallback(UART_HandleTypeDef * huart)
{
    if(huart -> Instance == USART1)
    {
        uint8_t ch[] = "in TxCpltCallback\r\n";
        HAL_UART_Transmit(&UART_PORT, ch, sizeof(ch), 0xffff);
    }
}
/* USER CODE END 4 */
```

编译上面代码，生成.hex 文件。

3. Proteus 仿真

将 Keil MDK 编译的串口发送程序加载到 STM32F407VET6 芯片中。运行仿真，中断方式串口发送仿真如图 6-28 所示。

6.4.3　中断方式串口接收和发送

本节实例设计要求：STM32F407VET6 能通过中断方式接收数据，每接收到一字节，立即发送一字节的相同内容，并把该字节的十六进制码显示在两位数码管上。与 STM32F407VET6 的 USART1 对应的引脚 PA9 和 PA10，分别与串口物理端口模型（COM Physical Interface Model，COMPIM）的 RxD 和 TxD 相连。STM32F407VET6 的 PD0～PD15 外接两个 7 段数码管。串口参数要求：波特率为 115 200bps，字长为 8 位，停止位 1 位，无奇偶校验。

视频讲解

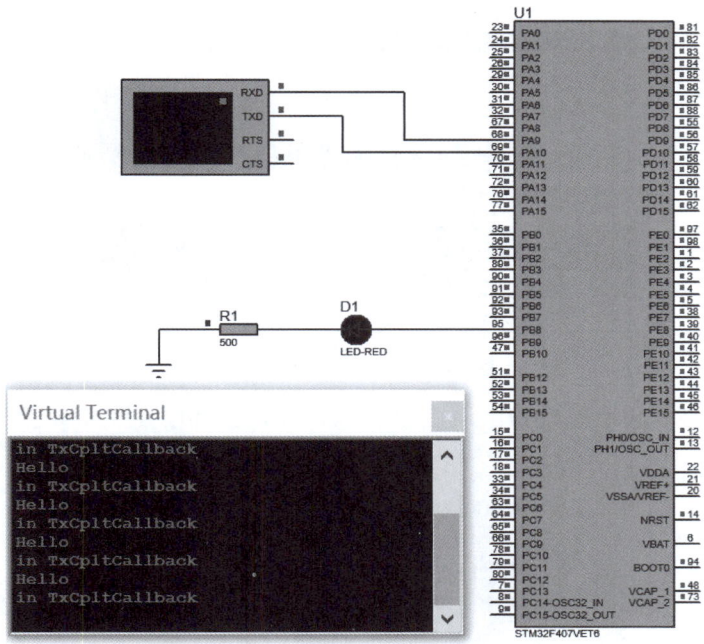

图 6-28　中断方式串口发送仿真

1. STM32CubeMX 工程配置

将 USART1 配置成异步模式，波特率为 115 200bps，并打开串口中断。USART1 参数配置如图 6-29 所示，使能 USART1 中断如图 6-30 所示。

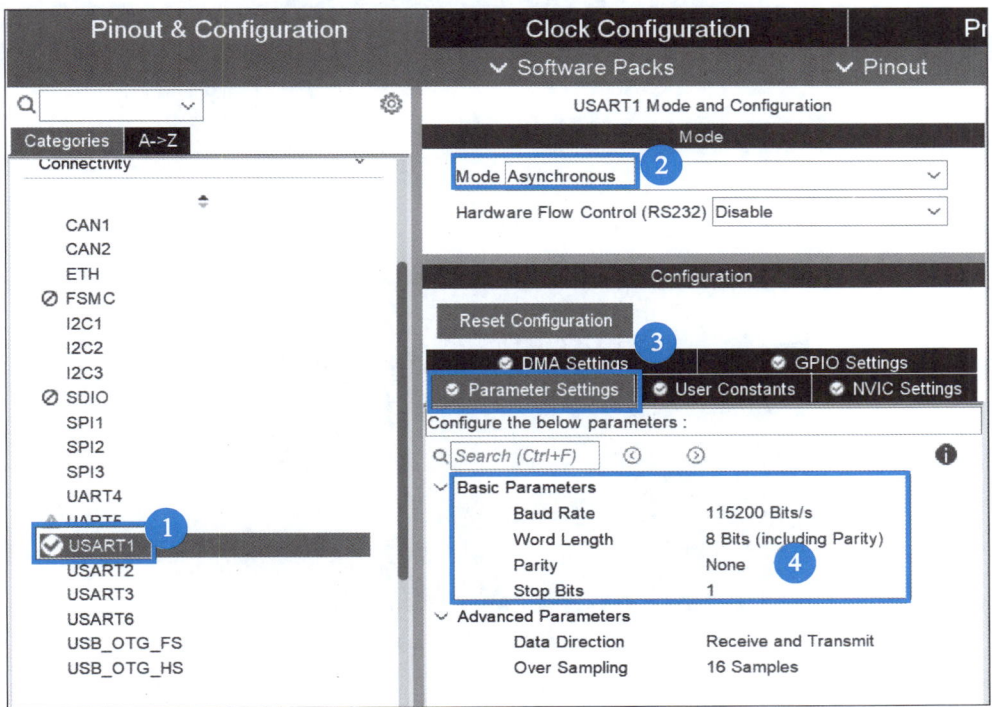

图 6-29　USART1 参数配置

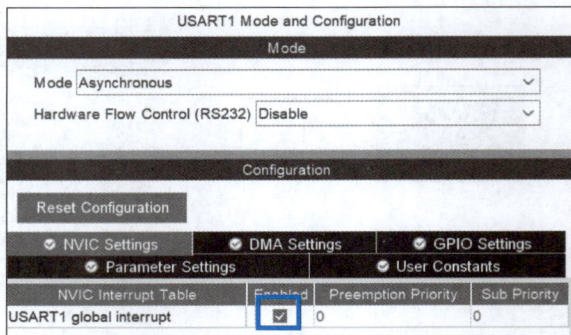

图 6-30　使能 USART1 中断

将与 7 段数码管相连的 PD0～PD15 配置成 GPIO_Output 模式。PD0 引脚如图 6-31所示。

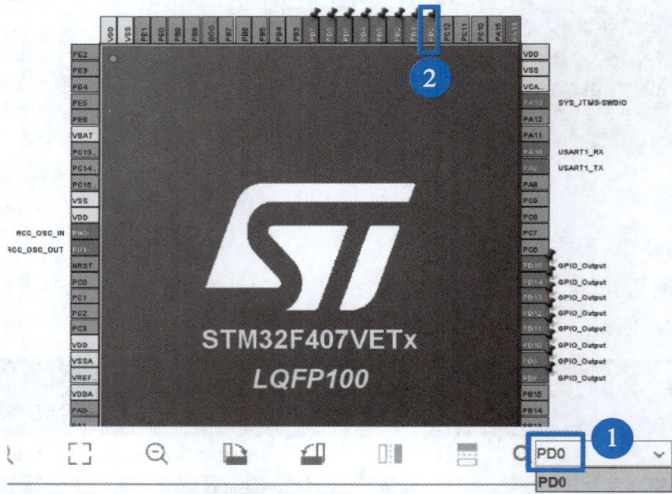

图 6-31　PD0 引脚

配置 PD0 为 GPIO_Output，如图 6-32 所示。

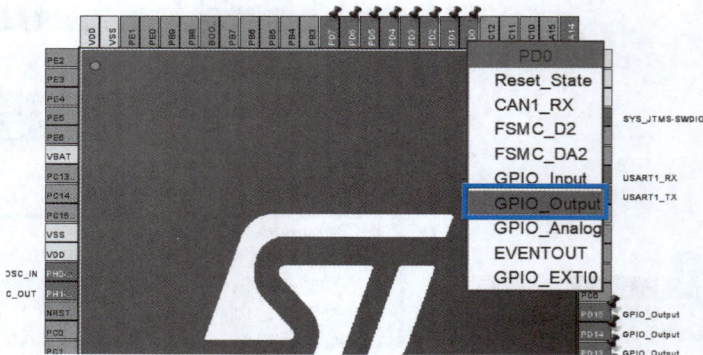

图 6-32　配置 PD0 为 GPIO_Output

选中 System Core 中的 GPIO，配置 PD0 Configuration 如图 6-33 所示。

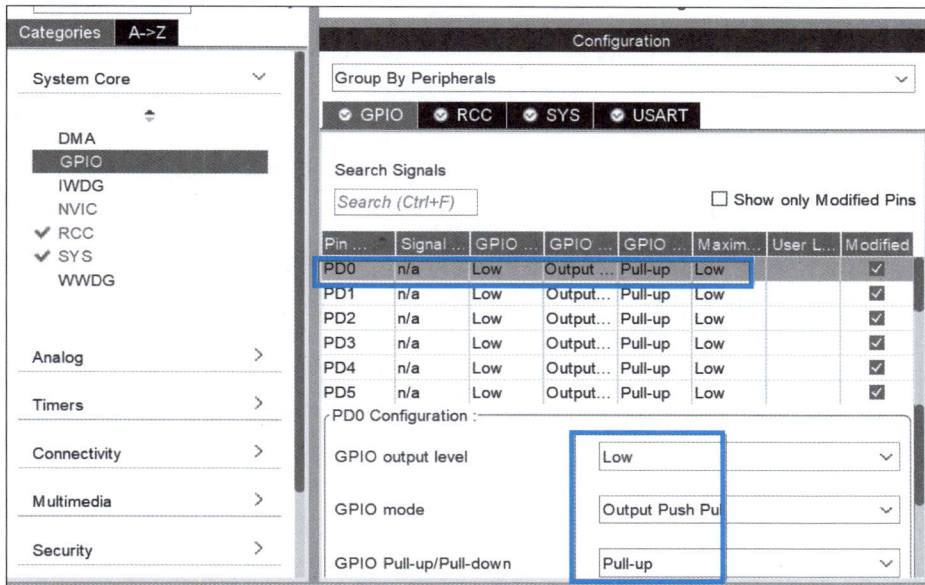

图 6-33　配置 PD0 Configuration

PD0～PD15 引脚如上配置，PD0～PD15 引脚参数如图 6-34 所示。

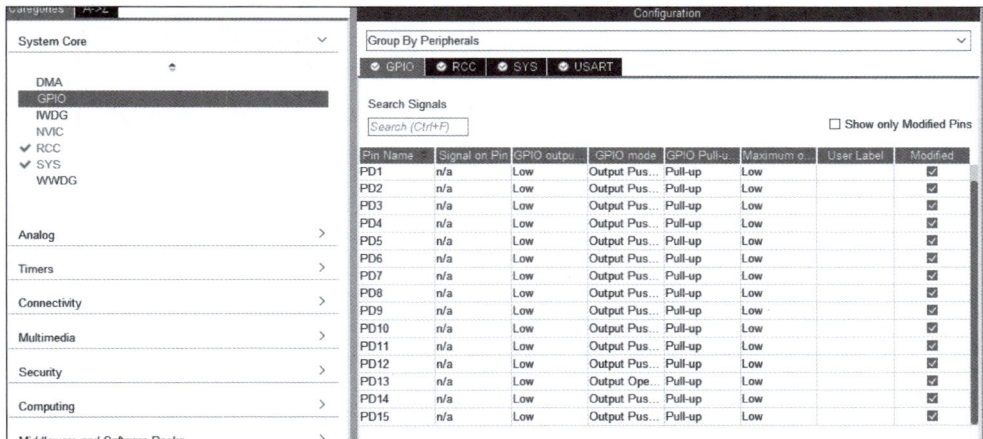

图 6-34　PD0～PD15 引脚参数

在 STM32CubeMX 主界面 Project Manager 选项卡中配置好相关的工程参数，单击 GENERATE CODE，生成 Keil MDK 工程文件和程序代码。

2. Keil MDK 程序设计

打开 main.c 源文件并在 USER CODE BEGIN PV 和 USER CODE END PV 之间添加数码管显示初始值的全局变量 Receive_byte。代码如下。

```
/* USER CODE BEGIN PV */
uint8_t Receive_byte;                   // 数码管显示初始值
/* USER CODE END PV */
```

为方便把串口收到的数据显示到数码管上，增加一个向 GPIO 写一个字（2 字节）的函数 Write_GPIO_Word()。添加如下代码。

```
/* USER CODE BEGIN 0 */
void Write_GPIO_Word(GPIO_TypeDef * GPIOx, uint16_t byte)
{
    for(uint8_t i = 0; i < 16; i++)
    {
        HAL_GPIO_WritePin(GPIOx, (uint16_t)(1 << i), (GPIO_PinState)((byte >> i) & 0x01));
    }
}
/* USER CODE END 0 */
```

编写 main()函数中的代码,定义私有变量用于串口数据发送和数码管显示。在 main()函数中 USER CODE BEGIN 1 所在行下面添加如下代码。

```
uint8_t pData[7] = {'H', 'e', 'l', 'l', 'o', '\r', '\n'};
uint8_t led_table[16] = {0xc0, 0xf9, 0xa4, 0xb0, 0x99, 0x92, 0x82, 0xf8, 0x80, 0x90, 0x88, 0x83,
0xc6, 0xa1, 0x86, 0x8e};                            //共阳字型编码
uint16_t display_word = 0x00;                        //两位数码管显示字(2字节)
```

在 main()函数中 USER CODE BEGIN 2 所在行下面添加如下代码。

```
HAL_UART_Receive_IT(&huart1, &Receive_byte, 1);      //开启接收中断
HAL_UART_Transmit_IT(&huart1, pData, 7);             //开启发送中断
```

在 USER CODE BEGIN 3 所在行下面添加如下代码。

```
display_word = (led_table[Receive_byte >> 4] << 8) | led_table[Receive_byte & 0x0f];
                                                     //把刚接收到的字符转换为显示码
Write_GPIO_Word(GPIOD, display_word);                //显示码写入 PD 口
```

加入代码将串口 1 接收到的数据再由串口 1 发送出去。在 USER CODE BEGIN 4 所在行下面添加如下代码。

```
void HAL_UART_RxCpltCallback(UART_HandleTypeDef * huart)
{
    if(huart -> Instance == USART1)
    {
        HAL_UART_Transmit_IT(&huart1, &Receive_byte, 1);
        HAL_UART_Receive_IT(&huart1, &Receive_byte, 1);
    }
}
```

编译上面代码,生成 .hex 文件。

3. Proteus 仿真

1) 虚拟串口环境搭建

为了方便调试,项目采用串口助手软件与 STM32F407VET6 的 USART1 进行通信,通信双方都需要分别提供一个物理端口,并且这两个物理端口要用交叉通信线相连。实例采用虚拟串口软件(Virtual Serial Port Driver)与 Proteus 仿真软件中 STM32F407VET6 的 USART1 进行通信。安装 Virtual Serial Port Driver 软件,Virtual Serial Port Driver 软件界面如图 6-35 所示。

在 Virtual Serial Port Driver 上通过"Add pair"按钮创建一对虚拟端口 COM7、COM8,并建立通信连接。创建一对虚拟端口之后,可以在操作系统的设备管理器中查看端口情况。设备管理器中虚拟端口如图 6-36 所示。

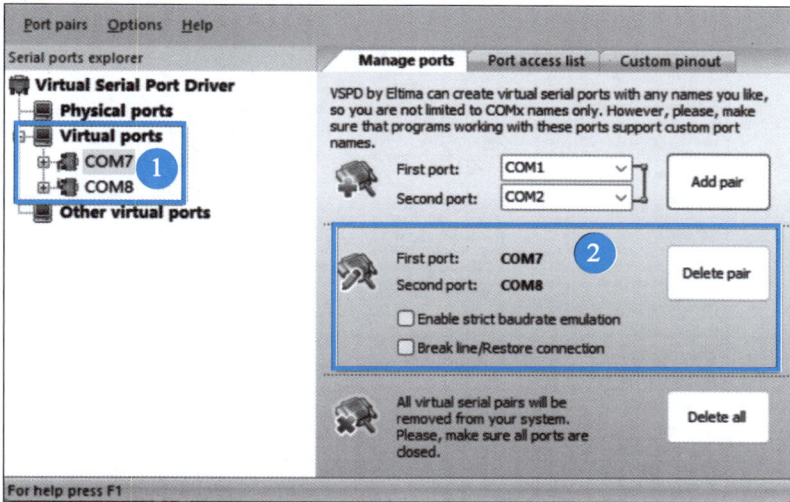

图 6-35　Virtual Serial Port Driver 软件界面

创建虚拟端口后，即使 Virtual Serial Port Driver 软件不再运行，创建的虚拟端口依然可用。

2）搭建 Proteus 仿真原理图

在 Proteus 中设计 STM32F407VET6 控制两位数码管和连接串口的电路，中断方式串口接收和发送电路原理图如图 6-37 所示。

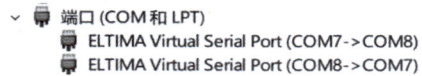

图 6-36　设备管理器中虚拟端口情况

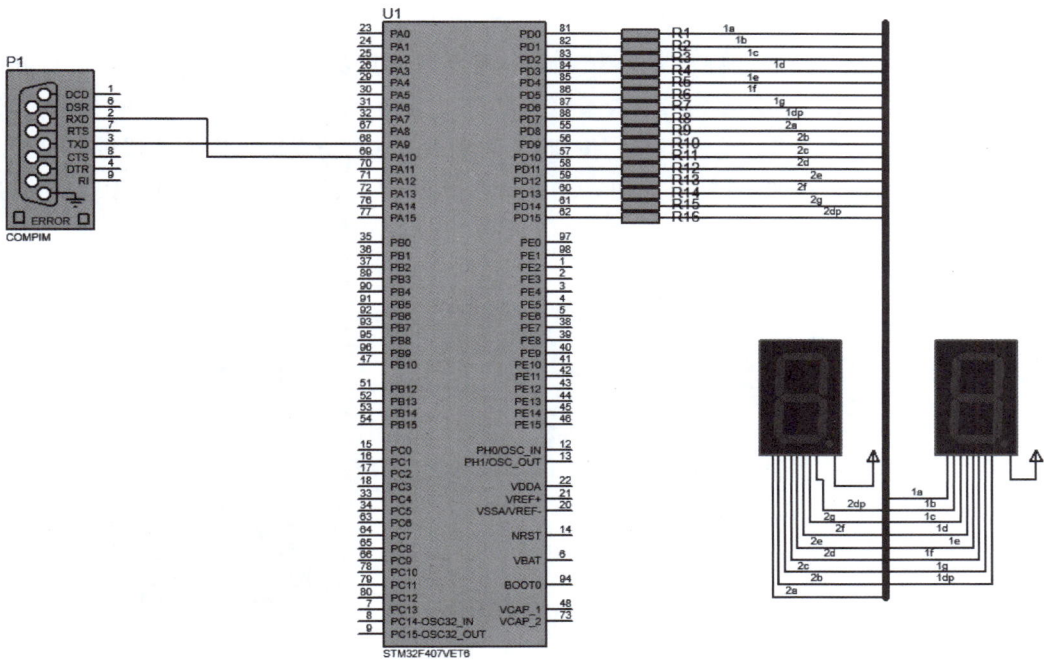

图 6-37　中断方式串口接收和发送电路原理图

图 6-37 中 P1 是 COMPIM 器件，是标准的 RS-232 端口。需要特别注意的是，在实际电路中，P1 和 U1 STM32F407VET6 芯片之间必须增加 TTL 和 RS-232 电平转换电路，否

则 U1 会因过电压而损坏。

COMPIM 器件的属性对话框如图 6-38 所示。

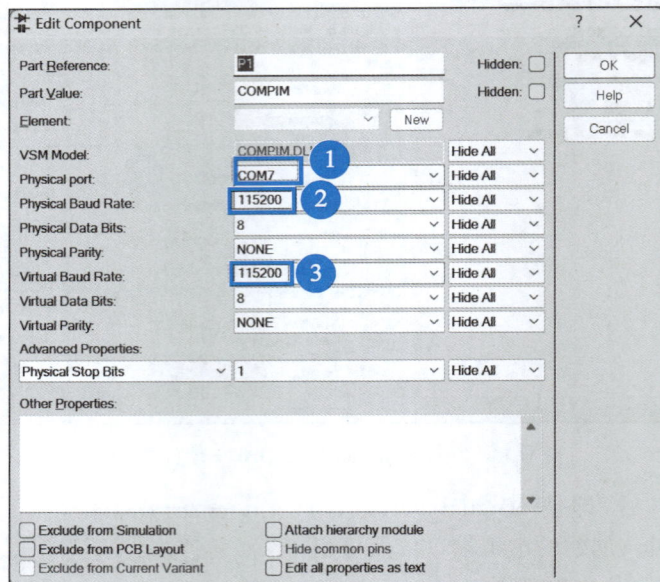

图 6-38　COMPIM 器件的属性对话框

3）仿真结果

将 Keil MDK 编译的串口接收和发送程序加载到 STM32F407VET6 芯片中。打开串口助手，选择 COM8，设置波特率为 115 200bps，设置 HEX 发送和 HEX 显示，然后打开串口。运行仿真，串口助手会收到 STM32F407 发送过来的 Hello 字符串对应的 ASCII 码。在串口助手发送区输入 23，单击"发送"按钮，会看到 Proteus 仿真电路中的 7 段数码管显示 23，中断方式串口接收和发送仿真如图 6-39 所示。数码管上显示的十六进制数跟刚才发送的内容是相同的，并且串口调试助手的接收区也接收到相同的十六进制数，实现了设计要求。

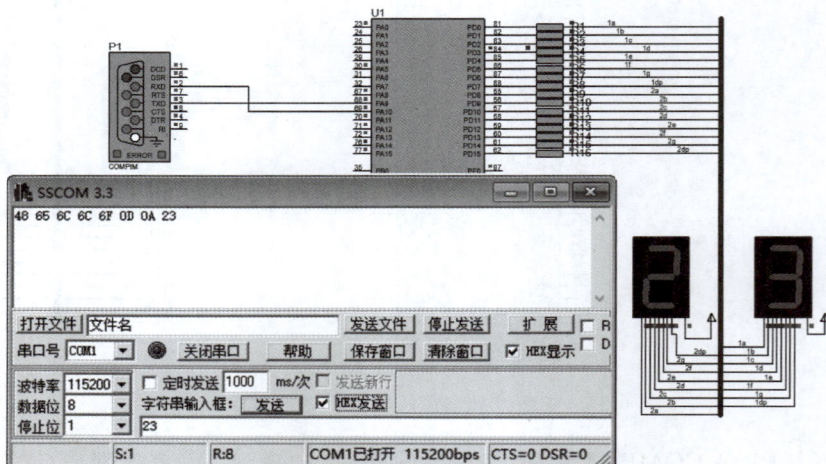

图 6-39　中断方式串口接收和发送仿真

【本章小结】

本章深入探讨了 STM32F407 微控制器的串行通信。首先介绍了串行通信的基本概念和相关参数及引脚连接,有助于理解串行通信的工作原理。随后,详细阐述了 STM32F407 串行通信的 USART、USART 功能框图、UART 参数,并介绍了 STM32F407 串行通信 HAL 库函数,从而能够更好地深入理解如何编程实现串行通信控制。最后,通过 3 个具体的仿真实例——轮询方式串口发送、中断方式串口发送和中断方式串口接收和发送,说明了如何综合应用 STM32CubeMX、Keil MDK、Proteus 实现串行通信功能,实例不仅加深了对串行通信编程的理解,同时有助于提高在实际项目中对串行通信的应用能力。

通过 Proteus 仿真平台的实例测试,仿真平台的 CM4 内核芯片串行通信功能目前还存在一定的局限性,串行通信仿真中在 STM32CubeMX 时钟配置时需要采用内部时钟 HSI 作为系统时钟源,且仿真串口适合单字符串行通信。

【思政元素融入】

STM32F407 串行通信涉及较为复杂的硬件接口和软件程序,要具备高度的专注力和耐心,通过强调引脚配置、仿真接口、代码调试等细节的重要性,培养学生的工匠精神,同时塑造学生"精益求精、追求卓越"的思政品质。在探讨串行通信的能耗问题时,引入可持续发展的理念,引导学生思考如何通过优化电路设计、提高代码效率等方式降低能耗,培养学生的可持续发展观念。

第 7 章 直接存储器存取

直接存储器存取技术能够实现外设与存储器之间，以及存储器与存储器之间的高速数据传输，无须 CPU 干预，从而显著减轻 CPU 的工作负担，提高系统的整体性能和效率，对于优化嵌入式系统的数据传输和功耗管理具有重要意义。本章将深入剖析直接存储器存取的基本概念及其工作原理和例程实现，从直接存储器存取定义到 STM32F407 直接存储器存取，结合直接存储器存取 HAL 库函数的学习，实现 STM32F407VET6 直接存储器存取实例。

知识目标：
◆ 阐述直接存储器存取工作原理；
◆ 说明直接存储器存取配置方法；
◆ 说明直接存储器存取实例开发流程。

能力目标：
◆ 运用 STM32CubeMX 软件配置直接存储器存取工程；
◆ 运用 Keil MDK 软件编写程序，并进行分析；
◆ 运用 Proteus 软件搭建直接存储器存取仿真电路；
◆ 设计基于直接存储器存取的实例。

素质目标：
◆ 培养对待技术问题的严谨态度；
◆ 能够独立思考，提升问题解决能力。

7.1 直接存储器存取概述

直接存储器存取是一种在不需要 CPU 干预的情况下，实现数据在外设与存储器之间、存储器与存储器之间高速传输的技术。对于嵌入式微控制器来说，该技术显著降低 CPU 负载，提升系统的实时性与能效。

7.1.1 DMA 概念及工作原理

DMA 技术通过一种专门的硬件机制——DMA 控制器，来实现数据在内存和外设之间的直接传输。在 DMA 传输过程中，CPU 不再需要参与数据的读取和写入操作，从而可以专注于执行其他任务。DMA 工作原理如下。

（1）请求传输。当外设需要与内存进行数据交换时,向 DMA 控制器发送请求。

（2）总线仲裁。DMA 控制器在接收到请求后,与 CPU 进行仲裁,以获取对系统总线的控制权。

（3）数据传输。获得总线控制权,DMA 控制器就可以直接从外设读取数据,并将其写入内存中的指定位置,或者从内存中读取数据并传输给外设。

（4）释放总线。数据传输完成后,DMA 控制器会释放对系统总线的控制权,并通知 CPU 传输已完成。

7.1.2　DMA 的特点及应用

DMA 有如下特点。

（1）高效性。DMA 技术可以显著提高数据传输的效率,因为它允许外设直接与内存进行通信,而无须 CPU 的介入。

（2）并行性。在 DMA 传输过程中,CPU 可以执行其他任务,从而实现了数据传输和 CPU 计算的并行处理。

（3）灵活性。DMA 控制器通常支持多种传输模式,如单次传输、循环传输等,可以根据实际应用需求进行选择。

DMA 技术在嵌入式系统中有着广泛的应用,可以显著提高数据传输的速率和效率,从而改善系统的整体性能,为系统的性能和可靠性提供了重要支持。

在 UART 通信中,使用 DMA 可以大量减少 CPU 处理的时间,CPU 只需要简单的操作（如"安排任务"）,就可把一串数据包交给 DMA 直接发送或接收。这样,CPU 可以专注于其他任务,而无须频繁地中断来处理数据传输。

在嵌入式系统中,模数转换器常用于采集模拟信号并将其转换为数字信号。使用 DMA 可以自动地将 ADC 转换完成的数据从外设移到内存中,而无须 CPU 的干预。这大大提高了数据采集的效率和准确性。

在音频处理应用中,DMA 可以用于实现音频数据的实时传输和处理。例如,在音频播放过程中,DMA 可以将音频数据从内存传输到音频外设进行播放,而无须 CPU 的参与。这降低了音频播放的延迟和抖动,提高了音质和用户体验。

在图像处理应用中,DMA 可以用于实现图像数据的快速传输和处理。例如,在摄像头应用中,DMA 可以将摄像头捕获的图像数据从外设传输到内存中进行存储或处理。这大大提高了图像处理的效率和实时性。

7.2　STM32F407 DMA

视频讲解

STM32F407 DMA 控制器基于复杂的总线矩阵架构,将功能强大的双 AHB 主总线架构与独立的先进先出（First In First Out,FIFO）存储器缓冲区结合在一起,优化了系统带宽。双 AHB 主总线,一个用于存储器访问,另一个用于外设访问。支持 32 位访问的 AHB 从编程接口,并具备多个数据流和通道,每个数据流可以管理多个外设的访问请求。此外,DMA 还提供了丰富的配置选项,如传输方向、数据宽度、传输模式等,以满足不同应用的需求。

两个 DMA 控制器总共有 16 个数据流(每个控制器 8 个),每个 DMA 控制器都用于管理一个或多个外设的存储器访问请求。每个数据流总共可以有多达 8 个通道(或称请求)。每个通道都有一个仲裁器,用于处理 DMA 请求间的优先级。

在 STM32F407 中,DMA 请求可以由多种外设触发,如 ADC、USART 等。通过使用 DMA,可以实现外设与内存之间的高速数据传输,从而优化系统的整体性能。此外,DMA 还支持中断和循环模式等特性,进一步提高了数据传输的灵活性和效率。

7.2.1 DMA 的主要特性

DMA 的主要特性如下。

(1) 双 AHB 主总线架构,一个用于存储器访问,另一个用于外设访问。

(2) 仅支持 32 位访问的 AHB 从编程接口。

(3) 每个 DMA 控制器有 8 个数据流,每个数据流有多达 8 个通道(或称请求)。

(4) 每个数据流有单独的四级 32 位先进先出存储器缓冲区,可用于 FIFO 模式或直接模式。FIFO 模式可通过软件将阈值级别选取为 FIFO 大小的 1/4、1/2 或 3/4。直接模式每个 DMA 请求会立即启动对存储器的传输。当在直接模式(禁止 FIFO)下将 DMA 请求配置为以存储器到外设模式传输数据时,DMA 仅会将一个数据从存储器预加载到内部 FIFO,从而确保一旦外设触发 DMA 请求时立即传输数据。

(5) 通过硬件可以将每个数据流配置为:支持外设到存储器、存储器到外设和存储器到存储器传输的常规通道,也支持在存储器方双缓冲的双缓冲区通道。

(6) 8 个数据流中的每一个都连接到专用硬件 DMA 通道(请求)。

(7) DMA 数据流请求之间的优先级(4 个级别:非常高、高、中、低)可用软件编程实现,在软件优先级相同的情况下可以通过硬件决定优先级(例如,请求 0 的优先级高于请求 1)。

(8) 每个数据流也支持通过软件触发存储器到存储器的传输(仅限 DMA2 控制器)。

(9) 可供每个数据流选择的通道(请求)多达 8 个。此选择可由软件配置,允许几个外设启动 DMA 请求。

(10) 要传输的数据项的数目可以由 DMA 控制器或外设管理。DMA 控制器,要传输的数据项的数目是 1~65 535,可用软件编程控制。外设控制器,要传输的数据项的数目未知并由源或目标外设控制,这些外设通过硬件发出传输结束的信号。

(11) 独立的源和目标传输宽度(字节、半字、字):源和目标的数据宽度不相等时,DMA 自动封装/解封必要的传输数据来优化带宽。这个特性仅在 FIFO 模式下可用。

(12) 支持对源和目标的增量或非增量寻址。

(13) 支持 4 个、8 个和 16 个节拍的增量突发传输。突发增量的大小可由软件配置,通常等于外设 FIFO 大小的一半。

(14) 每个数据流都支持循环缓冲区管理。

(15) 5 个事件标志(DMA 半传输、DMA 传输完成、DMA 传输错误、DMA FIFO 错误、直接模式错误)进行逻辑或运算,从而产生每个数据流的单个中断请求。

7.2.2 DMA 寄存器

DMA 寄存器可按字(32 位)进行访问,常用 DMA 寄存器如表 7-1 所示。

表 7-1 常用 DMA 寄存器

寄存器名称	功能描述	偏移地址	复位值
DMA_LISR	DMA 低中断状态寄存器	0x00	0x0000 0000
DMA_HISR	DMA 高中断状态寄存器	0x04	0x0000 0000
DMA_LIFCR	DMA 低中断标志清零寄存器	0x08	0x0000 0000
DMA_HIFCR	DMA 高中断标志清零寄存器	0x0C	0x0000 0000
DMA_SxCR(x = 0,⋯,7)	DMA 数据流 x 配置寄存器	0x10 + 0x18 × 数据流编号	0x0000 0000
DMA_SxNDTR(x = 0,⋯,7)	DMA 数据流 x 数据项数寄存器	0x14 + 0x18 × 数据流编号	0x0000 0000
DMA_SxPAR(x = 0,⋯,7)	DMA 数据流 x 外设地址寄存器	0x18 + 0x18 × 数据流编号	0x0000 0000
DMA_SxM0AR(x = 0,⋯,7)	DMA 数据流 x 存储器 0 地址寄存器	0x1C + 0x18 × 数据流编号	0x0000 0000
DMA_SxM1AR(x = 0,⋯,7)	DMA 数据流 x 存储器 1 地址寄存器	0x20 + 0x18 × 数据流编号	0x0000 0000
DMA_SxFCR(x = 0,⋯,7)	DMA 数据流 x FIFO 控制寄存器	0x24 + 0x24 × 数据流编号	0x0000 0021

7.2.3 DMA 功能说明

DMA 框架如图 7-1 所示。

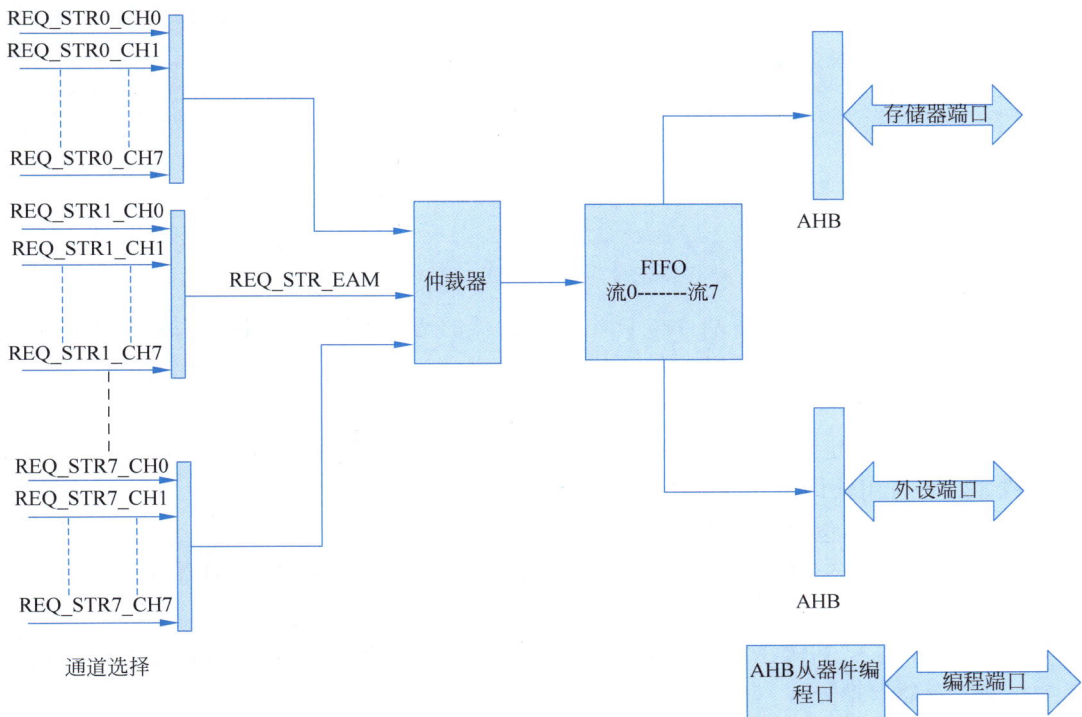

图 7-1 DMA 框架

DMA 控制器执行直接存储器传输：因为采用 AHB 主总线，它可以控制 AHB 矩阵来启动 AHB 事件。可以执行下列事件。

（1）外设到存储器的传输；

（2）存储器到外设的传输；

（3）存储器到存储器的传输。

DMA 控制器提供两个 AHB 主端口：AHB 存储器端口（用于连接存储器）和 AHB 外设端口（用于连接外设）。但是，要执行存储器到存储器的传输，AHB 外设端口必须也能访问存储器。AHB 从端口用于对 DMA 控制器进行编程（仅支持 32 位访问）。STM32F407两个 DMA 控制器的系统实现如图 7-2 所示。

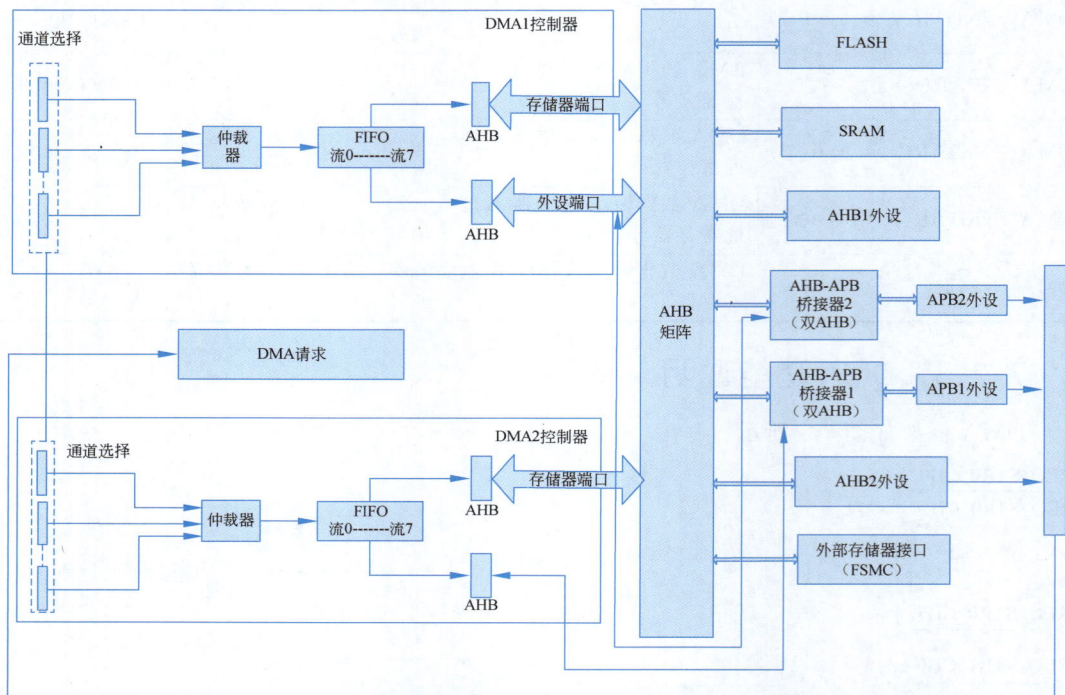

图 7-2   STM32F407 两个 DMA 控制器的系统实现

DMA1 控制器 AHB 外设端口与 DMA2 控制器的情况不同，不连接到总线矩阵，因此，仅 DMA2 数据流能够执行存储器到存储器的传输。

1. DMA 事务

DMA 事务由给定数目的数据传输序列组成。要传输的数据项的数目及其宽度（8 位、16 位或 32 位）可用软件编程控制。

每个 DMA 传输包含 3 项操作，具体如下。

（1）通过 DMA_SxPAR 或 DMA_SxM0AR 寄存器寻址，从外设数据寄存器或存储器单元中加载数据。

（2）通过 DMA_SxPAR 或 DMA_SxM0AR 寄存器寻址，将加载的数据存储到外设数据寄存器或存储器单元。

（3）DMA_SxNDTR 计数器在数据存储结束后递减，该计数器中包含仍需执行的事务数。在产生事件后,外设会向 DMA 控制器发送请求信号。DMA 控制器根据通道优先级处理该请求。只要 DMA 控制器访问外设,DMA 控制器就会向外设发送确认信号。外设获得 DMA 控制器的确认信号后,便会立即释放其请求。一旦外设使请求失效,DMA 控制器就会释放确认信号。如果有更多请求,外设可以启动下一个事务。

2. 通道选择

每个数据流都与一个 DMA 请求相关联,此 DMA 请求可以从 8 个可能的通道(请求)中选出。此选择由 DMA 数据流 x FIFO 控制寄存器(DMA_SxFCR)(x＝0,…,7)中的 CHSEL[2:0]位控制,如图 7-3 所示。

DMA1 请求映射如表 7-2 所示,DMA2 请求映射如表 7-3 所示。

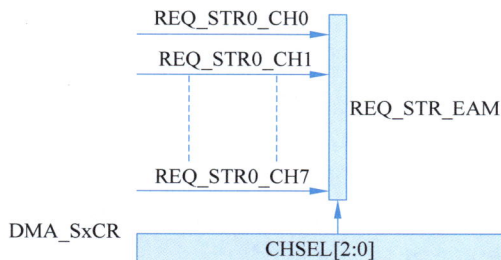

图 7-3　通道选择

表 7-2　DMA1 请求映射

外设	通道 1	通道 2	通道 3	通道 4	通道 5	通道 6	通道 7
ADC1	ADC1						
SPI/I^{2}S		SPI1_RX	SPI1_TX	SPI/I2S2_RX	SPI/I2S2_TX		
USART		USART3_TX	USART3_RX	USART1_TX	USART1_RX	USART2_RX	USART2_TX
R^{2}C				I2C2_TX	I2C2_RX	I2C1_TX	I2C1_RX
TIM1		TIM1_CH1	TIM1_CH2	TIM1_TX4TIM1_TRIGTIM1_COM	TIM1_UP	TIM1_CH3	
TIM2	TIM2_CH3	TIM2_UP			TIM2_CH1		TIM2_CH2TIM2_CH4
TIM3		TIM3_CH3	TIM3_CH4TIM3_UP			TIM3_CH1TIM3_TRIG	
TIM4	TIM4_CH1			TIM4_CH2	TIM4_CH3		TIM4_UP

表 7-3　DMA2 请求映射

外设	通道 1	通道 2	通道 3	通道 4	通道 5
ADC3(1)					ADC3
SPI/I2S3	SPI/I2S3_RX	SPI/I2S3_TX			
UART4			UART4_RX		UART4_TX
SDIO(1)				SDIO	
TIM5	TIM5_CH4TIM5_TRIG	TIM5_CH3TIM5_UP		TIM5_CH2	TIM5_CH1
TIM6/DAC 通道 1			TIM6_UP/DAC 通道 1		
TIM7/DAC 通道 2				TIM7_UP/DAC 通道 2	
TIM8(1)	TIM8_CH3TIM8_UP	TIM8_CH4TIM8_TRIGTIM8_COM	TIM8_CH1		TIM8_CH2

3. 仲裁器

仲裁器为两个 AHB 主端口(存储器和外设端口)提供基于请求优先级的 8 个 DMA 数据流请求管理,并启动外设/存储器访问序列。

优先级管理分为两个阶段。

(1) 软件。每个数据流优先级都可以在 DMA_SxCR 寄存器中配置,分为非常高优先级、高优先级、中优先级、低优先级 4 个级别。

(2) 硬件。如果两个请求具有相同的软件优先级,则编号低的数据流优先于编号高的数据流。例如,数据流 2 的优先级高于数据流 4。

4. DMA 数据流

8 个 DMA 控制器数据流都能够提供源和目标之间的单向传输链路。每个数据流配置后都可以执行如下操作。

(1) 常规类型事务。存储器到外设、外设到存储器或存储器到存储器的传输;

(2) 双缓冲区类型事务。使用存储器的两个存储器指针的双缓冲区传输(当 DMA 正在进行自/至缓冲区的读/写操作时,应用程序可以进行至/自其他缓冲区的写/读操作)。

要传输的数据量(多达 65 535)可以编程控制,并与连接到外设 AHB 端口的外设(请求 DMA 传输)的源宽度相关。每个事务完成后,包含要传输的数据项总量的寄存器都会递减。

5. 源、目标和传输模式

源传输和目标传输在整个 4GB 区域(地址在 0x0000 0000 和 0xFFFF FFFF 之间)都可以寻址外设和存储器。

传输方向使用 DMA_SxCR 寄存器中的 DIR[1:0]位进行配置,有存储器到外设、外设到存储器、存储器到存储器 3 种可能的传输方向。源和目标地址如表 7-4 所示。

表 7-4 源和目标地址

DMA_SxCR 寄存器的位 DIR[1:0]	方　　向	源　地　址	目　标　地　址
00	外设到存储器	DMA_SxPAR	DMA_SxM0AR
01	存储器到外设	DMA_SxM0AR	DMA_SxPAR
10	存储器到存储器	DMA_SxPAR	DMA_SxM0AR
11	保留	—	—

当数据宽度(在 DMA_SxCR 寄存器的 PSIZE 或 MSIZE 位中编程)分别是半字或字时,写入 DMA_SxPAR 或 DMA_SxM0AR/M1AR 寄存器的外设或存储器地址必须分别在字或半字地址的边界对齐。

1) 外设到存储器模式

外设到存储器模式如图 7-4 所示。使能这种模式(将 DMA_SxCR 寄存器中的位 EN 置 1)时,每次产生外设请求,数据流都会启动数据源到 FIFO 的传输。达到 FIFO 的阈值级别时,FIFO 的内容移出并存储到目标中。如果 DMA_SxNDTR 寄存器达到 0,外设请求传输终止(在使用外设流控制器的情况下)或 DMA_SxCR 寄存器中的 EN 位由软件清零,传输就会停止。在直接模式下(当 DMA_SxFCR 寄存器中的 DMDIS 值为 0 时),不使用 FIFO 的阈值级别控制,每完成一次从外设到 FIFO 的数据传输,相应的数据就会立即移出并存储到目标中。只有赢得了数据流的仲裁后,相应数据流才有权访问 AHB 源或目标端口。系统使用 DMA_SxCR 寄存器 PL[1:0]位为每个数据流定义的优先级执行仲裁。

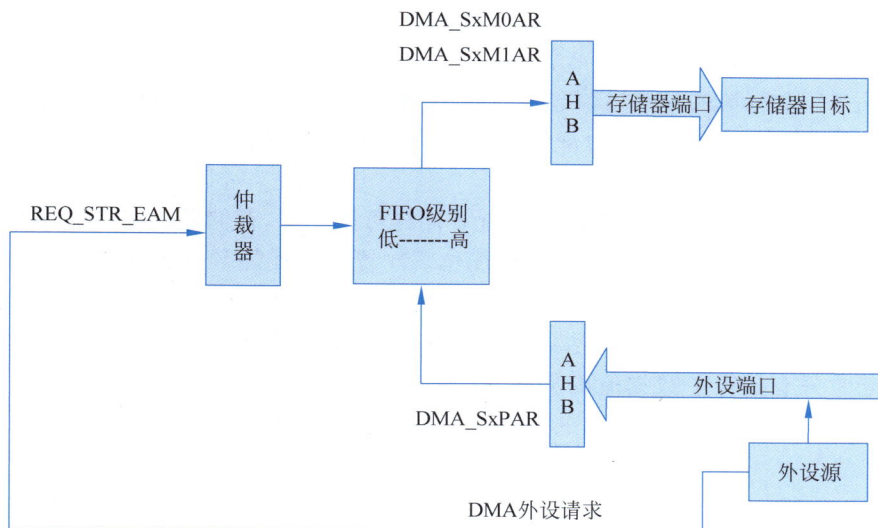

图 7-4 外设到存储器模式

2）存储器到外设模式

存储器到外设模式如图 7-5 所示。使能这种模式（将 DMA_SxCR 寄存器中的 EN 位置 1）时，数据流会立即启动传输，从源完全填充 FIFO。每次发生外设请求，FIFO 的内容都会移出并存储到目标中。当 FIFO 的级别小于或等于预定义的阈值级别时，将使用存储器中的数据完全重载 FIFO。如果 DMA_SxNDTR 寄存器达到 0、外设请求传输终止（在使用外设流控制器的情况下）或 DMA_SxCR 寄存器中的 EN 位由软件清零，传输就会停止。

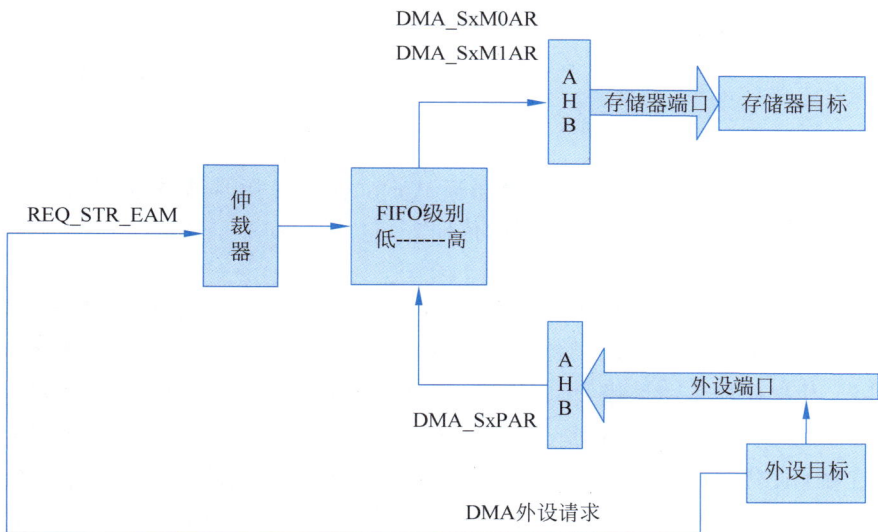

图 7-5 存储器到外设模式

在直接模式下（当 DMA_SxFCR 寄存器中的 DMDIS 值为 0 时），不使用 FIFO 的阈值级别。一旦使能了数据流，DMA 便会预装载第一个数据，将其传输到内部 FIFO。一旦外设请求数据传输，DMA 便会将预装载的值传输到配置的目标。然后，它会使用要传输的下一个数据再次重载内部空 FIFO。预装载的数据大小为 DMA_SxCR 寄存器中 PSIZE 位字段的值。

只有赢得了数据流的仲裁后,相应数据流才有权访问 AHB 源或目标端口。系统使用 DMA_SxCR 寄存器 PL[1:0]位为每个数据流定义的优先级执行仲裁。

3)存储器到存储器模式

DMA 通道在没有外设请求触发的情况下同样可以工作,存储器到存储器模式如图 7-6 所示。通过将 DMA_SxCR 寄存器中的使能位 EN 置 1 来使能数据流时,数据流会立即开始填充 FIFO,直至达到阈值级别。达到阈值级别后,FIFO 的内容便会移出,并存储到目标中。如果 DMA_SxNDTR 寄存器达到 0 或 DMA_SxCR 寄存器中的 EN 位由软件清零,传输就会停止。只有赢得了数据流的仲裁后,相应数据流才有权访问 AHB 源或目标端口。系统使用 DMA_SxCR 寄存器 PL[1:0]位为每个数据流定义的优先级执行仲裁。

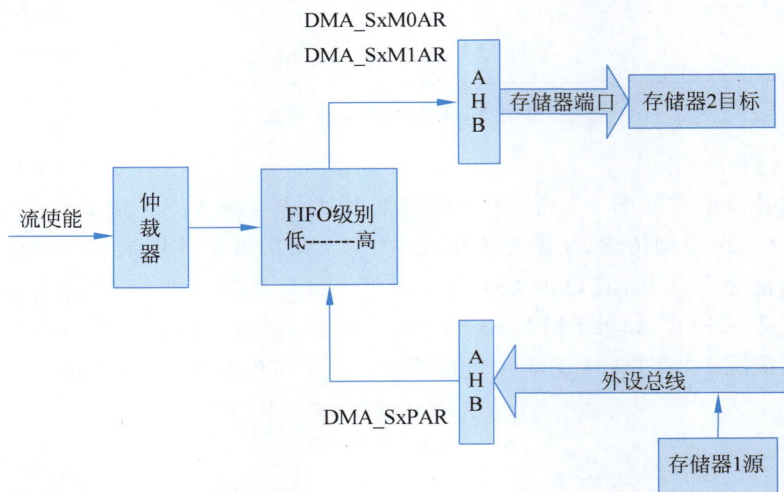

图 7-6   存储器到存储器模式

需要注意的是,使用存储器到存储器模式时,不允许循环模式和直接模式。只有 DMA2 控制器能够执行存储器到存储器的传输。

6. 指针递增

根据 DMA_SxCR 寄存器中 PINC 和 MINC 位的状态,外设和存储器指针在每次传输后可以自动向后递增或保持常量。通过单个寄存器访问外设源或目标数据时,禁止递增模式十分有用。如果使能了递增模式,则根据 DMA_SxCR 寄存器 PSIZE 或 MSIZE 位中编程的数据宽度,下一次传输的地址将是前一次传输的地址递增 1(对于字节)、2(对于半字)或 4(对于字)。为了优化封装操作,可以不管 AHB 外设端口上传输的数据的大小,将外设地址的增量偏移大小固定下来。DMA_SxCR 寄存器中的 PINCOS 位用于将增量偏移大小与外设 AHB 端口或 32 位地址(此时地址递增 4)上的数据大小对齐。PINCOS 位仅对 AHB 外设端口有影响。如果将 PINCOS 位置 1,则无论 PSIZE 值是多少,下一次传输的地址总是前一次传输的地址递增 4(自动与 32 位地址对齐)。但是,AHB 存储器端口不受此操作影响。如果 AHB 外设端口或 AHB 存储器端口分别请求突发事务,为了满足 AMBA 协议(在固定地址模式下不允许突发事务),则需要将 PINC 或 MINC 位置 1。

7. 循环模式

循环模式可用于处理循环缓冲区和连续数据流(如 ADC 扫描模式)。可以使用 DMA_SxCR 寄存器中的 CIRC 位使能此特性。当激活循环模式时,要传输的数据项的数目在数据流配置阶段自动用设置的初始值进行加载,并继续响应 DMA 请求。

8. 双缓冲区模式

此模式可用于所有 DMA1 和 DMA2 数据流。通过将 DMA_SxCR 寄存器中的 DBM 位置 1,即可使能双缓冲区模式。

除了有两个存储器指针之外,双缓冲区数据流的工作方式与常规(单缓冲区)数据流的一样。使能双缓冲区模式时,将自动使能循环模式(DMA_SxCR 中的 CIRC 位的状态是"无关"),并在每次事务结束时交换存储器指针。

在此模式下,每次事务结束时,DMA 控制器都从一个存储器目标交换为另一个存储器目标。这样,软件在处理一个存储器区域的同时,DMA 传输还可以填充/使用第二个存储器区域。

双缓冲区模式下的源和目标地址寄存器如表 7-5 所示,双缓冲区数据流可以双向工作(存储器既可以是源也可以是目标)。

表 7-5 双缓冲区模式下的源和目标地址寄存器

DMA_SxCR 寄存器的位 DIR[1:0]	方　向	源　地　址	目 标 地 址
00	外设到存储器	DMA_SxPAR	DMA_SxMCAR
01	存储器到外设	DMA_SxM0AR/DMA_SxM1AR	DMA_SxPAR
10	不允许	—	—
11	保留	—	—

对于所有其他模式(双缓冲区模式除外),一旦使能数据流,存储器地址寄存器即被写保护。

使能双缓冲区模式时,自动使能循环模式。由于存储器到存储器模式与循环模式不兼容,所以当使能双缓冲区模式时,不允许配置存储器到存储器模式。

9. 可编程数据宽度、封装/解封、字节序

要传输的数据项数目必须在使能数据流之前编程到 DMA_SxNDTR(要传输数据项数目位,NDT)中,当流控制器是外设且 DMA_SxCR 中的 PFCTRL 位置 1 时除外。

当使用内部 FIFO 时,源和目标数据的数据宽度可以通过 DMA_SxCR 寄存器的 PSIZE 和 MSIZE 位(可以是 8 位、16 位或 32 位)编程实现。

10. 单次传输和突发传输

DMA 控制器可以产生单次传输或 4 个、8 个和 16 个节拍的增量突发传输。

突发大小通过软件针对两个 AHB 端口独立配置,配置时使用 DMA_SxCR 寄存器中的 MBURST[1:0]和 PBURST[1:0] 位。

突发大小指突发中的节拍数,而不是传输的字节数。为确保数据一致性,形成突发的每一组传输都不可分割:在突发传输序列期间,AHB 传输会锁定,并且 AHB 矩阵的仲裁器不解除对 DMA 主总线的授权。根据单次或突发配置的情况,每个 DMA 请求在 AHB 外设端口上相应地启动不同数量的传输。

11. FIFO

FIFO 用于在源数据传输到目标之前临时存储这些数据。每个数据流都有一个独立的

4字 FIFO,阈值级别可由软件配置为 1/4、1/2、3/4 或满。为了使能 FIFO 阈值级别,必须通过将 DMA_SxFCR 寄存器中的 DMDIS 位置 1 来禁止直接模式。FIFO 结构根据源数据宽度与目标数据宽度的不同而不同。FIFO 结构如图 7-7 所示。

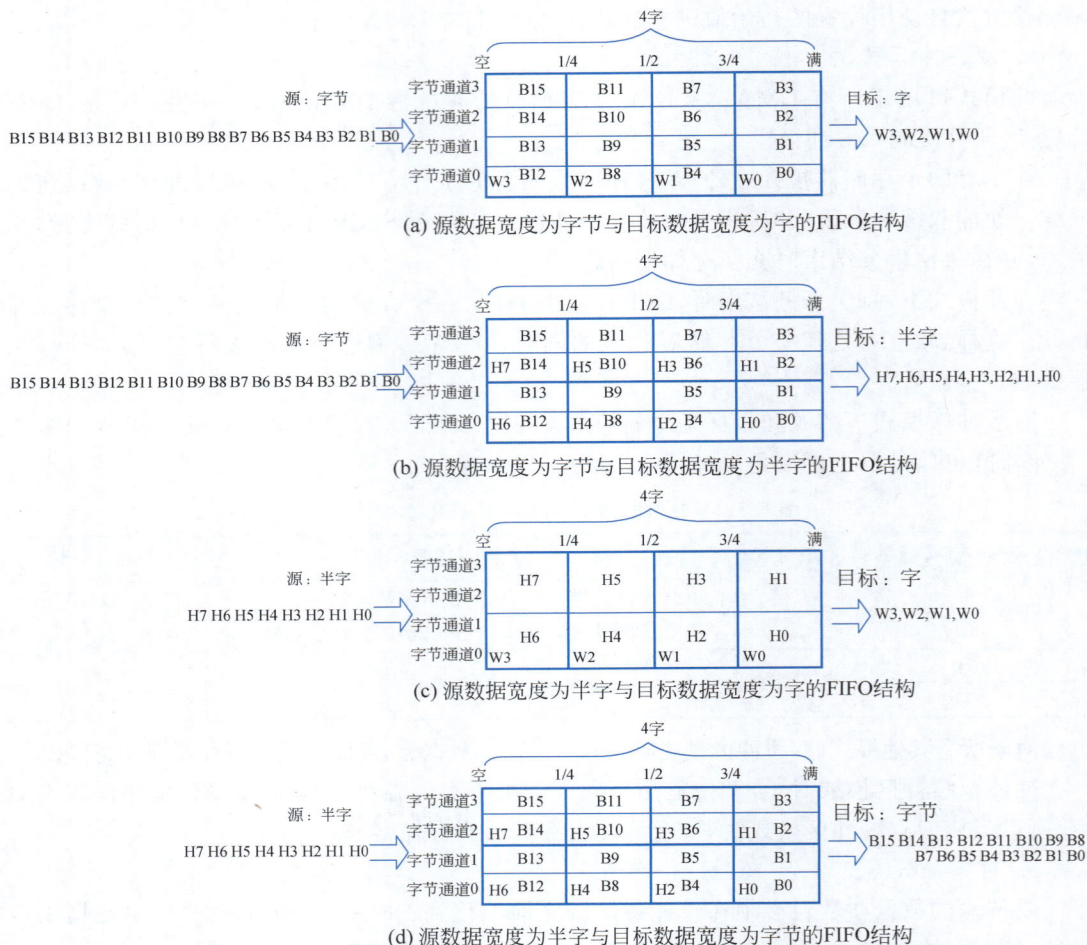

(a) 源数据宽度为字节与目标数据宽度为字的FIFO结构

(b) 源数据宽度为字节与目标数据宽度为半字的FIFO结构

(c) 源数据宽度为半字与目标数据宽度为字的FIFO结构

(d) 源数据宽度为半字与目标数据宽度为字节的FIFO结构

图 7-7 FIFO 结构

12. DMA 传输完成

以下各种事件均可以结束传输过程,并将 DMA_LISR 或 DMA_HISR 状态寄存器中的 TCIFx 位置 1。

(1) 在 DMA 流控制器模式下。在存储器到外设模式下,DMA_SxNDTR 计数器已达到 0。传输结束前禁止了数据流(通过将 DMA_SxCR 寄存器中的 EN 位清零),并在传输是外设到存储器或存储器到存储器的模式时,所有的剩余数据均已从 FIFO 刷新到存储器。

(2) 在外设流控制器模式下。已从外设生成最后的外部突发请求或单独请求,并当 DMA 在外设到存储器模式下工作时,剩余数据已从 FIFO 传输到存储器。数据流由软件禁止,并当 DMA 在外设到存储器模式下工作时,剩余数据已从 FIFO 传输到存储器。

需要注意的是,仅在外设到存储器模式下,传输的完成取决于 FIFO 中要传输到存储器的剩余数据。这种情况不适用于存储器到外设模式。

如果是在非循环模式下配置数据流,传输结束后(即要传输的数据数目达到 0),除非软件重新对数据流编程并重新使能数据流(通过将 DMA_SxCR 寄存器中的 EN 位置 1),否则 DMA 就会停止传输(通过硬件将 DMA_SxCR 寄存器中的 EN 位清 0)并且不再响应任何 DMA 请求。

13. DMA 传输暂停

可以随时暂停 DMA 传输以供稍后重新开始;也可以在 DMA 传输结束前明确禁止暂停功能。分为以下两种情况。

(1) 数据流禁止传输,以后不从停止点重新开始暂停。这种情况下,只需将 DMA_SxCR 寄存器中的 EN 位清零来禁止数据流,除此之外不需要任何其他操作。禁止数据流可能要花费一些时间(需要首先完成正在进行的传输)。需要将传输完成中断标志(DMA_LISR 或 DMA_HISR 寄存器中的 TCIF)置 1 来指示传输结束。现在 DMA_SxCR 中的 EN 位的值是"0",借此确认数据流已经终止传输。

DMA_SxNDTR 寄存器包含数据流停止时剩余数据项的数目,这样软件便可以确定数据流中断前已传输了多少数据项。

(2) 数据流在 DMA_SxNDTR 寄存器中要传输的剩余数据项数目达到 0 之前暂停传输。目的是以后通过重新使能数据流重新开始传输。为了在传输停止点重新开始传输,软件必须在通过写入 DMA_SxCR 寄存器中的 EN 位(然后检查确认该位为 0)禁止数据流之后,首先读取 DMA_SxNDTR 寄存器来了解已经收集的数据项的数目。然后,必须更新外设和/或存储器地址以调整地址指针,必须使用要传输的剩余数据项的数目(禁止数据流时读取的值)更新 SxNDTR 寄存器、然后可以重新使能数据流,从停止点重新开始传输。

需要注意的是,传输完成中断标志(DMA_LISR 或 DMA_HISR 中的 TCIF)置 1 将指示因数据流中断而结束传输。

14. 流控制器

控制要传输的数据数目的实体称为流控制器。流控制器使用 DMA_SxCR 寄存器中 PFCTRL 位针对每个数据流独立配置。流控制器可以是以下两种。

(1) DMA 控制器。在这种情况下,要传输的数据项的数目在使能 DMA 数据流之前由软件编程到 DMA_SxNDTR 寄存器中。

(2) 外设源或目标。当要传输的数据项的数目未知时属于这种情况。当所传输的是最后的数据时,外设通过硬件向 DMA 控制器发出指示。仅限能够发出传输结束信号的外设支持此功能,也就是 SDIO 当外设流控制器用于给定数据流时,写入 DMA_SxNDTR 的值对 DMA 传输没有作用。

15. DMA 配置汇总

各 DMA 配置汇总如表 7-6 所示。

表 7-6　各 DMA 配置汇总

DMA 传输模式	源		目标	流控制器	循环模式	传输类型	直接模式	双缓冲区模式
外设到存储器	AHB 外设端口		AHB 存储器端口	DNA	允许	单独	允许	允许
						突发	禁止	
				外设	禁止	单独	允许	禁止
						突发	禁止	

续表

DMA 传输模式	源	目标	流控制器	循环模式	传输类型	直接模式	双缓冲区模式
存储器到外设	AHB 存储器端口	AHB 外设端口	DNA	允许	单独	允许	允许
					突发	禁止	
			外设	禁止	单独	允许	禁止
					突发	禁止	
存储器到存储器	AHB 外设端口	AHB 存储器端口	仅 DMA	禁止	单独	禁止	禁止
					突发		

16. 流配置过程

配置 DMA 数据流 x(其中 x 是数据流编号)时应遵守如下顺序。

(1) 如果使能了数据流,通过重置 DMA_SxCR 寄存器中的 EN 位将其禁止,然后读取此位以确认没有正在进行的数据流操作。将此位写为 0 不会立即生效,因为实际上只有所有当前传输都已完成时才会将其写为 0。当所读取 EN 位的值为 0 时,才表示可以配置数据流。因此在开始任何数据流配置之前,需要等待 EN 位置 0。应将先前的数据块 DMA 传输中在状态寄存器(DMA_LISR 和 DMA_HISR)中置 1 的所有数据流专用的位置 0,然后才可重新使能数据流。

(2) 在 DMA_SxPAR 寄存器中设置外设端口寄存器地址。外设事件发生后,数据会从此地址移动到外设端口或从外设端口移动到此地址。

(3) 在 DMA_SxMA0R 寄存器(在双缓冲区模式的情况下还有 DMA_SxMA1R 寄存器)中设置存储器地址。外设事件发生后,将从此存储器读取数据或将数据写入此存储器。

(4) 在 DMA_SxNDTR 寄存器中配置要传输的数据项的总数。每出现一次外设事件或每出现一个节拍的突发传输,该值都会递减。

(5) 使用 DMA_SxCR 寄存器中的 CHSEL[2:0] 位选择 DMA 通道(请求)。

(6) 如果外设用作流控制器而且支持此功能,将 DMA_SxCR 寄存器中的 PFCTRL 位置 1。

(7) 使用 DMA_SxCR 寄存器中的 PL[1:0] 位配置数据流优先级。

(8) 配置 FIFO 的使用情况(使能或禁止,发送和接收阈值)。

(9) 配置数据传输方向、外设和存储器增量/固定模式、单独或突发事务、外设和存储器数据宽度、循环模式、双缓冲区模式和传输完成一半和/或全部完成,和/或 DMA_SxCR 寄存器中错误的中断。

(10) 通过将 DMA_SxCR 寄存器中的 EN 位置 1 激活数据流。一旦使能了流,即可响应连接到数据流的外设发出的任何 DMA 请求。一旦在 AHB 目标端口上传了一半数据,传输一半标志 HTIF 便会置 1,如果传输一半中断使能位 HTIE 置 1,还会生成中断。传输结束时,传输完成标志 TCIF 便会置 1,如果传输完成中断使能位 TCIE 置 1,还会生成中断。

需要注意的是,要关闭连接到 DMA 数据流请求的外设,必须首先关闭外设连接的 DMA 数据流,然后等待 EN 位为 0。只有这样才能安全地禁止外设。

17. 错误管理

DMA 控制器可以检测到如下错误。

（1）传输错误。当发生下列情况时，传输错误中断标志 TEIFx 将置 1。

- DMA 读或写访问期间发生总线错误；
- 软件请求在双缓冲区模式下写访问存储器地址寄存器，但是，已使能数据流，并且当前目标存储器是受写入存储器地址寄存器操作影响的存储器。

（2）FIFO 错误。如果发生下列情况，FIFO 错误中断标志 FEIFx 将置 1。

- 检测到 FIFO 下溢情况；
- 检测到 FIFO 上溢情况（在存储器到存储器模式下由 DMA 内部管理请求和传输，所以在此模式下不检测溢出情况）；
- 当 FIFO 阈值级别与存储器突发大小不兼容时使能流。

（3）直接模式错误：只有当在直接模式下工作并且已将 DMA_SxCR 寄存器中的 MINC 位清零时，才能在外设到存储器模式下将直接模式错误中断标志 DMEIFx 置 1。当在先前数据未完全传输到存储器（因为存储器总线未得到授权）的情况下发生 DMA 请求时，该标志将置 1。在这种情况下，该标志指示有两个数据项相继传输到相同的目标地址，如果目标不能管理这种情况，会发生问题。

在直接模式下，如果出现下列条件，FIFO 错误标志也会置 1。

- 在外设到存储器模式下，如果未对存储器总线授权支持多个外设请求，FIFO 可能饱和（上溢）；
- 在存储器到外设模式下，如果在外设请求发生前存储器总线未得到授权，则可能发生下溢的情况。

7.2.4　DMA 中断

对于每个 DMA 数据流，可在发生以下事件时产生中断：达到半传输、传输完成、传输错误、FIFO 错误（上溢、下溢或 FIFO 级别错误）、直接模式错误。

可以使用单独的中断使能位以实现灵活性。DMA 中断请求如表 7-7 所示。需要注意的是，在将使能控制位置 1 前，应将相应的事件标志清零，否则会立即产生中断。

表 7-7　DMA 中断请求

中断事件	事件标志	使能控制位
半传输	HTIF	HTIE
传输完成	TCIF	TCIE
传输错误	TEIF	TEIE
FIFO 错误	FEIF	FEIE
直接模式错误	DMEIF	DMEIE

7.3　STM32F407 DMA HAL 库函数

视频讲解

1. DMA 相关数据结构

在 stm32f4xx_hal_dma.h 文件中定义了与初始化 DMA 所需参数对应的结构体 DMA_InitTypeDef，与 DMA 控制寄存器对应的结构体 DMA_TypeDef 则定义在 stm32f407xx.h 中。结构体 DMA_InitTypeDef 用于配置 DMA 的初始化传输参数。

```
typedef struct
{
  uint32_t Channel;                  /* DMA 数据流中通道的选择 */
  uint32_t Direction;           /* 数据传输方向,外设到存储器、存储器到外设、存储器到存储器 */
  uint32_t PeriphInc;                /* 外设地址指针自增 */
  uint32_t MemInc;                   /* 存储器地址指针自增 */
  uint32_t PeriphDataAlignment;      /* 外设数据宽度 */
  uint32_t MemDataAlignment;         /* 存储器数据宽度 */
  uint32_t Mode;                     /* DMA 数据传输模式,正常模式或循环模式 */
  uint32_t Priority;                 /* DMA 优先级 */
  uint32_t FIFOMode;                 /* FIFO 模式 */
  uint32_t FIFOThreshold;            /* FIFO 深度选择 */
  uint32_t MemBurst;                 /* 存储器突发传输的节拍数 */
  uint32_t PeriphBurst;              /* 外设突发传输的节拍数 */
}DMA_InitTypeDef;
```

2. DMA 相关函数

对于参与 DMA 传输的外设来说,HAL 库提供了与 DMA 传输相关的函数,异步串行通信中使用的 DMA 相关函数及其功能描述如表 7-8 所示。

表 7-8　异步串行通信中使用的 DMA 相关函数及其功能描述

函 数 名 称	函 数 功 能 描 述
HAL_UART_Transmit_DMA()	DMA 串口发送
HAL_UART_Receive_DMA()	DMA 串口接收
HAL_UART_DMAPause()	DMA 传输暂停
HAL_UART_DMAResume()	DMA 恢复传输
HAL_UART_DMAStop()	DMA 终止传输

1) DMA 串口发送

函数原型为 HAL_StatusTypeDef HAL_UART_Transmit_DMA(UART_HandleTypeDef * huart, uint8_t * pData, uint16_t Size),使用 DMA 方式发送串口数据。

其中,huart 为串口句柄,pData 为指向发送数据缓冲区的指针,Size 为需要发送的数据量。

函数返回值 HAL_StatusTypeDef 为函数执行状态,共有 4 种状态 HAL_OK、HAL_ERROR、HAL_BUSY、HAL_TIMEOUT,若成功则返回 HAL_OK。

2) DMA 串口接收

函数原型为 HAL_StatusTypeDef HAL_UART_Receive_DMA(UART_HandleTypeDef * huart, uint8_t * pData, uint16_t Size),使用 DMA 方式接收串口数据。

其中,huart 为串口句柄,pData 为指向接收数据缓冲区的指针,Size 为需要接收的数据量。

函数返回值 HAL_StatusTypeDef 为函数执行状态。

3) DMA 传输暂停

函数原型为 void HAL_UART_DMAPause(UART_HandleTypeDef * huart),用于暂停 DMA 传输。

其中,huart 为串口句柄。

函数返回值 HAL_StatusTypeDef 为函数执行状态。

4）DMA 恢复传输

函数原型为 void HAL_UART_DMAResume(UART_HandleTypeDef ＊ huart)，用于恢复 DMA 传输。

其中，huart 为串口句柄。

函数返回值 HAL_StatusTypeDef 为函数执行状态。

5）DMA 终止传输

函数原型为 HAL_StatusTypeDef HAL_UART_DMAStop(UART_HandleTypeDef ＊ huart)，用于终止 DMA 传输。

其中，huart 为串口句柄。

函数返回值 HAL_StatusTypeDef 为函数执行状态。

7.4 直接存储器存取实例

视频讲解

本节实例设计要求：开启 DMA，使 USART1 每隔 1s，用 DMA 串口轮询的方式向虚拟终端发送数据，通信成功后 LED 闪烁一次。Proteus 仿真电路中，与 STM32F407VET6 USART1 对应的引脚 PA9 和 PA10，分别与虚拟终端的 RxD 和 TxD 相连，STM32F407VET6 的 PB8 外接 LED。串行通信参数：波特率为 115 200bps，字长为 8 位，停止位 1 位，无奇偶校验。

1. STM32CubeMX 工程

在 6.4.1 节 STM32F407 轮询方式串口发送实例的基础上，单击 USART1 中的 DMA 设置，单击 Add 按钮，添加 DMA 如图 7-8 所示。

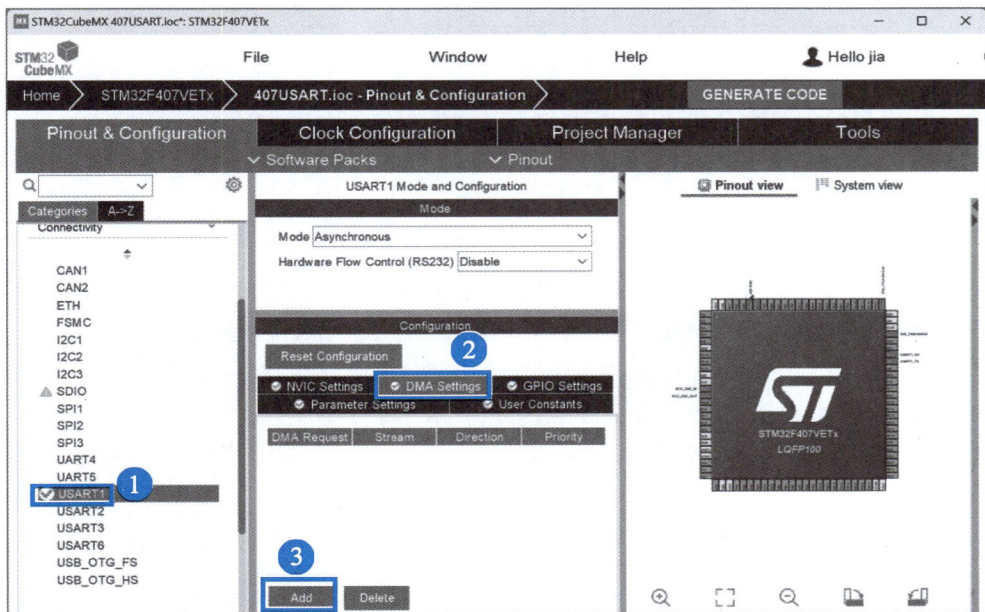

图 7-8 添加 DMA

单击 Add 按钮后，选择 USART1_RX，其他信息保持默认。串口 1 开启 DMA 接收，占用的是 DMA2 Strem2，方向是外设到内存。串口 1 DMA 接收配置如图 7-9 所示。

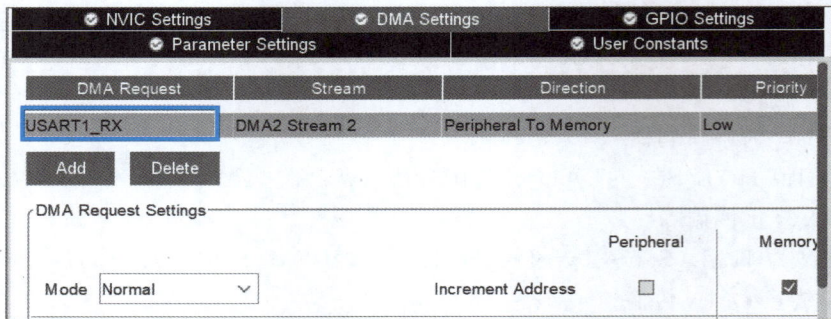

图 7-9　串口 1 DMA 接收配置

同样的方式添加串口 1 发送的 DMA 方式。串口 1 DMA 发送配置如图 7-10 所示。

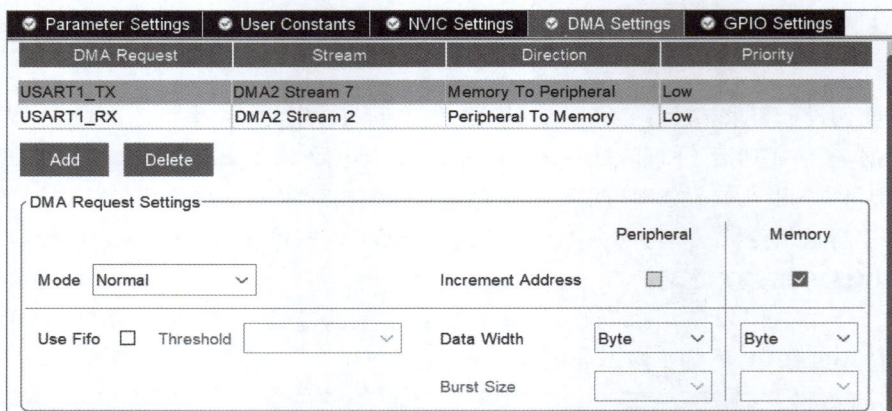

图 7-10　串口 1 DMA 发送配置

DMA 传输参数的含义如下。

（1）Priority 用于设置 DMA 的传输优先级，有 4 种选择：Very High、High、Medium 及 Low。

（2）Mode 用于选择 DMA 传输类型，可选 Normal 或 Circular。

（3）Increment Address 用于选择源地址或目标地址为增量模式。对于串行通信来说，USART 数据寄存器不能做增量，但 SRAM 中的数据区是可以做增量的。

（4）Use Fifo 用于选择是否使用 FIFO。当勾选时，需要在 Threshold 下拉列表框中选择 FIFO 深度，其中 Full 表示 4 个字，HalfFull 表示 2 个字。

（5）Data Width 用于设置传输的数据宽度，外设端和存储器端的数据宽度需要分别配置。

（6）Burst Size 用于设置突发（批量）传输的节拍数，在外设端和存储器端，突发传输的节拍数需要分别配置。

在本案例中，DMA2 的数据流都被设置为低优先级，采用正常传输模式。

DMA 开启串口中断如图 7-11 所示。

在 STM32CubeMX 主界面 Project Manager 面板中配置好相关的工程参数，单击 GENERATE CODE，生成 Keil MDK 工程文件和程序代码。

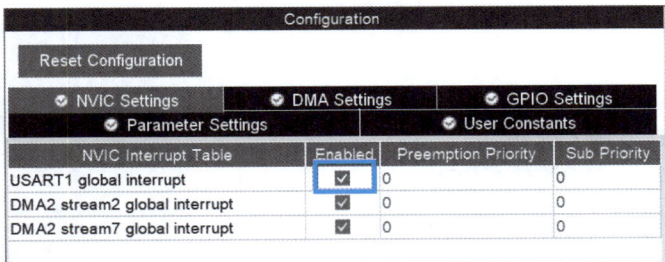

图 7-11　DMA 开启串口中断

2. Keil MDK 程序

打开 main.c 源文件,在 6.4.1 节 STM32F407 轮询方式串口发送源码的基础上,找到 USER CODE BEGIN 1 所在行,在下面一行修改局部变量定义代码。代码如下。

```
/* USER CODE BEGIN 1 */
    uint8_t pData[7] = {'H','e', 'l', 'l', 'o','\r','\n'};
    uint8_t pDatadma[] = "This is DMA\r\n";
  /* USER CODE END 1 */
```

找到 main()函数中的 USER CODE BEGIN 2 所在行,在下面添加发送测试数据的代码,代码如下。

```
/* USER CODE BEGIN 2 */
  printf("this is DMA test\r\n");
  /* USER CODE END 2 */
```

找到 main()函数中的 USER CODE BEGIN 3 所在行,在下面添加串口 1 用 DMA 方式发送数据的代码,代码如下。

```
/* USER CODE BEGIN 3 */
        HAL_UART_Transmit(&huart1, pData, 7,100);
        HAL_UART_Transmit_DMA(&huart1,pDatadma,sizeof(pDatadma));
        HAL_GPIO_TogglePin(LED_RED_GPIO_Port,LED_RED_Pin);
        HAL_Delay(1000);
```

程序中用到了 HAL_UART_Transmit_DMA()函数发送数据,编译代码,生成.hex 文件。

3. Proteus 仿真

将编译完成的串口发送.hex 程序加载到 STM32F407VET6 芯片中。运行仿真,DMA 串口传输仿真如图 7-12 所示。

【本章小结】

本章深入探讨了 STM32F407 微控制器的直接存储器存取。首先介绍了直接存储器存取的基本概念、工作原理以及特点和应用。随后,详细阐述了 STM32F407 DMA 的主要特性、寄存器、功能说明、中断,并介绍了 DMA HAL 库函数,从而能够更好地深入理解如何编程实现 DMA。最后,通过 DMA 轮询方式串口发送实例,说明了如何综合应用 STM32CubeMX、Keil MDK、Proteus 实现 DMA 功能,实例不仅加深了对 DMA 编程的理解,同时有助于提高在实际项目中对 DMA 的应用能力。

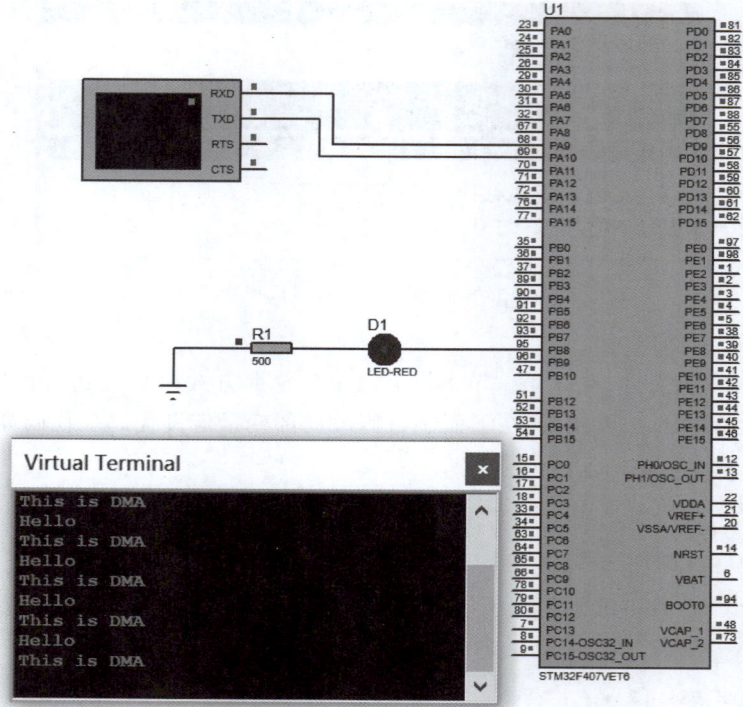

图 7-12　DMA 串口传输仿真

【思政元素融入】

　　强调 DMA 技术在嵌入式系统中具有提高数据传输效率、减轻 CPU 负担等作用,引导学生思考如何通过 DMA 技术的创新应用,解决实际问题,培养学生的创新思维和实践能力。结合 DMA 技术在复杂嵌入式系统中的具体应用,培养学生的团队精神和组织协调能力。

第8章 模数转换器与数模转换器

在嵌入式系统应用中,模数转换器和数模转换器扮演着至关重要的角色。模数转换器负责将外部物理世界的模拟信号,如声音、光、温度等,转换为数字信号,以便微处理器进行处理和分析。而数模转换器将数字信号转换为模拟信号,用于驱动外部设备,如音频放大器、LED 灯等。通过本章的学习,深入掌握 STM32F407 模数转换器与数模转换器的工作原理、配置方法,并结合 HAL 库函数的学习,完成案例设计开发,从而掌握如何在 STM32 微控制器中实现模拟信号与数字信号之间的转换,为开发高性能的嵌入式系统打下坚实的基础。

知识目标:
◆ 阐述模数转换与数模转换的概念和特点;
◆ 说明 STM32 的模数转换器、数模转换器的设置及应用;
◆ 说明模数转换器实例开发流程。

能力目标:
◆ 运用 STM32CubeMX 软件配置模数转换器工程;
◆ 运用 Keil MDK 软件编写程序,并进行分析;
◆ 运用 Proteus 软件搭建模数转换器仿真电路;
◆ 设计基于模数转换器的实例。

素质目标:
◆ 培养严谨细致的工作态度,注重细节;
◆ 提高分析问题和解决问题的能力。

8.1 模数转换器和数模转换器概述

1. 模数转换器

随着数字技术,特别是计算机技术的飞速发展与普及,现代控制、通信及检测领域对信号的处理已经广泛依赖数字计算机技术。然而,这些系统的实际处理对象往往是模拟量,如温度、压力、位移、图像等连续变化的物理量。为了使计算机或数字仪表能够有效地识别和处理这些模拟信号,必须首先将模拟信号转换成数字信号。这一转换过程的关键设备就是模数转换器。

ADC 的主要功能是将线性变化的模拟信号转换为离散的数字信号,连续信号采样转换成离散信号如图 8-1 所示。这里的模拟量可以是电压、电流等电信号,也可以是声、光、压力、温度等随时间连续变化的非电信号。在将非电信号转换为数字信号之前,通常需要先通过传感器将这些非电信号转换为电信号,然后再由 ADC 进行转换。

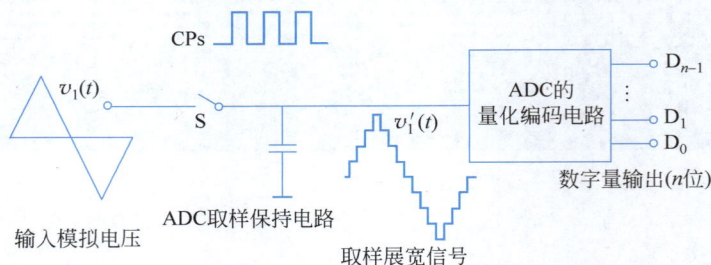

图 8-1 连续信号采样转换成离散信号

模数转换器的工作原理主要基于采样和量化两个过程。采样过程是在一定的时间间隔内对模拟信号进行测量,以获取其瞬时值。这个采样过程需要满足一定的采样定理,即采样频率必须大于或等于模拟信号最高频率的两倍,才能避免信息丢失。量化过程则是将采样得到的模拟值转换为有限数量的离散数字值。因为模拟信号的连续变化被简化为有限数量的数字值,这个过程会引入一定的量化误差。

总的来说,模数转换器是现代数字技术中不可或缺的重要组件,它使得计算机能够处理各种模拟信号,从而极大地扩展了数字技术的应用范围。在现代控制、通信及检测领域中,ADC 的精确性和稳定性对于系统的性能和可靠性至关重要。因此,在设计和选择 ADC 时,需要综合考虑其分辨率、采样率、量化误差等性能指标,以满足具体应用的需求。

2. 数模转换器

数模转换器,作为数字信号处理领域中的另一项关键技术,与 ADC 的功能正好相反。DAC 的主要任务是将离散的数字信号转换为连续的模拟信号,这些模拟信号通常以电流、电压或电荷的形式存在。在许多现代数字系统中,信息以数字格式进行存储和传输,而数模转换器将这些数字信息转换为非数字系统可识别的模拟信号。

数模转换器通常由输入寄存器、模拟开关、电阻网络、基准电源以及求和放大器等组成。首先,输入寄存器接收来自数字系统的数字信号,并将其存储在内部。接着,模拟开关根据数字信号的每一位值,选择性地接通或断开电阻网络中的特定电阻。电阻网络的设计基于二进制加权原理,每个电阻的阻值都与其对应的数字位的权值成正比。当模拟开关根据数字信号的指令接通或断开电阻时,会在电阻网络上形成一个与数字信号相对应的模拟电压或电流,这个模拟信号随后被送入求和放大器中。求和放大器的作用是将电阻网络上产生的所有模拟信号相加,从而得到一个与原始数字信号完全对应的连续模拟信号。

数模转换器的工作原理充分利用了电阻网络和运算放大器的特性,确保了数字信号能够精确地转换为模拟信号。这一过程不仅要求 DAC 具有高度的精确性和稳定性,还需要在转换速度和功耗之间取得平衡,以满足不同应用场景的需求。

总的来说,数模转换器是数字系统与模拟世界之间的桥梁,使得数字信号能够被外界感知和理解。随着数字技术的不断发展,数模转换器的性能也在不断提升,为各种数字系统的应用提供了更加可靠和高效的解决方案。

8.1.1 模数转换器

1. 采样和保持

采样指将一个随时间连续变化的模拟信号转换成对应的按照一定时间间隔取出的离散数字信号，ADC 模拟信号的采样过程和采样结果如图 8-2 所示。

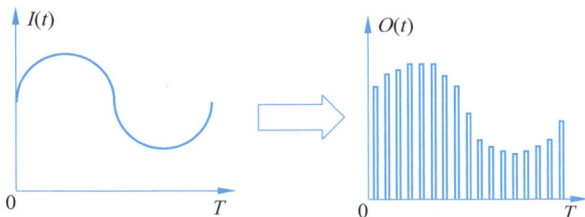

图 8-2 ADC 模拟信号的采样过程和采样结果

在 ADC 进行转换的过程中，为了确保输入信号在转换开始时保持不变，通常需要借助采样电路来实现信号的稳定捕获。这一过程中，采样电路会在固定的时间间隔 t 时，断开与信号源的连接，从而提取出被测信号的幅值。为了保证能够准确地复原原始信号，采样频率 f_S 的设置至关重要。

根据奈奎斯特采样定理，采样频率 f_S 应大于或等于被测信号最高频率 $f_{I\max}$ 的两倍，即 $f_S \geqslant 2f_{I\max}$。这确保了通过周期性地抽取模拟信号的值，避免混叠现象的发生，从而能够准确地重建出原始信号。

在实际应用中，采样电路的设计需要充分考虑被测信号的特性和 ADC 的性能要求，以确保采样过程的准确性和稳定性。同时，采样频率的选择也需要根据被测信号的频率范围进行精确计算，以满足 $f_S \geqslant 2f_{I\max}$ 的条件，从而确保 ADC 能够正确地转换模拟信号为数字信号。

采样保持指在新的采样周期到来之前将采样得到的数值保存下来，采样后的模拟信号值必须保持一段时间采样信号，然后 ADC 才开始通过转换电路把模拟量转换成数字量。

2. 量化和编码

量化将经过采样与保持阶段处理后的电压信号精确地转换成一系列对应的数字量，这些数字量通常由二进制数 0 或 1 组成。量化阶梯指模拟输入信号的整个范围（从最小值 0 到最大值）被精确地划分为 n 个离散的值，这些值构成了量化的基础。在这个过程中，采样得到的模拟信号幅值必须被准确地转换为某个预设的最小单位，即量化单位 Δ，也常被称为变化 1 个最低有效位（Least Significant Bit，LSB）的整数倍。

需要注意的是，数字系统仅支持 0 和 1 这两种状态，而模拟量则是线性的，其状态在理论上可以是无限多的。因此，ADC 的核心作用就在于，能够将这种连续的模拟量分割成众多微小的部分，并用有限的、可量化的数字电平来近似地表达这些模拟量。这种转换使得能够在数字系统中高效地处理和存储原本连续的模拟信息。

编码则是量化后的一个重要步骤，将这些离散的幅值进一步转换成二进制数值。具体而言，编码过程首先会将量化后的信号转换为二进制代码，然后利用 n 位的二进制码来表示已经量化的采样值。最终，这个二进制码就是 ADC 的输出结果，准确地反映了原始模拟信号的数字近似值。

综上所述,量化和编码是 ADC 实现模拟信号到数字信号转换的两个关键步骤,共同确保了 ADC 能够精确、高效地将连续的模拟信号转换为离散的数字信号,从而满足数字系统对信号处理的需求。

3. 分辨率(Resolution)

数字量变化一个最小单位时,模拟信号所对应的变化量被定义为分辨率,这一指标同时也被称作精度。通常通过数字信号的位数来直观表示。对于 ADC 而言,其分辨率是通过输出二进制数的位数来具体体现的。从理论上深入剖析,一个 n 位输出的 ADC 能够精准地区分出 2^n 个不同的模拟电压值,也就是当最大输入电压保持恒定时,ADC 的输出位数越多,其量化单位就会越小,进而使得分辨率越高。

以 10 位 ADC 为例,其输出为 10 位二进制数,且输入信号的最大值被限定在 3.3V。基于上述理论,可以计算出这个转换器能够区分出的输入信号的最小电压变化量为 3.3V 除以 2^{10},即 3.22mV。这一精细的分辨率使得 10 位 ADC 在处理和转换模拟信号时能够展现出较高的精确度和性能。

4. 转换速率(Conversion Rate)

转换速率定义为完成一次从模拟信号到数字信号的转换所需时间的倒数,是衡量 ADC 性能的一个重要指标。不同类型的 ADC,其转换速率有着显著的差异。积分型 ADC 的转换时间通常在毫秒级别,因此被归类为低速 ADC。相比之下,逐次趋近型 ADC 的转换时间则缩短到了微秒级别,属于中速 ADC。而全并行/串并行型 ADC 更是达到了纳秒级别的转换时间,展现了极高的转换速率。

需要注意的是,转换时间与采样时间是两个不同的概念。采样时间指两次转换之间的时间间隔,决定了系统能够处理的信号的最高频率。为了保证转换的正确完成,采样速率(即每秒采样的次数)必须小于或等于 ADC 的转换速率。因此,在实际应用中,往往习惯上将转换速率在数值上等同于采样速率,以便于理解和计算。

在表示转换速率和采样速率时,常用的单位是每秒采样千次(Kilo Samples Per Second,KSPS)和每秒采样百万次(Million Samples Per Second,MSPS)。这些单位能够直观地反映出 ADC 的性能水平,为系统设计者提供了重要的参考依据。

5. 量化误差(Quantizing Error)

ADC 的量化误差指 ADC 有限分辨率导致的误差。具体而言,这种误差源于有限分辨率 ADC 的阶梯状转移特性曲线与理想中无限分辨率 ADC 的直线型转移特性曲线之间存在的最大偏差。

在量化过程中,模拟信号被离散化成一系列数字值,而由于 ADC 分辨率的限制,这些数字值只能以阶梯状的方式变化。相比之下,理想中的 ADC 能够无误差地将模拟信号转换成连续变化的数字值,其转移特性曲线呈现为一条直线。因此,有限分辨率 ADC 阶梯状转移特性与理想转移特性之间的差异,就构成了量化误差。

量化误差的大小通常与 ADC 的最小数字量(即 1 个 LSB)相关。在实际应用中,量化误差的大小往往是 1 个或半个最小数字量的模拟变化量,分别表示为 1LSB 或 1/2LSB。这种误差是 ADC 固有的,且无法通过技术手段完全消除,但可以通过提高 ADC 的分辨率来减小其影响。

6. 偏移误差(Offset Error)

ADC 的偏移误差指当输入信号为 0 时,输出信号并不为 0 的现象,表现为一个非零的偏差值。这个偏差值可能是 ADC 内部电路的不对称性、温度效应、元件老化或其他非理想因素导致的。在实际应用中,偏移误差会引入测量误差,影响 ADC 的准确性和可靠性。

为了减小或校正 ADC 的偏移误差,通常可以采取外接电位器的方法进行调整。通过调整电位器,可以改变 ADC 的参考电平或偏移量,从而使其输出在输入信号为 0 时尽可能地接近 0。这种方法虽然可以减小偏移误差,但需要人工调整,且调整结果可能受到环境条件和操作精度的影响。

7. 满刻度误差(Full Scale Error)

ADC 的满刻度误差,指在 ADC 达到其满度输出时,实际对应的输入信号值与理想的输入信号值之间存在的偏差。这一误差衡量了 ADC 在最大量程范围内转换精度的偏离程度。

具体来说,当 ADC 接收到一个理论上应导致其输出达到最大值的输入信号时,由于各种非理想因素(如电路的非线性、元件的误差、温度效应等)的影响,实际输出的数字值可能并不完全对应理论上的最大值。这个实际输出值与理论最大值之间的差异,就被定义为满刻度误差。

满刻度误差是衡量 ADC 性能的一个重要指标,关系到 ADC 在转换过程中的准确性和可靠性。在实际应用中,为了减小满刻度误差的影响,通常需要对 ADC 进行校准和补偿,以提高其转换精度。

8. 线性度(Linearity)

ADC 的线性度指其实际转换特性与理想直线特性之间的最大偏移程度,这种偏移是在排除了偏移误差、满刻度误差等误差之后进行测量的。线性度是衡量 ADC 性能优劣的一个重要指标,反映了 ADC 在转换过程中的稳定性和一致性。

除了上述的 8 个指标之外,ADC 还有其他多个关键性能指标,这些指标共同决定了 ADC 的整体性能和应用范围,具体如下。

(1) 绝对精度(Absolute Accuracy)。衡量 ADC 输出数字值与对应实际模拟输入值之间误差的大小,反映了 ADC 在整个量程范围内的转换精度。

(2) 相对精度(Relative Accuracy)。指 ADC 在不同输入值下的转换误差相对于满量程输入误差的比例,这个指标有助于了解 ADC 在不同量程范围内的转换一致性。

(3) 微分非线性(Differential Nonlinearity,DNL)。衡量相邻两个数字输出值之间的间隔与理想间隔之间的差异,DNL 反映了 ADC 在转换过程中的细微非线性特性。

(4) 单调性和无错码。单调性指 ADC 的输出值随输入值的增加而单调增加,不会出现跳跃或反转的现象。无错码则指 ADC 在转换过程中不会出现错误的数字输出值。这两个指标共同保证了 ADC 的转换结果具有稳定性和可靠性。

(5) 总谐波失真(Total Harmonic Distortion,THD)。衡量 ADC 输出信号中谐波分量与基波分量之间的比例。THD 反映了 ADC 在转换过程中的失真程度,对于需要高精度信号处理的应用来说,THD 是一个非常重要的指标。

(6) 积分非线性(Integral Nonlinearity,INL)。衡量 ADC 在整个量程范围内实际转换特性与理想直线特性之间的累积偏差,INL 反映了 ADC 在转换过程中的整体非线性特性。

综上所述,ADC 的性能指标涵盖了多个方面,这些指标共同决定了 ADC 的转换精度、稳定性和应用范围。在选择和使用 ADC 时,需要根据实际应用需求综合考虑这些指标,以确保系统的整体性能和可靠性。

8.1.2 数模转换器

1. 分辨率

DAC 分辨率指当输入数字量的最低有效位发生微小变化时,所对应的输出模拟量(电压或电流)所产生的变化量。这一参数直接反映了输出模拟量所能达到的最小变化精度。分辨率与输入数字量的位数有着确定的关系,通常可以通过将满量程输入值除以 2^n(其中 n 代表二进制位数)来进行计算。

例如,满量程为 5V 的 DAC,采用的是 8 位 DAC,其分辨率为 $5V/2^8$,结果约为 19.5mV,即每当输入数字量的最低位发生一次变化,输出模拟量就会相应地改变约 19.5mV。如果采用 12 位的 DAC,在同样的 5V 满量程下,其分辨率则会提升至 $5V/2^{12}$,约为 1.22mV。显然,随着输入数字量的位数增加,DAC 的分辨率也会显著提高,从而对模拟量的变化表现出更高的敏感性。

因此,位数越多,DAC 的分辨率就越高,能够捕捉并转换的模拟量变化就越精细,这对于需要高精度模拟输出的应用场景来说是一个巨大的优势。

2. 线性度

DAC 线性度,也被称为非线性误差,是衡量其实际转换特性与理想直线特性之间吻合程度的一个重要指标。这一指标具体表现为实际转换特性曲线与理想直线特性之间可能存在的最大偏差。为了更直观地表达这种偏差,通常将其表示为相对于满量程的百分数。以 ±1% 的线性度为例,在整个转换范围内,DAC 的实际输出值与根据理想直线特性计算出的理论值之间的最大差异不会超过满刻度的 ±1%。也就是对于任何给定的输入数字量,DAC 的实际输出值都应落在以理论值为中心、宽度为满刻度 ±1% 的范围内。

通过测量 DAC 的线性度,可以了解其转换特性的准确程度,从而判断其是否满足特定应用场景对精度和稳定性的要求。对于需要高精度模拟输出的系统来说,选择一个具有高线性度的 DAC 是至关重要的。

3. 绝对精度和相对精度

DAC 的绝对精度,简称精度,指在整个刻度范围内,对于任意一个输入数码量,其对应的模拟量实际输出值与理论值之间的最大误差。这一误差值直接反映了 DAC 在实际应用中能够达到的转换精度。绝对精度主要包括 DAC 的增益误差、零点误差、非线性误差以及噪声等。增益误差为在输入数码全为 1 时,实际输出值与理想输出值之间的差值。零点误差则指当输入数码全为 0 时,DAC 的非零输出值。非线性误差则反映了 DAC 实际转换特性与理想直线特性之间的偏差。此外,噪声也会对 DAC 的绝对精度产生影响,导致输出值的随机波动。

为了满足高精度应用的需求,一般要求 DAC 的绝对精度(即最大误差)应小于 1 个 LSB。这意味着在整个刻度范围内,DAC 的实际输出值与理论值之间的最大偏差应小于一个最低有效位所对应的模拟量值。

与绝对精度相对应的是相对精度,同样表示 DAC 的实际输出值与理论值之间的误差,但不同的是,相对精度用最大误差相对于满刻度的百分比来表示。这种表示方法便于在不同量程的 DAC 之间进行性能比较。

4. 建立时间

DAC 建立时间是一个关键的动态性能指标,描述了在输入数字量发生满刻度变化时,输出模拟信号达到其最终稳定值(通常是满刻度值的 $\pm 1/2$LSB 范围内)所需的时间长度。这一指标直接关联到 DAC 的速率,是评估 DAC 响应速度和性能的重要参数。

具体而言,当 DAC 的输入数字量从一个极端值(如全 0 或全 1)快速变化到另一个极端值时,其输出模拟信号需要一定的时间来稳定到新的值。这个时间就是建立时间,反映了 DAC 对输入变化的响应速度和转换效率。

不同类型的 DAC 在建立时间上存在差异。例如,电流输出型 DAC 通常具有较短的建立时间,这是因为输出电流可以更快地响应输入数字量的变化。相比之下,电压输出型 DAC 的建立时间则主要受到运算放大器响应时间的影响,因此可能相对较长。根据建立时间的长短,可以将 DAC 分为不同的速度等级。超高速 DAC 的建立时间小于 $1\mu s$,适用于需要极高转换速率的应用场景。高速 DAC 的建立时间在 $1 \sim 10\mu s$,适用于对速度有一定要求但并非极致的应用场景。中速 DAC 的建立时间介于 $10 \sim 100\mu s$,适用于一般性的应用需求。而低速 DAC 的建立时间则大于或等于 $100\mu s$,通常用于对速度要求不高的场合。

5. 输出范围

DAC 的输出范围指 DAC 能够生成的模拟信号(无论是电压还是电流)的范围。具体而言,某些 DAC 可能设计为提供 $0 \sim 5$V 的电压输出范围,而另一些则可能输出 $0 \sim 10$mA 的电流。这种输出范围的多样性旨在满足不同应用场景的特定需求,例如,某些系统可能需要低电压输出以匹配敏感电路,而其他系统则可能要求大电流输出来驱动负载。因此,在选择 DAC 时,了解其输出范围是否与系统的要求相匹配至关重要。

6. 转换速率

DAC 的转换速率是建立时间的倒数。转换速率表示在单位时间内,DAC 能够完成从数字输入到相应模拟输出的转换次数,通常以每秒的转换次数来衡量。这一指标直接反映了 DAC 对输入数字信号变化的响应速度和效率。高转换速率的 DAC 能够更快地跟踪输入信号的变化,从而适用于需要高速数据转换的应用场景,如高速数据采集系统或实时控制系统。相反,低转换速率的 DAC 则可能更适合于对速度要求不高的应用,如静态或缓慢变化的模拟信号生成。

8.2 STM32F407 模数转换器

8.2.1 STM32F407 ADC 概述

STM32F407 内部集成的 ADC 负责将外部采集的模拟信号经过高效处理后转换为微控制器可解读的数字信号。STM32F407 配备了 3 个高性能的 12 位 ADC 模块,其中 ADC1 和 ADC2 各自拥有 16 个通道,而 ADC3 则包含 8 个通道。由于 STM32F407 设计了通道复用功能,因此总共可以灵活配置多达 24 个不同的模拟输入通道。这些通道在进行模数转换时,支持单次转换、连续转换、扫描模式以及间断执行等多种操作规则,从而极大地增强了应用的灵活性和适应性。

在通道转换的过程中,每当一次转换完成时,系统能够自动生成中断信号,以便微控制器及时响应并处理新的数据。此外,STM32F407 的 ADC 转换结果能够以左对齐或右对齐的方式灵活地存储在 16 位的数据寄存器中,这种设计不仅优化了数据处理的效率,还提供了更多的数据操作选项。

STM32F407 所集成的 ADC 功能不仅强大,而且极具灵活性和可配置性,可配置 12 位、10 位、8 位或 6 位分辨率,能够满足各种复杂应用场景的需求。通过充分利用其高性能的 ADC 模块,可以轻松地实现高精度的模拟信号采集与转换,进而为后续的数字信号处理和分析奠定坚实的基础,其技术指标与特性如下。

(1) 具有 12 位分辨率,属于逐次趋近型。ADC 转换器数据的最大值为:$2^{12} = 4096$。

(2) ADC 的采样电压是 0~3.6V 的转换范围,那么模拟量计算公式如式(8-1)所示。

$$y = \frac{x}{4096} \times 3.6 \tag{8-1}$$

其中,y 为转换后的采样值,x 为 ADC 采样的实际电压值。

在 STM32F407 ADC 模块中,规则组(Regular Group)和注入组(Injected Group)各自具有不同的特性和用途,提供了高度灵活的信号采集机制,能够满足从定期数据采集到实时高优先级信号处理的多样化需求。

1. 规则组

(1) 通道数量。规则组可以配置多达 16 个不同的 ADC 通道,这些通道可以是外部信号或内部信号源。

(2) 转换顺序。转换顺序由 ADC 的序列寄存器(如 ADC_SQR1、ADC_SQR2、ADC_SQR3)控制。

(3) 数据存储。所有规则组的转换结果都存储在同一个数据寄存器(ADC_DR)中。因此,如果进行多通道转换,新的转换结果会覆盖前一个结果。为避免数据覆盖,通常与 DMA 配合使用,将数据实时传输到内存中。

(4) 触发方式。可以通过软件触发或硬件触发(例如外部信号或定时器事件)来启动规则组的转换。

(5) 应用场景。规则组适用于周期性的数据采集任务,如温度监测、电池电压检测等。

2. 注入组

注入组是 STM32F407 ADC 的次要转换组,用于执行高优先级的、事件驱动的转换任务。

(1) 通道数量。注入组最多可以配置 4 个通道。

(2) 数据存储。每个注入通道的转换结果都有其独立的数据寄存器(如 ADC_JDR1、ADC_JDR2、ADC_JDR3、ADC_JDR4),因此不会发生数据覆盖。

(3) 转换顺序。转换顺序由注入序列寄存器(ADC_JSQR)控制。

(4) 优先级。注入组的转换优先级高于规则组,可以在规则组转换过程中被外部事件触发,打断规则组的转换。

(5) 触发方式。通常由外部事件触发,如定时器、外部中断或软件等触发。

(6) 中断支持。注入组转换结束时可以生成中断,适用于需要快速响应的应用场景。

注入组适用于需要快速响应的事件驱动任务,如突发信号的捕获、外部触发的传感器读数等。

在 STM32F407 ADC 模块中,规则组和注入组可以同时工作,也可以根据需要独立工作。可以根据具体的应用需求来配置和使用这两组转换模式。例如,在一个系统中,可能需要定期采集多个传感器的环境数据(如温度、湿度),同时又需要在某些突发事件发生时对某个特定信号进行优先处理。此时,规则组可以用于定期采集传感器数据,而注入组则在突发事件触发时对关键信号进行采样。

8.2.2　STM32F407 ADC 功能

STM32F407 ADC 功能如图 8-3 所示,其是 12 位逐次趋近型模数转换器,具有多达 19 个

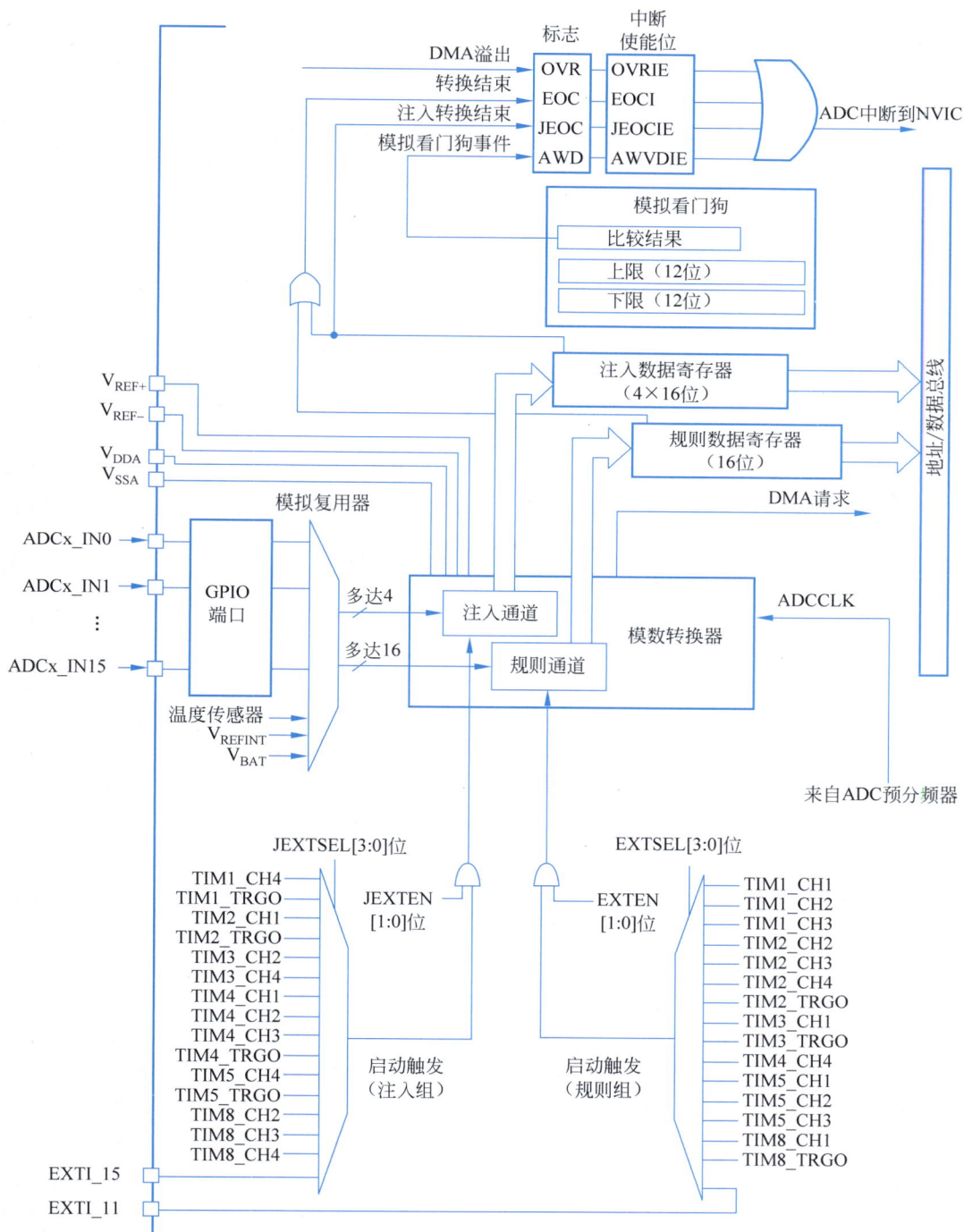

图 8-3　**STM32F407 ADC 功能**

复用通道,可测量来自16个外部源、2个内部源和V_{BAT}通道的信号,这些通道的模数转换可在单次、连续、扫描或不连续采样模式下进行且ADC在规则组通道转换期间可产生DMA请求。ADC的结果存储在一个左对齐或右对齐的16位数据寄存器中。ADC具有模拟看门狗特性,允许应用检测输入电压是否超过了用户自定义的阈值。

ADC引脚说明如表8-1所示。

表8-1　ADC引脚说明

名　　称	信　号　类　型	备　　注
V_{REF+}	正模拟参考电压输入	ADC高/正参考电压,$1.8V{\leqslant}V_{REF+}{\leqslant}V_{DDA+}$
V_{DDA}	模拟电源输入	模拟电源电压等于V_{DD}, 全速运行时,$2.4V{\leqslant}V_{DDA}{\leqslant}V_{DD}(3.6V)$ 低速运行时,$1.8V{\leqslant}V_{DDA}{\leqslant}V_{DD}(3.6V)$
V_{REF-}	负模拟参考电压输入	ADC低/负参考电压,$V_{REF-}=V_{SSA}$
V_{SSA}	模拟电源接地输入	模拟电源接地电压等于V_{SS}
ADCx_IN[15:0]	模拟输入信号	16个模拟输入通道

8.2.3　STM32F407 ADC寄存器

ADC寄存器必须在字级别(32位)对外设寄存器执行写入操作。而读访问可支持字节(8位)、半字(16位)或字(32位)。常用ADC寄存器如表8-2所示,每个ADC的ADC寄存器映射如表8-3所示,通用ADC寄存器映射如表8-4所示。

表8-2　常用ADC寄存器

寄存器名称	功　能　描　述	偏　移　地　址	复　位　值
ADC_SR	ADC状态寄存器	0x00	0x0000 0000
ADC_CR1	ADC控制寄存器1	0x04	0x0000 0000
ADC_CR2	ADC控制寄存器2	0x08	0x0000 0000
ADC_SMPR1	ADC采样时间寄存器1	0x0C	0x0000 0000
ADC_SMPR2	ADC采样时间寄存器2	0x10	0x0000 0000
ADC_JOFRx(x=1,…,4)	ADC注入通道数据偏移寄存器X	0x14~0x20	0x0000 0000
ADC_HTR	ADC看门狗高阈值寄存器	0x24	0x0000 0FFF
ADC_LTR	ADC看门狗低阈值寄存器	0x28	0x0000 0000
ADC_SQR1	ADC规则序列寄存器1	0x2C	0x0000 0000
ADC_SQR2	ADC规则序列寄存器2	0x30	0x0000 0000
ADC_SQR3	ADC规则序列寄存器3	0x34	0x0000 0000
ADC_JSQR	ADC注入序列寄存器	0x38	0x0000 0000
ADC_JDRx(x=1,…,4)	ADC注入数据寄存器x	0x3C~0x48	0x0000 0000
ADC_DR	ADC规则数据寄存器	0x4C	0x0000 0000
ADC_CSR	ADC通用状态寄存器	0x00	0x0000 0000
ADC_CCR	ADC通用控制寄存器	0x04	0x0000 0000
ADC_CDR	适用于双重和三重模式的ADC通用规则数据寄存器	0x08	0x0000 0000

表 8-3　每个 ADC 的 ADC 寄存器映射

寄存器	31	30	29	28	27	26	25	24	23	22	21	20	19	18	17	16	15	14	13	12	11	10	9	8	7	6	5	4	3	2	1	0
ADC_SR	保留																										OVR	STRT	JSTRT	JEOC	EOC	AWD
ADC_CR1	保留					OVRIE	RES[1:0]		AWDEN	JAWDEN	保留						DISCNUM[2:0]			JDISCEN	DISCEN	JAUTO	AWDSGL	SCAN	JEOCIE	AWDIE	EOCIE	AWDCH[4:0]				
ADC_CR2	保留	SWSTART	EXTEN[1:0]		EXTSEL[3:0]				保留	JSWSTART	JEXTEN[1:0]		JEXTSEL[3:0]				保留				ALIGN	EOCS	DDS	DMA	保留						CONT	ADON
ADC_SMPR1	保留					Sample time bits SMPx_x																										
ADC_SMPR2	保留		Sample time bits SMPx_x																													
ADC_JOFR1	保留																				JOFFSET1[11:0]											
ADC_JOFR2	保留																				JOFFSET2[11:0]											
ADC_JOFR3	保留																				JOFFSET3[11:0]											
ADC_JOFR4	保留																				JOFFSET4[11:0]											
ADC_HTR	保留																				HT[11:0]											
ADC_LTR	保留																				LT[11:0]											
ADC_SQR1	保留								L[3:0]				规则通道序列 SQx_x 位																			
ADC_SQR2	保留		规则通道序列 SQx_x 位																													
ADC_SQR3	保留		规则通道序列 SQx_x 位																													
ADC_JSQR	保留										JL[1:0]		注入通道序列 JSQx_x 位																			
ADC_JDR1	保留																JDATA[15:0]															
ADC_JDR2	保留																JDATA[15:0]															
ADC_JDR3	保留																JDATA[15:0]															
ADC_JDR4	保留																JDATA[15:0]															
ADC_DR	保留																Regular DATA[15:0]															

表 8-4　通用 ADC 寄存器映射

寄存器	31	30	29	28	27	26	25	24	23	22	21	20	19	18	17	16	15	14	13	12	11	10	9	8	7	6	5	4	3	2	1	0
ADC_CSR	保留										OVR (ADC3)	STRT	JSTRT	JEOC	EOC	AWD	保留		OVR (ADC2)	STRT	JSTRT	JEOC	EOC	AWD	保留		OVR (ADC1)	STRT	JSTRT	JEOC	EOC	AWD
ADC_CCR	保留								TSVREFE	VBATE	保留				ADCPRE[1:0]		DMA[1:0]		DDS	保留	DELAY[3:0]				保留			MULTI[4:0]				
ADC_CDR	Regular DATA2[15:0]																Regular DATA1[15:0]															

8.2.4 STM32F407 ADC 功能说明

1. ADC 开关控制和时钟

可通过将 ADC_CR2 寄存器中的 ADON 位置 1 为 ADC 供电。首次将 ADON 位置 1 时，会将 ADC 从掉电模式中唤醒。SWSTART 或 JSWSTART 位置 1 时，启动 AD 转换。可通过将 ADON 位清零来停止转换并使 ADC 进入掉电模式。在此模式下，ADC 几乎不耗电(只有几微安)。

ADC 具有两个时钟方案。

(1) 用于模拟电路的时钟：ADCCLK，所有 ADC 共用，此时钟来自经可编程预分频器分频的 APB2 时钟。

(2) 用于数字接口的时钟(用于寄存器读/写访问)，此时钟等效于 APB2 时钟。可以通过 RCC APB2 外设时钟使能寄存器 RCC_APB2ENR 分别为每个 ADC 使能/禁止数字接口时钟。

ADC 会在数个 ADCCLK 周期内对输入电压进行采样，可使用 ADC_SMPR1 和 ADC_SMPR2 寄存器中的 SMP[2:0] 位修改周期数。每个通道均可以使用不同的采样时间进行采样。

2. 通道选择

ADC 有 16 条复用通道。可以将转换分为两组：规则转换和注入转换。每个组包含一个转换序列，该序列可按任意顺序在任意通道上完成。一个规则转换组最多由 16 个转换构成。必须在 ADC_SQRx 寄存器中选择转换序列的规则通道及其顺序。规则转换组中的转换总数必须写入 ADC_SQR1 寄存器中的 L[3:0] 位。一个注入转换组最多由 4 个转换构成。必须在 ADC_JSQR 寄存器中选择转换序列的注入通道及其顺序。注入转换组中的转换总数必须写入 ADC_JSQR 寄存器中的 L[1:0] 位。

如果在转换期间修改 ADC_SQRx 或 ADC_JSQR 寄存器，将复位当前转换并向 ADC 发送一个新的启动脉冲，以转换新选择的组。

如图 8-3 所示，温度传感器、V_{REFINT} 和 V_{BAT} 连接内部通道，只在主 ADC1 外设上可用。温度传感器内部连接到通道 ADC1_IN16。内部参考电压 V_{REFINT} 连接到 ADC1_IN17。V_{BAT} 连接到通道 ADC1_IN18，该通道也可转换为注入通道或规则通道。

3. 转换模式

ADC 通道转换分为单次转换模式、连续转换模式、扫描模式、不连续采样模式。

1) 单次转换模式

在单次转换模式下，ADC 执行一次转换。CONT 位为 0 时，可通过以下方式启动此模式。

* 将 ADC_CR2 寄存器中的 SWSTART 位置 1(仅适用于规则通道)；
* 将 JSWSTART 位置 1(适用于注入通道)；
* 外部触发(适用于规则通道或注入通道)。

2) 连续转换模式

在连续转换模式下，ADC 结束一个转换后立即启动一个新的转换。CONT 位为 1 时，可通过外部触发或将 ADC_CR2 寄存器中的 SWSTART 位置 1 来启动此模式(仅适用于规则通道)。

3）扫描模式

扫描模式用于扫描一组模拟通道。通过将 ADC_CR1 寄存器中的 SCAN 位置 1 来选择扫描模式。将此位置 1 后，ADC 会扫描在 ADC_SQRx 寄存器(对于规则通道)或 ADC_JSQR 寄存器(对于注入通道)中选择的所有通道。为组中的每个通道都执行一次转换。每次转换结束后，会自动转换该组中的下一个通道。如果将 CONT 位置 1，规则通道转换不会在组中最后一个所选通道处停止，而是再次从第一个所选通道继续转换。

4）不连续采样模式

规则组。可将 ADC_CR1 寄存器中的 DISCEN 位置 1 来使能此模式，该模式可用于转换含有 $n(n \leqslant 8)$ 个转换的短序列，该短序列是在 ADC_SQRx 寄存器中选择的转换序列的一部分，可通过写入 ADC_CR1 寄存器中的 DISCNUM[2:0] 位来指定 n 的值。出现外部触发时，将启动在 ADC_SQRx 寄存器中选择的接下来 n 个转换，直到序列中的所有转换均完成为止。通过 ADC_SQR1 寄存器中的 L[3:0] 位定义总序列长度。

注入组。可将 ADC_CR1 寄存器中的 JDISCEN 位置 1 来使能此模式。在出现外部触发事件之后，可使用该模式逐通道转换在 ADC_JSQR 寄存器中选择的序列。出现外部触发时，将启动在 ADC_JSQR 寄存器中选择的下一个通道转换，直到序列中的所有转换均完成为止。通过 ADC_JSQR 寄存器中的 JL[1:0] 位定义总序列长度。

4. 转换时间

转换时间指 ADC 每一次信号转换所需的时间，转换时间由输入时钟和采样周期决定，ADC 转换过程时间关系如图 8-4 所示。ADC 在开始准确转换之前需要一段稳定时间 t_{STAB}，ADC 开始转换并经过 15 个时钟周期后，EOC 标志置 1，转换结果放在 16 位 ADC 数据寄存器中。

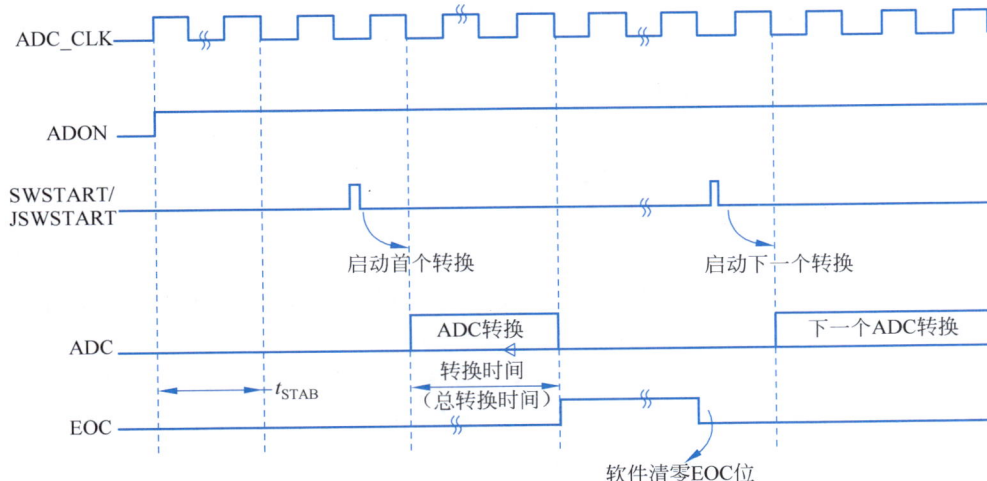

图 8-4 ADC 转换过程时间关系

5. 使用 DMA 转换

由于规则通道组只有一个数据寄存器，因此，对于多个规则通道的转换，使用 DMA 非常有帮助。这样可以避免丢失在下一次写入之前还未被读出的 ADC_DR 寄存器中的数据。

在使能 DMA 模式的情况下(ADC_CR2 寄存器中的 DMA 位置 1),每完成规则通道组中的一个通道转换后,都会生成一个 DMA 请求。这样便可将转换的数据从 ADC_DR 寄存器传输到用软件选择的目标位置。

如果数据丢失(溢出),则会将 ADC_SR 寄存器中的 OVR 位置 1 并生成一个中断(如果 OVRIE 使能位已置 1)。随后会禁止 DMA 传输并且不再接受 DMA 请求。在这种情况下,如果生成 DMA 请求,则会中止正在进行的规则转换并忽略之后的规则触发。随后需要将所使用的 DMA 流中的 OVR 标志和 DMAEN 位清零,并重新初始化 DMA 和 ADC,以将需要的转换通道数据传输到正确的存储器单元。这样,才能恢复转换并再次使能数据传输。注入通道转换不会受到溢出错误的影响。

在 DMA 模式下,当 OVR=1 时,传送完最后一个有效数据后会阻止 DMA 请求,这意味着传输到 RAM 的所有数据均被视为有效。

6. 多重 ADC 模式

在具有两个或更多 ADC 的器件中,可使用双重(具有两个 ADC)和三重(具有 3 个 ADC)ADC 模式。多重 ADC 框架如图 8-5 所示。在多重 ADC 模式下,通过 ADC1 主器件到 ADC2 和 ADC3 从器件的交替触发或同时触发来启动转换,具体取决于 ADC_CCR 寄存器中的 MULTI[4:0]位所选的模式。

在多重 ADC 模式下,配置外部事件触发转换时,应用必须设置为仅主器件触发而禁止从器件触发,以防止出现意外触发而启动不需要的从转换。

可实现以下 4 种模式:

- 注入同时模式;
- 规则同时模式;
- 交替模式;
- 交替触发模式。

也可按以下方式组合使用上述模式:

- 注入同时模式＋规则同时模式;
- 规则同时模式＋交替触发模式。

在多重 ADC 模式下,可在多模式数据寄存器(ADC_CDR)中读取转换的数据。可在多模式状态寄存器(ADC_CSR)中读取状态位。

7. ADC 中断

当模拟看门狗状态位和溢出状态位分别置 1 时,规则组和注入组在转换结束时可能会产生中断。可以使用单独的中断使能位以实现灵活性。

ADC_SR 寄存器中存在另外两个标志,但这两个标志不存在中断相关性:①JSTRT(开始转换注入组的通道);②STRT(开始转换规则组的通道)。ADC 中断如表 8-5 所示。

表 8-5　ADC 中断

中 断 事 件	事 件 标 志	使 能 控 制 位
结束规则组的转换	EOC	EOCIE
结束注入组的转换	JEOC	JEOCIE
模拟看门狗状态位置 1	AWD	AWDIE
溢出	OVR	OVRIE

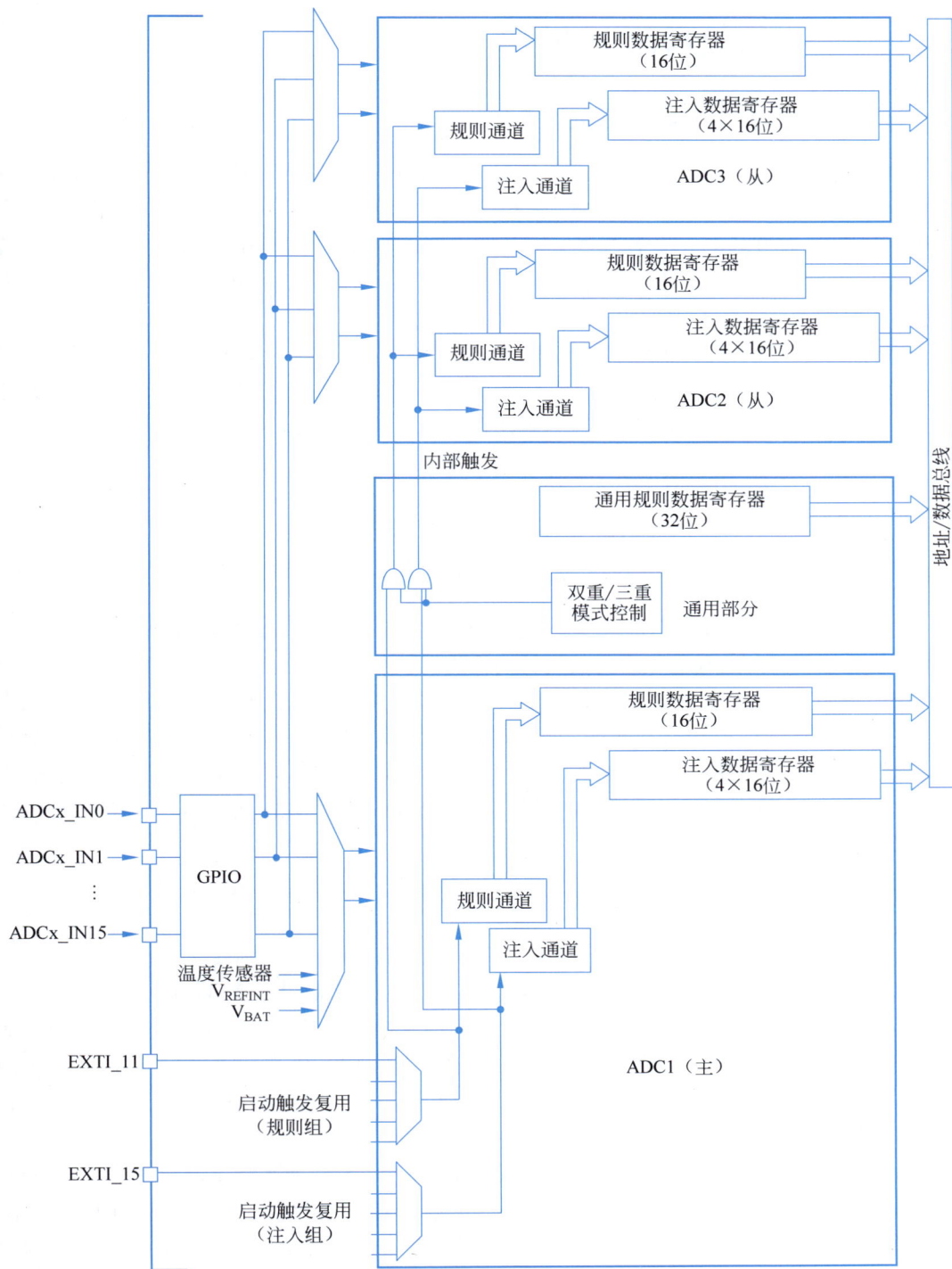

图 8-5 多重 ADC 框架

8.3　STM32F407 数模转换器

8.3.1　STM32F407 DAC 概述

DAC 模块是 12 位电压输出数模转换器。DAC 可以配置为 8 位或 12 位模式,并且可与 DMA 控制器配合使用。在 12 位模式下,数据可以采用左对齐或右对齐。DAC 有两个输出通道,每个通道各有一个转换器。在 DAC 双通道模式下,每个通道可以单独进行转换;当两个通道组合在一起同步执行更新操作时,也可以同时进行转换。可通过一个输入参考电压引脚 V_{REF+}(与 ADC 共享)来提高分辨率。

STM32F407 的 DAC 为 12 位分辨率,可以将数字信号转换为具有 4096 个不同电平的模拟信号,能够提供相对较高的模拟输出精度。经过线性转换后,数字输入会转换为 $0 \sim V_{REF+}$ 之间的输出电压,各 DAC 通道引脚的模拟输出电压通过式(8-2)确定。

$$DAC_{output} = V_{REF} \times \frac{DOR}{4096} \tag{8-2}$$

其中,DAC_{output} 为输出模拟电压值,V_{REF} 为参考电压,DOR 为数字电压值。例如,如果参考电压为 3.3V,写入数字值为 2048,则输出电压为:$3.3V \times \frac{2048}{4096} \approx 1.65V$。

STM32F407 具有两个独立的 DAC 通道,分别为 DAC1 和 DAC2(PA4 和 PA5 引脚),这两个通道可以同时或独立地进行数模转换操作,为不同的应用需求提供了灵活性,并且每个通道都有 DMA 功能。可以通过软件触发或外部事件触发进行数据转换,软件触发允许在程序中通过特定的指令启动转换,而外部事件触发可以连接到定时器、外部中断等信号源,实现与其他硬件模块的同步操作。STM32F407 芯片具有输出缓冲器,可以提高 DAC 输出的驱动能力,减少负载对转换精度的影响。输出缓冲器可以配置为不使能、使能或者使用外部运放作为缓冲。

8.3.2　STM32F407 DAC 功能

STM32F407 DAC 功能如图 8-6 所示,DAC 引脚说明如表 8-6 所示。

STM32F407 有两个独立的 DAC 转换器,各自对应一个输出通道(DAC OUT1 和 DAC OUT2)。在 12 位模式下,DAC 转换器支持数据的左对齐或右对齐,这提供了更大的灵活性,便于与各种数据源进行无缝对接。DAC 双通道具备同步更新功能,两个通道可以协同工作,在接收到同步信号时,同时输出更新后的模拟电压。DAC 双通道支持单独或同时转换,可根据实际需求灵活选择,以优化系统性能和功耗。

STM32F407 DAC 转换器内置波形生成模块,可生成三角波等特定波形,提供了丰富的信号源选项。每个 DAC 通道均配备有 DMA 功能,能够实现数据的快速传输和更新,提高系统的实时性和响应速度,同时,DMA 下溢错误检测机制能够及时发现并处理数据传输过程中的异常情况。DAC 可接受外部触发信号进行转换,提供了更多的触发源选择,便于实现与外部事件的同步。DAC 通过输入参考电压 V_{REF+} 来确定输出模拟电压的范围和精度,V_{REF+} 可与其他外设(如 ADC)共享,从而实现资源的最大化利用。

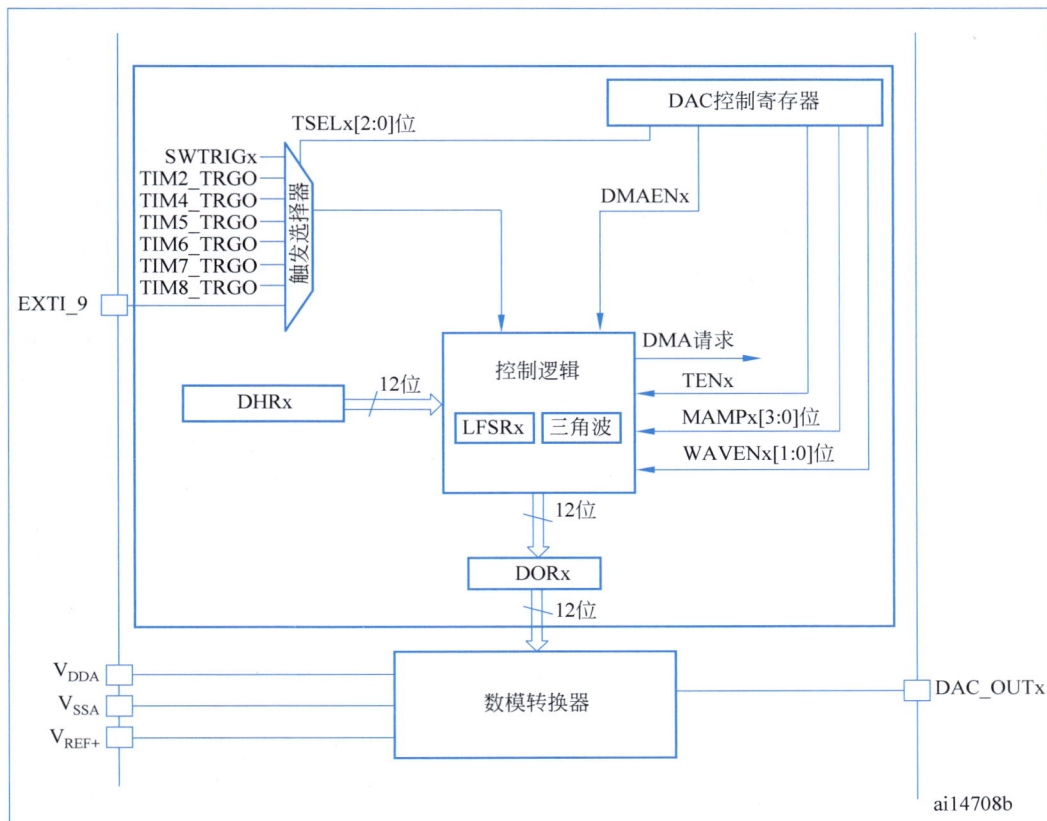

图 8-6　STM32F407 DAC 功能

表 8-6　DAC 引脚说明

名　称	信 号 类 型	备　注
V_{REF+}	正模拟参考电压输入	DAC 高/正参考电压 1.8V≤V_{REF+}≤VDDA
V_{DDA}	模拟电源输入	模拟电源
V_{SSA}	模拟电源接地输入	模拟电源接地
DAC_OUTx	模拟输出信号	DAC 通道 x 模拟输出

8.3.3　STM32F407 DAC 寄存器

外设寄存器必须按字(32 位)进行访问。常用 DAC 寄存器如表 8-7 所示,DAC 寄存器映射如表 8-8 所示。

表 8-7　常用 DAC 寄存器

寄存器名称	功 能 描 述	偏 移 地 址	复 位 值
DAC_CR	DAC 控制寄存器	0x00	0x0000 0000
DAC_SWTRIGR	DAC 软件触发寄存器	0x04	0x0000 0000
DAC_DHR12R1	DAC 1 通道 12 位右对齐数据保持寄存器	0x08	0x0000 0000
DAC_DHR12L1	DAC 1 通道 12 位左对齐数据保持寄存器	0x0C	0x0000 0000
DAC_DHR8R1	DAC 1 通道 8 位右对齐数据保持寄存器	0x10	0x0000 0000

续表

寄存器名称	功能描述	偏移地址	复位值
DAC_DHR12R2	DAC 2 通道 12 位右对齐数据保持寄存器	0x14	0x0000 0000
DAC_DHR12L2	DAC 2 通道 12 位左对齐数据保持寄存器	0x18	0x0000 0FFF
DAC_DHR8R2	DAC 2 通道 8 位右对齐数据保持寄存器	0x1C	0x0000 0000
DAC_DHR12RD	双 DAC 12 位右对齐数据保持寄存器	0x20	0x0000 0000
DAC_DHR12LD	双 DAC 12 位左对齐数据保持寄存器	0x24	0x0000 0000
DAC_DHR8RD	双 DAC 8 位右对齐数据保持寄存器	0x28	0x0000 0000
DAC_DOR1	DAC 1 通道数据输出寄存器	0x2C	0x0000 0000
DAC_DOR2	DAC 2 通道数据输出寄存器	0x30	0x0000 0000
DAC_SR	DAC 状态寄存器	0x34	0x0000 0000

表 8-8　DAC 寄存器映射

8.3.4　STM32F407 DAC 功能说明

STM32F407 的 DAC 模块通过内部的数模转换电路,将输入的数字值转换为相应的模拟电压输出。

1. DAC 通道使能和输出缓冲器使能

将 DAC_CR 寄存器中的相应 ENx 位置 1,即可接通对应 DAC 通道。经过一段启动时间 t_{WAKEUP} 后,DAC 通道被真正使能。

DAC 集成了两个输出缓冲器,可用来降低输出阻抗并在不增加外部运算放大器的情况下直接驱动外部负载。通过 DAC_CR 寄存器中的相应 BOFFx 位,可使能或禁止各 DAC 通道输出缓冲器。

2. DAC 数据格式

根据所选配置模式,数据必须按相应方式写入指定寄存器。

1) DAC 单通道

(1) 8 位右对齐。软件必须将数据加载到 DAC_DHR8Rx [7:0]位(存储到 DHRx[11:4]位)。

(2) 12 位左对齐。软件必须将数据加载到 DAC_DHR12Lx [15:4]位(存储到 DHRx[11:0]位)。

(3) 12 位右对齐。软件必须将数据加载到 DAC_DHR12Rx [11:0]位(存储到 DHRx

[11:0]位）。

根据加载的 DAC_DHRyyyx 寄存器,写入的数据将移位并存储到相应的 DHRx(数据保持寄存器 x,即内部非存储器映射寄存器)。之后,DHRx 寄存器将被自动加载,或者通过软件或外部事件触发加载到 DORx 寄存器。单通道模式下数据寄存器对齐如图 8-7 所示。

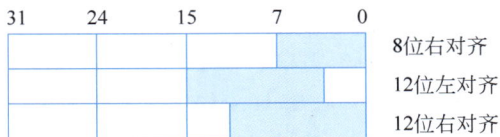

图 8-7　单通道模式下数据寄存器对齐

2) DAC 双通道

(1) 8 位右对齐。将 DAC 1 通道的数据加载到 DAC_DHR8RD [7:0] 位(存储到 DHR1[11:4]位),将 DAC 2 通道的数据加载到 DAC_DHR8RD[15:8]位(存储到 DHR2 [11:4]位)。

(2) 12 位左对齐。将 DAC 1 通道的数据加载到 DAC_DHR12RD[15:4]位(存储到 DHR1[11:0]位),将 DAC 2 通道的数据加载到 DAC_DHR12RD[31:20]位(存储到 DHR2 [11:0]位)。

(3) 12 位右对齐。将 DAC 1 通道的数据加载到 DAC_DHR12RD[11:0]位(存储到 DHR1[11:0]位),将 DAC 2 通道的数据加载到 DAC_DHR12RD[27:16]位(存储到 DHR2 [11:0]位)。

根据加载的 DAC_DHRyyyD 寄存器,写入的数据将移位并存储到 DHR1 和 DHR2(数据保持寄存器,即内部非存储器映射寄存器)。之后,DHR1 和 DHR2 寄存器将被自动加载,或者通过软件或外部事件触发分别被加载到 DOR1 和 DOR2 寄存器。双通道模式下数据寄存器对齐如图 8-8 所示。

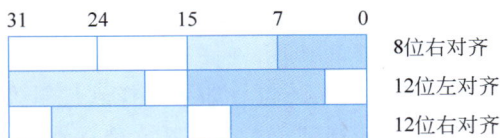

图 8-8　双通道模式下数据寄存器对齐

3. DAC 转换

DAC_DORx 无法直接写入,任何数据都必须通过加载 DAC_DHRx 寄存器(写入 DAC _DHR8Rx、DAC_DHR12Lx、DAC_DHR12Rx、DAC_DHR8RD、DAC_DHR12LD 或 DAC_ DHR12LD)才能传输到 DAC 通道 x。

如果未选择硬件触发(DAC_CR 寄存器中的 TENx 位复位),那么经过一个 APB1 时钟周期后,DAC_DHRx 寄存器中存储的数据将自动转移到 DAC_DORx 寄存器。但是,如果选择硬件触发(置位 DAC_CR 寄存器中的 TENx 位)且触发条件到来,将在 3 个 APB1 时钟周期后进行转移。

当 DAC_DORx 加载了 DAC_DHRx 内容时,模拟输出电压将在一段时间 $t_{SETTLING}$ 后可用,具体时间取决于电源电压和模拟输出负载。关闭触发(TEN＝0)时的转换时序如图 8-9 所示。

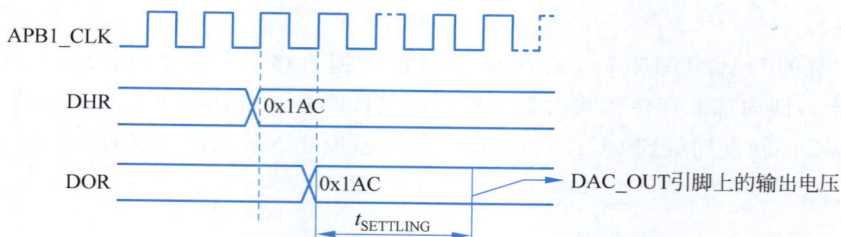

图 8-9　关闭触发(TEN＝0)时的转换时序

4. 触发选择

如果 TENx 控制位置 1,可通过外部事件(定时计数器、外部中断线)触发转换。TSELx[2:0]控制位将决定通过 8 个可能事件中的哪个来触发转换,外部触发器如表 8-9 所示。

表 8-9　外部触发器

源	类　型	TSEL[2:0]
Timer 6 TRGO event	片上定时器的内部信号	000
Timer 8 TRGO event		001
Timer 7 TRGO event		010
Timer 5 TRGO event		011
Timer 2 TRGO event		100
Timer 4 TRGO event		101
EXTI line9	外部引脚	110
SWTRIG	软件控制位	111

每当 DAC 接口在所选定时器 TRGO 输出或所选外部中断线 9 上检测到上升沿时,DAC_DHRx 寄存器中存储的最后一个数据就会转移到 DAC_DORx 寄存器中。发生触发后再经过 3 个 APB1 周期,DAC_DORx 寄存器将会得到更新。

如果选择软件触发,一旦 SWTRIG 位置 1,转换即会开始。DAC_DHRx 寄存器内容加载到 DAC_DORx 寄存器中后,SWTRIG 即由硬件复位。

ENx 置位 1 时,无法更改 TSELx[2:0]位。如果选择软件触发,DAC_DHRx 寄存器的内容只需一个 APB1 时钟周期即可转移到 DAC_DORx 寄存器。

5. DMA 请求

每个 DAC 通道都具有 DMA 功能。两个 DMA 通道用于处理 DAC 通道的 DMA 请求。当 DMAENx 位置 1 时,如果发生外部触发(而不是软件触发),将产生 DAC DMA 请求。DAC_DHRx 寄存器的值随后转移到 DAC_DORx 寄存器。

在双通道模式下,如果两个 DMAENx 位均置 1,则将产生两个 DMA 请求。如果只需要一个 DMA 请求,应仅将相应 DMAENx 位置 1。这样,应用程序可以在双通道模式下通过一个 DMA 请求和一个特定 DMA 通道来管理两个 DAC 通道。

6. 生成噪声与三角波

为了生成可变振幅的伪噪声,可使用线性反馈移位寄存器(Linear Feedback Shift Register,LFSR)。将 WAVEx[1:0] 置为 01 即可选择生成噪声。LFSR 中的预加载值为 0xAAA。在每次发生触发事件后,经过 3 个 APB1 时钟周期,该寄存器会依照特定的计算算法完成更新。

可以在直流电流或慢变信号上叠加一个小幅三角波。将 WAVEx[1:0] 置为 10 即可选择 DAC 生成三角波。振幅通过 DAC_CR 寄存器中的 MAMPx[3:0] 位进行配置。每次发生触发事件后，经过 3 个 APB1 时钟周期，内部三角波计数器将会递增。在不发生溢出的情况下，该计数器的值将与 DAC_DHRx 寄存器内容相加，所得总和将存储到 DAC_DORx 寄存器中。只要小于 MAMPx[3:0] 位定义的最大振幅，三角波计数器就会一直递增。一旦达到配置的振幅，计数器将递减至 0，然后再递增，依次类推。可以通过复位 WAVEx[1:0] 位来将三角波产生功能关闭。生成 DAC 三角波如图 8-10 所示。

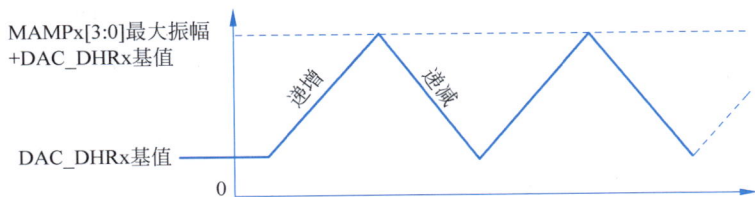

图 8-10 生成 DAC 三角波

7. DAC 双通道转换

为了在同时需要两个 DAC 通道的应用中有效利用总线带宽，DAC 模块实现了 3 个双寄存器：DHR8RD、DHR12RD 和 DHR12LD。这样，只需一个寄存器访问即可同时驱动两个 DAC 通道。通过两个 DAC 通道和这 3 个双寄存器可以实现 11 种转换模式：独立触发、独立触发（生成单个 LFSR）、独立触发（生成不同 LFSR）、独立触发（生成单个三角波）、独立触发（生成不同三角波）、同步软件启动、同步触发（不产生波形）、同步触发（生成单个 LFSR）、同步触发（生成不同 LFSR）、同步触发（生成单个三角波）、同步触发（生成不同三角波）。但如果需要，所有这些转换模式也都可以通过单独的 DHRx 寄存器来实现。

8.4 STM32F407 ADC 和 DAC HAL 库函数

8.4.1 ADC HAL 库函数

STM32F407 ADC HAL 库函数如表 8-10 所示。

视频讲解

表 8-10 STM32F407 ADC HAL 库函数

函 数 名	功 能 描 述
HAL_ADC_Init()	初始化 ADC
HAL_ADC_ConfigChannel()	配置 ADC 的通道
HAL_ADC_Start()	启动 ADC 转换
HAL_ADC_Start_IT()	中断方式启动 ADC 转换
HAL_ADC_PollForConversion()	等待 ADC 转换完成
HAL_ADC_GetValue()	获取 ADC 转换值
HAL_ADC_Stop()	停止 ADC 转换
HAL_ADC_Stop_IT()	中断方式停止 ADC 转换
HAL_ADC_DeInit()	ADC 反初始化
HAL_ADC_IRQHandler()	ADC 中断处理函数

1. 初始化 ADC

函数原型为 HAL_StatusTypeDef HAL_ADC_Init(ADC_HandleTypeDef * hadc),用于初始化 ADC,如时钟、分辨率、转换模式等。

其中,ADC_HandleTypeDef * hadc 为指向 ADC 句柄的指针。

函数返回值为 HAL_StatusTypeDef 型的值,HAL_OK 表示初始化成功,HAL_ERROR 表示初始化失败。

2. 配置 ADC 的通道

函数原型为 HAL_StatusTypeDef HAL_ADC_ConfigChannel(ADC_HandleTypeDef * hadc, ADC_ChannelConfTypeDef * sConfig),用于配置 ADC 的通道参数,如通道号、采样时间等。

其中,ADC_HandleTypeDef * hadc 为指向 ADC 句柄的指针,ADC_ChannelConfTypeDef * sConfig 为指向 ADC 通道配置结构的指针。

函数返回 HAL_OK 表示配置成功,返回 HAL_ERROR 表示配置失败。

3. 启动 ADC 转换

函数原型为 HAL_StatusTypeDef HAL_ADC_Start(ADC_HandleTypeDef * hadc),用于启动 ADC 转换。当调用此函数后 ADC 会根据之前配置的通道和参数开始进行模数转换,在转换过程中,ADC 的状态会被标记为忙碌直到转换完成。

其中,ADC_HandleTypeDef * hadc 为指向 ADC 句柄的指针。

函数返回 HAL_OK 表示启动成功,返回 HAL_ERROR 表示启动失败。

4. 中断方式启动 ADC 转换

函数原型为 HAL_StatusTypeDef HAL_ADC_Start_IT(ADC_HandleTypeDef * hadc),用于以中断方式启动 ADC 转换,当转换完成后会触发相应的中断,在中断服务函数中可以处理转换结果。

其中,ADC_HandleTypeDef * hadc 为指向已初始化的 ADC_HandleTypeDef 结构体的指针。

函数返回 HAL_OK 表示启动中断模式成功,返回 HAL_ERROR 表示启动中断模式失败。

5. 等待 ADC 转换完成

函数原型为 HAL_StatusTypeDef HAL_ADC_PollForConversion(ADC_HandleTypeDef * hadc, uint32_t Timeout),用于通过轮询的方式等待 ADC 转换完成。

其中,ADC_HandleTypeDef * hadc 为指向 ADC 句柄的指针,uint32_t Timeout 为超时时间(以毫秒为单位)。

函数返回 HAL_OK 表示转换成功完成,返回 HAL_ERROR 表示转换失败或超时。

6. 获取 ADC 转换值

函数原型为 uint32_t HAL_ADC_GetValue(ADC_HandleTypeDef * hadc),用于获取最近一次 ADC 转换的结果。

其中,ADC_HandleTypeDef * hadc 为指向 ADC 句柄的指针。

函数返回值为 uint32_t 类型的转换结果,其范围取决于 ADC 的分辨率。例如,对于 12 位分辨率的 ADC,返回值范围是 0～4095。

7. 停止 ADC 转换

函数原型为 HAL_StatusTypeDef HAL_ADC_Stop(ADC_HandleTypeDef * hadc)，用于停止 ADC 转换。

其中，ADC_HandleTypeDef * hadc 为指向 ADC 句柄的指针。

函数返回 HAL_OK 表示停止成功，返回 HAL_ERROR 表示停止失败。

8. 中断方式停止 ADC 转换

函数原型为 HAL_StatusTypeDef HAL_ADC_Stop_IT(ADC_HandleTypeDef * hadc)，用于停止 ADC 转换，并禁用中断。

其中，ADC_HandleTypeDef * hadc 为指向 ADC 句柄的指针。

函数返回 HAL_OK 表示停止中断模式成功，返回 HAL_ERROR 表示停止中断模式失败。

9. ADC 反初始化

函数原型为 HAL_StatusTypeDef HAL_ADC_DeInit(ADC_HandleTypeDef * hadc)，用于将 ADC 恢复到其默认状态，释放相关资源。

其中，ADC_HandleTypeDef * hadc 为指向 ADC 句柄的指针。

函数返回值 HAL_OK 表示反初始化成功，返回 HAL_ERROR 表示反初始化失败。

10. ADC 中断处理函数

函数原型为 void HAL_ADC_IRQHandler(ADC_HandleTypeDef * hadc)，会在 ADC 的中断服务例程中被调用，以处理 ADC 的中断事件，如转换完成等，在该函数中会调用定义的回调函数。

其中，ADC_HandleTypeDef * hadc 为指向 ADC 句柄的指针。

该函数无返回值。

8.4.2 DAC HAL 库函数

STM32F407 DAC HAL 库函数如表 8-11 所示。

视频讲解

表 8-11 STM32F407 DAC HAL 库函数

函 数 名	功 能 描 述
HAL_DAC_Init()	初始化 DAC
HAL_DAC_ConfigChannel()	配置 DAC 的通道
HAL_DAC_Start()	启动 DAC 转换
HAL_DAC_Start_IT()	中断方式启动 DAC 转换
HAL_DAC_SetValue()	设置 DAC 转换的数字值
HAL_DAC_GetValue()	获取 DAC 通道当前设置数字值
HAL_DAC_Stop()	停止 DAC 转换
HAL_DAC_Stop_IT()	中断方式停止 DAC 转换
HAL_DAC_DeInit()	DAC 反初始化
HAL_DAC_IRQHandler()	DAC 中断处理函数

1. 初始化 DAC

函数原型为 HAL_StatusTypeDef HAL_DAC_Init(DAC_HandleTypeDef * hdac)，用于初始化 DAC 模块，设置默认配置。

其中,hdac 为指向 DAC 句柄的指针。

函数返回 HAL_OK 表示初始化成功,返回 HAL_ERROR 表示初始化失败。

2. 配置 DAC 的通道

函数原型为 HAL_StatusTypeDef HAL_DAC_ConfigChannel(DAC_HandleTypeDef * hdac, DAC_ChannelConfTypeDef * sConfig, uint32_t Channel),用于配置 DAC 输出通道的参数,包括通道号、数据对齐方式、触发源等。

其中,hdac 为指向 DAC 句柄的指针,sConfig 为指向 DAC 通道配置结构体的指针, Channel 为 DAC 通道号。

函数返回 HAL_OK 表示配置成功,返回 HAL_ERROR 表示配置失败。

3. 启动 DAC 转换

函数原型为 HAL_StatusTypeDef HAL_DAC_Start(DAC_HandleTypeDef * hdac, uint32_t Channel),用于启动 DAC 转换,将数字信号转换为模拟信号。

其中,hdac 为指向 DAC 句柄的指针,Channel 指定要启动转换的 DAC 通道号。

函数返回 HAL_OK 表示启动成功,返回 HAL_ERROR 表示启动失败。

4. 中断方式启动 DAC 转换

函数原型为 HAL_StatusTypeDef HAL_DAC_Start_IT(DAC_HandleTypeDef * hdac, uint32_t Channel),用于以中断模式启动 DAC 转换,当转换完成时会产生中断。

其中,hdac 为指向 DAC 句柄的指针,Channel 为 DAC 通道号。

函数返回 HAL_OK 表示中断模式启动成功,返回 HAL_ERROR 表示中断模式启动失败。

5. 设置 DAC 转换的数字值

函数原型为 HAL_StatusTypeDef HAL_DAC_SetValue(DAC_HandleTypeDef * hdac, uint32_t Channel, uint32_t Alignment, uint32_t Data),用于设置 DAC 转换的数字值,该值将被转换为模拟信号。

其中,hdac 为指向 DAC 句柄的指针,Channel 为 DAC 通道号,Alignment 为数据对齐方式,Data 为要设置的数字值。

函数返回 HAL_OK 表示设置成功,返回 HAL_ERROR 表示设置失败。

6. 获取 DAC 通道当前设置数字值

函数原型为 uint32_t HAL_DAC_GetValue(DAC_HandleTypeDef * hdac, uint32_t Channel),获取当前 DAC 输出的数字值。

其中,hdac 为指向 DAC 句柄的指针,Channel 为 DAC 通道号。

函数返回值为当前 DAC 输出的数字值。

7. 停止 DAC 转换

函数原型为 HAL_StatusTypeDef HAL_DAC_Stop(DAC_HandleTypeDef * hdac, uint32_t Channel),用于停止 DAC 通道的转换。

其中,hdac 为指向 DAC 句柄的指针,Channel 为 DAC 通道号。

函数返回值为 HAL_OK 表示停止成功,返回 HAL_ERROR 表示停止失败。

8. 中断方式停止 DAC 转换

函数原型为 HAL_StatusTypeDef HAL_DAC_Stop_IT(DAC_HandleTypeDef * hdac, uint32_t Channel),用于以中断方式停止 DAC 转换。

其中,hdac 为指向 DAC 句柄的指针,Channel 为 DAC 通道号。

函数返回 HAL_OK 表示中断模式停止成功,返回 HAL_ERROR 表示中断模式停止失败。

9. DAC 反初始化

函数原型为 HAL_StatusTypeDef HAL_DAC_DeInit(DAC_HandleTypeDef * hdac),用于 DAC 进行反初始化,将 DAC 模块恢复到默认状态并释放相关资源。

其中,hdac 为指向 DAC 句柄的指针。

函数返回 HAL_OK 表示反初始化成功,返回 HAL_ERROR 表示反初始化失败。

10. DAC 中断处理函数

函数原型为 void HAL_DAC_IRQHandler(DAC_HandleTypeDef * hdac),在 DAC 的中断服务例程中被调用,该函数中会调用定义的回调函数。

其中,hdac 为指向 DAC 句柄的指针。

函数无返回值。

8.5 模数转换器实例

本节实例要求:将模拟电压信号采集输入 STM32F407VET6,通过内置 ADC 进行处理后,由串口输出并显示出对应电压值。

8.5.1 STM32CubeMX 工程

1. 建立 STM32CubeMX 工程

在 STM32CubeMX 选择新建并搜索 STM32F407VET6,STM32F407VET6 芯片选择如图 8-11 所示。单击 Start Project 生成 STM32F407VET6 工程。

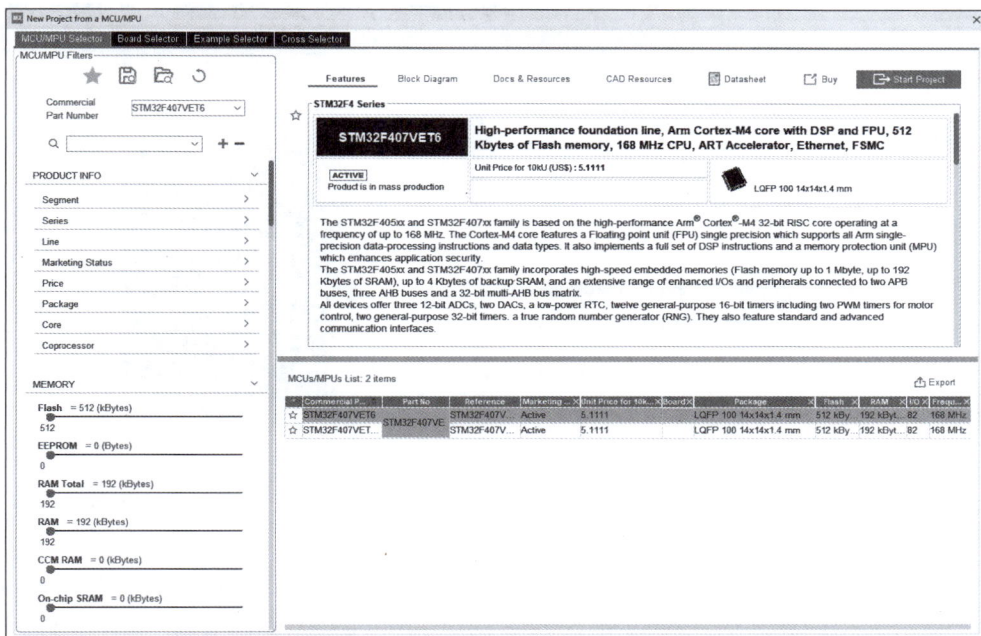

图 8-11 STM32F407VET6 芯片选择

2. SYS 配置

SYS 配置如图 8-12 所示，选择左侧 System Core 目录中的 SYS 选项卡，在 SYS Mode and Configuration 中选择调试下载方式，因为例程使用 Proteus 仿真，Debug 方式可以选择 Disable。

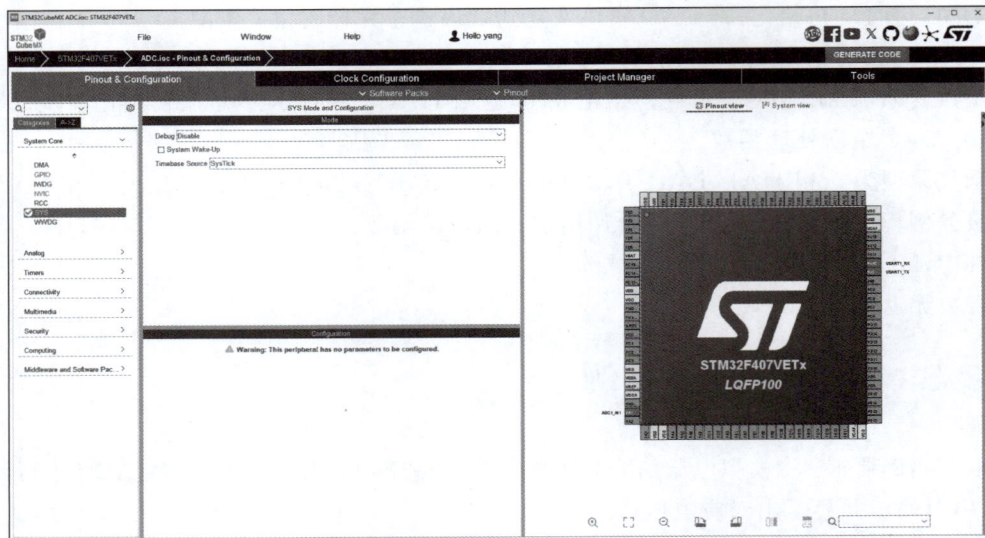

图 8-12　SYS 配置

3. ADC 配置

选择左侧 Analog 选项卡并选择 ADC1，ADC1 Mode and Configuration 如图 8-13 所示。

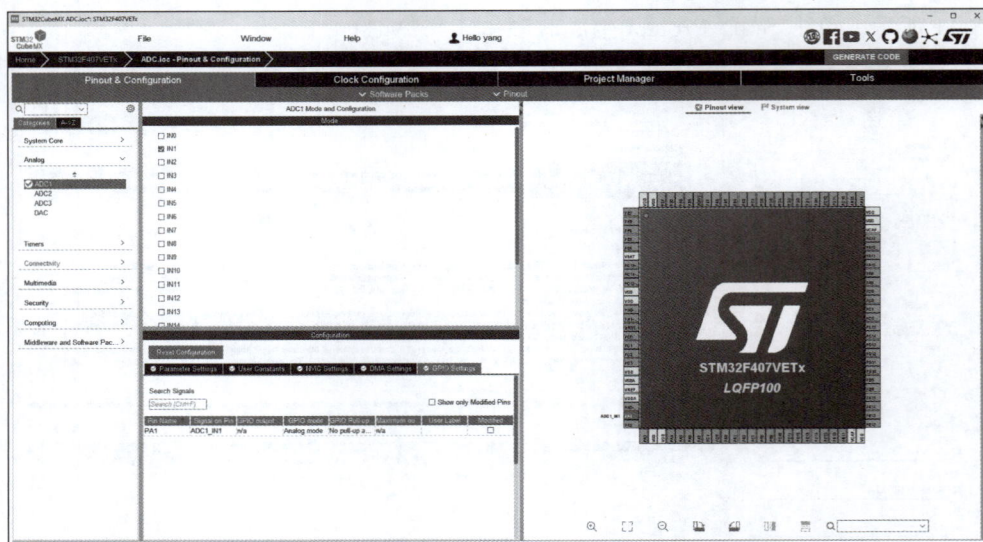

图 8-13　ADC1 Mode and Configuration

选中 IN1，在 Parameter Settings 中可进行 ADC 的参数设置，ADC1 参数配置如图 8-14 所示。ADC1 参数包括 ADCs_Common_Settings、ADC_Settings、ADC_Regular_ConversionMode、ADC_Injected_ConversionMode、WatchDog 等，可根据需要进行配置。

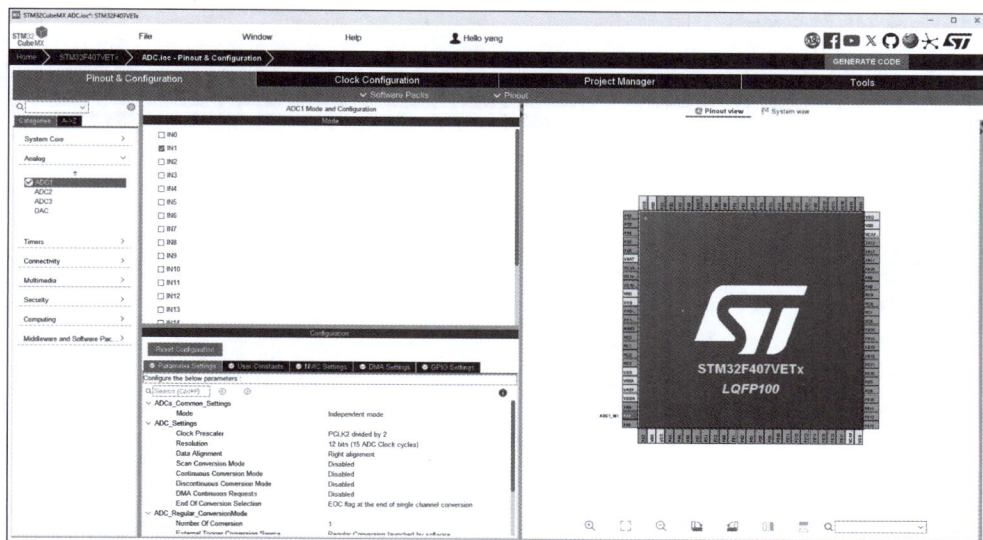

图 8-14　ADC1 参数配置

4. 串口配置

单击左侧 Connectivity 中 USART1 进行串口配置,USART1 配置如图 8-15 所示。在 USART1 Mode and Configuration 中,将 Mode 设置为 Asynchronous(异步),Baud Rate 设为 19 200bps,Word Length 设为 8 位,Parity 设为 None,停止位设为 1,Data Direction 设为 Receive and Transmit。设置完成后,在右侧芯片引脚图中,PA9 和 PA10 引脚被设置为 USART1_TX 和 USART1_RX。

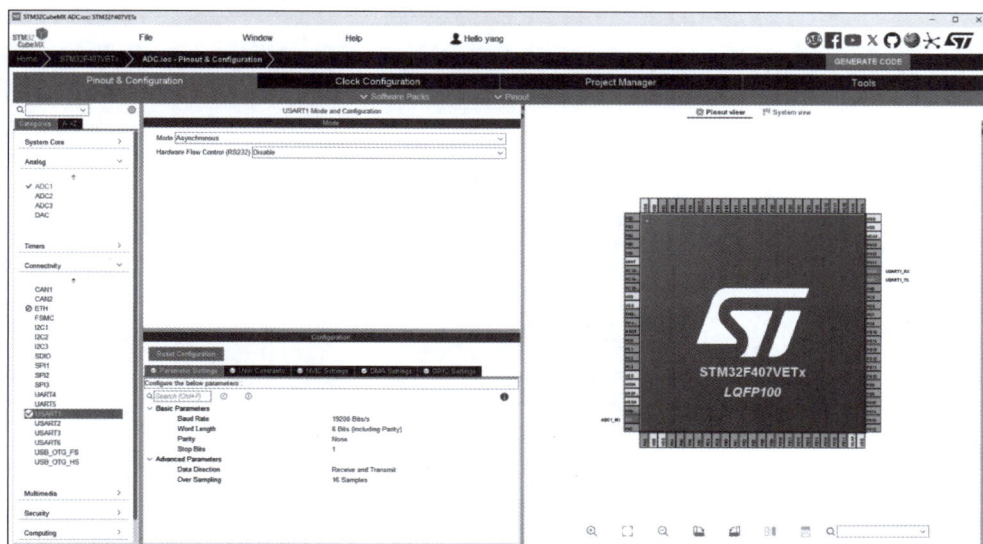

图 8-15　USART1 配置

5. 生成代码

切换到 Project Manager 选项卡,在 Toolchain/IDE 下拉列表框中选择 MDK-ARM,编辑工程文件名称并确定文件保存位置,单击 GENERATE CODE 可生成工程源代码。

Project Manager 配置如图 8-16 所示。

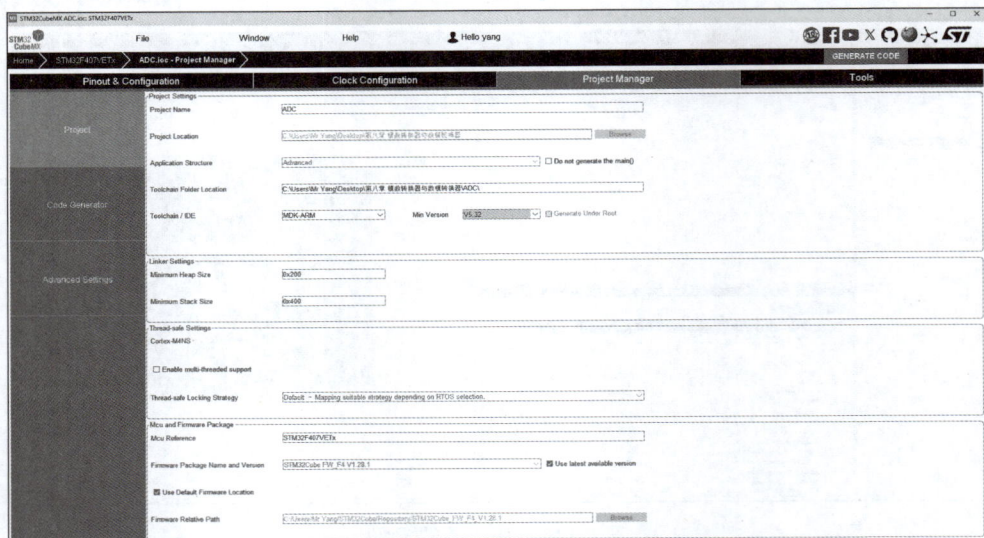

图 8-16　Project Manager 配置

8.5.2　Keil MDK 程序

打开生成的 Keil MDK 工程，ADC Keil MDK 工程如图 8-17 所示。

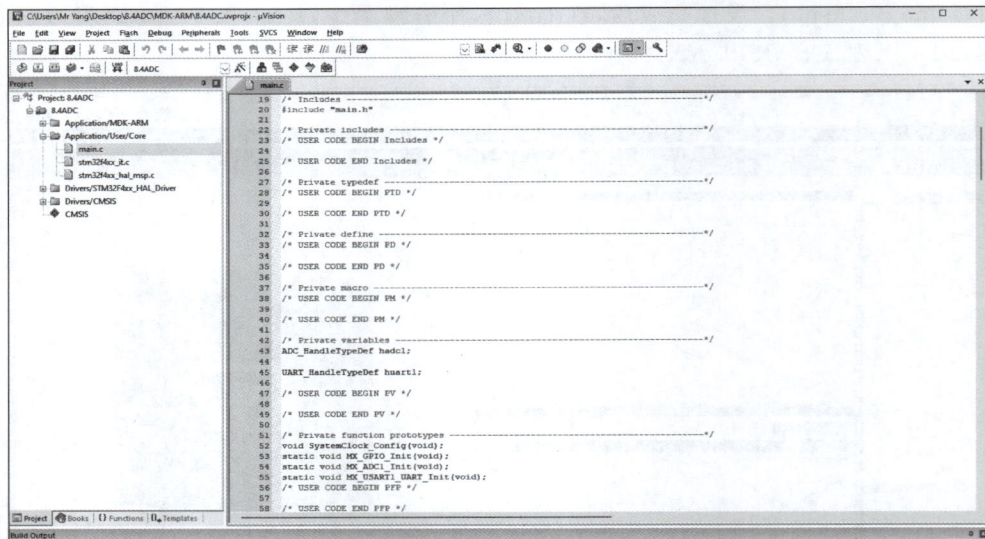

图 8-17　ADC Keil MDK 工程

在 main.c 中，ADC 的初始化配置都已完成，包括时钟配置、GPIO 配置，ADC1 配置、USART1 配置等，还需要增加例程应用逻辑代码，main.c 文件如下。

```
# include "stdio.h"
# include "string.h"
# include "main.h"
```

```
ADC_HandleTypeDef hadc1;
UART_HandleTypeDef huart1;
void SystemClock_Config(void);
static void MX_GPIO_Init(void);
static void MX_ADC1_Init(void);
static void MX_USART1_UART_Init(void);
int main(void)
{
  HAL_Init();
  SystemClock_Config();
  MX_GPIO_Init();
  MX_ADC1_Init();
  MX_USART1_UART_Init();
  while (1)
  {
    HAL_ADC_Start(&hadc1);
      if(HAL_ADC_PollForConversion(&hadc1, 1000) == HAL_OK)
    {
      uint32_t adcValue = HAL_ADC_GetValue(&hadc1);
      char buffer[25];
      sprintf(buffer, "ADC Value: % f\r\n", adcValue * 3.3/(double)4096);
      HAL_UART_Transmit(&huart1, (uint8_t * )buffer, strlen(buffer), HAL_MAX_DELAY);
      HAL_ADC_Stop(&hadc1);
      HAL_Delay(1000);
    }
  }
}
void SystemClock_Config(void)
{
  RCC_OscInitTypeDef RCC_OscInitStruct = {0};
  RCC_ClkInitTypeDef RCC_ClkInitStruct = {0};
  __HAL_RCC_PWR_CLK_ENABLE();
  __HAL_PWR_VOLTAGESCALING_CONFIG(PWR_REGULATOR_VOLTAGE_SCALE1);
  RCC_OscInitStruct.OscillatorType = RCC_OSCILLATORTYPE_HSI;
  RCC_OscInitStruct.HSIState = RCC_HSI_ON;
  RCC_OscInitStruct.HSICalibrationValue = RCC_HSICALIBRATION_DEFAULT;
  RCC_OscInitStruct.PLL.PLLState = RCC_PLL_NONE;
  if (HAL_RCC_OscConfig(&RCC_OscInitStruct) != HAL_OK)
  {
    Error_Handler();
  }
  RCC_ClkInitStruct.ClockType = RCC_CLOCKTYPE_HCLK|RCC_CLOCKTYPE_SYSCLK
                              |RCC_CLOCKTYPE_PCLK1|RCC_CLOCKTYPE_PCLK2;
  RCC_ClkInitStruct.SYSCLKSource = RCC_SYSCLKSOURCE_HSI;
  RCC_ClkInitStruct.AHBCLKDivider = RCC_SYSCLK_DIV1;
  RCC_ClkInitStruct.APB1CLKDivider = RCC_HCLK_DIV1;
  RCC_ClkInitStruct.APB2CLKDivider = RCC_HCLK_DIV1;
  if (HAL_RCC_ClockConfig(&RCC_ClkInitStruct, FLASH_LATENCY_0) != HAL_OK)
  {
    Error_Handler();
  }
}
static void MX_ADC1_Init(void)
{
```

```
   ADC_ChannelConfTypeDef sConfig = {0};
   hadc1.Instance = ADC1;
   hadc1.Init.ClockPrescaler = ADC_CLOCK_SYNC_PCLK_DIV2;
   hadc1.Init.Resolution = ADC_RESOLUTION_12B;
   hadc1.Init.ScanConvMode = DISABLE;
   hadc1.Init.ContinuousConvMode = DISABLE;
   hadc1.Init.DiscontinuousConvMode = DISABLE;
   hadc1.Init.ExternalTrigConvEdge = ADC_EXTERNALTRIGCONVEDGE_NONE;
   hadc1.Init.ExternalTrigConv = ADC_SOFTWARE_START;
   hadc1.Init.DataAlign = ADC_DATAALIGN_RIGHT;
   hadc1.Init.NbrOfConversion = 1;
   hadc1.Init.DMAContinuousRequests = DISABLE;
   hadc1.Init.EOCSelection = ADC_EOC_SINGLE_CONV;
   if (HAL_ADC_Init(&hadc1) != HAL_OK)
   {
     Error_Handler();
   }
   sConfig.Channel = ADC_CHANNEL_1;
   sConfig.Rank = 1;
   sConfig.SamplingTime = ADC_SAMPLETIME_3CYCLES;
   if (HAL_ADC_ConfigChannel(&hadc1, &sConfig) != HAL_OK)
   {
     Error_Handler();
   }
}
static void MX_USART1_UART_Init(void)
{
   huart1.Instance = USART1;
   huart1.Init.BaudRate = 19200;
   huart1.Init.WordLength = UART_WORDLENGTH_8B;
   huart1.Init.StopBits = UART_STOPBITS_1;
   huart1.Init.Parity = UART_PARITY_NONE;
   huart1.Init.Mode = UART_MODE_TX_RX;
   huart1.Init.HwFlowCtl = UART_HWCONTROL_NONE;
   huart1.Init.OverSampling = UART_OVERSAMPLING_16;
   if (HAL_UART_Init(&huart1) != HAL_OK)
   {
     Error_Handler();
   }
}
static void MX_GPIO_Init(void)
{
   __HAL_RCC_GPIOA_CLK_ENABLE();
}
```

编译无误后,生成.hex文件。

8.5.3 Proteus 仿真电路

通过 Proteus 搭建 STM32F407VET6 的 ADC 模拟电压采集的仿真环境,利用滑动变阻器的阻值改变产生的电压模拟信号的变化作为模拟量输入,如图 8-18 所示。

将 Keil MDK 编译生成的.hex文件加载到芯片中,单击运行仿真,可以看到虚拟串口中显示的 ADC 采集电压值与电压表实际测得的电压值一致。通过拖动滑动变阻器改变阻值,采样电压值会随之变动,ADC 采样电压值如图 8-19 所示。

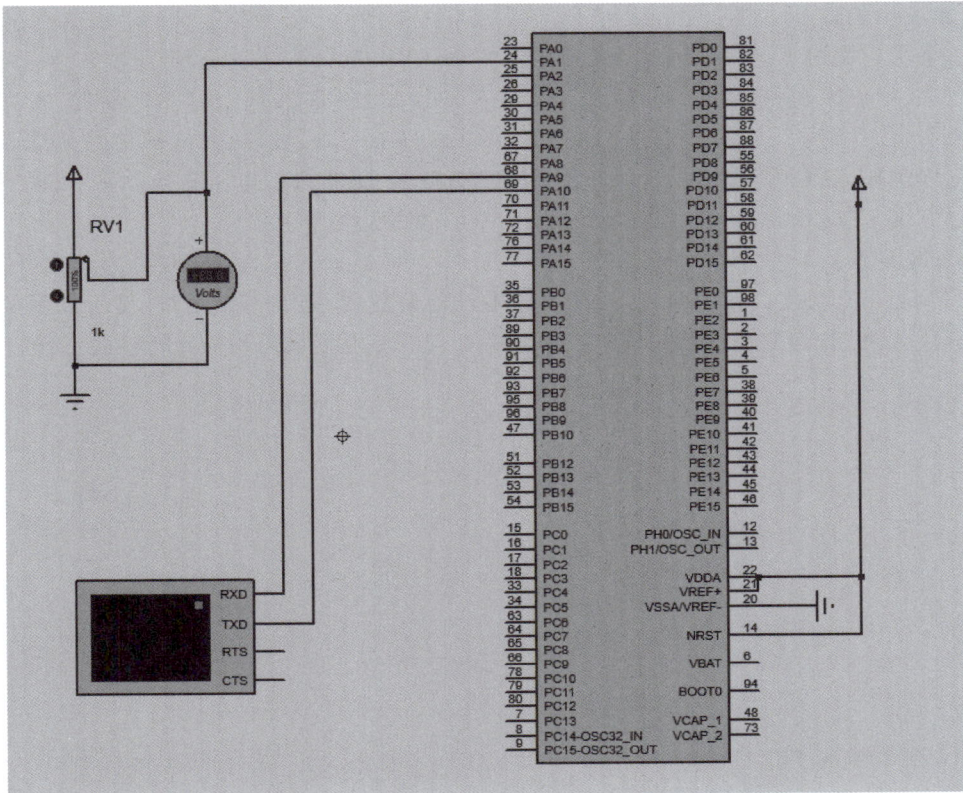

图 8-18　Proteus ADC 仿真电路及仿真结果显示

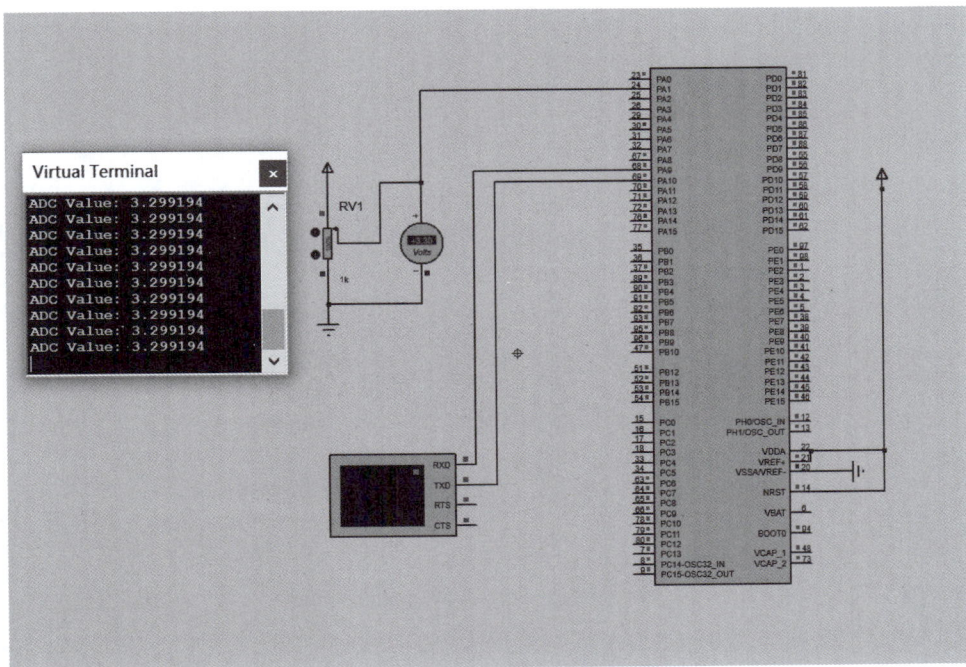

图 8-19　ADC 采样电压值

【本章小结】

本章深入探讨了STM32F407微控制器的ADC和DAC。首先介绍了ADC和DAC的基本概念、工作原理和参数。随后,详细阐述了STM32F407 ADC和DAC功能、寄存器和功能说明,并介绍了STM32F407 ADC和DAC的HAL库函数,从而能够更好地深入理解如何编程实现ADC和DAC。最后,通过仿真实例——采集模拟电压转换并显示,说明了如何综合应用STM32CubeMX、Keil MDK、Proteus实现模数转换。

【思政元素】

STM32F407 ADC和DAC涉及内容较多且较为复杂,强调不畏困难、勇于创新的重要性。结合ADC和DAC技术的具体应用,思考如何在专业领域内积极履行社会责任。

第 9 章　嵌 入 式 操 作 系 统

　　嵌入式操作系统是连接硬件与上层应用软件的桥梁,负责管理系统的各种资源和硬件,实现软硬件资源的分配、任务调度、控制、协调并发活动,使系统高效可用。本章将深入探讨嵌入式操作系统的基本概念、体系结构、组成要素,着重介绍国产嵌入式操作系统 RT-Thread,并结合 RT-Thread 常用函数完成实例设计开发,从而深入理解嵌入式操作系统的核心原理,为后续深入学习嵌入式操作系统开发打下坚实的基础。

知识目标:
◆ 阐述嵌入式操作系统的定义、应用领域和发展趋势;
◆ 阐述 RT-Thread 嵌入式操作系统体系结构及常用函数;
◆ 说明嵌入式操作系统实例开发流程。

能力目标:
◆ 运用 STM32CubeMX 软件配置 RT-Thread 嵌入式操作系统工程;
◆ 运用 Keil MDK 软件编写程序,并进行分析;
◆ 运用 Proteus 软件搭建 RT-Thread 嵌入式操作系统仿真电路;
◆ 设计基于 RT-Thread 嵌入式操作系统的实例。

素质目标:
◆ 总结嵌入式操作系统的运行机制,形成解决实际嵌入式系统问题的思维方式;
◆ 提升在复杂嵌入式环境中进行系统开发与优化的能力。

9.1　嵌入式操作系统概述

视频讲解

9.1.1　嵌入式操作系统定义与特点

　　嵌入式操作系统负责嵌入式系统的全部软硬件资源的分配、任务调度,控制、协调并发活动。

　　嵌入式操作系统的特点主要体现在其高效性、实时性和可靠性上。高效性指嵌入式操作系统能够充分利用嵌入式设备的有限资源,通过优化算法和精简设计,实现高效的资源管理和任务调度。实时性则指嵌入式操作系统能够在规定的时间内对外部事件做出响应,满足实时应用的需求。可靠性指在规定条件下,系统能够连续运行而无故障的能力。

9.1.2　常用嵌入式操作系统

嵌入式操作系统的发展历程可追溯到 20 世纪 70 年代,当时随着微处理器技术的飞速发展,嵌入式系统开始逐渐崭露头角。最初,嵌入式系统大多采用裸机编程,即直接在硬件上编写程序,没有操作系统的概念。然而,随着系统复杂性的增加,对任务调度、内存管理、中断处理等功能的需求日益迫切,嵌入式操作系统应运而生。

进入 20 世纪 90 年代,实时操作系统的兴起不仅极大地提升了嵌入式系统的性能,还拓展了其应用范围,嵌入式操作系统开始进入快速发展阶段。RTOS 以其高效的任务调度机制和精确的实时响应能力,迅速成为众多嵌入式系统设计和开发人员的首选。

进入 21 世纪,随着物联网、智能家居等技术的兴起,嵌入式操作系统迎来了新的发展机遇,VxWorks、μC/OS-Ⅲ、Embedded Linux、FreeRTOS、RT-Thread 等操作系统得到了广泛应用。

常用嵌入式操作系统如表 9-1 所示。

表 9-1　常用嵌入式操作系统

特　　性	VxWorks	μC/OS-Ⅲ	Embedded Linux	FreeRTOS	RT-Thread
应用领域	航天、军事、医疗等高可靠性需求领域	工业控制、消费电子、资源受限设备	网络设备、智能家居、工业自动化、消费类产品	低功耗、小型嵌入式系统	消费电子、工业控制、通信设备、汽车电子、医疗设备、航空航天
内核类型	微内核结构设计	轻量级、简洁	基于 Linux 内核,裁剪优化	极简内核、高效实时任务调度	实时操作系统内核
任务调度	优先级调度,多任务支持	优先级抢占式调度,最多支持 64 个任务	多任务调度、支持内核优化	支持多任务、优先级管理	支持多任务并发执行,任务调度器根据任务的优先级进行抢占式调度
实时性	高性能、适合复杂实时任务	高实时性,适合工业控制与消费电子	支持实时调度,但相对较低	高实时性,适合低功耗设备	实时性能,具有快速的任务切换和响应速度
内存管理	动态内存管理、强大功能	高效内存管理、资源优化	高效内存管理,适合高性能需求	高效内存管理,适用于资源受限设备	内存堆管理和内存池管理
硬件支持	支持多处理器、广泛硬件平台	适用于资源受限的嵌入式设备	广泛支持处理器、外设、网络接口等	支持多种硬件平台（ARM、AVR 等）	支持多种主流 MCU 和 MPU

1. VxWorks

VxWorks 是由美国风河公司推出的一款实时嵌入式操作系统,广泛应用于航天、军事、医疗等高可靠性需求领域中,支持多种硬件架构,并提供丰富的开发工具和库。VxWorks 具有优先级调度、任务同步、内存管理等强大功能,系统稳定性高,能够处理复杂的实时任务,内核结构小巧。

2. μC/OS-Ⅲ

μC/OS-Ⅲ是一个基于优先级的可抢占式实时操作系统内核,用 C 语言编写,具有高度的可移植性和可配置性。该系统支持多任务管理,允许创建无限数量的任务和优先级,并提供时间片轮转调度机制,以确保任务间的公平执行。μC/OS-Ⅲ还提供了丰富的内核对象(如信号量、消息队列、软件定时器等),以及完备的运行时间测量性能和防死锁机制。其代码规范、结构清晰,易于理解和维护,被广泛应用于各种嵌入式系统中,如工业控制、消费电子等领域。

3. Embedded Linux

Embedded Linux 是基于 Linux 内核的嵌入式操作系统,对标准 Linux 系统进行裁剪和优化,以适应嵌入式设备对资源和性能的需求。由于其开源特性,开发者可以根据实际需求修改内核和系统组件,极大地提高了灵活性和可定制性。Embedded Linux 在硬件支持方面具有显著优势,广泛支持各种处理器、外设和网络接口,且拥有强大的驱动支持,能够满足多种应用需求。支持多任务调度和高效的内存管理,适用于对性能要求较高的系统。Linux 社区的庞大资源和持续更新为开发者提供了丰富的支持和工具,可以大大缩短开发周期。Linux 强大的文件系统支持,使其非常适合需要文件系统的嵌入式应用,特别是在网络设备、智能家居和工业自动化等领域。

4. FreeRTOS

FreeRTOS 是一个轻量级的开源实时操作系统,广泛应用于低功耗、小型嵌入式系统。特别适合内存和处理能力有限的设备,提供了高效的实时任务调度和任务管理机制。FreeRTOS 的设计目标是简洁和高效,它内核非常小巧,占用资源少,能够在嵌入式设备上高效运行。该操作系统支持多任务和优先级管理,能够处理高并发任务并保证实时响应。在系统资源有限的情况下,FreeRTOS 具有很高的执行效率,适合用于传感器网络、智能家居设备、嵌入式控制系统等领域。FreeRTOS 具有较好的移植性,支持包括 ARM、AVR、PIC、X86 等多种硬件平台,且提供了丰富的工具和开发支持。

5. RT-Thread

RT-Thread 诞生于 2006 年,是国内以开源中立、社区化发展起来的一款高可靠实时操作系统。集实时操作系统内核、中间件组件和开发者社区于一体,具有高度的可伸缩性、简易开发、超低功耗和高安全性等特点。RT-Thread 支持多任务并发执行,提供丰富的通信机制、设备驱动框架和网络协议栈等组件,能够满足物联网设备的特定需求。此外,RT-Thread 还拥有一个活跃的开发者社区和丰富的软件包生态,方便开发者获取和集成第三方软件资源,加速项目开发进程。由于其轻量、实时、可裁剪的设计,RT-Thread 被广泛应用于消费电子、工业控制、通信设备等众多行业领域。

9.1.3　嵌入式操作系统与通用操作系统的区别

嵌入式操作系统与通用操作系统在设计和应用上存在显著的区别。

首先,嵌入式操作系统通常针对特定的硬件平台和应用场景进行定制和优化,其资源受限制要求系统具备高度的精简性和高效性。相比之下,通用操作系统如 Windows、Linux 则更注重通用性和灵活性,能够支持广泛的硬件和软件环境。以资源占用为例,嵌入式操作系统在内存占用、CPU 使用率等方面通常远低于通用操作系统。例如,在智能家居领域,嵌入式操作系统如 RT-Thread 或 FreeRTOS 能够运行在资源有限的微控制器上,实现设备的智能化控制,而无须像通用操作系统那样消耗大量资源。

此外,嵌入式操作系统在实时性、安全性与可靠性方面有着更高的要求。实时性技术如实时任务调度和实时中断处理是嵌入式操作系统的关键技术之一,能够确保系统对外部事件的快速响应。例如,在工业自动化领域,嵌入式操作系统需要实时地监控和控制生产线的运行状态,确保生产过程的稳定性和安全性。在安全性与可靠性方面,嵌入式系统通常运行在无人值守的环境中,一旦出现故障或受到攻击,可能会导致严重的后果。因此,嵌入式操作系统需要采用更加严格的安全机制和可靠性保障技术,如加密技术、安全协议、容错技术等,以确保系统的安全性和可靠性。

综上所述,嵌入式操作系统与通用操作系统在资源占用、实时性、安全性与可靠性等方面存在显著的区别。这些区别使得嵌入式操作系统在特定领域的应用中具有独特的优势,如智能家居、工业自动化、移动设备等领域。

9.1.4　嵌入式操作系统的应用领域

1. 智能家居

嵌入式操作系统在智能家居系统中起着核心控制作用,通过集成各种智能家电和安防设备,实现了家居环境的智能化管理。在智能家居系统中,嵌入式操作系统能够实时监测和控制家中的灯光、空调、窗帘等,提高生活的便捷性和舒适度。同时,还能结合传感器和摄像头,实现全方位的家庭安全监控,当检测到异常情况时,如入侵、火灾等,系统会立即发送警报信息,确保家庭安全。此外,嵌入式操作系统还能根据使用者的习惯和需求,进行智能推荐和调整,使家居环境更加个性化。随着物联网技术的发展,智能家居系统将更加智能化和协同化,提供更加优质的生活体验。

2. 智能制造

嵌入式操作系统在智能制造中发挥着至关重要的作用。通过采集、处理和传输各种传感器数据,实时监测生产环境中的温度、湿度、压力等参数,实现对生产过程的精细化控制。在汽车制造、电子制造等行业中,嵌入式操作系统能够控制生产线上的机器人执行特定的动作和任务,提高生产质量和效率。同时,还能实现与其他智能设备的互联互通,实现生产数据的共享和分析,为生产过程的优化提供支持。随着人工智能技术的深入应用,嵌入式操作系统将具备更强的学习和适应能力,为智能制造领域带来更加广阔的发展空间。

3. 可穿戴设备

嵌入式操作系统在可穿戴设备中发挥着关键作用。作为可穿戴设备的核心控制单元,负责处理传感器数据、管理设备状态、提供用户界面等。在可穿戴设备中,嵌入式操作系统能够实现健康监测、运动追踪、智能提醒等功能。通过嵌入式操作系统,使用者可以实时监测自己的心率、血压、睡眠质量等健康数据,并根据数据进行健康管理和调整。同时,嵌入式操作系统还能根据运动情况,提供运动建议和追踪功能。此外,嵌入式操作系统还能实现智能提醒功能,如提醒接听电话、查看信息等,提高生活便捷性和效率。随着技术的不断发展,嵌入式操作系统在可穿戴设备中的应用将更加广泛和深入。

4. 医疗设备

在医疗设备领域,嵌入式操作系统的应用同样广泛。医疗设备通常需要具备高精度、高可靠性和高实时性,而嵌入式操作系统正好能够满足需求。通过嵌入式操作系统,医疗设备可以实现精准的医疗监测和治疗。例如,心脏起搏器可以通过嵌入式操作系统实现精确的心率控制和调节;血糖仪可以通过嵌入式操作系统实现血糖数据的实时监测和分析;医疗影像设备可以通过嵌入式操作系统实现图像的采集、处理和分析等功能。这些医疗设备的智能化和自动化不仅提高了医疗服务的效率和质量,还为患者提供了更加便捷和舒适的医疗体验。

5. 航空航天与国防

在航空航天和国防领域,嵌入式操作系统的应用同样重要。航空航天设备通常需要具备高度的可靠性和实时性,以确保飞行的安全和稳定。通过嵌入式操作系统,航空航天设备可以实现精确的飞行控制、导航和通信等功能。例如,飞行控制系统可以通过嵌入式操作系统实现飞行姿态的实时监测和调整;导航系统可以通过嵌入式操作系统实现精确的定位和路径规划;通信系统可以通过嵌入式操作系统实现数据的实时传输和加密等功能。这些功能的实现不仅提高了航空航天设备的性能和安全性,还为航空航天事业的发展提供了有力的支持。同时,在国防领域,嵌入式操作系统也广泛应用于导弹瞄准、雷达识别、电子对抗等国防设备中。

9.1.5 嵌入式操作系统的发展趋势

随着物联网技术的快速发展,嵌入式操作系统正逐渐与物联网技术深度融合。这使得嵌入式设备能够更好地接入互联网,实现设备间的互联互通和信息共享。同时,物联网的发展也推动了嵌入式操作系统在智能家居、智慧城市等领域的应用,为嵌入式操作系统的发展提供了广阔的市场空间。

人工智能和机器学习技术的不断进步也在推动嵌入式操作系统的发展。未来,嵌入式操作系统将更多地整合这些先进技术,以提升设备的智能化水平和自主决策能力。例如,在智能家居领域,嵌入式操作系统可以集成语音识别和自然语言处理技术,实现智能家电的语音控制。这种智能化的趋势将使得嵌入式设备更加便捷、高效和人性化。

随着新兴市场需求的不断增长,嵌入式操作系统行业将迎来更多的发展机遇和市场空间。尤其在汽车电子、工业控制等领域,嵌入式操作系统的应用将更加广泛和深入。这些领域对嵌入式操作系统的性能、可靠性和安全性等方面的要求也将不断提高,推动嵌入式操作系统技术的不断创新和升级。

嵌入式操作系统的安全性和隐私保护也将成为未来发展的重要趋势。随着网络安全问题的日益突出,嵌入式操作系统需要不断加强安全防护措施,确保设备的数据安全和用户隐私。同时,嵌入式操作系统还需要提高应对网络攻击和恶意软件的能力,保障设备的稳定运行和用户的正常使用。

综上所述,嵌入式操作系统的发展趋势呈现出与物联网技术深度融合、人工智能和机器学习技术的整合应用、新兴市场需求增长以及安全性和隐私保护加强等特点。

9.2 RT-Thread 嵌入式操作系统

9.2.1 RT-Thread 概述

RT-Thread 全称为 Real Time-Thread,主要采用 C 语言编写,把面向对象的设计方法应用到实时系统设计中,有 RT-Thread Nano、RT-Thread 标准版、RT-Thread Smart 共 3 个版本。

RT-Thread Nano 为极简版硬实时内核,专为资源受限的设备设计,如嵌入式系统或传感器,提供了任务处理、软件定时器、信号量、邮箱和实时调度等相对完整的实时操作系统特性。RT-Thread 标准版是一个功能全面的实时嵌入式操作系统,采用单进程多线程的架构。所有的应用程序都在同一个进程中运行,但可以通过多线程的方式实现并发执行。RT-Thread Smart 是基于 RT-Thread 操作系统上的混合操作系统,它引入了用户态和内核态的概念,实现了用户与内核的隔离以及多进程间的隔离。

9.2.2 RT-Thread 架构与内核

1. RT-Thread 架构

RT-Thread 不仅是一个实时内核,还具备丰富的中间层组件,RT-Thread 系统框架如图 9-1 所示。

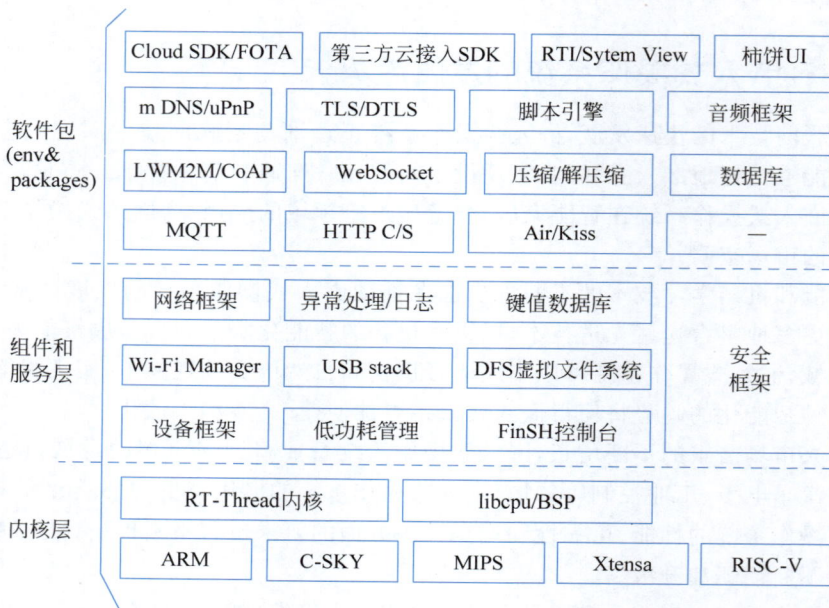

图 9-1 RT-Thread 系统框架

2. RT-Thread 内核

内核是一个操作系统的核心,是操作系统最基础也是最重要的部分。负责管理系统的线程、线程间通信、系统时钟、中断及内存等。RT-Thread 内核架构如图 9-2 所示,内核处于硬件层之上,内核部分包括内核库、实时内核。

内核库是为了保证内核能够独立运行的一套小型的类似 C 语言的库函数实现子集。根据编译器的不同自带的 C 语言库也会不同,当使用 GNU GCC 编译器时,会携带更多的标准 C 语言库。

1）线程调度

线程是 RT-Thread 操作系统中最小的调度单位,线程调度算法是基于优先级的全抢占

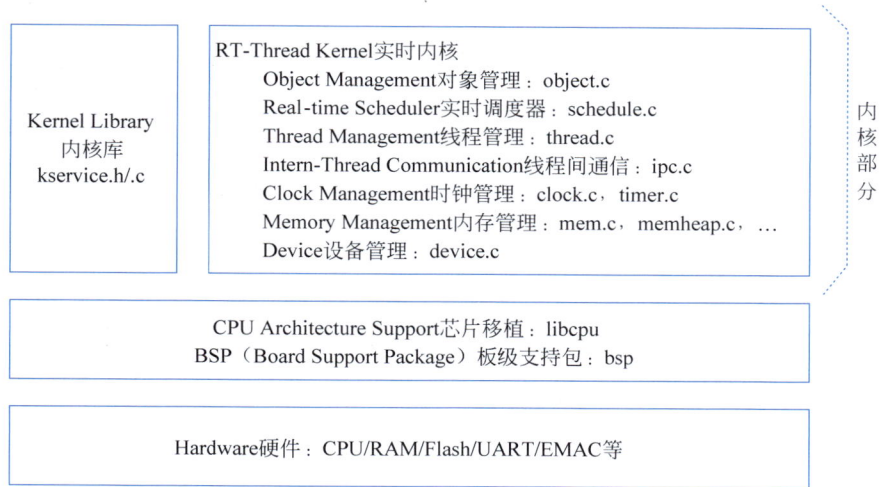

图 9-2 RT-Thread 内核架构

式多线程调度算法,即在系统中除了中断处理函数、调度器上锁部分的代码和禁止中断的代码是不可抢占的之外,系统的其他部分都是可以抢占的,包括线程调度器自身。支持 256个线程优先级,0 优先级代表最高优先级,最低优先级留给空闲线程使用;同时也支持创建多个具有相同优先级的线程,相同优先级的线程间采用时间片的轮转调度算法进行调度,使每个线程运行相应时间;另外调度器在寻找那些处于就绪状态的具有最高优先级的线程时,所经历的时间是恒定的,系统也不限制线程数量的多少,线程数目只和硬件平台的具体内存相关。

为了保证实时性,RT-Thread 操作系统采用了优先级调度策略,RT-Thread 优先级调度如图 9-3 所示。高优先级的任务会优先执行。高优先级的任务准备就绪后,会立即占用CPU 资源,通过中断机制,嵌入式系统能够迅速响应外部事件。例如,传感器的数值变化可能会触发一个中断,实时系统必须及时处理这些事件。系统定期产生时钟中断,用于调度任务的执行和保持实时性。

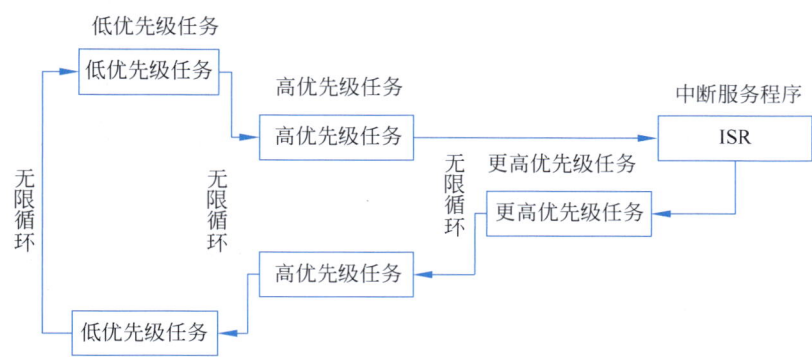

图 9-3 RT-Thread 优先级调度

2)时钟管理

RT-Thread 时钟管理以时钟节拍为基础,时钟节拍是 RT-Thread 操作系统中最小的时钟单位。RT-Thread 的定时器提供两类定时器机制:第一类是单次触发定时器,这类定时器在启动后只会触发一次定时器事件,然后定时器自动停止;第二类是周期触发定时器,这类定时器会周期性地触发定时器事件,直到手动停止定时器,否则将永远持续执行下去。

另外,根据超时函数执行时所处的环境,RT-Thread 的定时器可以设置为 HARD_TIMER 模式或者 SOFT_TIMER 模式。通常使用定时器定时回调函数(即超时函数)完成定时服务。

3) 线程间同步

RT-Thread 采用信号量、互斥量与事件集实现线程间同步。线程通过对信号量、互斥量的获取与释放进行同步;互斥量采用优先级继承的方式解决了实时系统常见的优先级翻转问题。线程同步机制支持线程按优先级等待方式获取信号量或互斥量。线程通过对事件的发送与接收进行同步;事件集支持多事件的"或触发"和"与触发",适合线程等待多个事件的情况。

4) 线程间通信

RT-Thread 支持邮箱和消息队列等通信机制。邮箱中一封邮件的长度固定为 4 字节;消息队列能够接收不固定长度的消息,并把消息缓存在自己的内存空间中。邮箱较消息队列更为高效。邮箱和消息队列的发送动作可安全用于中断服务例程中。通信机制支持线程按优先级等待方式获取。

5) 内存管理

嵌入式操作系统的内存管理需要最大限度地节约内存资源,因为嵌入式设备通常内存有限。内存管理的目的是确保不同任务能够有效、独立地使用内存,同时避免内存泄漏和碎片化。

静态内存分配在编译时确定所有内存需求,适合资源紧张的嵌入式系统。动态内存分配则允许在运行时分配内存,但需要注意内存碎片问题。内存池是一种常见的优化策略,操作系统为任务预分配一定大小的内存块,任务从池中请求内存,这样可以减少动态内存分配的开销,提高效率。

RT-Thread 支持静态内存池管理及动态内存堆管理。当静态内存池具有可用内存时,系统对内存块分配的时间将是恒定的;当静态内存池为空时,系统将申请内存块的线程挂起或阻塞掉(即线程等待一段时间后仍未获得内存块就放弃申请并返回,或者立刻返回。等待的时间取决于申请内存块时设置的等待时间参数);当其他线程释放内存块到内存池时,如果有挂起的待分配内存块的线程存在,系统会将这个线程唤醒。

动态内存堆管理模块在系统资源不同的情况下,分别提供了面向小内存系统的内存管理算法及面向大内存系统的 Slab 内存管理算法。还有一种 memheap 动态内存管理算法,适用于系统含有多个地址且不连续的内存堆,使用 memheap 可以将多个内存堆"粘贴"在一起,操作起来像是在操作一个内存堆。

3. RT-Thread 启动流程

RT-Thread 支持多种平台和多种编译器,而 rtthread_startup() 函数是 RT-Thread 规定的统一启动入口。一般执行顺序是:系统先从启动文件开始运行,然后进入 RT-Thread 的启动函数 rtthread_startup(),最后进入入口函数 main()。RT-Thread 启动流程如图 9-4 所示。

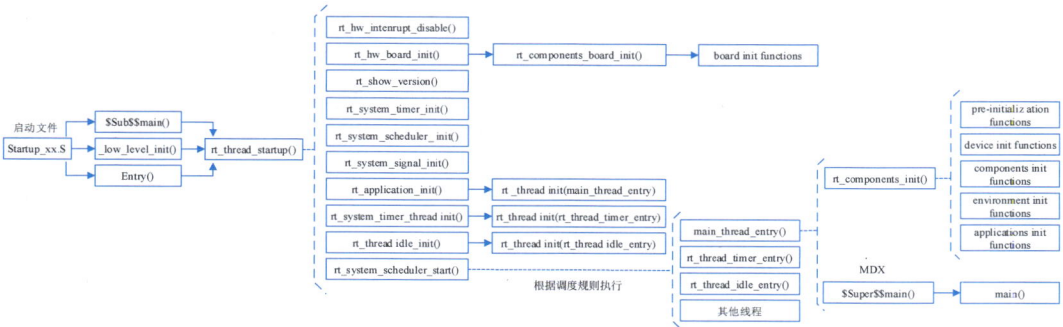

图 9-4 RT-Thread 启动流程

9.2.3 RT-Thread 线程管理机制

1. RT-Thread 线程管理方式

线程管理的主要功能是对线程进行管理和调度，以实现不同线程的快速切换，达到多线程并行运行的目的。RT-Thread 线程管理方式如图 9-5 所示，每个线程都有线程控制块、线程栈、入口函数等重要属性，由内核对象容器采用链表的方式统一管理。创建线程时，内核对象容器分配线程对象，并将其添加至线程链表；删除线程时，线程会被从链表及对象容器中删除。

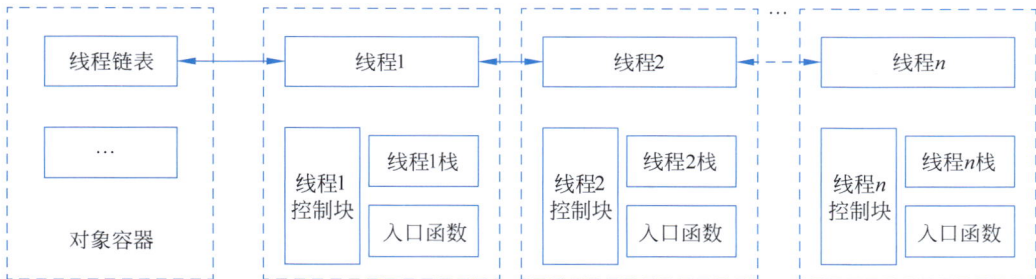

图 9-5 RT-Thread 线程管理方式

线程调度由线程调度器完成，RT-Thread 的线程调度器是抢占式的，即保证最高优先级的线程能够被优先运行，具体实现方式是线程调度器从就绪线程列表中查找最高优先级线程，最高优先级的线程一旦就绪，便获得 CPU 的使用权运行。当一个运行着的线程使一个比其优先级高的线程满足运行条件时，当前线程的 CPU 使用权就被剥夺了，高优先级的线程立刻得到了 CPU 的使用权。如果是中断服务程序使一个高优先级的线程满足运行条件中断完成时，被中断的线程挂起，优先级高的线程开始运行。线程切换时，调度器先将当前线程的上下文信息保存，当再切回到这个线程时，调度器将该线程的上下文信息恢复。

2. RT-Thread 线程工作机制

1）线程控制块

线程控制块是操作系统用于管理线程的一个数据结构，存放了线程的优先级、线程名称、线程状态、链表结构、线程等待事件集合等信息，在 RT-Thread 中，线程控制块由结构体 struct rt_thread 表示。其中 init_priority 是线程创建时指定的线程优先级，在线程运行过程当中是不会被改变的(除非执行线程控制函数手动调整线程优先级)。cleanup()函数会在线程退出时,被空闲线程回调一次以执行用户设置的清理现场等工作。最后一个成员user_data可挂接一些数据信息到线程控制块中,以提供一种类似线程私有数据的实现方式。线程控制结构体如表 9-2 所示。

表 9-2　线程控制结构体

```
1    struct rt_thread
2    {
3        /* rt 对象 */
4        char        name[RT_NAME_MAX];              /* 线程名称 */
5        rt_uint8_t type;                            /* 对象类型 */
6        rt_uint8_t flags;                           /* 标志位 */
7        rt_list_t list;                             /* 对象列表 */
8        rt_list_t tlist;                            /* 线程列表 */
9        /* 栈指针与入口指针 */
10       void        * sp;                           /* 栈指针 */
11       void        * entry;                        /* 入口函数指针 */
12       void        * parameter;                    /* 参数 */
13       void        * stack_addr;                   /* 栈地址指针 */
14       rt_uint32_t stack_size;                     /* 栈大小 */
15       /* 错误代码 */
16       rt_err_t    error;                          /* 线程错误代码 */
17       rt_uint8_t stat;                            /* 线程状态 */
18       /* 优先级 */
19       rt_uint8_t current_priority;                /* 当前优先级 */
20       rt_uint8_t init_priority;                   /* 初始优先级 */
21       rt_uint32_t number_mask;
22       rt_ubase_t init_tick;                       /* 线程初始化计数值 */
23       rt_ubase_t remaining_tick;                  /* 线程剩余计数值 */
24       struct rt_timer thread_timer;               /* 内置线程定时器 */
25       void ( * cleanup)(struct rt_thread * tid);  /* 线程退出清除函数 */
26       rt_uint32_t user_data;                      /* 用户数据 */
27   };
```

2) RT-Thread 线程重要属性

根据线程控制块的定义,线程具有一些重要属性,如线程名称、线程入口函数、线程栈、线程状态、线程优先级、时间片、线程错误码等。

(1) 线程名称。线程名称即线程的名字,由用户命名,命名规则遵循 C 语言变量命名规则,通常以字母开头。

(2) 线程入口函数。线程入口函数是线程实现预期功能的函数,线程入口函数由使用者设计,有无限循环、顺序执行或有限次循环两种模式,在创建线程或初始化线程时可以传入参数。

① 无限循环模式。无限循环模式通常为 while(1)循环,对应线程会永久循环,其目的是让线程一直被系统循环调度运行,永不删除。需要注意的是如果一个线程中的程序陷入了死循环操作,那么比它优先级低的线程将不能被执行,因此线程不能陷入死循环,必须要有让出 CPU 使用权的动作,如循环中调用延时函数或者主动挂起等。

② 顺序执行或有限次循环模式。通常为简单的顺序语句、do while 或 for 循环等,对应线程不会永久循环,可称为"一次性"线程,该线程一定会被执行完毕,执行完毕后,线程将被系统自动删除。

(3) 线程栈。RT-Thread 线程具有独立的栈,当进行线程切换时,会将当前线程的上下文信息保存在栈中,当线程恢复运行时,再从栈中读取上下文信息,进行恢复,线程栈构造如图 9-6 所示。

线程栈大小可根据实际情况设定,对于资源相对较大的 MCU,可以适当设计较大的线程栈,对于资源较小的 MCU 可以在初始时设置较大的栈,如 1kB 或 2kB,然后在 FinSH 中用 list_thread 命令查看线程运行过程中使用栈的大小,加上适当的余量形成最终的线程栈大小。

图 9-6　线程栈构造

(4) 线程状态。线程运行的过程中,同一时间内只允许一个线程在处理器中运行,从运行的过程上划分,线程有多种不同的运行状态,如初始状态、挂起状态、就绪状态等。在 RT-Thread 中,线程包含 5 种状态,操作系统会自动根据运行的情况来动态调整状态。RT-Thread 中线程的 5 种状态如表 9-3 所示。

表 9-3　RT-Thread 中线程的 5 种状态

状　　态	描　　述
初始状态	线程刚开始创建还没开始运行时就处于初始状态;在初始状态下,线程不参与调度
就绪状态	在就绪状态下,线程按照优先级排队,等待被执行;一旦当前线程运行完毕让出处理器,操作系统会马上寻找最高优先级的就绪状态线程运行
运行状态	线程当前正在运行。在单核系统中,只有 rt_thread_self() 函数返回的线程处于运行状态;在多核系统中,可能就不止这一个线程处于运行状态
挂起状态	也称阻塞态。可能因为资源不可用而挂起等待,或线程主动延时一段时间而挂起。在挂起状态下,线程不参与调度
关闭状态	当线程运行结束时将处于关闭状态。关闭状态的线程不参与线程的调度

(5) 线程优先级。线程优先级表示线程被调度的优先程度,每个线程都具有优先级,应给重要的线程赋予较高的优先级,增加其被调度的可能性。RT-Thread 最大支持 256 个线程优先级(0～255),数值越小的优先级越高,0 为最高优先级。在一些资源比较紧张的系统中,可以根据实际情况选择只支持 8 个或 32 个优先的系统配置。对于 ARM Corex-M 系列,普遍采用 32 个优先级。最低优先级默认分配给空闲线程,在系统中,当有比当前线程优先级更高的线程就绪时,当前线程将立刻被换出,高优先级线程抢占处理器运行。

(6) 时间片。当线程优先级相同时,时间片才起作用,系统对优先级相同的就绪状态线程采用时间片轮转算法进行调度,即线程轮转执行相应的系统节拍。时间片示例如图 9-7 所示,假如有 2 个优先级相同的就绪状态线程 A 与线程 B,线程 A 的时间片设置为 10,线程 B 的时间片设置为 5,那么当系统中不存在比线程 A 优先级高的就绪状态线程时,系统会在线程 A 和线程 B 间来回切换执行,并且每次对线程 A 执行 10 个节拍的时长,对线程 B 执行 5 个节拍的时长(系统默认 1 个节拍为 1ms)。

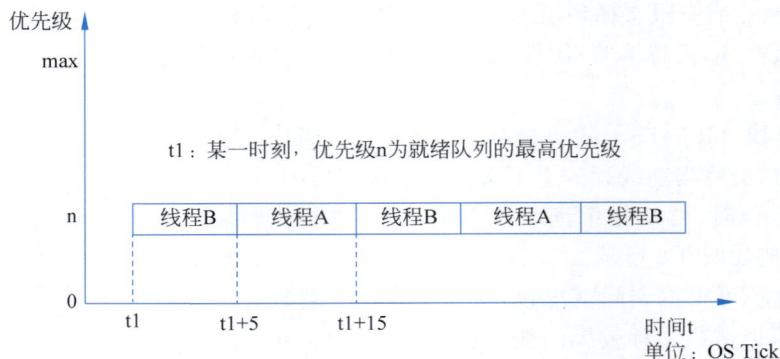

图 9-7　时间片示例

（7）线程错误码。一个线程就是一个执行场景，错误码是与执行环境密切相关的，所以每个线程配备了一个变量用于保存错误码，线程的错误码如表 9-4 所示。

表 9-4　线程的错误码

1	# define RT_EOK	/＊无错误＊/
2	# define RT_ERROR	/＊普通错误＊/
3	# define RT_ETIMEOUT	/＊超时错误＊/
4	# define RT_EFULL	/＊资源已满＊/
5	# define RT_EEMPTY	/＊无资源＊/
6	# define RT_ENOMEM	/＊无内存＊/
7	# define RT_ENOSYS	/＊系统不支持＊/
8	# define RT_EBUSY	/＊系统忙＊/
9	# define RT_EIO	/＊IO 错误＊/
10	# define RT_EINTR	/＊中断系统调用＊/

（8）系统线程。系统线程指由系统创建的线程，用户线程是由用户程序调用线程管理接口创建的线程，在 RT-Thread 内核中的系统线程有空闲线程和主线程。在系统启动时，系统会创建主线程，入口函数为 main_thread_entry()，用户的应用入口函数 main()，系统调度器启动后，main()线程就开始运行，用户可以在 main()函数里添加自己的应用程序初始化代码。

空闲线程是系统创建的最低优先级的线程，线程状态永远为就绪状态。当系统中无其他就绪线程存在时，调度器将调度到空闲线程，通常是一个死循环，且永远不能被挂起。另外，空闲线程在 RT-Thread 也有着特殊用途，即若某线程运行完毕，系统将自动删除线程：自动执行 rt_thread_exit()函数，先将该线程从系统就绪队列中删除，再将该线程的状态更改为关闭状态，不再参与系统调度，然后挂入 rt_thread_defunct 队列（资源未回收、处于关闭状态的线程队列）中，最后空闲线程会回收被删除线程的资源。空闲线程也提供了接口来运行用户设置的钩子函数，在空闲线程运行时会调用该钩子函数，适合处理功耗管理、看门狗喂狗等工作。空闲线程必须有得到执行的机会，即其他线程不允许一直在 while(1)循环死卡，必须调用具有阻塞性质的函数；否则例如线程删除、回收等操作将无法得到正确执行。

9.2.4　RT-Thread 线程间同步

同步指按预定的先后次序运行,线程同步指多个线程通过特定的机制(如互斥量、事件对象、临界区)来控制线程之间的执行顺序,也可以说是在线程之间通过同步建立起执行顺序的关系,如果没有同步,那线程之间将是无序的。

多个线程操作/访问同一块区域(代码),这块代码就称为临界区。线程互斥指对于临界区资源访问的排他性。当多个线程都要使用临界区资源时,任何时刻最多只允许一个线程去使用,其他要使用该资源的线程必须等待,直到占用资源者释放该资源。线程互斥可以看成是一种特殊的线程同步。

1. 信号量

信号量是一种轻型的用于解决线程间同步问题的内核对象,线程可以获取或释放它,从而达到同步或互斥的目的。

信号量工作示意如图 9-8 所示,每个信号量对象都有一个信号量值和一个线程等待队列,信号量的值对应信号量对象的实例数目、资源数目,假如信号量值为 5,则表示共有 5 个信号量实例(资源)可以被使用,当信号量实例数目为 0 时,再申请该信号量的线程就会被挂起在该信号量的等待队列上,等待可用的信号量实例(资源)。

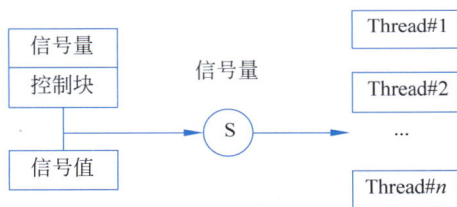

图 9-8　信号量工作示意

1) 信号量的管理方式

在 RT-Thread 中,信号量控制块是操作系统用于管理信号量的一个数据结构,由结构体 struct rt_semaphore 表示。信号量控制块中含有信号量相关的重要参数,在信号量各种状态间起到纽带的作用。信号量相关接口如图 9-9 所示,对一个信号量的操作包含:创建/初始化信号量、获取信号量、释放信号量、删除/脱离信号量。

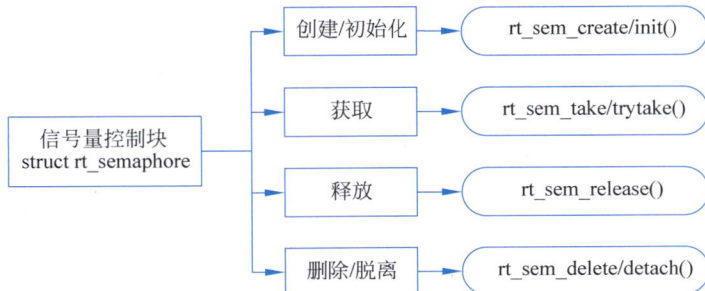

图 9-9　信号量相关接口

2) 信号量的使用场合

信号量是一种非常灵活的同步方式,可以运用在多种场合中。同步、资源计数等关系,也能方便地用于线程与线程、中断与线程间的同步中。

（1）线程同步。是信号量最简单的一类应用。例如，使用信号量进行两个线程之间的同步，信号量的值初始化成 0，表示具备 0 个信号量资源实例，而尝试获得该信号量的线程，将直接在这个信号量上进行等待。

当持有信号量的线程完成处理的工作时，释放这个信号量，可以把等待在这个信号量上的线程唤醒，执行下一部分工作。这类场合也可以看成把信号量用于工作完成标志，持有信号量的线程完成自己的工作，然后通知等待该信号量的线程继续下一部分工作。

（2）中断与线程的同步。信号量也能够方便地应用于中断与线程间的同步，例如，一个中断触发，中断服务例程需要通知线程进行相应的数据处理。这个时候可以设置信号量的初始值是 0，线程在试图持有这个信号量时，由于信号量的初始值是 0，线程直接在这个信号量上挂起直到信号量被释放。当中断触发时，先进行与硬件相关的动作，例如，从硬件的 I/O 接口中读取相应的数据，并确认中断以清除中断源，而后释放一个信号量来唤醒相应的线程以做后续的数据处理。例如，FinSH 线程的处理方式，如图 9-10 所示。

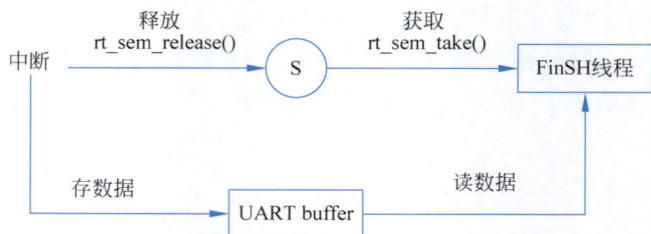

图 9-10　FinSH 线程的处理方式

信号量的值初始为 0，当 FinSH 线程试图取得信号量时，因为信号量值是 0，所以会被挂起。当 console 设备有数据输入时，产生中断，从而进入中断服务例程。在中断服务例程中，会读取 console 设备的数据，并把读得的数据放入 UART buffer 中进行缓冲，而后释放信号量，释放信号量的操作将唤醒 shell 线程。在中断服务例程运行完毕后，如果系统中没有比 shell 线程优先级更高的就绪线程存在，shell 线程将持有信号量并运行，从 UART buffer 缓冲区中获取输入的数据。

（3）资源计数。信号量也可以认为是一个递增或递减的计数器，需要注意的是信号量的值非负。例如，初始化一个信号量的值为 5，则这个信号量可最大连续减少 5 次，直到计数器减为 0。资源计数适合于线程间工作处理速度不匹配的场合，这个时候信号量可以作为前一线程工作完成个数的计数，而当调度到后一线程时，也可以以一种连续的方式一次处理多个事件。

2. 互斥量

互斥量又叫相互排斥的信号量，是一种特殊的二值信号量。互斥量用于保护共享资源，确保在任何时候只有一个任务可以访问该资源。当一个任务持有互斥量时，其他任务需要访问该资源时会被阻塞，直到互斥量被释放。互斥量工作示意如图 9-11 所示，互斥量和信号量不同的是：拥有互斥量的线程拥有互斥量的所有权，互斥量支持递归访问且能防止线程优先级翻转；互斥量只能由持有线程释放，而信号量则可以由任何线程释放。

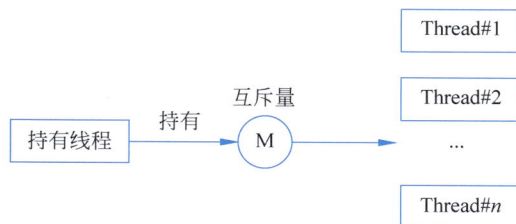

图 9-11　互斥量工作示意

互斥量的状态只有两种：开锁或闭锁。当有线程持有时，互斥量处于闭锁状态，由这个线程获得所有权。相反，当这个线程释放时，将对互斥量进行开锁，失去所有权。当一个线程持有互斥量时，其他线程将不能够进行开锁或持有，持有该互斥量的线程也能够再次获得这个锁而不被挂起。这个特性与一般的二值信号量有很大的不同：在信号量中，因为已经不存在实例，线程递归持有会发生主动挂起（最终形成死锁）。在 RT-Thread 中，互斥量控制块是操作系统用于管理互斥量的一个数据结构，由结构体 struct rt_mutex 表示。

1）互斥量的管理方式

互斥量控制块中含有互斥相关的重要参数，在互斥量功能的实现中起到重要的作用。互斥量相关接口如图 9-12 所示，对一个互斥量的操作包含：创建/初始化互斥量、获取互斥量、释放互斥量、删除/脱离互斥量。

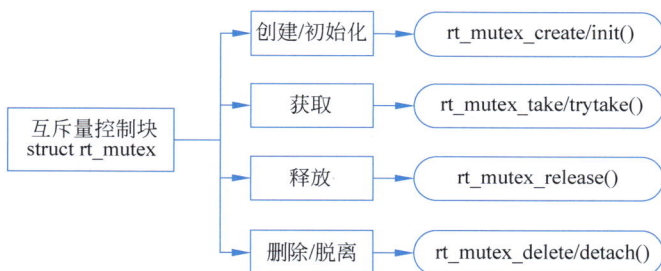

图 9-12　互斥量相关接口

2）互斥量的使用场合

互斥量的使用比较单一，因为它是信号量的一种，并且以锁的形式存在。在初始化时，互斥量永远都处于开锁的状态，而被线程持有的时候则立刻转为闭锁的状态。互斥量更适合以下情况。

（1）线程多次持有互斥量的情况。可以避免同一线程多次递归持有而造成死锁的问题。

（2）可能会由于多线程同步而造成优先级翻转的情况。

3. 事件集

事件集主要用于线程间的同步，特点是可以实现一对多、多对多的同步。即一个线程与多个事件的关系可设置为：其中任意一个事件唤醒线程，或几个事件都到达后才唤醒线程进行后续的处理；同样，事件也可以是多个线程同步多个事件。

RT-Thread 定义的事件集有以下特点。

（1）事件只与线程相关，事件间相互独立。

（2）事件仅用于同步，不提供数据传输功能。

（3）事件无排队性，即多次向线程发送同一事件（如果线程还未来得及读走），其效果等同于只发送一次。

在 RT-Thread 中，事件集控制块是操作系统用于管理事件的一个数据结构，由结构体 struct rt_event 表示。

1）事件集的管理方式

事件集控制块中含有与事件集相关的重要参数，在事件集功能的实现中发挥重要的作用。事件集相关接口如图 9-13 所示，对一个事件集的操作包含：创建/初始化事件集、获取事件、释放事件、删除/脱离事件集。

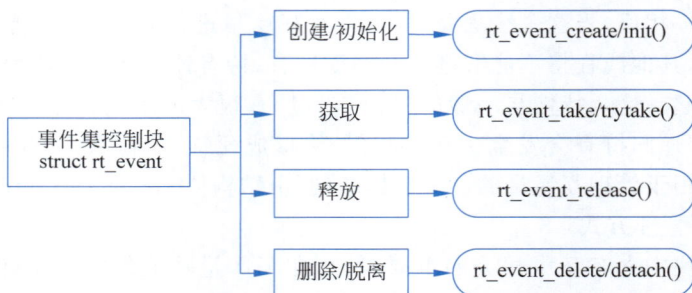

图 9-13　事件集相关接口

2）事件集的使用场合

事件集可使用于多种场合，能够在一定程度上替代信号量，用于线程间同步。一个线程或中断服务例程发送一个事件给事件集对象，而后等待的线程被唤醒并对相应的事件进行处理。但是事件集与信号量不同的是，事件的发送操作在事件未清除前，是不可累积的，而信号量的释放动作是累积的。事件集的另一个特性是，接收线程可等待多种事件，即多个事件对应一个线程或多个线程。同时按照线程等待的参数，可选择是"逻辑或"触发还是"逻辑与"触发。这个特性也是信号量等所不具备的，信号量只能识别单一的释放动作，而不能同时等待多种类型的释放。

9.2.5　RT-Thread 线程间通信

在裸机编程中，经常会使用全局变量进行功能间的通信，如某些功能可能由于一些操作而改变全局变量的值，另一个功能对此全局变量进行读取，根据读取到的全局变量值执行相应的动作，达到通信协作的目的。RT-Thread 中提供了更多的工具帮助在不同的线程间传递信息，线程间通信主要有 3 种方式：邮箱、消息队列、信号。这 3 种线程间通信机制有各自的特点，在实际开发工作中，需要根据不同的应用场景进行区分使用。

1. 邮箱

RT-Thread 操作系统的邮箱用于线程间通信，特点是开销较低、效率较高。邮箱中的每一封邮件只能容纳固定的 4 字节内容（针对 32 位处理系统，指针的大小即为 4 字节，所以一封邮件恰好能够容纳一个指针）。典型的邮箱也称作交换消息，线程或中断服务例程把一封 4 字节长度的邮件发送到邮箱中，而一个或多个线程可以从邮箱中接收这些邮件并进行处理。

以非阻塞方式发送邮件可以安全地应用于中断服务程序中，是中断、服务线程、定时器等向线程发送消息的有效手段。当邮件收取阻塞时，只能由线程进行收取。当发送邮件时若邮箱已满,则根据设定的等待时间挂起或返回;如果接收邮件时邮箱为空,则根据超时等待时间挂起或等到接收到新的邮件而唤醒。

在 RT-Thread 中,邮箱控制块是操作系统用于管理邮箱的一个数据结构,邮箱控制块如表 9-5 所示,由结构体 struct rt_mailbox 表示。

表 9-5　邮箱控制块

```
1    struct rt_mailbox
2    {
3        struct rt_ipc_object parent;
4        rt_uint32_t * msg_pool;                    /* 邮箱缓冲区的开始地址 */
5        rt_uint16_t size;                          /* 邮箱缓冲区的大小 */
6        rt_uint16_t entry;                         /* 邮箱中邮件的数目 */
7        rt_uint16_t in_offset, out_offset;         /* 邮箱缓冲的进出指针 */
8        rt_list_t suspend_sender_thread;           /* 发送线程的挂起等待队列 */
9    };
10   typedef struct rt_mailbox * rt_mailbox_t;
```

2. 消息队列

消息队列能够接收不固定长度的消息,中断服务可以发送消息但是不能接收消息。但消息队列为空时可以挂起读取消息,采用先进先出的原则。每个消息队列中包含多个消息框,每个消息框可以存放一条消息。第一个和最后一个消息框分别称为消息链表头和消息链表尾,空闲的消息框会组成一个空闲消息框列表。

RT-Thread 操作系统的消息队列对象由多个元素组成,当消息队列被创建时,就被分配了消息队列控制块:消息队列名称、内存缓冲区、消息大小以及队列长度等。同时每个消息队列对象中包含多个消息框,每个消息框可以存放一条消息;消息队列中的第一个和最后一个消息框分别称为消息链表头和消息链表尾,对应消息队列控制块中的 msg_queue_head 和 msg_queue_tail;有些消息框可能是空的,通过 msg_queue_free 形成一个空闲消息框链表。所有消息队列中的消息框总数即消息队列的长度,这个长度可在消息队列创建时指定。

在 RT-Thread 中,消息队列控制块是操作系统用于管理消息队列的一个数据结构,消息队列控制块如表 9-6 所示,由结构体 struct rt_messagequeue 表示。

表 9-6　消息队列控制块

```
1    struct rt_messagequeue
2    {
3        struct rt_ipc_object parent;
4        void * msg_pool;                           /* 指向存放消息的缓冲区的指针 */
5        rt_uint16_t msg_size;                      /* 每个消息的长度 */
6        rt_uint16_t max_msgs;                      /* 最大能够容纳的消息数 */
7        rt_uint16_t entry;                         /* 队列中已有的消息数 */
8        void * msg_queue_head;                     /* 消息链表头 */
9        void * msg_queue_tail;                     /* 消息链表尾 */
10       void * msg_queue_free;                     /* 空闲消息链表 */
11       rt_list_t suspend_sender_thread;           /* 发送线程的挂起等待队列 */
12   };
13   typedef struct rt_messagequeue * rt_mq_t;
```

消息队列可以应用于发送不定长消息的场合,包括线程与线程间的消息交换,以及中断服务例程中给线程发送消息(中断服务例程不能接收消息)。

3. 信号

信号又称为软中断信号,在软件层次上是对中断机制的模拟,一个线程收到一个信号与处理器收到一个中断请求可以说是类似的。一个线程可以安装一个信号并解除阻塞,同时设定好异常处理方式;然后其他线程可以给这个线程发送信号,触发这个线程对该信号的处理。当信号传递给线程时,如果该线程处于挂起状态,则改为就绪状态去处理对应的信号;如果处于运行状态,则在当前线程栈的基础上建立新的栈空间去处理对应的信号。

信号的管理方式包括安装信号、阻塞信号、解除阻塞、信号发送、信号等待。信号相关接口如图 9-14 所示。

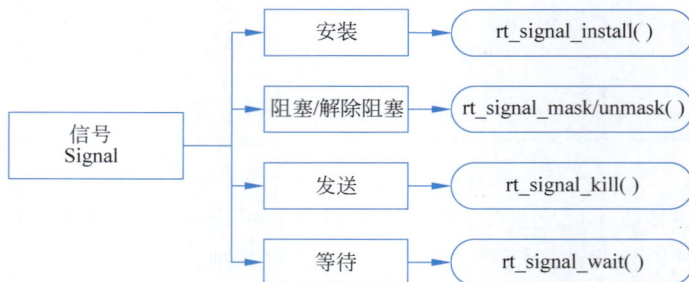

图 9-14　信号相关接口

收到信号的线程对各种信号有不同的处理方法,处理方法可以分为 3 类,具体如下。

(1) 类似中断的处理程序,对于需要处理的信号,线程可以指定处理函数,由该函数来处理。

(2) 忽略某个信号,对该信号不作任何处理,就像未发生过一样。

(3) 对该信号的处理保留系统的默认值。

9.3　RT-Thread 常用函数

RT-Thread 函数用于实现多任务管理、同步与通信等功能。线程函数类型包括:线程管理、定时器管理、消息队列、互斥量、内存管理和信号量。

1. RT-Thread 操作系统数据结构

RT-Thread 使用 rt_thread_t 类型的数据结构来表示线程,该结构体包含了线程的各种信息,如线程的状态、优先级、栈等。使用 rt_mq_t 来表示消息队列,消息队列用于线程间通信,支持发送和接收消息。使用 rt_mutex_t 来表示互斥量,互斥量用于保护共享资源,避免并发访问时产生冲突。RT-Thread 内存管理通过堆栈和内存池的概念进行内存分配,内存池的管理数据结构为 rt_mp_t。RT-Thread 使用 rt_sem_t 来表示信号量,信号量用于实现线程间的同步。

```
typedef struct rt_thread
{
    rt_list_t list;                    /* 线程链表,用于线程调度 */
    char name[RT_NAME_MAX];            /* 线程名称 */
```

```
    rt_uint32_t flags;                 /* 线程标志 */
    rt_uint8_t priority;               /* 线程优先级 */
    rt_uint8_t state;                  /* 线程状态(例如,运行、就绪、挂起等) */
    rt_uint32_t entry;                 /* 线程入口函数 */
    rt_uint32_t * stack_start;         /* 线程栈起始位置 */
    rt_uint32_t * stack_end;           /* 线程栈结束位置 */
    rt_uint32_t stack_size;            /* 栈大小 */
    rt_uint32_t * stack_pointer;       /* 栈指针 */
} rt_thread_t;
typedef struct rt_timer
{
    rt_list_t list;                    /* 定时器链表 */
    char name[RT_NAME_MAX];            /* 定时器名称 */
    rt_uint32_t timeout;               /* 定时器超时时间 */
    rt_uint32_t init_tick;             /* 初始定时器滴答 */
    rt_timer_callback_t callback;      /* 定时器回调函数 */
    void * parameter;                  /* 回调函数参数 */
    rt_uint8_t flag;                   /* 定时器标志,设置定时器的工作模式(单次/周期性) */
} rt_timer_t;
typedef struct rt_mq
{
    rt_list_t list;                    /* 消息队列链表 */
    char name[RT_NAME_MAX];            /* 队列名称 */
    rt_uint32_t size;                  /* 队列中每个消息的大小 */
    rt_uint32_t queue_size;            /* 队列的容量(即消息数量) */
    rt_uint32_t msg_count;             /* 当前队列中的消息数量 */
    rt_uint32_t * queue_start;         /* 队列的起始地址 */
    rt_uint32_t * queue_end;           /* 队列的结束地址 */
    rt_uint32_t * queue_read_ptr;      /* 读取消息的指针 */
    rt_uint32_t * queue_write_ptr;     /* 写入消息的指针 */
    rt_uint32_t flag;                  /* 队列操作标志 */
} rt_mq_t;
typedef struct rt_mutex
{
    rt_list_t list;                    /* 互斥量链表 */
    char name[RT_NAME_MAX];            /* 互斥量名称 */
    rt_uint8_t flag;                   /* 互斥量标志 */
    rt_thread_t * owner_thread;        /* 当前占用该互斥量的线程 */
    rt_uint8_t priority;               /* 优先级继承机制的标志 */
} rt_mutex_t;
typedef struct rt_memory_pool
{
    rt_list_t list;                    /* 内存池链表 */
    char name[RT_NAME_MAX];            /* 内存池名称 */
    void * start_addr;                 /* 内存池起始地址 */
    rt_size_t size;                    /* 内存池的大小 */
    rt_size_t block_size;              /* 每个内存块的大小 */
    rt_size_t block_count;             /* 内存池中的块数量 */
    rt_uint32_t * free_blocks;         /* 空闲块指针 */
} rt_mp_t;
typedef struct rt_semaphore
{
    rt_list_t list;                    /* 信号量链表 */
    char name[RT_NAME_MAX];            /* 信号量名称 */
```

```
    rt_uint32_t value;                    /* 信号量的值(表示可用资源的数量)*/
    rt_thread_t * owner_thread;           /* 当前获得信号量的线程 */
} rt_sem_t;
```

上述结构体数据定义了 RT-Thread 的线程管理、定时器管理、消息队列、互斥量、内存池和信号量的传输参数。RT-Thread 常用函数如表 9-7 所示。

表 9-7　RT-Thread 常用函数

线程函数类型	函 数 名	功 能 描 述
线程管理	rt_thread_create()	动态创建线程
	rt_thread_init()	初始化线程
	rt_thread_startup()	启动已初始化的线程
	rt_thread_suspend()	挂起线程
	rt_thread_resume()	恢复被挂起的线程
定时器管理	rt_timer_init()	初始化定时器
	rt_timer_start()	启动定时器
	rt_timer_stop()	停止定时器
消息队列	rt_mq_init()	初始化消息队列
	rt_mq_send()	向消息队列发送消息
	rt_mq_recv()	从消息队列接收消息
互斥量	rt_mutex_init()	初始化互斥量
	rt_mutex_take()	获取互斥量
	rt_mutex_release()	释放互斥量
内存管理	rt_malloc()	动态分配内存
	rt_free()	释放动态分配的内存
信号量	rt_sem_init()	初始化信号量
	rt_sem_take()	获取信号量
	rt_sem_release()	释放信号量

2. 线程管理

1) 动态创建线程

函数原型为 rt_thread_t rt_thread_create(const char * name, void (* entry)(void * parameter), void * parameter, rt_uint32_t stack_size, rt_uint8_t priority, rt_uint32_t tick),用于动态地创建一个新线程,该函数会为新线程分配线程控制块和线程栈空间(从系统堆中申请),并初始化线程的相关属性。

其中,name 为新线程的名称,entry 指向线程入口函数,parameter 传递给线程入口函数的参数(如果不需要传递参数,可以设置为 RT_NULL),stack_size 指定线程栈的大小(以字节为单位),priority 指定线程的优先级,tick 指定线程的时间片(以系统时钟节拍为单位)。

动态创建线程成功时,rt_thread_create()函数返回一个指向新线程控制块的指针(类型为 rt_thread_t)。动态创建线程失败时,函数返回 RT_NULL,可能的失败原因包括内存不足(无法为新线程分配所需的栈空间和线程控制块)或参数无效(如优先级超出允许的范围)。

2) 初始化线程

函数原型为 rt_err_t rt_thread_init(struct rt_thread * thread, const char * name, void (* entry)(void * parameter), void * parameter, rt_uint32_t stack_size, rt_uint8_t priority，rt_uint32_t tick)，用于初始化一个线程，分配线程控制块并为线程分配堆栈空间。

其中，thread 为指向线程控制块的指针，name 为线程的名称，entry 指向线程入口函数，parameter 为传递给线程入口函数的参数，stack_size 为线程堆栈大小（单位为字节），priority 为线程优先级，tick 为线程时间片（以系统时钟 tick 为单位）。

函数返回 RT_EOK 表示线程初始化成功，若发生错误则返回相应的错误代码。

3）启动已初始化的线程

函数原型为 rt_err_t rt_thread_startup(struct rt_thread * thread)，用于启动一个已初始化的线程，会将线程的状态更改为"就绪"，并将其添加到调度队列中，等待操作系统的调度器调度执行。一旦调度器选择该线程，线程便开始运行。

其中，thread 为指向要启动的线程控制块的指针。

函数返回 RT_EOK 表示线程启动成功，若发生错误则返回相应的错误代码。

4）挂起线程

函数原型为 rt_err_t rt_thread_suspend(struct rt_thread * thread)，用于挂起线程的执行。调用该函数后，指定的线程会被暂停执行，直到调用 rt_thread_resume()恢复线程的执行。在挂起状态下，线程不会占用 CPU 资源，适用于线程间的同步。

其中，thread 为指向要挂起的线程控制块的指针。

函数返回 RT_EOK 表示挂起线程成功，若发生错误则返回相应的错误代码。

5）恢复被挂起的线程

函数原型为 rt_err_t rt_thread_resume(struct rt_thread * thread)，用于恢复一个已挂起的线程。当需要重新启动某个挂起的线程时，可以调用此函数，会将线程状态设置为就绪并将其加入调度队列，等待调度器调度线程继续执行。

其中，thread 为指向要恢复的线程控制块的指针。

函数返回 RT_EOK 表示恢复成功，若发生错误则返回相应的错误代码。

3. 定时器管理

1）初始化定时器

函数原型为 rt_err_t rt_timer_init(struct rt_timer * timer, const char * name, void (* timeout)(void * parameter)， void * parameter, rt_tick_t time, rt_uint8_t flag)，用于初始化一个定时器，配置定时器的回调函数、周期时间等参数，但不会启动定时器。该函数通常用于周期性任务或超时操作，如定时采样或触发某些事件。

其中，timer 为指向定时器控制块的指针，name 为定时器的名称，timeout 指向定时器超时处理函数，parameter 为传递给超时处理函数的参数，time 为定时时间（以系统时钟 tick 为单位），flag 指定定时器工作模式如周期性触发或单次触发（RT_TIMER_FLAG_ONE_SHOT 或 RT_TIMER_FLAG_PERIODIC）。

函数返回 RT_EOK 表示初始化定时器成功，若发生错误则返回相应的错误代码。

2）启动定时器

函数原型为 rt_err_t rt_timer_start(struct rt_timer * timer)，用于启动一个已初始化的定时器。调用该函数后，定时器开始计时，并在计时到期时自动触发之前设定的回调函数。回调函数会执行与定时器周期相关的任务，例如周期性采样、触发事件或执行超时操作。

其中，timer 为指向要启动的定时器控制块的指针。

函数返回 RT_EOK 表示定时器启动成功,若发生错误则返回相应的错误代码。

3)停止定时器

函数原型为 rt_err_t rt_timer_stop(struct rt_timer * timer),用于停止正在计时的定时器。当定时器的周期任务不再需要执行,或者需要中止正在进行的定时任务时,可以调用此函数来停止定时器。

其中,timer 为指向要停止的定时器控制块的指针。

函数返回 RT_EOK 表示定时器停止成功,若发生错误则返回相应的错误代码。

4. 消息队列

1)初始化消息队列

函数原型为 rt_err_t rt_mq_init(struct rt_messagequeue * mq, const char * name, rt_uint32_t msg_size, rt_uint32_t max_msgs, rt_uint8_t flag),用于初始化消息队列,配置队列的大小、每条消息的大小,以及相关的属性。消息队列是操作系统中一种用于线程间通信的机制,允许线程通过发送和接收消息进行数据交换,为多线程应用提供了一个安全、有效的通信方式,避免了直接共享内存带来的并发访问问题。

其中,mq 为指向消息队列控制块的指针,name 为消息队列的名称,msg_size 为每条消息的大小(单位为字节),max_msgs 为消息队列的最大消息数,flag 为消息队列的标志(先进先出模式 RT_IPC_FLAG_FIFO 或优先级模式 RT_IPC_FLAG_PRIO)。

函数返回 RT_EOK 表示初始化消息队列成功,若发生错误则返回相应的错误代码。

2)向消息队列发送消息

函数原型为 rt_err_trt_mq_send(struct rt_messagequeue * mq, void * buffer, rt_uint32_t size),用于将消息发送到消息队列中。当一个线程需要将数据传递给其他线程时,会调用此函数将消息加入队列。此函数是线程间通信的一部分,允许发送方线程将数据传递给接收方线程,实现数据交换和任务协作。

其中,mq 为指向消息队列控制块的指针,buffer 为指向要发送的消息的指针,size 为消息的大小(单位为字节)。

函数返回 RT_EOK 表示消息发送成功,若发生错误则返回相应的错误代码。

3)从消息队列接收消息

函数原型为 rt_err_t rt_mq_recv(struct rt_messagequeue * mq, void * buffer, rt_uint32_t size, rt_int32_t timeout),用于从消息队列接收消息。该函数为线程间通信提供了一种同步机制,接收方线程可以从消息队列中获取数据。

其中,mq 为指向消息队列控制块的指针,buffer 为指向接收消息的缓冲区指针,size 为缓冲区的大小(单位为字节),timeout 为超时时间(以系统时钟 tick 为单位,RT_WAITING_FOREVER 表示无限等待)。

函数返回 RT_EOK 表示消息接收成功,若发生错误则返回相应的错误代码。

5. 互斥量

1)初始化互斥量

函数原型为 rt_err_t rt_mutex_init(struct rt_mutex * mutex, const char * name, rt_uint8_t flag),用于初始化互斥量。互斥量用于控制多个线程对共享资源的访问,确保在同一时刻只有一个线程能够访问该资源,从而避免数据竞争和资源冲突。

其中,mutex 为指向互斥量控制块的指针,name 为互斥量的名称,flag 为互斥量的标志(通常为 0)。

函数返回 RT_EOK 表示互斥量初始化成功,若发生错误则返回相应的错误代码。

2) 获取互斥量

函数原型为 rt_err_t rt_mutex_take(struct rt_mutex * mutex, rt_int32_t timeout),用于获取互斥量。

其中,mutex 为指向互斥量控制块的指针,timeout 为超时时间(以系统时钟 tick 为单位,RT_WAITING_FOREVER 表示无限等待)。

函数返回 RT_EOK 表示互斥量获取成功,若发生错误则返回相应的错误代码。

3) 释放互斥量

函数原型为 rt_err_t rt_mutex_release(struct rt_mutex * mutex),用于释放互斥量,使得其他线程可以继续执行。在多线程环境中,当一个线程完成对共享资源的访问后,调用此函数释放互斥量。此函数的常见使用场景包括线程间的同步和共享资源的保护。例如,当多个线程共享同一个资源时,开发者通过互斥量来避免数据冲突或竞态条件的发生。通过合理的互斥量管理,线程能够按照预期的顺序执行,避免死锁和其他同步问题的出现。

其中,mutex 为指向互斥量控制块的指针。

函数返回 RT_EOK 表示互斥量释放成功,若发生错误则返回相应的错误代码。

6. 内存管理

1) 动态分配内存

函数原型为 void * rt_malloc(rt_size_t size),用于动态分配内存。该函数常用于动态创建结构体、数组等数据结构。在嵌入式系统中,该函数提供了内存分配的灵活性,适用于动态数据处理场景。

其中,size 为要分配的内存大小(单位为字节)。

函数返回值为指向分配的内存块的指针,若分配失败则返回 RT_NULL。

2) 释放动态分配的内存

函数原型为 void rt_free(void * ptr),用于释放动态分配的内存。

其中,ptr 为指向要释放的内存块的指针。

该函数无返回值。

7. 信号量

1) 初始化信号量

函数原型为 rt_err_t rt_sem_init(struct rt_semaphore * sem, const char * name, rt_uint32_t value, rt_uint8_t flag),用于初始化信号量,信号量常用于线程间同步或控制资源访问。

其中,sem 为指向信号量控制块的指针,name 为信号量的名称,value 为信号量的初始值,flag 为信号量的标志(通常为 0)。

函数返回 RT_EOK 表示信号量初始化成功,若发生错误则返回相应的错误代码。

2) 获取信号量

函数原型为 rt_err_t rt_sem_take(struct rt_semaphore * sem, rt_int32_t timeout),用于获取信号量。该函数通常用于控制线程间的同步,例如,在多个线程共享某个资源时,调用该函数可确保只有一个线程可以访问该资源,从而避免资源的竞争或冲突。通过使用信号量,可以有效地实现线程间的顺序执行,确保某些操作在特定时机才能开始。

其中,sem 为指向信号量控制块的指针,timeout 为超时时间(以系统时钟 tick 为单位, RT_WAITING_FOREVER 表示无限等待)。

函数返回 RT_EOK 表示信号量获取成功,若发生错误则返回相应的错误代码。

3)释放信号量

函数原型为 rt_err_t rt_sem_release(struct rt_semaphore * sem),用于释放信号量。当一个线程完成了对某个共享资源的使用或任务的执行后,调用该函数释放信号量,使得其他正在等待该信号量的线程能够继续执行。这种机制确保了资源的正确共享与线程间的协调,避免了线程的无限阻塞和资源的争用。

其中,sem 为指向信号量控制块的指针。

函数返回 RT_EOK 表示信号量释放成功,若发生错误则返回相应的错误代码。

9.4 RT-Thread 实例

9.4.1 基于 RT-Thread 的 LED 控制

本节实例要求:STM32F407VET6 PA7 引脚外接 LED,通过 RT-Thread 操作系统实现 LED 周期闪烁,间隔为 100ms。

1. STM32CubeMX 配置

1)RT-Thread Nano 版 Pack 安装

单击 Help→Manage embedded software packages,如图 9-15 所示。单击后添加 RT-Thread Nano Pack。

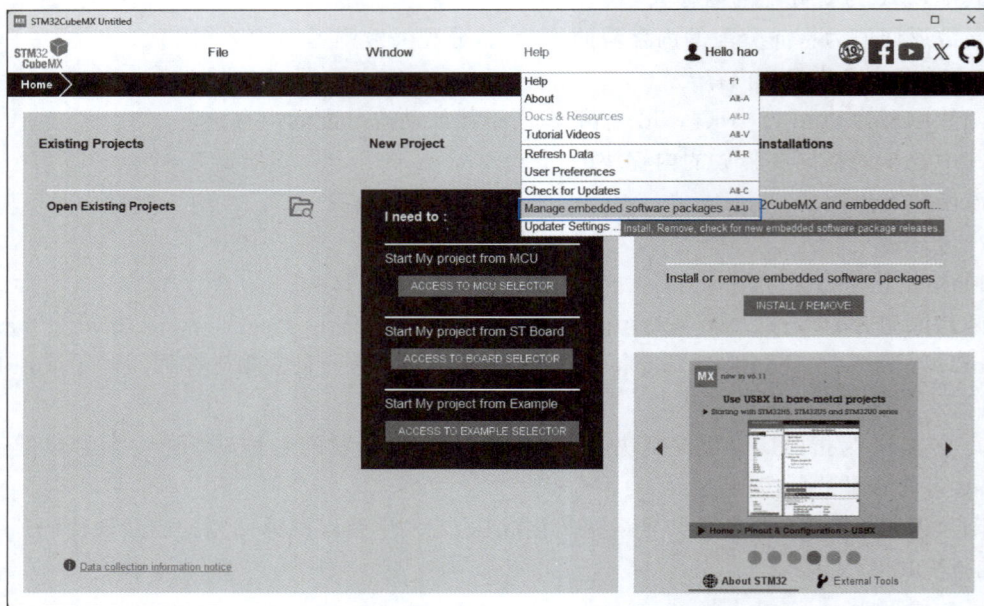

图 9-15 Manage embedded software packages

2）创建 STM32CubeMX 工程

在 STM32CubeMX 主界面的菜单栏中单击 File→New Project，创建 STM32CubeMX
工程如图 9-16 所示。

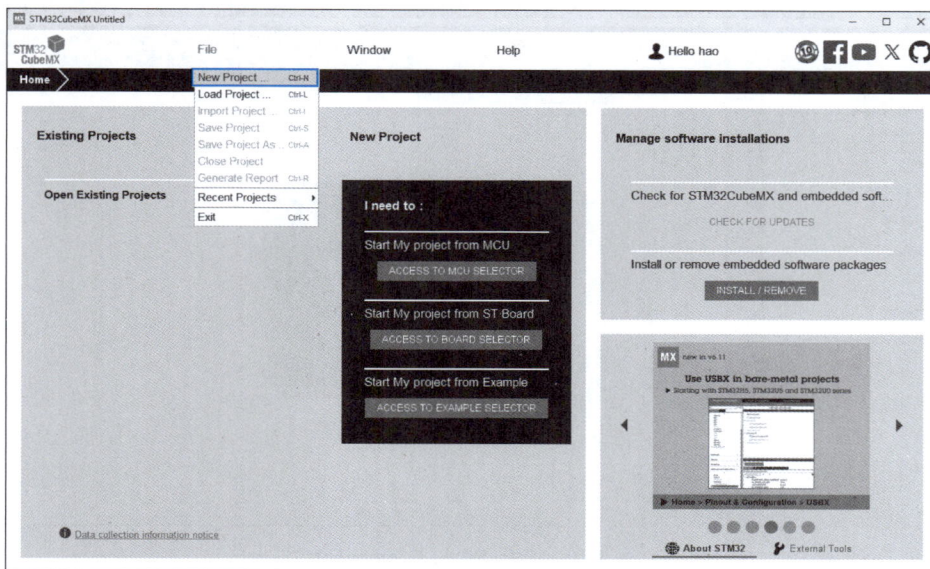

图 9-16　创建 STM32CubeMX 工程

新建工程之后，在弹出的界面芯片型号中输入 STM32F407VET6，双击被选中的芯片，
选择芯片如图 9-17 所示。

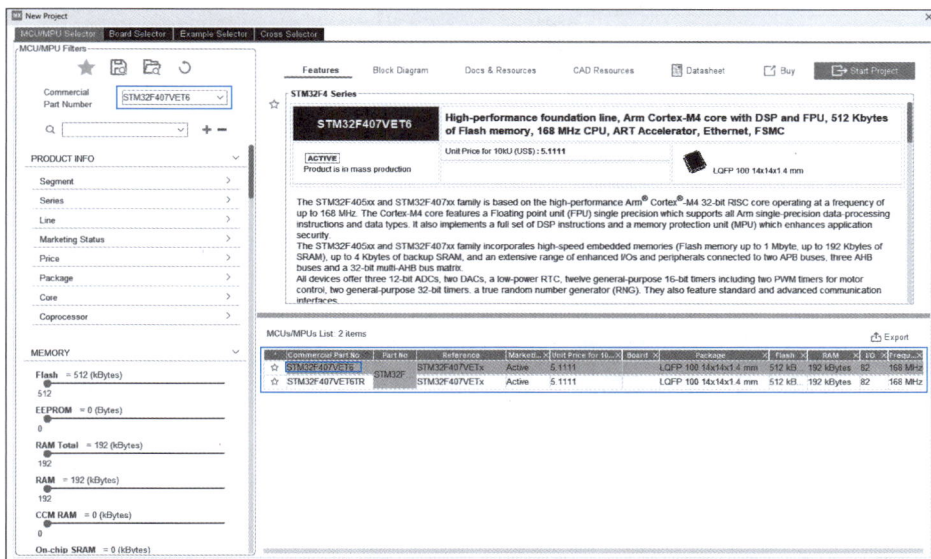

图 9-17　选择芯片

3）添加 RT-Thread Nano 到工程

单击 Softwares Packs，选择 Select Components 如图 9-18 所示，组件配置界面如图 9-19 所
示，选择 RealThread RT-Thread，然后根据需求选择 RT-Thread 组件，配置 RT-Thread 组

件如图 9-20 所示。

图 9-18 选择 Select Components

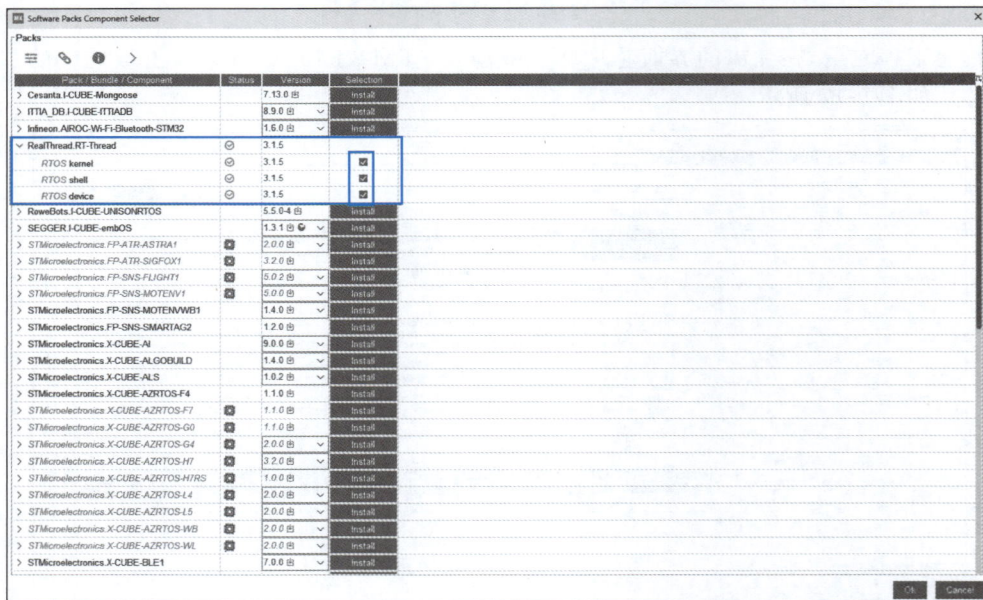

图 9-19 组件配置界面

4）配置中断

RT-Thread 操作系统重定义 HardFault_Handler()、PendSV_Handler()、SysTick_Handler()中断函数，为了避免重复定义的问题，在生成工程之前，需要在中断配置代码生成的选项中，取消勾选 3 个中断函数（对应中断表为 Hard fault interrupt、Pendable request for system service、Time base :System tick timer），配置系统中断如图 9-21 所示。

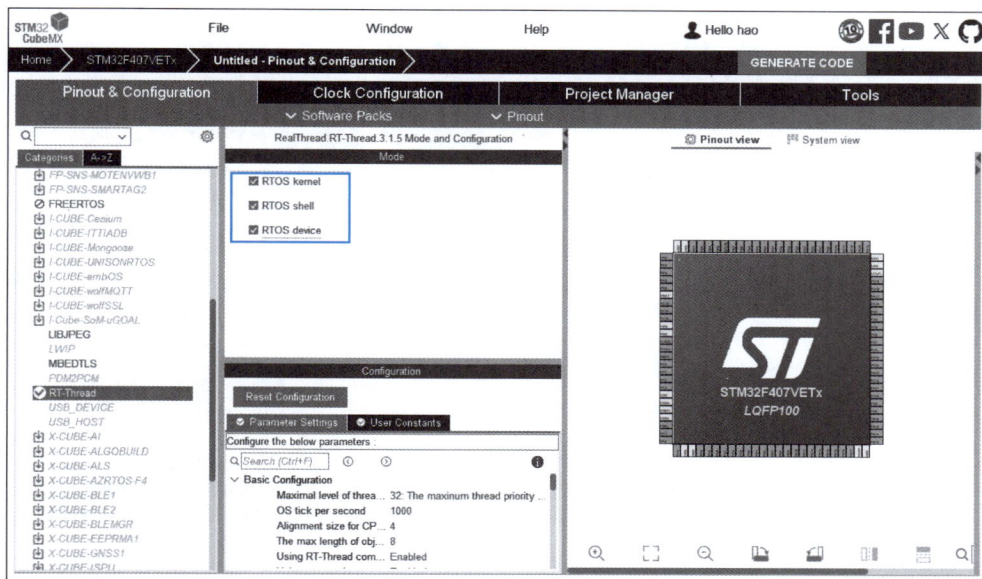

图 9-20　配置 RT-Thread 组件

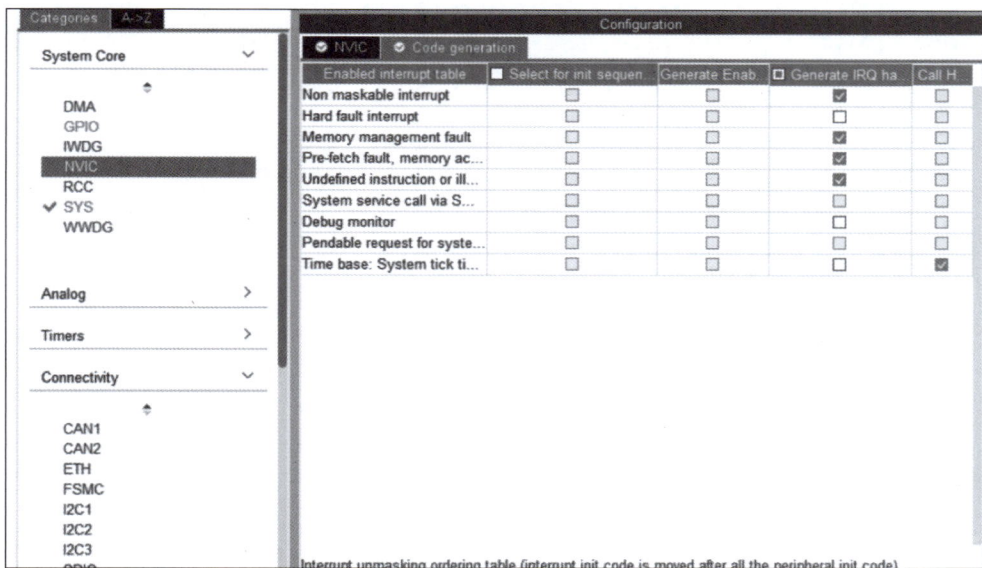

图 9-21　配置系统中断

配置时钟树如图 9-22 所示,选用内部时钟,主时钟为 16MHz。

5) 生成 Keil MDK 工程

配置工程参数如图 9-23 所示。

单击 GENERATE CODE 生成 Keil MDK 工程。

2. Keil MDK 工程

1) 系统时钟配置

Keil MDK 工程首先需要在 board.c 中实现系统时钟配置(为 MCU、外设提供工作时钟)与 OS Tick 的配置(为操作系统提供心跳/节拍)。系统时钟配置函数如下。

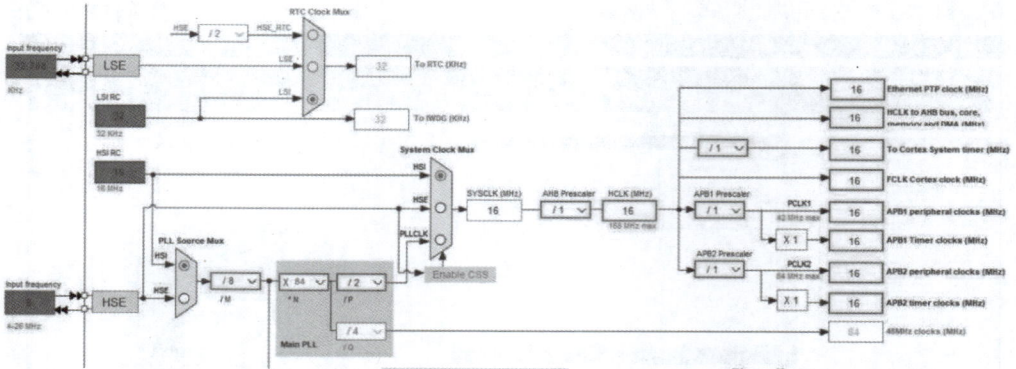

图 9-22　配置时钟树

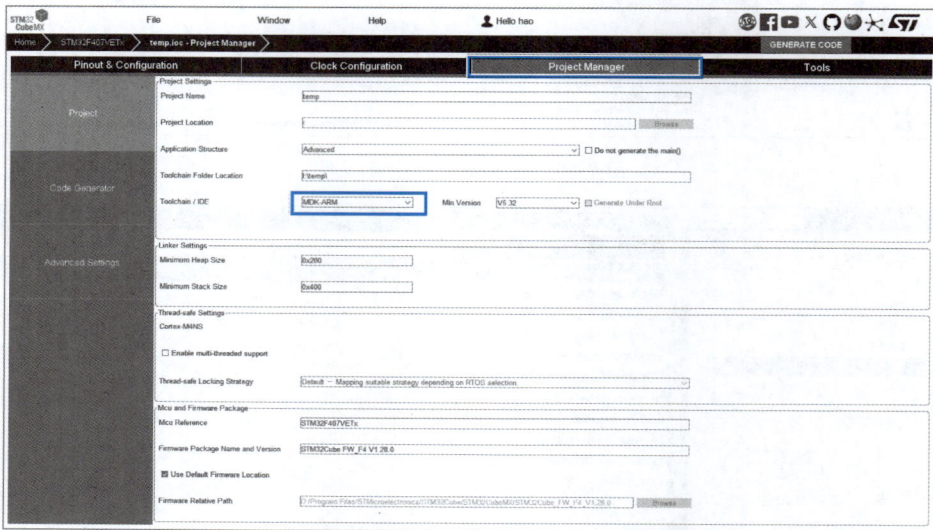

图 9-23　配置工程参数

```
void rt_hw_board_init(void)
{
    extern void SystemClock_Config(void);
    HAL_Init();                        //初始化 HAL 库
    SystemClock_Config();              //配置系统时钟
    SystemCoreClockUpdate();           //系统时钟进行更新
    /*
     * 1: OS Tick Configuration
     * Enable the hardware timer and call the rt_os_tick_callback function
     * periodically with the frequency RT_TICK_PER_SECOND.
     */
    HAL_SYSTICK_Config(HAL_RCC_GetHCLKFreq()/RT_TICK_PER_SECOND); //配置了 OS Tick
    /* Call components board initial (use INIT_BOARD_EXPORT()) */
# ifdef RT_USING_COMPONENTS_INIT
    rt_components_board_init();
# endif
# if defined(RT_USING_USER_MAIN) && defined(RT_USING_HEAP)
    rt_system_heap_init(rt_heap_begin_get(), rt_heap_end_get());
# endif
}
```

OS Tick 使用滴答定时器 systick 实现,需要在 board.c 中实现中断服务函数如下。

```
void SysTick_Handler(void)
{   rt_interrupt_enter();
    rt_tick_increase();
    rt_interrupt_leave();
}
```

2) 内存堆初始化

系统内存堆的初始化在 board.c 中的 rt_hw_board_init()函数中完成,内存堆功能是否使用取决于宏 RT_USING_HEAP 是否开启,RT-Thread Nano 默认不开启内存堆功能,这样可以保持一个较小的体积,不用为内存堆开辟空间。

开启系统 heap 将可以使用动态内存功能,如使用 rt_malloc()、rt_free()以及各种系统动态创建对象的函数。若需要使用系统内存堆功能,则打开 RT_USING_HEAP 宏定义,rt_hw_board_init()内存堆初始化函数如下所示。

```
void rt_hw_board_init(void)
{
    extern void SystemClock_Config(void);
    HAL_Init();
    SystemClock_Config();
    SystemCoreClockUpdate();
    /*
     * 1: OS Tick Configuration
     * Enable the hardware timer and call the rt_os_tick_callback function
     * periodically with the frequency RT_TICK_PER_SECOND.
     */
    HAL_SYSTICK_Config(HAL_RCC_GetHCLKFreq()/RT_TICK_PER_SECOND);
    /* Call components board initial (use INIT_BOARD_EXPORT()) */
#ifdef RT_USING_COMPONENTS_INIT
    rt_components_board_init();
#endif
#if defined(RT_USING_USER_MAIN) && defined(RT_USING_HEAP)
    rt_system_heap_init(rt_heap_begin_get(), rt_heap_end_get());        //调用堆初始化函数
#endif
}
```

初始化内存堆需要堆的起始地址与结束地址这两个参数,系统中默认使用数组作为heap,并获取了 heap 的起始地址与结束地址,该数组大小可手动更改。

3. RT-Thread 移植

1) 创建线程

在 main.c 文件内加入头文件 #include < rtthread.h >以便引用 RT-Thread 函数。

一个线程要成为可执行的对象,就必须由操作系统的内核来创建一个线程。在 main.c 文件中创建一个动态线程代码如下。

```
rt_thread_t tid = RT_NULL;
tid = rt_thread_create("thread1",                    /* 线程名 */
                    thread_entry,                    /* 线程回调入口函数 */
                    RT_NULL,                         /* 线程参数 */
```

```
                        THREAD_STACK_SIZE,              /* 线程堆栈大小 */
                        THREAD_PRIORITY,                /* 线程优先级 */
                        THREAD_TIMESLICE);              /* 时间片 - 执行时间周期 */
  if(tid!= RT_NULL)
    rt_thread_startup(tid);                            /* 启动线程 */
```

2）线程里创建一个闪烁的 LED 函数

在线程里创建一个闪烁的 LED，周期为 100ms，函数代码如下所示。

```
static void thread_entry(void* parameter)                   /* 入口函数 */
{
    while(1)
    { HAL_GPIO_WritePin(GPIOA, GPIO_PIN_7, GPIO_PIN_SET);   /* PA7 置 1 */
        rt_thread_mdelay(100);                              /* 延时 100ms,不占用 CPU */
      HAL_GPIO_WritePin(GPIOA, GPIO_PIN_7, GPIO_PIN_RESET); /* PA7 置 0 */
        rt_thread_mdelay(100);
    }
}
```

4. Proteus 仿真电路

在 Proteus 中搭建仿真电路图，仿真电路如图 9-24 所示。

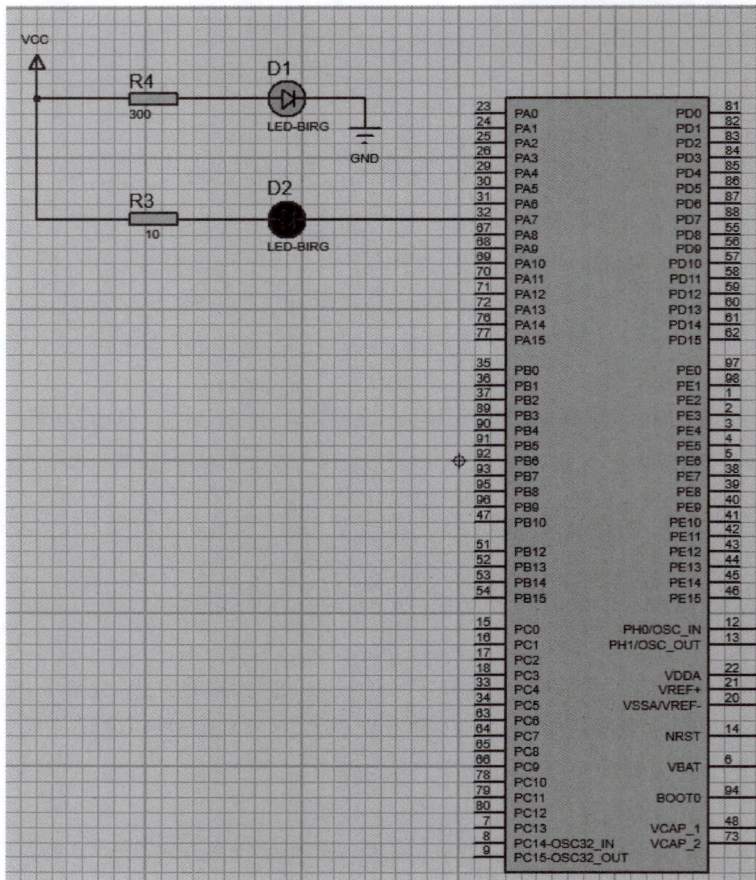

图 9-24　仿真电路

双击 Proteus 原理图中的 STM32F407VET6，设置加载程序文件的路径，将 Keil MDK 编译生成的.hex 程序加载到 STM32F407VET6 芯片中。Proteus 仿真时 LED 周期性闪烁如图 9-25 所示。

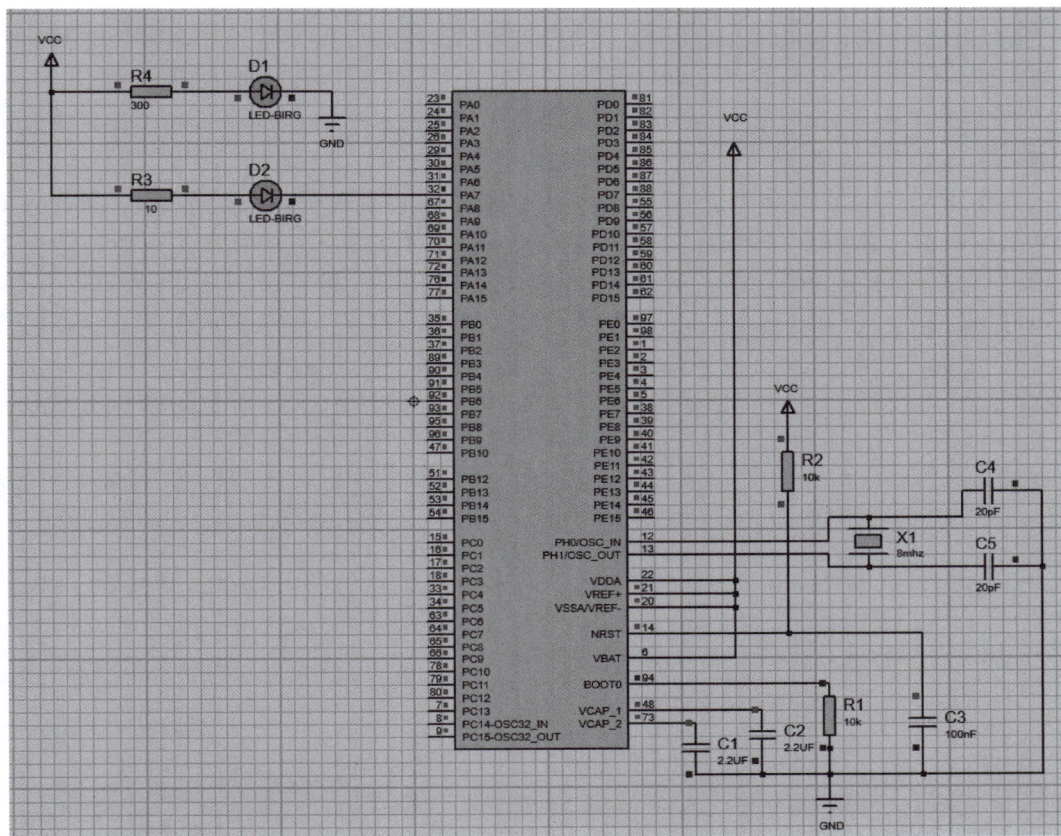

图 9-25　Proteus 仿真时 LED 周期性闪烁

9.4.2　基于 RT-Thread 的 ADC 采集

本节实例要求：STM32F407VET6 运行 RT-Thread 操作系统，采集 PA1 引脚电压值，经过内置 ADC 转换为数字量，并通过串口将采集量发送到虚拟终端显示。Proteus 仿真电路中，与 STM32F407VET6 USART1 对应的引脚 PA9 和 PA10，分别与虚拟终端的 RxD 和 TxD 相连，STM32F407VET6 的 PB8 外接 LED。串口通信参数：波特率为 115 200bps，字长为 8 位，停止位为 1 位，无奇偶校验。基于 RT-Thread 的 ADC 采集例程，其中 STM32CubeMX 中的 ADC 配置与第 8 章例程一致，可参照第 8 章实例配置。

1. Keil MDK 程序

打开 main.c 源文件添加关于 ADC 模块的配置、状态和其他信息的全局变量 ADC_HandleTypeDef hadc1。设置串口的波特率、数据位、停止位和校验方式。波特率设置为 115 200bps，数据位为 8 位，停止位为 1 位，且无奇偶校验，代码如下。

视频讲解

```
// 初始化 UART1
config.baud_rate = UART_BAUD_RATE;
config.data_bits = DATA_BITS_8;
config.stop_bits = STOP_BITS_1;
config.parity = PARITY_NONE;
rt_device_open((rt_device_t)&serial_dev, RT_DEVICE_FLAG_RDWR);
rt_device_control((rt_device_t)&serial_dev, RT_DEVICE_CTRL_CONFIG, &config);
```

代码使用 rt_device_open() 函数打开 UART1，并通过 rt_device_control() 设置串口的配置参数。配置 UART1 以正确的参数进行数据传输。

采集 PA1 引脚的模拟电压值，通过内置的 ADC 转换将其转换为数字量，然后通过串口将数字数据传输到虚拟终端，实现数据的显示。在 main.c 文件中定义全局静态变量 static struct rt_thread tid，在 main()函数中创建线程，代码如下。

```
rt_err_t ret = rt_thread_init(&tid,
                            "thread1",
                            thread_entry,
                            RT_NULL,
                            thread_stack1,
                            THREAD_STACK_SIZE,
                            THREAD_PRIORITY,
                            THREAD_TIMESLICE);
if(ret == RT_EOK)
  rt_thread_startup(&tid);                    /* 启动线程 */
```

启动 ADC 转换并传送采集数据，代码如下所示。

```
static void thread_entry(void * parameter)
{
    while (1)
    {
    HAL_ADC_Start(&hadc1);                                       /* 启动 ADC 转换 */
        if(HAL_ADC_PollForConversion(&hadc1, 1000) == HAL_OK)    /* 等待 ADC 转换完成 */
    {
        uint32_t adcValue = HAL_ADC_GetValue(&hadc1);            /* 获取 ADC 转换结果 */
        char buffer[25];
        sprintf(buffer, "ADC Value: % f\r\n", adcValue * 3.3/(double)4096); /* 数值转换字符串 */
        /* 串口发送 */
        HAL_UART_Transmit(&huart1, (uint8_t * )buffer, strlen(buffer), HAL_MAX_DELAY);
        HAL_ADC_Stop(&hadc1);                                    /* 停止 ADC 转换,释放资源 */
        rt_thread_mdelay(500);
    }
    }
}
```

2. Proteus 仿真电路

在 Proteus 中搭建仿真电路，仿真电路如图 9-26 所示。

运行仿真，采集模拟电压值，经 ADC 转换后输出到虚拟终端显示，虚拟终端显示 ADC 采集电压如图 9-27 所示。

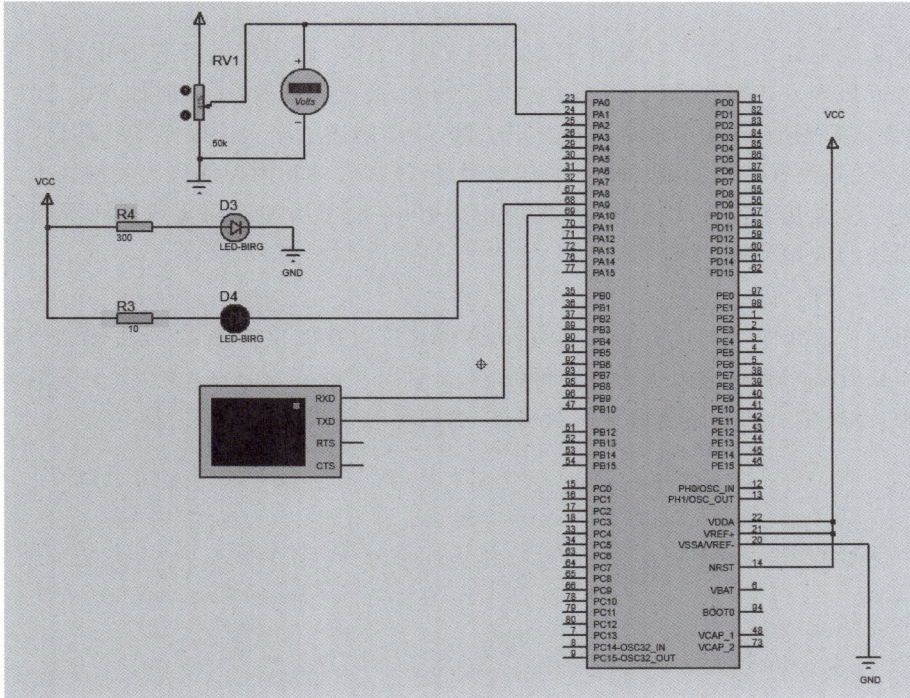

图 9-26 仿真电路

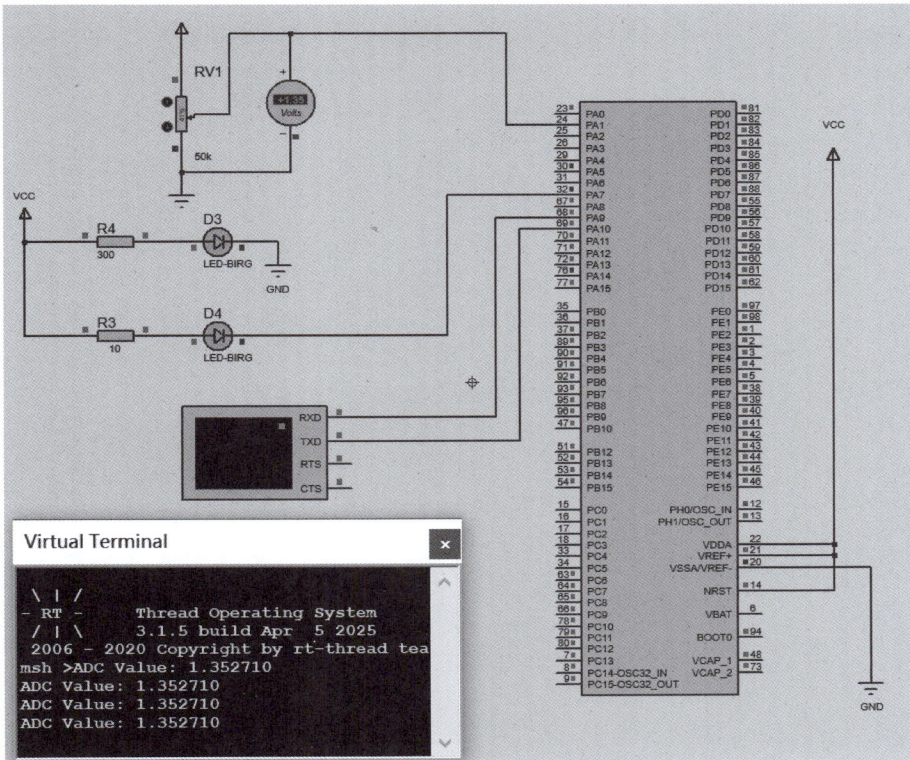

图 9-27 虚拟终端显示 ADC 采集电压

【本章小结】

本章系统地介绍了嵌入式操作系统的定义、特点、发展历程及其与通用操作系统的区别。通过分析嵌入式操作系统应用领域、发展趋势，突出其高效性、实时性和可靠性的特点。同时，结合 RT-Thread 操作系统及其应用实例，详细阐述了嵌入式操作系统的设计、实现及优化方法，尤其是在资源受限环境下的任务调度、线程管理和内存优化等关键技术。本章通过实例进一步强化了嵌入式操作系统的应用能力，有助于从理论和实践层面深刻理解嵌入式操作系统的应用价值。

【思政元素融入】

介绍国产操作系统的优势和发展历程，强调自主可控的重要性，让学生深刻理解国产操作系统在提升自主创新能力中的重要价值，树立对国产科技的信心，培养学生的国家责任感和使命感，激发学生的爱国热情和创新精神，为国家的科技发展贡献力量。

参 考 文 献

[1] 石坤,汤奥斐,王权岱.单片机与嵌入式系统原理及应用[M].北京:电子工业出版社,2022.

[2] 陈奕航.面向物联网的多源数据多模网关技术研究[D].广州:华南理工大学,2020.

[3] 曾毓.嵌入式系统设计:基于 Cortex-M 处理器与 RTOS 构建[M].北京:清华大学出版社,2022.

[4] 杜洋.STM32 入门 100 步[M].北京:人民邮电出版社,2021.

[5] 阎波.微处理器系统结构与嵌入式系统设计[M].北京:电子工业出版社,2020.

[6] 高俊枫,黄乐天.嵌入式系统类课程产学融合实践教学体系探析[J].高等工程教育研究,2021(3):39-43.

[7] 高延增,龚雄文,林祥果.嵌入式系统开发基础教程——基于 STM32F103 系列[M].北京:机械工业出版社,2021.

[8] 邱铁.ARM 嵌入式系统结构与编程[M].北京:清华大学出版社,2020.

[9] 张石.ARM 嵌入式系统教程[M].北京:机械工业出版社,2024.

[10] 公鹏.基于嵌入式控制的水泵物联网系统设计和开发[D].北京:北京交通大学,2020.

[11] 连志安.物联网——嵌入式开发实战[M].北京:清华大学出版社,2021.

[12] 刘闯.基于 ARM Cortex-M3 的 STM32 嵌入式系统原理及应用[M].北京:清华大学出版社,2022.

[13] 章坚武.嵌入式系统设计与开发软硬件技术[M].西安:西安电子科技大学出版社,2023.

[14] 漆强.嵌入式系统设计——基于 STM32CubeMX 与 HAL 库[M].北京:高等教育出版社,2022.

[15] 程启明,黄云峰,赵永熹,等.嵌入式微控制器原理及应用[M].北京:中国水利水电出版社,2021.

[16] 刘龙,高照玲,田华.STM32 单片机原理与项目实战[M].北京:人民邮电出版社,2022.

[17] 钟佩思,徐东方,刘梅.基于 STM32 的嵌入式系统设计与实践[M].北京:电子工业出版社,2021.

[18] 高洁.嵌入式 RISC-V 微处理器体系架构的研究[D].长沙:中南大学,2023.

[19] ST 公司.STM32F407 参考手册[EB/OL].2024.

[20] 方伟民.基于 Cortex-M4 的嵌入式操作系统设计研究[D].南京:南京大学,2019.

[21] 王蔚,姚思靬.嵌入式系统实战指南:面向 IoT 应用[M].北京:机械工业出版社,2022.

[22] 李曦,陈香兰,王超,等.实时嵌入式系统设计方法[M].北京:清华大学出版社,2022.

[23] 刘军.汽车嵌入式系统设计[M].北京:机械工业出版社,2021.

[24] 徐灵飞,黄宇,贾国强.嵌入式系统设计:基于 STM32F4[M].北京:电子工业出版社,2020.

[25] 杨林,赵明宇.汽车电子嵌入式功能安全微处理器原理及应用[M].上海:上海交通大学出版社,2023.

[26] 陈华杰.基于 STM32 的汽车胎压监测单元设计及系统功能研究[D].杭州:杭州电子科技大学,2019.

[27] 王欣欣,王丽君.单片机与 PLC 智能家居控制系统设计案例[M].北京:中国水利水电出版社,2021.

[28] 邓盼.基于物联网的智能安防系统的研究与设计[D].广州:广东工业大学,2020.

[29] 付云峥.基于 ZigBee 的智慧消防预警系统的设计与实现[D].青岛:青岛大学,2020.

[30] 袁经圆.毫米波雷达嵌入式系统设计[D].杭州:杭州电子科技大学,2020.

[31] 张腾飞.一种足底驱动式下肢康复机器人训练系统的研究与设计[D].合肥:合肥工业大学,2022.

[32] 韩宝国,朱平芳.产品智能化、嵌入式软件与中国工业增[J].南京社会科学,2022(3):32-41.

[33] 金印彬.STM32CubeMX 基础教程[M].北京:西安交通大学出版社,2024.

[34] 孙安青.ARM Cortex-M4 嵌入式系统设计[M].北京:中国电力出版社,2024.

[35] 王博,姜义.精通 Proteus 电路设计与仿真[M].北京:清华大学出版社,2018.

[36] 苏李果,宋丽.STM32 嵌入式技术应用开发全案例实践[M].北京:人民邮电出版社,2020.

[37] 迟忠君,赵明.单片机应用技术项目式教程 Proteus 仿真+实训电路[M].北京:北京理工大学出版社,2019.

[38] 范道尔吉.基于 Proteus 的电路设计、仿真与制板(第 3 版)[M].北京:电子工业出版社,2024.

[39] 王维波,鄢志丹,王钊.STM32Cube 高效开发教程(基础版)[M].北京:人民邮电出版社,2021.

[40] 黄克亚.ARM Cortex-M4 嵌入式系统原理及应用——基于 STM32F407 微控制器的 HAL 库开发[M].北京:清华大学出版社,2024.

[41] 郭建,陈刚,刘锦辉,等.嵌入式系统设计基础及应用——基于 ARMCortex-M4 微处理器[M].北京:清华大学出版社,2022.

[42] 刘军.精通 STM32F4(HAL 库版)(上)[M].北京:北京航空航天大学出版社,2024.

[43] 宋雪松.手把手教你学 51 单片机 C 语言版[M].北京:清华大学出版社,2020.

[44] 陈庆.传感器原理与应用[M].北京:清华大学出版社,2021.

[45] 李建波,张永亮,梁振华.STM32CubeMX 定时器中断回调函数的研究[J].电脑知识与技术,2020,16(8):248-249,273.

[46] 刘翠玲.STM32CubeMX 在不同芯片中的应用对比分析[J].电子技术,2024,53(8):68-71.

[47] 杨学存,刘飞.基于 Proteus+Keil5 的"由虚入实"理念在嵌入式系统教学中的应用[J].电子测试,2020(16):120-122.

[48] 张燕凯,章琳志,张朋.基于 STM32 的嵌入式系统综合实验设计[J].工业控制计算机,2024,37(3):161-163.

[49] 田德永.基于 STM32 定时器的 PWM 实验教学[J].电子技术与软件工程,2019(20):102-103.

[50] 周云波.串行通信技术[M].北京:电子工业出版社,2019.

[51] 孔霞,郭海如,李幼凤,等.基于 CubeMx 软件的 STM32 单片机仿真实验方法[J].湖北工程学院学报,2023,43(6):81-85.

[52] 梁晶.嵌入式系统原理与应用——基于 STM32F4 系列微控制器[M].北京:人民邮电出版社,2021.

[53] 屈微.STM32 单片机应用基础与项目实践[M].北京:清华大学出版社,2019.

[54] 邢彦辰.数据通信与计算机网络[M].北京:人民邮电出版社,2020.

[55] 李学华.通信原理简明教程[M].北京:清华大学出版社,2020.

[56] 张毅刚.单片机原理及接口技术[M].北京:人民邮电出版社,2020.

[57] 严学文.嵌入式系统设计实验——基于 STM32CubeMX 与 HAL 库[M].西安:西安电子科技大学出版社,2023.

[58] 周灵彬.基于 Proteus 的电路与 PCB 设计[M].北京:电子工业出版社,2021.

[59] 王文成.ARM Cortex-M4 嵌入式系统开发与实战[M].北京:北京航空航天大学出版社,2021.

[60] 何乐生.基于 STM32 的嵌入式系统原理及应用[M].北京:科学出版社出版,2021.

[61] 李正军,李潇然.STM32 嵌入式系统设计与应用[M].北京:机械工业出版社,2023.

[62] 张洋,刘军,严汉字,等.精通 STM32F4(库函数版)[M].北京:北京航空航天大学出版社,2019.

[63] 郭方洪.嵌入式系统原理与实践——基于 STM32F4 和 GD32F4[M].北京:北京航空航天大学出版社,2024.

[64] 游国栋.STM32 微控制器原理及应用[M].西安:西安电子科技大学出版社,2020.

[65] 蔡兰翔,谢芳娟,杨太清.基于 STM32 的智能家居控制系统设计[J].电子制作,2024,32(13):28-32.

[66] 刘青林.基于 STM32 的嵌入式 PLC 研究与设计[D].昆明:昆明理工大学,2022.

[67] 鹿国培.基于以太网的 STM32 数据采集与传输系统设计[D].太原:中北大学,2022.

[68] 奚海蛟.嵌入式实时操作系统——FreeRTOS 原理、架构与开发[M].北京:清华大学出版社,2023.

[69] 何尚平,陈艳,万彬,等.嵌入式系统原理与应用[M].重庆:重庆大学出版社,2019.

[70] 廖建尚,王治国,郝玉胜.嵌入式 Linux 开发技术[M].北京:电子工业出版社,2021.

[71] 赵国飞.基于 ARM Cortex-M3/4 指令集的新型嵌入式操作系统设计与实现[D].大连:大连海事大学,2022.

[72] 唐中剑,陈志建,柳惠秋,等.信息技术基础[M].北京:人民邮电出版社,2022.

[73] 章振.面向老年人的基于 STM32 智能家居系统设计[D].武汉:武汉轻工大学,2020.

[74] 郑苗秀.RT-Thread 实时操作系统内核、驱动和应用开发技术[M].北京:电子工业出版社,2024.

[75] 何小庆.国产嵌入式操作系统发展思考[J].单片机与嵌入式系统应用,2019,19(12):4-5,10.

[76] 邱祎,熊谱翔,朱天龙.嵌入式实时操作系统:RT-Thread 设计与实现[M].北京:机械工业出版社,2022.

[77] 高瞻远.面向轻量级嵌入式 SoC 的安全软硬件架构研究[D].苏州:苏州大学,2023.

[78] 贾长庆.基于 RISC-V 内核的 MCU 应用研究[D].苏州:苏州大学,2022.

[79] 尤磊.基于 RT-Thread 的 SoC FPGA 实时控制系统研究[D].成都:西南交通大学,2023.

[80] 任保全,詹杰,李洪钧,等.计算机与嵌入式系统架构[M].北京:人民邮电出版社,2021.

[81] 邱祎.嵌入式实时操作系统:RT-Thread 设计与实[M].北京:机械工业出版社,2022.

[82] 廖建尚,冯锦澎,纪金水.面向物联网的嵌入式系统开发[M].北京:电子工业出版社,2019.

[83] 周润景.嵌入式处理器及物联网的可视化虚拟设计与仿真——基于 PROTEUS[M].北京:北京航空航天大学出版社,2021.